U0260334

现代养猪生产技术

——告诉你猪场盈利的秘诀

[英] John Gadd 著

周绪斌 张 佳 潘雪男 主译

中国农业出版社

Modern Pig Production Technology：A practical guide to profit

By John Gadd

Copyright © 2011 by Nottingham University Press，UK.

Published in arrangement with China Agriculture Press，Building 18th，Maizidian Street，Chaoyang District，Beijing 100125，P. R. China.

本书简体中文版由 John Gadd 和 Nottingham University Press 授权中国农业出版社独家出版发行。本书内容的任何部分，事先未经出版者书面许可，不得以任何方式或手段复制或刊载。

北京市版权局著作权合同登记号：图字 01-2014-7400 号

图书在版编目（CIP）数据

现代养猪生产技术：告诉你猪场盈利的秘诀/（英）盖德（Gadd，J.）著；周绪斌，张佳，潘雪男主译 . —北京：中国农业出版社，2015.5（2022.12重印）

ISBN 978-7-109-20269-6

Ⅰ.①现⋯ Ⅱ.①盖⋯②周⋯③张⋯④潘⋯ Ⅲ.①养猪学 Ⅳ.①S828

中国版本图书馆 CIP 数据核字（2015）第 051338 号

中国农业出版社出版

（北京市朝阳区麦子店街 18 号楼）

（邮政编码 100125）

责任编辑　刘　玮　颜景辰

北京通州皇家印刷厂印刷　　新华书店北京发行所发行
2015 年 5 月第 1 版　　2022 年 12 月北京第 15 次印刷

开本：787mm×1092mm 1/16　印张：35.25
字数：588 千字
定价：198.00 元

（凡本版图书出现印刷、装订错误，请向出版社发行部调换）

主　译　周绪斌　张　佳　潘雪男

译　者　（按姓氏笔画排序）

万建美　王成新　王晶晶　牛建强　冯细钢　匡宝晓
曲向阳　任　斌　阳成波　肖　昌　余　淼　邹仕庚
张　欣　张　琳　孟凡伟　赵　瑜　赵云翔　钟丽菁
侯梅利　姚建聪　栗　柱　翁善钢　高勤学　郭振光
陶　莉　蒋文明　蒋腾飞　韩子民　楼平儿

主　审　敖志刚

本书内容简介

《现代养猪生产技术》是一本与众不同的书，这是一位资深的养猪顾问与猪场打交道超过60年的智慧结晶，与传统教科书截然不同的是，作者John Gadd先生对猪场的建议专注于为猪场赢利而不仅仅是生产性能的提高，这对于如今中国的养猪生产颇具借鉴意义。以下的几个主题值得你关注。

在新术语一章，Gadd先生告诉你猪场如何明智地花钱。众所周知，全球的养猪人都会接受到来自各方的建议，比如如何提高管理水平的新技术，以及使用某种新产品，这固然很好，但几乎所有这些建议（尤其是介绍某种新产品时）都谈及的是对生产性能的影响，用的都是饲料转化率、平均日增重、窝均产仔数、每头母猪每年提供的断奶仔猪数等生产性能术语，但往往很少提及投入和产出的关系。因此，需要一本新书来介绍新的术语，这些术语能同时包含投入和产出两方面（见第10章新术语一章）。为此在本书中，Gadd先生撰写了非常重要的商业篇，用新的术语来替代已经过时的且只关注生产性能的术语。新的更实用的术语如每吨饲料可售猪肉、额外支出回报率、断奶力、年度投资价值等，涵盖了我们过去所关注的生产性能，但同时更包含了赢利的因素（见第13章饲料转化率一章）。这些新术语可以指导农场主是否要采用新技术或新产品，从而使其能更有效地使用有限且昂贵的资金。虽然新的或不同的技术与产品是好东西，但与目前现有的技术与产品相比，应用后投入产出比如何呢？这一思路贯穿整本书。

人员管理是所有农场主都关注的话题，人能成事也能败事（见第11章人员管理一章），在商业篇最重要的一章是谈人员管理的，你会发现这一章非常有趣，这是 Gadd 先生60多年职业生涯中遍访全球超过3 000家猪场的总结。Gadd 发现，全世界的养猪老板和饲养人员都是一样的，无论是好的一面还是不足之处。

除了猪价的波动外，疾病是猪场的重要敌人。许多猪场还没有完全理解真正的生物安全，这是一个非常重要的课题，生物安全这一重要的章节告诉我们如何防止疾病侵入猪场（见第8章生物安全一章）。养猪生产者在设计猪场时就应该考虑如何将疾病拒之门外。目前，全球包括中国在内有很多大型猪场在建，考虑生物安全的猪场设计将成为未来的方向。在生物安全这一章有一幅重要的示意图，在新猪场设计及旧猪场运营中，我们应该仔细研究此图，并领会此图要表达的旨意，建立起阻止猪病进入猪场的第一道防线。

在疾病压力越来越大的今天，免疫是一个重要课题，养猪生产者对此应该加强理解（见第5章免疫一章），很多人对自然免疫力的理解往往比较欠缺，Gadd 先生在第5章中对免疫进行了深入浅出的解释，并用通俗易懂的方式作了说明。疫苗和兽药是有用的，但要牢记，良好的管理比疫苗和兽药更有效也更便宜，本章告诉你为什么免疫如此重要，并且如何做。

仔猪的管理问题必须得到足够的重视（见第4章避免断奶后问题），将钱花在低日龄的仔猪身上比花在生长育肥阶段所带来的效果高出3倍以上。最近几年，低日龄仔猪到保育结束阶段的管理和营养取得了突破性的进展，这些技术与营养措施看似要投入很多资金，但本书告诉你在此阶段的高投入将会给你带来丰厚的回报。在 Gadd 先生已经访问过的许多猪场中，在仔猪25kg 之前所投入的资金将在屠宰时得到6∶1的回报，而在25kg 之后投入的资金回报只有2∶1，本书将告诉你在何处花钱最划算，并且原因是什么。

青年母猪是猪场最重要的动物，本书有非常重要的一章专门介绍如何选择后备青年母猪（见第7章）。

同时，本书还有一些关于养猪的最新技术，作者介绍了近20项最新的进展，这些新技术有的已经开始在中国应用，或很快将在中国得到应用，比如以下几方面。

高产母猪的管理，随着育种技术的发展，每年每头母猪提供断奶仔猪30头已经成为现实，本书介绍了如何降低这些高产母猪的负担，并且在不损害终生繁殖力的基础上保证能有效地哺乳其数量庞大的窝产仔猪。采用"救援舱"来养育最后出生的弱仔就是其中的解决办法之一。

批次分娩（见第17章），本书详细介绍了越来越受重视的该项技术。这一技术的应用使得猪场生产更易于组织，有助于提高繁殖效率，降低劳动强度。本章详细介绍了如何从现有的连续生产平稳转换到批次生产。

光照和发情在缩减断奶-发情间隔到低于5天中的重要作用，在本书中也得到了详细阐述。

分胎次饲养（见第18章），这也是一项新技术，可控制疾病从具有免疫力的高胎次母猪向免疫力不太完善的低胎次母猪及其后代的传播，本书介绍了该项技术所得到的回报。

另外重要的是，在本书的最后，总结了有关于养猪的术语，便于我们理解与阅读。

序

近年来，我国养猪业得到了飞速发展，规模化水平不断提高。在猪的繁殖、育种、饲料、营养、生产工艺、饲养管理、疾病防治、环境控制等方面取得了巨大进步，但与世界发达国家的养猪业相比仍有很大差距。如何通过现代生产技术，发挥出现代节粮、高产、优质种猪的遗传潜能，最终让养猪者赢利、让养殖户环保，让消费者吃到安全健康的猪肉，这对于如今资源紧缺的中国养猪产业具有十分重要的指导意义。

养猪既是一门实践型科学，又涵盖丰富的生命科学理论基础。由英国养猪专家 John Gadd 执笔编撰的这本《现代养猪生产技术》，是作者根据其超过 60 年的养猪从业经验以及紧跟现代理念完成的一本介绍全球最新养猪管理技术的专著。作者在这本著作中，总结了其在 60 余年中许多次访问世界各地猪场收集的各种意见、建议和实践结果，希望通过这本著作将这些技术和理念传播给读者，帮助养殖人员提高盈利能力。本书的另一特点是，这是一本不仅关注猪的生产性能本身，而且能紧贴企业的实战教材。作者根据时代的发展和进步，在书中提出了大量新的术语，包括额外支出回报率（Return to Extra Outlay Ratio，REO）、每吨饲料可售猪肉（Meat/Tonne of Feed，MTF）、每吨等价物（Price Per Tonne Equivalent，PPTE）、年度投资价值（Annual Investment Value，AIV）、断奶力（Weaning Capacity）、母猪生产年限（Sow Productive Life）、绝对死亡数（Actual Mortality Figure，AMF）等。新术语很好地阐述了新产品或新理念与现有方法的成本关系，指导养猪企业更好地使用稀缺且昂贵的资本。

随着对外技术交流的增多和深入，大量新的技术和理念不断传入我国。但是国内仍然缺乏对这些理念和观点进行系统分析与阐述的书籍。本书还详细介绍了近年来所兴起的一些新的技术和产品，包括高产母猪的饲养与管理、光照对母猪的影响、断奶后生长受阻的影响和解决方案、猪场的人力资源管理、批次分娩管理、液体饲喂技术、母猪的季节性不孕、生物安全的管理等。

本书的译者来自养猪业的各个岗位，他们都是常年活跃于生产一线的猪场管理人员、集团公司技术总监及其他行业专家等。翻译团队拥有丰富的实践经验和较好的外语水平，翻译质量较高。本书的出版将为规模化猪场的建设及管理提供有益参考，推动我国养猪效率的提升，加快我国养猪业的规模化、产业化和现代化进程。相信仔细阅读此书并细细领会作者的思想一定会对中国养猪业的健康发展有参考价值。

中国科学院　　　院士

江西农业大学　　校长

猪遗传改良与养殖技术国家重点实验室主任

2015. 5. 19.

译者序

　　四年前，当我在一家国际性动保公司担任猪兽医技术经理的时候，主要的任务是为猪场提供兽医技术服务。那时工作中碰到最多的问题是猪病，当试图仅用兽药和疫苗解决猪场中的这些问题时，发现往往并不奏效。然而，一起工作的外国同事在面对猪场的疾病问题时，更多的是从饲养管理的角度来为猪场提供解决方案，这往往比单纯从兽医角度用药和疫苗更能为客户提供帮助，而他工作时经常参考的一本书就是由 John Gadd 先生所著的《养猪生产中的问题》（*Pig Production Problems*）。Gadd 先生针对猪场中出现的问题，在书的每一章都会列出检查清单（checklist），就如同飞行员在起飞前的检查清单一样，能够帮助技术人员快速高效地找出问题的症结；同时，还指出每种解决办法会给猪场带来的经济回报。于是就想到是否有可能将这样一本与众不同的工具书翻译过来，也许会对中国的养猪生产者和为养猪业服务的各行人士有所启示和借鉴。

　　与 Gadd 先生的邮件联系也得到了积极回应。在他的热心帮助下，很快促成了版权单位诺丁汉大学出版社与中国农业出版社的合作。在版权谈判的过程中，正如 Gadd 先生所言，随着科技的发展，世界养猪业的生产技术也发生了飞速的进展。于是 Gadd 先生在《养猪生产中的问题》的基础上进行了修订，接着一本全新的书，也就是 Gadd 先生的第三部养猪专著——《现代养猪生产技术——告诉你猪场赢利的秘诀》面世了。与所有的传统教科书不同，Gadd 先生关注于养猪生产技术的经济学层面，即我们养猪人不能仅仅关注新技术和新产品所带来的猪生产性能的提高，而更要注重猪场是否赢利以及赢利水平的高低。作为一个独立的猪场顾问，只有所提供的建议能为猪场投资者和经理人带来利润才有价值， 而这正是一个遍访全球33 个国家3 000多家不同的猪场， 与猪打交道超过 60 年的专家熠熠生辉的智慧。

Gadd 先生并不是养猪研究领域的精英专家， 他更像是一个穿梭于猪场、 裤腿泥泞的草根英雄。 这本充满智慧的著作的面世与其独特经历相关， 早年 Gadd 先生在读了四年农业学校后， 第一份工作是在一个研究所任研究助理， 进行关于牛和家禽的研究， 这教会了他如何设计和实施研究试验。 随后他管理了一个生长育肥猪场， 并取得了优异的生产成绩， 从而使其将一生的目标锁定在养猪生产上。 两年后， Gadd 先生在当时英国最大的制药公司谋得了一个初级顾问之职， 主要集中于猪的产品，Gadd 在此快乐地工作了十年， 同时接受了各种培训， 并最终成为公司的猪产品经理。 随后， Gadd 应该制药公司最大的客户， 也是英国最大的猪场的邀请， 离开制药公司加入猪场任技术主任， 同时负责猪场饲料添加剂公司和饲料厂的运营工作， 正是这个工作使得 Gadd 先生有机会学习有关养猪生产环节中的饲料生产的商业内容。 但 6 年里每周超过 100 小时的超强度工作让 Gadd 先生不堪重负， 不得不转到当时英国第二大饲料公司， 担任猪的技术顾问和猪产品经理， 该份工作也包括试验猪场的管理， 在 20 世纪 80 年代取得了举世瞩目的成绩。 在这个优秀的公司又工作了 6 年， Gadd 先生相信养猪业的未来在英国之外， 同时也为了使自己的收入更丰厚， 于是开始专注于拓展自己的国际性猪场咨询服务事业，从那时起， 在过去的 30 年中， Gadd 先生的足迹踏遍全球 33 个国家超过3 000家猪场， 这种神奇的经历也是作者一辈子的财富。

在与 Gadd 先生的交往过程中， 他并没有提及他在养猪界有多出名，而实际上他是 "全球养猪界十大名人" 之一， 而这种认可来自于他在有关养猪论文的撰写中取得的惊人成绩， Gadd 先生是个 "写作狂人"，50 年来他为超过 12 本养猪领域的杂志撰写和发表的技术论文超过2 900篇。 同时， 他也是英国和国际养猪会议演讲席的常客。

本书是 Gadd 先生深厚知识及赢利性生产经验的见证。

　　当然要完成这样一本书的翻译工作， 靠一个人是不可能的。 在此过程中， 多位工作在养猪生产一线的同行参与了这本书的翻译工作， 然而由于每个人都有自己的本职工作， 加上 Gadd 先生不断有内容更新及增加， 翻译工作进行得时断时续。 直到有一天， 在种猪场担任育种和生产管理工作的张佳打来电话， 说潘雪男老师想引进翻译一本书， 结果通过参与翻译工作的曲向阳了解到中国农业出版社和我们正在进行这本书的翻译出版工作， 这次交流让这项艰难的工作突现曙光。 在张佳、 潘老师和我的共同组织下， 又有一大批有英语功底、 富有才华的从事养猪一线生产以及饲料营养、 育种、 教学、 猪场设备等相关产业的养猪爱好者加入了翻译团队， 使得翻译工作进展很快， 在此也一并致谢。 而随后大量的校对和复核工作也让我们不敢怠慢， 每个人都想尽力将这样一本与众不同的养猪教科书介绍给中国的养猪生产者， 正如 Gadd 先生所言， 我们意识到， 我们是 “养猪生产者”， 但我们更应认识到我们是 “猪肉生产者”， 而只有我们将自己看成养猪的 “利润生产者”， 才会使养猪产业健康、 可持续发展， 也才会让消费者吃上放心的猪肉。

　　虽然所有参加翻译工作的人都尽心尽力， 然而由于水平所限， 难免出现疏漏和谬误， 在此也恳请读者原谅并提出宝贵意见， 并与中国农业出版社联系， 以利再版时改进。

周绪斌

2015 年 3 月

写给中文读者的话

有关于这本书

这是我本人有关于养猪生产的第三部教科书，与我书架上琳琅满目的其他专家有关养猪的教科书和操作手册不同的是，这本书专注于养猪生产的各种技术手段是否能够给猪场带来赢利。传统的教科书对于新的产品以及有趣的新思路对猪生产性能的提高涵盖颇丰，但通常很少提及这些产品和思路对猪场经济效益的影响。

在本书中你将发现我总是关注利润，我经常应用"计量经济学"——这个我于40年前开始在养猪生产领域中发明的词，与"经济"这个词略为不同，其涵义是成本和效益的数字分析。很多年前，当我还是一个管理顾问，在进行猪的研究试验时，经常有人这样问：

"对，结果是不错，但投入产出比如何呢？"

或者有人说，"从生产性能上来看，低日龄猪表现不佳，那么在这些猪达到屠宰日龄时成本效益如何呢？"

还有，"这个产品似乎很有用，但养猪人要花多少钱呢，花出的钱超过产出的钱吗？"

本书的基础是尽可能使给猪场的所有的建议都基于投入产出的分析和计算，而几乎所有这些建议也都基于完美的试验研究。

异议

研究领域的科学家们经常说："我们不能将成本放入计算公式中，因为成本和猪价在不同国家的养猪产业中截然不同。"

我理解这种想法，但是我不赞同，基于以下两个原因：

1. 根据研究报告或农场试验所得到数据的假设，养猪生产者可以将自己当地的数据替代原有数据，并利用研究报告中所得出的生产性能结果，因此，可以根据自己经济条件下的投入产出分析来评估结果是否适合自己的状况。

2. 作为一个猪场的顾问，我的收入来源于对猪场提供正确的建议，这些建议必须能够提高猪场的赢利，降低猪场的损失。

如果我的建议未能达到这一个或所有目的，那么我宁愿猪场不再叫我去解决将来可能出现的其他问题。所有生意人都清楚，老顾客十分重要，也是生意的生命力，而我，始终坚持给我的客户提供具有投入产出效应的建议。如果我的建议在客户眼里具有价值，那我才有可能再次回到客户那里。事实就是，作为一个私人顾问，我访问过3 000多家不同的猪场，足足有三分之一的猪场都去过不只一次，这也提示，基于计量经济学来提供建议是值得的。

新的,与时俱进的衡量术语非常有必要

聚焦于为客户提供具有投入产出效应的建议的努力使我发现，现有的一些养猪生产术语存在局限性。我们非常熟悉的术语如饲料转化率、平均日增重、每头母猪每年提供断奶仔猪数、死亡百分比有时会误导我们，因为这些术语都是基于生产性能，如果农场主基于这些术语的话，则可能会误导他们。

而新的衡量术语非常适合，通常更准确，并且能反映猪场的赢利程度，因此，对于农场主评估收入非常实用。

本书的中心围绕着我这些年来一直倡导的新的术语，这将有助于所有生产者，无论是大是小，让他们达到最终的目标，这就是：

你作为一个养猪生产者的目标

对于我来说，农场主必须，以**最低的成本**生产出**最多的优质瘦肉**。

另一方面，我作为一个顾客，将提出另外四个要求：

请为我，作为一个消费者，提供**安全健康的猪肉**，这些肉必须**风味鲜美，烹饪后可口**，生产过程中应**避免产生污染**，并保证**猪的福利**。

你会发现，这本新书聚焦于这七个有价值的思想。

这是我有关于养猪的第三本教科书，书的大部分是针对当前中国的养猪条件而写的。

最后也要感谢周绪斌、张佳和潘雪男先生对本书的建议，感谢他们和翻译团队的辛勤工作，他们的耐心和技巧使得本书得以和中文读者见面。

John Gadd

前言

关于本书

诺丁汉大学出版社的工作人员告诉我，我的第一本养猪的书籍《养猪生产中的问题》（*Pig Production Problems*）库存已经不多并建议出版第二版。我认为修订工作不会花太多功夫，因此欣然遵命。

6个月后，800个小时的彻底修订无疑证明当初的想法是大错特错！这同时说明，自2003年出版第一版起，短短的7年时间里世界养猪生产技术取得了巨大的进展。可以说，一本全新的书面世了。

本书对现有的养猪生产策略和建议进行了非常全面的更新，以符合现代经济的发展。对此期间已取得显著进展的新技术需要花整幅篇章进行全面的介绍，如仔猪的饲喂与管理、高产青年母猪的重要性、现代员工管理、越来越突出的霉菌毒素问题、电脑控制液体饲喂（Computerized Wet Feeding，CWF）和分胎次饲养。此外，所有的成本计算和投资回报数据都需要进行更新，并为养猪生产者提供获得更高投入产出比的建议。同时，我还联系并咨询一些权威专家，以确保我的一些结论尽可能正确，我非常感谢他们的耐心赐教。

工作还没完成10％时，数据库中的新信息量已让我感到吃惊。这些资料装满了15个钢制文件柜，每个文件柜4个抽屉，每个抽屉装了30个文件夹的打印稿，更别提不断增多的存储着从互联网上收集的技术资料的电脑磁盘。

检索并筛选信息占用了随后写作时间的80％，而写作对于像我这样在各种养猪期刊上笔耕长达46年的撰稿者来说并不成问题。

一本新书

工作进行到1/5时，我意识到与其说本书只是修订的第二版，还不如说是一本全新的书，因为这么多现代高效益养猪生产的新技术需要介绍。我强调"高效益"这个词，是因为作为已为自己打工26年（以及在此之前给别人打工也有 26 年）的一个自由职业的养猪顾问，仅仅为养猪生产者及其员工就如何提高猪的生产性能提些建议还远远不够，有以下两个原因。

首先，一流的生产水平可能耗资太高，将会破灭获得更多利润的希望，而值得称道的努力、技能和大胆的投资本来可确保获得更多的利润。

其次，虽然低成本养猪生产（如户外养猪、设计良好的临时性经济型猪舍、只需投入少许资金的特许加盟经营）的生产性能比起那些广受称赞的顶级生产者来说要低一些，但就投入的固定资本和流动资本而言可能会盈利更多。我在书中提到多个此类精明的养猪经营者，在两次猪价危机后，他们虽然遭受损失，但仍留在这个行业，而一些曾经拥有一流生产水平的养猪生产者却已不知去向。

因此，据我看来，潜在的利润甚至比潜在的生产性能更重要（我反复强调这一点就是为了说明哪里才是本书的关键出发点），我试图按照以下范围尽可能对每个专题进行详解。

需要讨论的主题如下：

1. 哪些在过去是有效的？

2. 现代养猪生产条件下，怎么才能使猪的生产性能和利润更高效？

3. 今天，养猪生产者面对各种令人头晕的财务选择方案，哪些值得关注？为什么？什么方案可能具有成本效益？总之一句话："花钱的最佳方案是什么？"

4. 未来，我们在该领域能做什么？为什么？

不同时代需要不同的术语

在我看来，最后两点最重要。但正如我在 30 年前从事生产一线的咨询工作所发现的那样，我们需要一系列全新的术语，不仅仅用来测定猪的生产性能（令人沮丧的是直到现在还是这样），还需要在同一术语中尽可能体现出养猪利润。我们必须这么干，但不能改变以生产性能为主体的旧术语的价值，如饲料转化率、单位增重成本、死亡率（%）、每头母猪每年提供断奶仔猪数等，虽然我们极其熟悉这些术语，但它们肯定已经过时。用来替代这些术语的是与利润相关的生产性能术语，我将在"商业篇"予以介绍，并补充一系列最新内容。

我已说过多次，我们不能再称自己为"养猪生产者"，而应称自己为"猪肉生产者"。将来，我们不仅应视自身为猪肉生产者，还应是养猪利润生产者。

我们的职责是以尽可能低的成本生产更多数量的优质瘦肉。使用这些新术语将有助于我们实现这一目标,因此,请一定要阅读本书的这一章。

因此,养猪技术正在发生种种变化,我们需要一本新书进行一一介绍。

巨大可观的变化,令人振奋的变化,挑战十足的变化。我希望你们能觉得我的建议对应对这些变化会有所帮助,并能从这些变化中获益。

本书的由来

我的建议始终都能取得成效吗?不,并非总能成功。当然不会这样。我知道这一点是因为一旦有空,我总是对我咨询过的猪场进行例行回访。"建议管用吗?现在你觉得情况怎么样?"我的生意伙伴也这样教我。早年,当我还是一个提供各种产品支持的猪场咨询员时,必须迅速对投诉进行调查。有人说"一个得到妥善处理的投诉意味着增加一个潜在的终生客户"。这句话千真万确!我也是这么干的,因为我是一个写作狂人——我记录下一切,并且一直如此。这有助于让你在繁忙的时候保持记录,因为我的记性确实糟糕!从1950年起,我开始写猪场日记;之后,在20世纪60年代改成写一般性(社交)日记,我称之为"大杂烩"——在过去32年中,日记记录了我感兴趣的一切,如果有必要,我还留下了照片或复印件。现在,日记中有30 000多张照片,共计400万字,很多内容涉及养猪生产——这是一个令自己和世人震惊的壮举,如果你坚持下去,日积月累的东西也会让你大吃一惊。也许有些不寻常,但非常实用!

在写这本书时,这些材料物尽其用,因为我每年都给日记编制索引并交叉引用(每个圣诞节休息10天都做这项工作),这是一个可利用的经验资料库——有助于恢复记忆,纠正时间带来的偏差。

检查清单

正是因为记性不太好,我很快发现,当我必须解决某个养猪问题时,查阅自己撰写的检查清单非常管用。毕竟,甚至连飞机的飞行员在飞机起飞前都有一个检查清单,以确保不遗漏任何环节;作为咨询员,我们正好也需要考虑很多因素,即使我们坚实地站在大地上也需要这样一张检查清单,否则我的工作将会一团糟。

我已将通过这一途径积累的部分经验写在本书中,尽我所能以检查清单的形式列出;如果能明确问题所在,我还补充了可能的原因和证据,以及经济学证据——成本和效益。毫无疑问,现代养猪生产者需要证据;一辈子的经验当然非常有用，但不能光凭经验，还需要以事实为依据，以及过去是怎么做的——经验，你的经验和我本人的经验。

员工激励

对人员管理的讨论是本书的重要章节。

"人既能成事也能败事"，我不知道是谁第一个说这句话的，但这话多么千真万确啊！

我的大半辈子（60多年）与养猪生产息息相关，曾经受到过激励——首先是学校校长，然后是先后的两任经理——当然，也曾被职业生涯中两个顶头上司挫伤过。

我也必须尝试亲自去激励他人，从我家的园丁到猪场的多个员工团队、我所加入并定期为社区募集资金的社团资深委员。这些为我积累了丰富的经验，这些经验全都是在困难中学到的。

在"人员管理"一章中，我写得非常详细，既有我亲身经历被"管理"的结果，也得益于我在50年的猪场咨询服务生涯中有幸拜访无数猪场得到的宝贵经验；至今，我的足迹已遍布30个国家的3 000多家猪场。

显然，绝大多数最赚钱的单位都有最知足和最稳定的员工。

最近，我在对几位非常成功的零售业CEO进行问卷调查时激动地发现，所有机构都将人员激励作为首要任务，以确保赢利——这些人员不一定是会计或采购员，或仓库管理员，或订单/调度员或技术员等，不过他们也是"员工"。这些CEO将"前台人员"放在员工清单的最前面，并花大量时间对其进行激励和培训。根据我的经验，有些事情是我们很多农业供应商公司能改进的，他们的联络人员在接受顾客关于产品的咨询时可能非常随便，经常不接电话或不回邮件，可能因为很多联络人员都曾被不称职的经理挫伤过。

简而言之，以下是我总结的经验：

1. 团队精神是任何生意的法宝。

2. 给员工知情权。我父亲（一位高级军官）的座右铭是"让下属有知情权"，他也是这样做的；下属们爱戴我的父亲，并随时追随他，我家里还有在父亲升职和搬迁时他们写的感情炽烈的信函。

3. 如果员工完全不知情，他们可能失去动力。

4. 让你的团队有表达看法和参与决策的机会。如果事情做不了，请明确告诉他们原因。不能只是简单地说，"我们干不了"，还要解释原因。

5. 向员工询问他们对你的期望，并告之你对他们的期望。我们总是做后者，却很少做前者，这是一个非常糟糕的错误。

6. 如果生意状况暂时无法支持加薪，比如说，你可以做点其他的事……

从表扬他们开始。很小的表扬将产生奇妙的效果，甚至是随口一句话（"哦，顺便说一下，你给那头动来动去的小猪打针打得很利索啊"）都将使人记忆永存。发现他们的努力/完成的目标。用奖励的办法激励他们——意识到他们在加班加点，给他们放一天假或让他们短期带薪旅游。认可个人或集体的成绩不但能激励员工，还能激励他们的同事。确定并安排培训机会。根据培训和业绩情况建立工作进步档案。给员工的家庭成员赠送简单的礼物——尤其是孩子。诸如此类的做法带来的激励作用远远超出了金钱奖励，直到生意状况改善后有条件涨薪——总之是很实惠的！

总而言之，最重要的是沟通。

关于作者

我承认作为一名农场咨询员——我宁可采用这个旧词，也不愿意用今天更时髦的词"猪场顾问"，我资质颇低，只是在60年前获得过两张苏格兰农业专业的文凭。当我开始对农场畜牧工作产生兴趣的时候，这两张文凭足以使我获得进入技术咨询领域的入场券。作为一名新兵，我必须干那些资深顾问不愿问津的零碎活。因此，在一家医药公司，我以资历（非常）浅的咨询员身份，给20 000只羊做过药浴，化学阉割过的鸡数不胜数，给约1 000窝仔猪打过针，所有的这些工作在一年内完成。这只是个开始！我把手弄得脏兮兮的，这教会了我如何将技术与满腿泥泞的实践相结合，这也是我毕生视为至高无上的准则。即使60年后的今天，我仍然问客户能否让我展示一些用一生实践所学到的本领。我热爱这项工作！

但正是猪让我着迷并与之打成一片，正是猪让我开心地决定将来把宝押在谁身上。我热爱实践工作，包括检验新的猪用产品，并逐渐有充分的自信提出自己的建议。回到公司的办公室，我有一桌子来自真正养猪生产者的询问和抱怨要去答复。如果咨询处的同事被问题难住或相互意见不一，我就无法理直气壮地给猪场的专家朋友们打电话告诉他们答案，因为他们就像所有的专家一样，给我的答案自相矛盾。只要时间允许，我就走出办公室，从事猪场员工必须做的工作。这些工作我全都做过——有些工作我做得并不是非常出色，我承认这一点！

我的前辈们对我非常有耐心，对我帮助非常大，他们知识丰富，是营养、动物疾病、化学治疗和其他科学"领域"的专家，因此成为初出茅庐年轻人的支柱力量。但在从事了很多年的养猪咨询工作之后，现在，我回顾过往才发现，他们在提出建议时可能没有做到两点。第一，从生产实践的角度来看，以科学为基础的解决方案在现实猪场中可能有效也可能无效，他们缺乏此类实践知识。第二，作为专家和业内人士，他们可能还不擅长预见这些问题将产生什么影响或如何将几个科学领域联系在一起。今天，科学家们称之为"多学科知识"，即知识面。作为专业领域的专家，他们并不善于广泛涉猎知识，我觉得无论去哪个猪场都最好将这一点铭记在心。

我先是涉足药品行业，然后进入动物饲料行业，作为一名拿薪金的商业性咨询员，要确保雇主的产品具备在设计时应有的功能——或在有投诉时找出不管用的原因——我学会了几种重要的解决前提，必要时有助于在任何一种情况下提供正确答案。最后一点，即如何保证建议"可靠"！

致歉

本书肯定难免有错误和疏漏，我希望不会太多。如果有的话，当然完全是我的错，在此我先向大家道个歉。没有人无所不知，尤其是我！我每天都学习一些养猪的新知识，每月能学到一些重要知识，每年能学到一些革命性的重要知识。你岁数越大，了解的越多，但你也会因为对终生从事的职业中未知部分越发感到不安和惭愧。年龄增长的一大优势在于你很乐意承认自己有些东西不知道，主张把那些刨根问底者推给可能什么都知道的专家。正如我所说，我是个粗枝大叶的人，这就是为什么我发现50多张检查清单是如此实用，能使我直击细节。

我希望你也能如此。

致谢

　　虽然本书由我独立执笔完成，但若没有许多人50年来的耐心指教和帮助则不可能完成。

　　从现在追溯到我的学生时代，特别感谢……

　　首先是与我金婚55年的妻子芭芭拉（Barbara），感谢她让我占用了家里的餐桌长达18个月之久，重写本书又占用了8个月！每当写作难以继续时，感谢她提供了无数杯咖啡或更提神的饮料。

　　感谢我的女儿艾莉森（Alison），她使得我不会被家里的电脑逼疯。

　　其次，感谢诺丁汉大学出版社编辑团队的明智意见和努力工作，尤其感谢萨拉·基林（Sarah Keeling），她运用她的排版和演示技术使本书充满吸引力和可读性。

　　自1984年我成为自由职业的养猪顾问以来，有38位忠实而坚持不懈的英国和海外养猪生产者曾经慷慨地允许我使用他们的猪和设备，对产品和尚未公开发表资料的问题进行现场试验。他们中的大多数人希望能够隐去他们的名字，非常感谢他们的辛苦和耐心，也给他们添了很多麻烦。尤其要提到的是一位东欧的猪场主，他同意了我进行对比试验的建议：采用一种错误的保育猪管理方式一段时间，以便与另外一种效果更好的管理方式进行比较。他们太大度了！

　　接下来要感谢的将是约3 000位养猪生产者及其员工，多年来，他们一直向我这样一位批评多表扬却极少的来访者敞开猪场的大门。40年来，你们教会了我太多的养猪知识，还有人员管理方面的知识！

　　我还要感谢以前在饲料和相关行业的同事。尽管我们同样代表雇主的利益，但我们对于如何最好地实现这些目标并非始终意见一致，即使我们分道扬镳，我希望我们仍然是朋友。同时，我也把同事们置于"竞争"队列中。在我做生意的那些岁月中，令人愉快的记忆之一是拨通竞争对手的电话，只是想向他们的咨询员或营养师咨询一个技术问题。他们几乎总是友好并心平气和地给出答案，我敢保证那时不像现在这样剑拔弩张、竞争过度。是的，现在是缺乏绅士风度的时代！

我感谢很多学者和科学家，他们知道的技术知识远甚于我，我与其中的一部分人持不同意见，颇感冒昧，甚至时常深感不安。我相信这种情况还会出现，但仍将以建设性的方式继续！如果没有他们，我们会身在何处，这本书会在何处。我肯定欠他们很多，在参考文献等部分，我尤其要向那些为本书提出建议或工作的人们深表感谢。我希望我的致谢能面面俱到。如果遗漏了某些人，请你们谅解。

再者，我要感谢给我提供工作机会的 40 余家商业性公司。作为一个曾经在商业性公司工作过的人，我需要分析并解决他们的问题，这种计量经济学分析的背景深深影响了我的服务模式，并且我想其有助于本书中所提出的咨询建议，这也是本书应该有的基本原则。

现在该说说我早年成长阶段的事了，因此我会提及一些名字，之所以提起，或者是因为他们的过世令人伤感，或者是因为他们肯定已经退休，这样，提及姓名不会让他们太尴尬。

已故的斯蒂芬·威廉斯（Stephen Williams）是一位农场管理思想的先驱者。他非常睿智，有一点偏激，但总是能保持正确。我早年的导师是兽医诺曼·布莱克（Norman Black）和奥利·默奇（Ollie Murch），他们让我相信猪兽医对我们所有人来说具有长期价值。另一位卓越的养猪思想先驱和猪场主戴维·泰勒（David Taylor）是英国员佐勋章（MBE）获得者，也许和他共事很难，但他是个令人惊奇的实践导师，他将自己的知识慷慨地传授给正在养猪生产实践中摸索出路的年轻人。

今天，我们都是销售员。养猪生产者销售猪肉，我出售有关如何高效生产猪肉的技术，许多人可能没有意识到这一点，但我在拜访猪场的过程中，曾向两位顶级的职业猪饲料和猪产品销售员学习了很多，我相信他们仍在积极工作，他们是英国原威尔特郡（Wiltshire）的雷吉·哈迪（Reg Hardy）和美国艾奥瓦州（Iowa）的迈克·金（Mike King）。如果我在本书中提及一些信息，其中一部分来自于他们极其具有示范性和说服力的销售技巧。

还有三位大学老师。一位是在阿伯丁的新西兰人尼尔·库珀（Neil Cooper）教授，他专攻羊的生产，实际上我们经常就养猪问题争论不休，但我们都爱好登山，登山也是我一生钟情的另一个爱好。另一位是在第二次世界大战期间秘密研究雷达波束的 R.V. 琼斯（R.V. Jones）博士，他让我对物理学发生兴趣——空气如何运动及热力学，对于任何一个从事养猪咨询工作的人来说，这是一门重要的基础学科。R.V. 琼斯会在午餐后往沙箱里打真子弹来叫醒我们这些学生——他就是这样的老师。今天，健康和安全"警察"会怎么看待这种事呢？相反，大学的克莱伯斯通农场（Craibstone Farm）的汤姆·多兹沃思（Tom Dodsworth）博士是一个安静友好的人，他研究养牛，并给我上过课，还告诉我在获得准确试验结果过程中可能会犯的错误。在我的整个职业生涯中，伟大的戈登·罗森（Gordon Rosen）博士是一位奉行精确的忠实信徒，他多次教导我要正直——谢谢你，戈登。

最后，我还要感谢苏格兰劳伦斯柯克的农场主鲍伯·米尔恩（Bob Milne），他是我的第一任老板。同时，他也是一位养猪生产的原创思想家。在我为期 18 个月的农场学徒期间，正是他命令我（时年 19 岁）撰写农场日记，并要求每月对日记进行评审，我因此走上了职业写作之路。日记的很多页上还保留着他用铅笔写的"No"！我也要感谢迄今为止一直为之笔耕不辍的 10 位编辑。

我为英国《养猪》（Pig Farming）杂志连续 4 位编辑撰写每月一次的专栏，历时整整 35 年。仅仅为这一本期刊（是我经常撰稿的 6 本杂志之一）就写了 413 篇文章，我想这是多么大的成绩啊，我也要向耐心的编辑们致敬，他们留出页面让我写"我眼中"的养猪生产长达 35 年。自 1990 年起，日本杂志《养猪界》（養豚界）已刊登过近 250 篇拙作，《养猪进展》（Pig Progress）杂志刊登过 150 多篇，并且还在继续。我与这些杂志的长期合作促进了读者的反馈，我从中受益良多，感谢你们多年来写信给我。

我要谢谢你们所有人，诸如养猪生产者和专家，因为你们每一个人都对本书的出版做出了贡献。没有你们，我不可能完成此书。

在写这本新版书时，我咨询了几位同行——他们都是各自领域的专家。

感谢格兰特·沃林（Grant Walling）* 博士（JSR 遗传育种有限公司，JSR Genetics）对于"青年母猪"一章的建议。

感谢朱尔斯·泰勒-皮卡德（Jules Taylor-Pickard）* 博士（奥特奇英国公司，Alltech UK）对于"霉菌毒素"一章提供的信息。

感谢安迪·迪克斯（Andy Deeks）* 和西蒙·瓦尔博恩（Simon Walburn）（杜邦国际，Du Pont International）审阅"生物安全"这一章。

感谢威廉·克洛斯（William Close）博士（Close 顾问公司，Close Consultancy）对于霉菌毒素和有机微量元素的建议。

感谢斯特芬·哈尔（Stephen Hall）（微软公司，Microsoft Ltd）对于计算机记录的介绍。

感谢吕克·勒杜（Luc Ledoux）和詹姆斯·奥金克洛斯（James Auchincloss）（喜爱迪公司，Cidlines bv）提供用水信息和成本。

感谢史蒂夫·斯托克斯（Steve Stokes）（汉普郡管道公司，Hampshire Pipelines）提供电脑控制液体饲喂的成本信息。

感谢海伦·索迪（Helen Thoday）（英国养猪协会，BPEX UK）提供预期生长速度的信息。

感谢尼克·麦基弗（Nick McIvor）（AM Warkup 公司，AM Warkup Ltd）提供现今猪舍造价的信息。

非常感谢你们提供的专家级意见。

* 并花时间阅读相关章节。

本书谨献给：

我在全球养猪行业遇见的约5 000位努力工作、专注奉献、充满耐心、热情洋溢的人们，他们通常待遇不高，我有时与之争论，但始终用心倾听——他们中的所有人帮我促成了这本书。

> **"一般来说，生活中最成功的人是那些获得最佳信息的人。"**

——本杰明·迪斯雷利（Benjamin Disraeli）（1868年和1874—1880年两度出任英国首相）

目录

第1篇 技术篇

第2篇　商业篇

第1篇 技术篇

第1章
教槽料最新饲喂技术

教槽区（creep）是指通过使用护栏为哺乳仔猪提供特定区域，避免母猪采食到仔猪的开食料（starter）。

教槽料（creep feed）是指放在教槽区的饲料。

为什么在一本描述各种猪的问题的书中专门列出一个章节来叙述教槽料的饲喂？这里有 2 个原因：

问题 1，教槽料绝不是万能的。但即使在很小的猪场里都能发现教槽料的好处。本书会在表 1-2 提供一些成本效益的案例。

目前，由于遗传学家在提高母猪繁殖性能方面取得的巨大进展，现在的母猪（特别是青年母猪）可以提供更高的产仔数。但是母猪在不影响后续繁殖性能的情况下，却不能喂养所有的这些后代。

问题 2，很多猪场在教槽料饲喂方面做得不够好，特别是卫生、保持储存的教槽料新鲜以及频繁补料方面。

另外，很多养殖者不想付高价购买对仔猪肠道有益的现代教槽料。有些人试图自行配制，由于使用了一些不容易消化的原料，这经常会导致仔猪消化不良。多数农场无法获取到正确的原料。

一、为什么是教槽料？

自从英格利希博士(Dr. English)2002年首次报道高档教槽料(Sophisticated creep feed)的试验结果起，我的文件中已经有30多个发表过的试验结果。

除了 2 个试验外，所有的试验都给出了相同的结果。在 18～28 日龄断奶的仔猪中，断奶重的改善可以达到 210～1 150g。

二、饲喂教槽料十分重要

从这个角度想一想：以前母猪平均产仔数大概为 10 头，28 日龄断奶窝重大概为 43kg。现在母猪平均产仔数为 13 头左右，28 日龄断奶窝重大概为 86kg，这是 20 多年前的 2 倍。20 年前，母猪分娩后第 4 天起每天需要采食 3.5kg 饲料（14.6MJ/DE 以及每千克饲料 10.2g 赖氨酸）来维持仔猪生长到 43kg 的断奶窝重。

现在母猪分娩后第 4 天起每天需要采食 5.6～5.8kg 饲料（14.8MJ/DE 以及每千克饲料 10.5g 赖氨酸）。现代母猪仍然提供 4.5g 乳汁来保证仔猪 1g 的生长。这几乎没有变化。

多数母猪在产后 4d 仍然达不到这个采食量。

为避免母猪由于哺乳导致背膘厚严重变薄，需要一些外部措施来帮助母猪，以避免在上个哺乳期严重失重。这一情况可以在出现时通过触诊或外观（体况评分）进行判断，相对容易。然而我们今天遇到的生殖繁殖激素（Reproductive breeding hormone）严重下降的问题，相对更难判断。除非在损伤已经发生过后，根据记录进行判断。这是当今饲养现代高产母猪的最主要问题。教槽料的饲喂可以减轻母猪的一部分负担，是目前用于防止这一现象的一个非常重要的策略。

部分养猪生产者建议只要提高哺乳料的营养水平就可以解决这个问题。这样母猪采食到的每一口饲料都有更多的营养。

这里的问题是我们已经竭尽所能地执行这一策略（虽然湿喂可以增加采食量，同时也能缓解这个问题，但它并不妨碍教槽料的需求）。难点在能量方面，哺乳料的能量提高到一定水平以上，会导致母猪采食量下降，对此我们无计可施。

基于以下 3 个重要原因，如今的教槽料饲喂十分重要：

我引用的数据来自我的客户在过去十年间的数据。

1. 无论采用什么断奶日龄，教槽料的饲喂都能帮助仔猪达到生长遗传潜力并顺利断奶。不使用教槽料会使基因优秀的仔猪的 28 日龄断奶重减少约 17%。这个影响程度在屠宰时容易加倍。如果断奶后生长受阻超过 6d，则影响可以达到 3 倍。

2. 保护母猪。母猪哺育仔猪数量多与哺育数量少相比较，哺育数量多时，将导致每头仔猪的 28 日龄断奶重比哺育数量少时个体轻 1kg。

延长母猪的使用寿命。如果仔猪采食经过精心设计的教槽料，将平均延长母猪使用寿命 1.7 胎。

3. 提升母猪的免疫力。一头健康的母猪在哺乳期间的生产应激仍然会降低其免疫力。特别是母猪的 IgA 和 IgM 水平会下降 18％，母猪需要调用 16％的能量及 10％左右的蛋白质来增强它受到挑战的免疫防线。这些营养不能用于乳汁合成。

因此，母猪而非仔猪得到了营养。结果将导致仔猪 28 日龄断奶重下降 0.6kg，出栏天数延长 6～8d。

如果分娩舍的卫生条件不是很好，对母猪免疫力的要求会更高，疾病将严重影响母猪和仔猪。良好的卫生条件对仔猪出生重的影响很大。

三、现代仔猪料设计

我每个星期都要听到的抱怨：为什么教槽料成本这么高？

消化率是一个关键因素。母猪的乳汁并不会破坏肠道吸收部位的纤弱敏感的绒毛结构——见图 4-4。乳汁包含乳糖，所以教槽料中要有类似的高乳糖含量，并在断奶后饲料中立即降至较低的水平。

这是一个需要考虑饲料适口性同时又能维持仔猪基本生长的因素。

但是，乳糖的应用仍然存在 2 个障碍。

一是，由于人用婴儿食品领域的竞争导致乳糖价格较高。另外，猪场位置离乳品工厂越远，价格越高。

二是，如果饲喂过多乳糖，将导致仔猪发生腹泻。

现在建议在前几天仔猪早期开食料（Prestarter）中添加 20％～30％的乳糖，然后在接下来一周左右的开食料（Starter）中下调至 10％～12％。如果发现腹泻，可以在接下来的一、两天降至 5％。这一点以及其他营养方面的因素就是为什么市场上有很多不同阶段早期教槽料的原因。这一现象很容易使猪场认为是为了在 3 周左右时间内销售更多昂贵饲料的销售策略，事实上不是。我理解轮换饲料是一件很麻烦的事情，但是顶级的育种场会培训他们的员工执行它，并保证员工有足够的时间来完成。

不含乳糖的早期生长猪饲料应用于断奶后 14～18 天的仔猪。

需要记住的两件事：

首先，不同猪场不一样，而且降低乳糖含量的时间也是因场而异。所以你最好能像我们在 Taymix 农场一样，进行一次试验。作为同样富含乳糖的脱脂乳品和乳糖的区域经销商，我们知道关于这一特殊营养的一切！表 1-1 中列出关于这一主题的最新建议。

表 1-1　推荐的仔猪日粮乳糖水平

母乳中的含量 仔猪体重（kg）	最低（%）[1]	理想（%）[2]	最高（%）[3]
	—	25	—
4～6	20	30	40
6～8	10	20	30
8～12	5	10	15
12～20	0	5	7.5
20～30	0	0	0

注：[1] 在低成本生产体系中，可接受的生长性能。
[2] 在正常条件下，平衡日粮成本和生长性能。
[3] 在高健康水平下，加速生长性能。
数据来源：Mavromichalis（2008）。

其次，应听从专业教槽料厂家的建议。他们了解自己的工作，而且擅长教槽料配方设计这一复杂的营养领域，所以请听取他们的建议并向他们学习。

四、关于成本的问题

现在回到关于教槽料成本的问题。这的确是个问题，而且因成本问题而不愿意采用教槽料的养殖者仍然十分普遍。

（一）教槽料真的需要如此昂贵吗？

答案是肯定的。我必须声明，没有一个厂家在这个问题上为我提供赞助。我不为任何厂家工作。这里的依据是科学，以及从我最成功客户处得到的结果。他们在成本面前咬紧牙关，这说服我投身于最新的营养科技。对原料的严格筛选以及安全的高要求，使谨慎且技术精巧的仔猪料厂家在商品猪出栏时获得丰厚的回报。我要强调的是在出栏阶段。

现在仍然有很多养殖者并不明白这一道理。这根源于研究者在保育结束时并不能发现性能改善，只有在达到出栏体重时才会有动物产品的丰厚回报以及经常费用的节省。我们销售的不是保育结束的猪！表 1-2 给出一个例子，来说明这一问题的重要性。

　　高档教槽料的额外成本以及正确饲喂（主要是清洁卫生）所需要投入的设备、时间及劳力使得养殖者不愿意采用。当然，确实是这样的。

　　这看上去很贵，但是与育成一头商品猪的总饲料成本相比，在仔猪阶段采用昂贵饲料所占的比例很低。这样的结果是在生长阶段的早期投入可以使用更少更便宜的育肥料，并带来 3 倍的回报。同样，这可以节省 7～12d（甚至 20d）的管理成本，这一成本目前正在不断快速攀升。

（二）高价的理由是什么？

1. 一些常见原料被禁止使用

　　大豆。在原始状态下，大豆非常适合大猪。这个原料会破坏仔猪非常纤弱的肠道表面。如果你必须使用大豆蛋白和膨化大豆，请在营养学家的指导下应用。

　　"廉价"的鱼粉和肉粉。是的，使用 10% 的鱼粉，但只使用等级最高的。这些鱼粉应当使用"低温"加工的原鱼并缓慢熟化。

　　肉粉。用于小猪的任何等级的肉粉都应进行完全良好地控制。在一些国家由于对人类食品的担忧，禁止对任何猪使用任何方式的肉粉，无论采用正确或错误的方法。

　　花生。这一原料是廉价的蛋白质来源，但我的经验是会对小猪产生威胁。因为很多批次的花生都会存在大量霉菌毒素，这会影响所有的猪。

2. 大量非淀粉多糖（Non-Starch Polysaccharides，NSPs）

　　一些原料含有抗营养因子，导致消化率降低 50%，这会导致仔猪肠道松弛，因为仔猪想尽快将这些成分排出体外。随着这些不能完全处理的营养成分在肠道内蓄积，病原滋生，最终导致完全腹泻。营养学家可以降低小麦尤其是大麦等主要谷物的抗营养因子，而仔猪最好避免使用黑麦和燕麦。

　　玉米在营养领域相对良好，但可能是危险霉菌毒素的源头。可以应用熟练的分析及各种精心挑选的酶对非淀粉多糖进行中和。

3. 还有一些不受欢迎的原料，其中有些原料十分关键。但由于成本过高，使用这些原料并不划算。

　　例如：特制蛋白粉、核苷酸（氨基酸的前体）、精炼的乳品副产品、特制油脂、特殊保护的维生素、百乐复合微量元素（Bioplexed trace minerals）和精选酶（Selected enzymes）。

4. 寻找专业的生产厂家

　　由于大约8种关键原料的供应通常只能批量采购，有一些原料十分稀少也限制了采购能力，因此，这些厂家必须是生产仔猪饲料和犊牛饲料的专业公司。

另外，为了在生产过程中不对原料造成破坏（例如蛋白质变性——参见词汇表），需要有专业化的工厂。我去年参观的一家荷兰工厂为了保持操作车间的卫生环境，我们必须通过窗户进行参观。由于原料中乳品含量高、制成的颗粒非常小（3～5mm 铅笔芯大小）、硬度适中（粉料会黏在仔猪的嘴巴上），这些都很难做到且需要专业化的工厂。

由于生产条件的限制，并不是所有的生产者都可以生产现代教槽料。实在抱歉，如果你想制作自己的教槽料，你确实不大可能得到水平相当的结果。

2005 年起，我记录了一些育种场的性能以及他们是否自行制作教槽料。这些场的规模都相对较大。表 1-2 列出了其中的差异。

不幸的是，由于在这些猪场待的时间不长，我只能记录每个猪场屠宰时的每吨饲料可售猪肉（Saleable Meat per Tonne of Feed，MTF）差异。这一数据同样直观并能对经济效益进行真实的比较。

表 1-2　自配教槽料与外购教槽料对比

所有的猪场都是大规模且出色的育种场，自制饲料的营养水平都十分出色。参与记录的猪总共有上千头。

全程使用自配教槽料		全程使用外购教槽料	
猪场数量	平均断奶重（kg）	猪场数量	平均断奶重（kg）
4	6.05	3	7.10
跟踪两个猪场的猪直至屠宰……			
平均断奶重（kg）		平均断奶重（kg）	
6.21		6.85	
每头断奶猪的教槽料成本	1.36 英镑		4.22 英镑（每头猪增加 210%）
屠宰时的每吨饲料可售猪肉（kg）	304		333（每吨增加 29kg）
每吨饲料带来的额外收入			44.37 英镑
每头猪的价值			10.30 英镑
额外支出回报率（Return on Extra Outlay Ratio，REO）（低于昂贵教槽料的额外成本）3.58∶1			

点评：

1. 如果撇开管理费用仅考虑饲料成本，使用同等能力的员工和相同的饲喂方法，外购教槽料的成本至少比自配料贵 3.5 倍。

2. 管理费用的金额因场而异，但假设饲料成本平均为 37%，每天节省的管理费用可以使盈亏平衡点上升 4.7。

3. 在所有猪场中，自配教槽料相对便宜很多，虽然管理猪场的人能力相当，仔猪采食量还是比较低。尽管外购教槽料的成本大体上更高（这使很多猪场放弃），但是在屠宰时的回报远远高于早期的投入。

4. 当然少量数据说明不了问题，但是表 1-2 中的结果是比较经典的。我提到这些是因为这些猪场所有者、他们的猪舍以及猪场员工都代表较高水平，但是依然存在差异。

（三）颗粒料还是粉料？

断奶猪不会吃大的颗粒饲料，特别是有太多粉末的颗粒饲料。它们也不会吃太硬的颗粒饲料。理想的颗粒料是刚好可以用手指和拇指捏碎。如果做不到，我们就退回饲料。

粉料的问题是浪费、粉尘（粉末）及黏嘴。是的，湿料可以解决这些问题。但是粉料最大的问题是很少有猪场人员能保持持续的高度清洁，这对于防止腹泻十分重要。细菌只需要几分钟就能导致饲料质量下降，这不需要几小时或几天。

（四）颗粒质量和粉尘的危害

关于质量良好的颗粒料和粉尘之间的接受/拒绝率（acceptance/refusal rates）的公开数据很难找到（这可以理解，厂家不愿意公开。）我有一个在场内混合饲料的"合作客户"同意做个试验。我们从一批颗粒教槽料中筛出粉末，并在当地一家混合饲料厂添加到相同配方的颗粒料中，将粉尘比例增加到5%、10%和15%（原始的颗粒中也含有约2%的粉尘）。

21日龄断奶前饲料的采食量下降了16%~20%。饲喂无尘饲料的仔猪到达104kg屠宰重的试验结果与我先前的经验完全相符。使用15%"加尘教槽料"饲喂的猪到达屠宰体重的时间延长了10d，5%试验组的猪则延长了3d。我的客户是一名视频爱好者，他架设了设备来进行记录。结果表明，与饲喂只含有2%粉尘饲料的仔猪相比，饲喂15%的粉尘教槽料的猪占有料槽的时间多20%，饲喂5%粉尘的教槽料的仔猪占有料槽的时间多6%。

已经有很多关于各种日龄猪的颗粒料大小及硬度的文章。为了缩短文章的篇幅，我现在建立了两个自己的简单标准。颗粒教槽料的直径应当与铅笔芯大小相当（1.5mm），长度约为5mm。关于硬度，教槽料应该可以被大拇指和食指捏碎。也可以进行一些客观的检测，Holmen颗粒硬度测试仪效果比较好。我自己配制饲料的时候用过，自从有了它，我就再也没有烦恼过。

我不想太多地谈论教槽料颗粒大小的复杂性，因为这应该是饲料厂家多关注的领域。从消化率角度来说，这是非常重要的。你不应该自己做教槽料颗粒，留给饲料厂家做就行。

（五）颗粒教槽料的储存

不要一次订购太多的教槽料（3周的使用量已经很足够，炎热的夏天要减少单次订购量），而且你要确保教槽料在供应商的仓库里储存不超过 10d，请记住教槽料含有很多氨基酸、乳糖和脂肪，如果教槽料储存在分娩舍或者保育舍（温度28～32℃）和湿度 70％～90％的环境条件下，这些营养成分很容易变质。

在这种环境下，美拉德（褐变）反应可以影响蛋白的质量。美拉德反应会结合氨基酸，特别是关键的赖氨酸。起初，10％左右被锁定。随着时间的增加，教槽料生物利用率不断下降。脂肪会很快被氧化（酸败），饲料厂家会在教槽料中添加乙氧基喹啉之类的抗氧化剂，但这只能是延缓这些反应。这就是为什么保持教槽料的新鲜度和避免过量采购的重要性。

脂肪的酸败可以降低蛋氨酸和色氨酸的生物利用率，并产生一些恶臭和来自于丁酸和苹果酸的令人不愉快的气味，有点像狐狸、鼹鼠和猫所产生的味道。

仔猪天生具有识别难闻甚至轻微的不好气味或者味道的能力，哪怕饲料有非常轻微的腐败都会产生影响。相对于人来说，猪的嗅觉和味觉更好。

教槽料不必变质，只要不新鲜就会影响采食量

我发现多数养猪者并不重视饲料原料的储存，这是我在这里强调的原因。特别是，由于教槽料的配制需要更多的知识，生产的要求也比较高，导致了教槽料的价格相对较高。

五、教槽料的采食量

假设仔猪平均出生体重是 1.35kg，表 1-3 列举了英国养猪委员会（BPEX）建议的累计教槽料采食量。英国养猪委员会是一个可靠的信息来源。然而，这并没有在通常的 21 日龄断奶日龄时达到 400g 固体饲料的采食量。400g 的总采食量被认为是比较合理的安全阈值，这使肠道表面在完全依赖固体饲料前得到充分的发育，从而可以帮助仔猪顺利度过断奶期。这个数据来自我的一些最好的客户。出于对英国养猪委员会的尊敬，我在第 2 列补充了更高的理想目标，这些数值在撰写本书时仍然可以达到。

表 1-3　典型的教槽料采食量及目标采食量

断奶日龄	累计教槽料采食量（g/头）		
	BPEX 目标	顶级猪场的目标	典型猪场
21	275	400	125

（续）

断奶日龄	累计教槽料采食量（g/头）		
	BPEX 目标	顶级猪场的目标	典型猪场
24	350	550	200
28	700	850	400
32	1 200	1 500	800
35	2 500	3 500	1 300

点评：在"典型猪场"这一列，28 日龄断奶时教槽料的采食量可达到 400g，这就是为什么大多数养猪场推迟至 28 日龄断奶或者更晚的原因。他们发现较晚断奶仔猪腹泻较少的原因是仔猪采食足够的教槽料来使肠道黏膜得到好的发育。这也说明了，如果我们使用更为成熟的教槽料料槽，饲喂仔猪高质量的教槽料，使得仔猪尽早达到 400g 教槽料采食量，从而可以利用这一优势较早对仔猪进行断奶并节约生产成本。

六、未来——免疫球蛋白

过去 10 年间，猪舍建筑和管理水平出现了重大改进，同时革命性地提供了大量仔猪。

大家都知道，仔猪的抗体水平在哺乳时母源抗体保护的高位及断奶时建立起充分的自身免疫保护之前有一段时期是降低的。

由于动物血浆含有丰富的免疫球蛋白可以解决这一缺陷，在教槽料和断奶后日粮中添加 3%～5% 的动物血浆对这个阶段的仔猪会有帮助并能抵消这一缺陷。然而，动物血浆价格昂贵，即使添加 3% 都会使过渡饲料（a link feed）成本上涨 35%。动物血浆的供应不足以及公众对在饲料中添加动物副产品的担忧阻碍了这一产品的使用。另外，动物血浆在抵抗导致腹泻的病菌时保护力不强。

但是，巴氏杀菌蛋粉（Pasteurised egg powder）可以作为动物血浆的替代品。用感染新生仔猪的病原对母鸡进行特异性免疫，从而获得这一产品。

将这些富含有益免疫球蛋白的蛋粉稀释至 1kg 左右。这种特制的蛋粉可以取代 50kg 动物血浆，这更便宜。

这在面临更常见的腹泻时比动物血浆更有效。

（一）其他选择及添加剂

有很多产品的厂家声称可以提高仔猪免疫力。很多公司竞相加入这一特殊潮流。据报道，植物提取物、益生元甚至酒糟蛋白饲料（DDGS）等添加剂原料（用于保健）都可以提高猪的免疫力。额外添加色氨酸是另外一种方法。营养领域需要足够的时间来找出真正有效的产品。在更多独立验证结果以及大量用户体验出现前，我不准备对这个话题作出过多讨论。

另外，还有大量证据证实，影响机体电解质平衡的矿物质可以改善氨基酸的利用率，从而提高机体的免疫力，缓解断奶日粮中非淀粉多糖的影响。还有"霉菌毒素"一章提到了一些真菌的残留对动物免疫力的影响，因此控制霉菌毒素的产品也可以在建立更高免疫屏障方面起到间接影响。

（二）热处理的谷物

熟化谷物可以提高谷物的消化率和适口性。如果谷物被研磨得非常好的话，还可以防止腹泻。熟化对于过渡饲料是非常重要的，我将在下一章提到。

七、教槽料使用的管理

重新强调一下。我之前谈到，科学家告诉我们仔猪在断奶前需要采食总计400g 正确配制的教槽料。

我们看到使肠道表面得到充分发育是有必要的，使得仔猪在没有母乳的帮助下尽可能顺利地过渡到固体饲料。下面这些方法可以帮助达到这个目标。

（一）尽早开始饲喂教槽料

当然，我们要使用更好的教槽料。尽可能早饲喂教槽料存在争议的原因是：如果饲喂老式的、配方不好的教槽料，越早饲喂、仔猪吃得越多，结果越让人失望，主要是腹泻或更坏的结果。但是这方面的担忧已经是陈年往事。我们现在处于全新的时代。

这些历史性的担忧导致了多数猪场没有尽早添加教槽料。

下面是我听到的一些理由：

"他们只是在浪费昂贵的金粉。"

"这些饲料导致它们腹泻。"

"仔猪吃的非常少，没有必要自寻烦扰。"

"这些饲料非常贵，我会在确保它们会吃的时候饲喂。"

首先，我们要认识到不同窝的仔猪初次采食教槽料的数量差异较大。（图1-1）如果教槽料使用了现代配方并合理饲喂，可以减少差异，但无法避免。

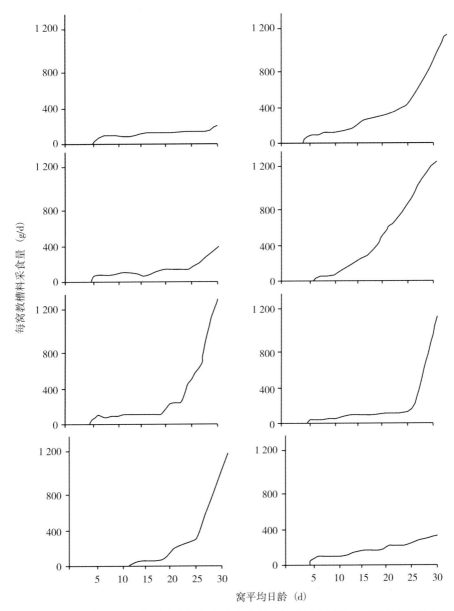

图 1-1　不同窝间的教槽料采食量存在巨大差异（教槽料和猪场环境都是相同的）

　　如果母猪乳汁充足，但保温区过热或不能饮用足够的饮水，仍然存在"开食慢的仔猪"，不要因此而失望。改变后面的环境，这仍然会有效。甚至刚开始仔猪会浪费一些饲料，如果饲料仍然清洁，可以喂给母猪。

　　如果教槽料引起腹泻，说明教槽料配方不好，或者是其他原因引起的腹泻。

正确饲喂配方良好的现代教槽料，饲料本身并不会引起腹泻。图 1-2 的数据来自我们在 Deans Grove 猪场做的试验，结果清楚地表明饲喂设计得非常好的教槽料可以帮助仔猪在断奶前的教槽料采食量达到专家建议的 400g 水平的总采食量。这个试验的断奶日龄为 21d。两组仔猪都达到目标，但是较早添加教槽料的仔猪在 46 日龄时平均体重高出 1kg，达到 93kg 出栏体重的时间缩短 6d。两组的教槽料和猪场环境都是相同的。

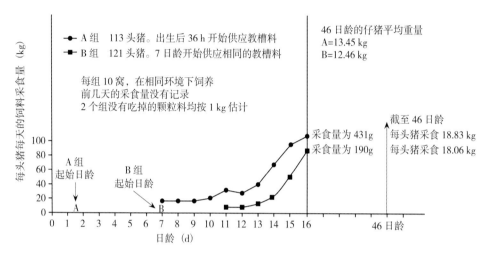

图 1-2　出生后 36h 和 7d 后添加前食料的仔猪采食量

（来源：RHM Agriculture）

图 1-3 表明在猪屠宰之前，教槽料的消耗量在猪总饲料消耗量中所占比例非常小。

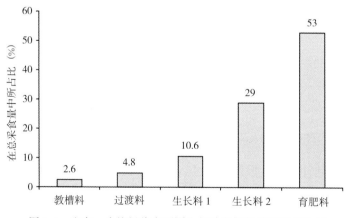

图 1-3　生产一头培根猪在不同生长阶段饲料消耗量的比重

（来源：Varley，Aust. Pork Jnl，2003）

根据成本比例，即使是前面提到的目前的高档配方教槽料成本，这些成本仅占出栏前总饲料成本的 10％以下，却可以在出栏前节省 3d 的大猪饲料成本和日常管理费。与很多养殖户使用的过时配方教槽料相比，使用好的教槽料并正确饲喂，即使在多数普通猪场都可以减少出栏时间 6～7d，回报率为 2：1～2.3：1。我的一些更优秀的客户能达到更好地成绩，这在表 1-2 中列出。

用法

准备有 1cm 卷边的平底塑料盘，把少许饲料撒在上面，放置几天。但是你需要在每个栏里准备 2 个这样的塑料盘，每天拿走一个清洗并晾干。为了尽早开食，表面的完全清洁与教槽料质量一样重要。因此需要频繁采购饲料并正确储存，我们使用废旧冰淇淋货舱的隔热间来保持饲料的贮存环境阴凉。要保持料槽的清洁，因为仔猪的嗅觉非常敏感。

（二）"三三"法

饲喂多少?

我的"三三"法有助于教槽料的新鲜和快速消耗。

第一个 3d，即仔猪出生后 3～4d，我们每天必须添加 3 次教槽料，添加的分量仅够 3h 的采食量。

如果给母猪提供吃剩的教槽料，只能选择外观良好的。吃剩的饲料提供给大量泌乳或者产奶不足的母猪。

这样就不会浪费成本。

现在我知道这是一件杂事，非常烦人。但是我之前发表的一个调查（见下方）表明有经验的猪场技术人员会花更多"宝贵时间"来照料仔猪，而很少去做繁重的工作。让那些没经验的工作人员或合同工做繁重的工作也能做得足够好。在"密集护理的日子"里，那些小的、第 1 阶段的教槽料料槽必须每天取出来并清洗一次。

这段时间员工都非常繁忙，空闲时间都很宝贵。所以，在进行日常批量清洁、干燥工作期间的时间可以进行调节，这时猪场日常工作的工作量是最小的。这是我建议分批次分娩的一个原因，这样猪场技术人员就有足够的时间把重要的日常工作做好，把照顾小仔猪的时间集中在一个月中的同一周内。

在仔猪上花费的时间是"黄金时间"。

时间对仔猪而言特别宝贵。分娩-育肥猪场花费的时间平均仅占总劳动量的 6%［大约 132 人•h/（母猪•年）］。应该采用 2～3 倍的时间。我的 6 个猪场客户每头母猪每年提供 28 头断奶仔猪，平均花费 375 人•h（17%）来照顾仔猪。

（三）教槽料料槽

幸运的是教槽料料槽比较小而且不贵。这里介绍 3 种教槽料料槽。还有一种料槽这里没有介绍，这是一个铁盘，用金属杆连接在中间的支撑上作为分隔。这种料槽很重，不方便移动和清洗。有一种混凝土/合成树脂的重碗（图 1-4）更为方便，但由于太重同样需要在原地清洗。

图 1-4　两个相似的教槽料料槽

左边：固定在地板上；右边：较重的独立式包塑水泥料槽

塑料或者金属料槽更便宜而且更轻（图 1-4），但需要固定在产床的漏缝地板上。将料槽中间的把手按下并旋转，将 T 形片锁定在漏缝上，避免料槽被翻转过来。但在料槽的上方尽量避免有固定的分隔物，因为仔猪喜欢观察其他仔猪的采食，保持一定的亲密度可以帮助它们尽快开食。

这些料槽的教槽料一旦置于分娩舍污浊的空气中就会失去吸引力。还有一种价格贵但智能化设计的料槽不需要像这些料槽一样经常补料，我在美国曾经见过这种由堪萨斯州奥斯本公司（Osborne）制造的产品（图 1-5）。这种料槽有一个小型托盘，上方是一个可以调节的小型配量器，配量器用一个活盖密封良好。料槽可以保持适量的饲料供应，防止教槽料被苍蝇和难闻的气体污染，保持教槽料的"风味"。这对快速开食而言非常重要，特别是当首次提供固体饲料并与母乳进行竞争的时候。

固定的小托盘下方的可拆卸大托盘可以取出来清洗，但是需要准备一些额外的可拆卸托盘，以便尽可能清洗干净或用于更换。

我希望这些产品仍然在售，因为它们总会给我们满意的结果。

有许多被我称为"耐用"（permanent）的教槽料料槽，这些料槽很重、制作精良、使用不锈钢材质和镀锌金属或塑料材质，料槽被隔开分区（图 1-4）。但是这种料槽容易造成饲料添加过多，从而导致不能在使用的关键4～7d内经

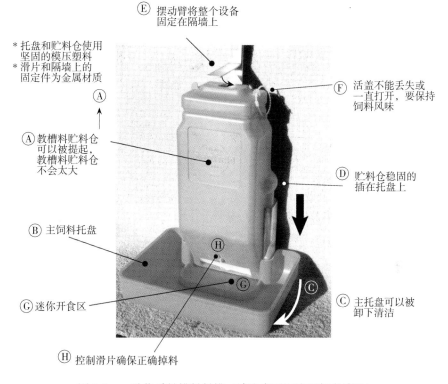

E 摆动臂将整个设备固定在隔墙上

*托盘和贮料仓使用坚固的模压塑料
*滑片和隔墙上的固定件为金属材质

A

A 教槽料贮料仓可以被提起，教槽料贮料仓不会太大

F 活盖不能丢失或一直打开，要保持饲料风味

D 贮料仓稳固的插在托盘上

B 主饲料托盘

C 主托盘可以被卸下清洁

G 迷你开食区

H 控制滑片确保正确掉料

图 1-5 一种优质教槽料料槽（请注意可以取下托盘清洗）

常进行清洁，存在饲料变质的风险。这样看似省事，但在照料很小的仔猪时一点都不"省事"。相反，我的调查表明这样需要更多劳力。

当然了，当你鼓起勇气去购买真正优质的教槽料时，尽早进行成功开食的关键就在于如何保持料槽的干净。

准备充足的备用小型教槽料料斗，经常清洗并重新装回。这是必做的。

猪场的所有者或者管理人员必须让他们的员工有足够的时间完成他们应该做的事情。

由于传统的大料槽相对固定，总是太迟放入分娩舍。换句话说，技术人员会在他们认为猪想吃教槽料时才放进分娩舍，他们认为是第 10～14 天。是的，务必迟些使用，但如果使用开放式托盘或特制的小料槽开始教槽，你将可以得到图 1-2 中所示的好处。这样可以让足够多的猪在达到育肥体重时节省更多成本。当然，"三三"法有赖于它们的使用方法。

女员工还是男员工?

我偶然发现女员工比男员工更适合照顾仔猪。当然也有少数例外，如

Dean Grove 猪场里的 Gordon 是非常好的仔猪管理人员，我还能说出一些其他人。我参观了2 000多家母猪场，我发现男员工比女员工更适合配种方面的工作，但是女员工最适合在分娩舍工作和照顾仔猪。我捉摸不到原因，但一定有母性基因在起作用。

不好意思，我离题了。

（四）教槽料料槽的放置

一共有 5 种常见的产床布局。

1. 中间产架（crate）/侧边教槽区。

2. 中间产架/前置教槽区。

3. 中间产架/三角形（角落）教槽区。

4. 斜行产架/角落教槽区。

5. "自由式"产床/大栏-角落教槽区。

第 1 种设计是世界上最常见的布局，而我最喜欢图 1-6 所示的布局。滑动盖板的设计很好，比常见的固定盖板更为合适。图 1-7 对这个理念给出了描述。

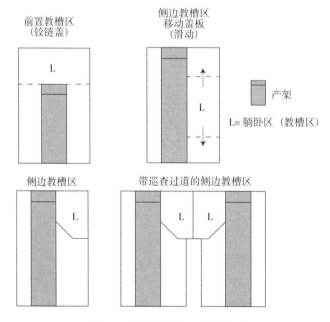

图 1-6 布局最好的 4 种教槽区

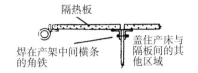

隔热板

焊在产架中间横条的角铁

盖住产床与隔板间的其他区域

靠母猪一侧用150mm高的帷幔循环热量和气流

蝶形螺母和木板条将塑料帘固定在恰当位置，并容易拆下清洁

产架的中间横梁

2mm厚×100mm宽的塑料帘用于侧边保温

猪栏之间的隔板

从仔猪的视角看可移动的教槽区盖板

补充提示：如果后侧区域为漏缝，用方形硬纸板临时覆盖漏缝，以便将仔猪引导到乳房位置

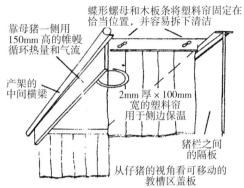

教槽区的可调节隔热盖板一举解决了所需要的下方保温问题。这个方案在分娩后将仔猪引导到乳房方向，并让它们免受伤害

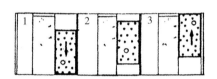

位置 1——分娩时：盖板拉到后侧，保温灯将新生仔猪引导到乳房位置；
位置 2——分娩后：盖板向前拉到乳房对面，使教槽区"脏"的一端降温；
位置 3——7~10 d 后：将板翻过来并向前移动，将仔猪引导到母猪睡眠区域之外

图 1-7　低成本设计实践

检查清单——放置教槽料料槽的一些基本原则

✓ 尽量让工作人员能方便取用，避免猪栏内不必要的进出。

✓ 不得放置在保温灯下方、加热板上或保温的教槽区内。

✓ 避免被母猪的尿液喷溅。

✓ 如果母猪躺下，避免母猪用头从产床下方的横杆下方吃到教槽料。这样会增加肩部受伤的概率。

✓ 不要离仔猪的饮水源太远。

✓ 料槽要让仔猪难以移动。将料槽放置安全、加大重量或固定在底座上，这样仔猪的体重就移动不了料槽。

✓ 确保光照良好（100lx）。关于光强度的廉价、简易测量方法，参见图 3-3。

第 1 种设计流行的原因是仔猪喜欢躺在乳房附近，如果这个区域被适

当加热，母猪往往会躺下并让乳头朝向热源。

八、教槽区——需要多大空间?

在理想的温度情况下，如果每窝产仔数为 10～12 头，应该为仔猪提供 0.4m²/窝的躺卧面积，21 日龄时增加到 1m²/窝，35 日龄时增加到 1.7m²/窝。如果窝产仔数更多的话，面积要进行适当增加。

为了节省热量，可以设置容易掀开或向前滑动并有 6cm 帘子的盖板（盖子），但要避免被母猪咬到。在母猪头部方向放一个开食料托盘，并在随后放上料斗。实行"三三"法期间，在后部乳头方向的同一侧放一个小的圆形料槽。

所有这 3 种料槽都要远离热源，这是仔猪躺卧及吃奶的地方。仔猪更喜欢教槽区在侧面的设计（表 1-4）。

表 1-4 与教槽区前置相比，仔猪更喜欢教槽区在侧面的设计

| | 在教槽区休息时间的百分比（%） | |
出生后小时数	前置教槽区	侧边教槽区
窝数	26	19
0～12	13.8	41.8
12～24	22.6	75.6
24～48	46.5	92.0

来源：Pope（1992）。

尽管试验的窝数相对很少，由于 NOSCA 几年前也报道了类似的结果，我还是引用了这个有趣的报告。我自己也发现，当教槽料料槽前置时，会有很多活跃的猪，这些仔猪本该处于休息状态。

前方盖板的教槽区更方便进入，这样很好。但是技术员常常会给新生仔猪太多活动空间，这样会鼓励仔猪在很小的时候就在一些没有使用的角落排泄。这导致仔猪在长大后往往会在它们的休息区有一些乱排泄行为。

这种教槽区带来的坏习惯可以在教槽区边上钉上竖板来简单解决，当仔猪年龄较小或者数量较少时，可以用一个开关板来控制。当仔猪长大，可以去掉木板，给仔猪留更多的空间。

这样保证所有的区域只是让它们睡觉，应训练仔猪到外面去排泄。

(一) 重大改进

表 1-5 是我的一个非常成功的案例，让包括我自己在内的所有人都对巨大的改进感到吃惊。动物行为学家认为在他们的领域内，由于行为反应变异太大，很难取得差异显著的结果。

表 1-5 断奶前教槽区面积对 35～80kg 的生长猪乱排泄行为的影响

阶段	没有关注教槽区之前，特别脏的猪栏数量	阶段	关注教槽区之后的猪栏数量
12～18 个月之前	47%	3 个月之后	3%

来源：Gadd (1984)。

备注：我和其他人都检查并确认这些生长猪的乱排泄行为并非由密度过大或过小、温度、燃气或不当气流（特别是夜间）等引起。对于盖板前方的教槽区，我们利用教槽区开关板的设计来清洁脏乱的教槽区。实际上，当这些猪长大后，没有乱排泄的行为。

(二) 饲喂粥样 (gruel) 教槽料

跟粉料或颗粒料相比，仔猪更喜欢粥样教槽料。粥样教槽料是由全奶或者脱脂奶、低浓度糖蜜水或者清水混合，然后将固体教槽料与液体按 2：1 的重量比混合成粥样而成。

如果配置合理，这种方法可以增加干物质的采食量和仔猪生长性能。但必须饲料新鲜、料槽设计良好（饲料溢出最少）并保持十分清洁。

如果没有达到这 3 个必要条件，就可能没有效果。

这对于"三三"法阶段非常有用，10d 之内仔猪就能很好地食用正常的教槽料（100～150g/d），参见表 1-6。

注意：教槽料料槽及周围区域的卫生状况不好的情况除外。为什么呢？因为仔猪像婴儿一样在采食时会搞得乱糟糟。这需要花费大量的护理和努力才能做好，且仍需要提供足够的水源。粥样料需要在旁边提供清水，电脑控制液体饲喂在后期也是一样。

表 1-6 在卫生条件良好的情况下，用优质的干颗粒教槽料与脱脂奶制成的粥样料饲喂 4d，与相同的干颗粒教槽料相比的好处

	粥样教槽料	非粥样教槽料
窝数	36	36

（续）

	粥样教槽料	非粥样教槽料
首次饲喂日龄（d）	5	3
平均出生体重（kg）	1.34	1.35
24 日龄断奶体重（kg）	6.8	6.2
断奶至体重 105kg 所需天数	121	131
收益		
每吨生长育肥猪饲料额外可售肉（kg）	9	—
353 头猪屠宰时提供的额外价值（欧元）	595	—
节省的饲料和人工成本（欧元）	186	
回报（额外支出回报率）	3.2∶1	

来源：客户数据。

点评：粥样教槽料给仔猪带来一个更好的开始，这在最终屠宰时展现了显著的效果。这个例子给了管理人员一个很好的示范。

这是不是脱脂奶带来的变化呢？很有可能，但是液体中添加的营养物质也是稀粥样教槽料带来的额外好处之一。

（三）一些困难

给仔猪饲喂粥样饲料是一个比较麻烦的步骤。Taymix 猪场曾经是一个大型脱脂奶经销商，每年能卖出几百万升。所以我们很了解这些产品。即使在我们的大型养猪场（为了吸收未能售出的脱脂奶而成立，并因大量采购的极低价格获益），我发现在饲喂教槽料时将这份工作做到足够好的更多还停留在试验层面。我把努力都放在饲喂保育猪，这更容易而且成功的可能性更大。

如果粥样教槽料很黏或没有另外的水源，教槽料会黏仔猪的嘴巴，所以最初要用几升稀粥样教槽料试一试。

九、未来的设施

如果你想进行一些投资的话，现在已经有些设备（图 1-8）可以做得很好。强化乳和这一设备配合会有很好的效果。

在写此文章时，这种设备被用来照料弱仔猪（当然已经吃过一段时间初乳）和高产窝中的强壮仔猪，以减轻母猪哺乳大量仔猪的压力。

因此这些看起来"没有必要且昂贵而前沿性"的想法起初受到批评，但将来有可能实现。近年来，遗传学家的优秀技能为我们的行业提供了高产母猪。我祝福这批有远见的生产者，他们意识到仔猪的重要性，以及特别是对

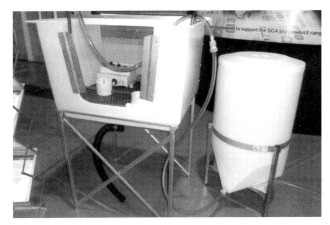

图 1-8　救援仓（A 'rescue deck'）（在撰写本书时，这是最新一代的人工哺育器）

青年母猪产仔量要求太高是对母猪繁殖寿命（Sow Productive Life，SPL）的威胁。

十、印迹

这是一个很好的想法。尽管在 25 年前就有人提出这个概念，但是我至今没有在任何一本教科学上读过。过去有些非常好的主意没有流行起来。教槽料的使用作为一种重要的策略重新兴起，这对于 21 世纪是个理想的方法。

印迹技术是在母猪分娩前及泌乳期间的日粮中添加一种特殊的风味。这些脂溶性调味剂被母猪乳房组织吸收并随乳汁分泌。当仔猪出生后在教槽料中吃到同样的味道时，仔猪会更早开食并采食更多的教槽料。

（一）但是这真的有效果吗？

似乎如此。20 世纪 70 年代至 80 年代，很多可靠的研究已完成。Campbell 的研究表明使用印迹技术的仔猪在断奶前平均每天多采食 63g 教槽料，平均日增重提高 65g。Hunt（1979）发现 27～60 日龄的猪在使用印迹技术的情况下，每天多采食 66g 饲料，平均日增重提高 38g。Firmenich 公司发现印迹技术可以使仔猪采食量增加一倍，视频记录也表明印迹仔猪在料槽前停留的时间为正常的 2 倍。

（二）为什么要重新提起这个有趣的技术？

1. 现代母猪场平均窝产仔数比 25 年前多 1 头以上。即现在为 11 头，而过去为 10 头。也许你会认为实际产仔数比这个数字更多。但一般来说，现在平均多断奶 1～2 头仔猪。

2. 当然，行业将断奶日龄从以前的 21 日龄延长到现在的 26～30 日龄。推迟 1 周断奶，断奶仔猪消化能力更好，以适应母乳到固体饲料的转换。

3. 这意味着现代母猪需要多饲喂 1 到 2 头仔猪。而且在哺乳结束时，每头猪体重至少提高 1kg。整窝仔猪体重提高 17～18kg。对于一些高产母猪而言，整窝仔猪体重会提高更多。

假设母猪需要分泌 4.25g 母乳来维持仔猪 1g 的生长，25 年前仔猪出生后 4d 内的生长速度是 120g/d，总共需要 6.38kg 母乳来维持整窝仔猪 1d 的生长。而现在仔猪出生后 4d 内的生长速度是 138g/d，总共需要 7.65kg 母乳来维持整窝仔猪 1d 的生长。

这里的秘密就是需要让仔猪尽早采食教槽料，这和让母猪在哺乳期间吃更多饲料一样难。我猜印迹技术说明了未来的方向，因为它就是这样。事实上它 2 个方面都有做到。

（三）但是为什么印迹技术没有流行呢？

过去猪场管理人员认为，如果仔猪过早采食教槽料会引起消化不良。营养科学已经很好地解决了这个问题，如果猪场已经准备好在现代特制教槽料方面付出合理的额外成本，就应该这么做。我前面列举了一些理由。

人们认为每吨饲料的成本很高，并且猪场需要将分娩前 3 周妊娠日粮独立配制，这两点将引起人们的责备。

（四）成本

我们在 1990 年采用印迹技术时，干母猪（dry sow，指非哺乳阶段的母猪）饲料成本额外增加 3%～18%。根据今天的价格，这相当于 0.33 欧元。而哺乳料的成本额外增加 1 欧元。在断奶前教槽料添加调味剂的额外成本是 1.45 欧元，每窝仔猪要多增加 2.78 欧元。

20 世纪 80 年代的试验研究表明，印迹技术显著提高了仔猪的增重，采用印迹技术的仔猪断奶重提高了 0.5kg。据保守估计，这将节省 2d 的饲料消耗及日常管理费。若每窝仔猪中有 11 头仔猪，每头仔猪节省 1.38 欧元，则每窝猪可以节省 15.18 欧元。额外支出回报率（Return on Extra Outlay，REO）为 15.18÷2.78=5.5∶1，这非常合算。

更激动人心的是年度投资价值（Annual Investment Value，AIV），参见

"商业篇"描述。这是银行经理想看的指标，然后决定合适的投资。在这个例子里的年度投资价值为，当前平均年产窝数指数（2.3：1，窝/年）乘以额外支出回报率（5.5），即 12.65。任何年度投资价值超过 6 的方案都会使银行家非常高兴。

没有教科书提到印迹技术，但我觉得现在是时候介绍这项技术了。

总结

这个章节非常长。对不起！但是难道你不认为这是非常精彩的一章吗？我们处在正确使用教槽料的顶尖水平。所有这一切都是如此的有趣，难道不是吗？

总之，成功的因素非常简单。

✓ 现在产仔数如此之高，你必须使用教槽料。

✓ 你必须做好准备去接受现在这些重新设计的高档饲料。

✓ 要保持高度清洁。

✓ 养殖人员要在这一领域花更多的时间。

✓ 猪场的所有者或者管理人员必须让他们的员工有足够的时间完成他们应该做的事情。

（阳成波译　张佳、潘雪男校）

第 2 章
让窝产仔数更高

窝产仔数

出生的仔猪数：一般表示为"总产仔数"，即分娩时娩出的已发育成形的仔猪的数量，包括活仔和死胎；有时候定义为"活产仔数"，也就是那些在刚出生时有呼吸的仔猪。

人们更喜欢用第一个定义，因为在调查导致低窝产仔数的原因时，足月的胎儿数量是一个非常重要的指标。

一、目标

很显然，世界各地的目标是有差别的，因此在此给出一个目标范围：

表 2-1　窝产仔数目标

窝总产仔数和窝产活仔数（头）（建议最少样本为 50~100 窝）			
	差	全球平均值	理想/目标值	目标值（高产基因*）
窝总产仔数	9.5	9.9	11.8	14.0
窝产活仔数	9.0	9.4	11.25	13.1

注：一般而言，死胎率不超过 5%。

*一些优秀猪场超过这一水平，但是发现难以保持这一生产水平，且初生重和仔猪断奶体重会受影响。

二、问题和成本

窝产仔猪数较少是世界范围内的一个大问题。通常在发生每窝断奶仔猪数只有 8.5 头或更少的时候，或者每头母猪每年提供断奶仔猪数少于 20 头时，猪场才开始警惕。

要评估窝产仔数减少所造成的经济损失是很困难的，因为世界各地的养猪成本、收入和毛利各不相同。比如，以 5 年为一个周期，即使在同一养猪行业中这些指标也不同，甚至在短短的一个财政年度内这些指标也不同。

然而，由于花费了可观的成本仅仅为了多产 1 头仔猪，不管是活仔还是死胎，以笔者的财务成本经验，表 2-1 中引用的"全球平均值"和"理想/目标值"间每窝总产仔数差 1.6 头，将使母猪收入减少 20％，并影响到客户 18％甚至多达 45％的毛利。

在很多养猪企业中，母猪产出 20％的毛利率是公认的最低线，那么窝产仔数必定成为影响繁育效率的主要因素。

导致窝产仔数减少的因素很多，而且它们之间可能存在互作而变得错综复杂。

下面是笔者遇到的主要影响因素的清单：

检查清单——与窝产仔数低有关的主要影响因素

青年母猪

- ✓ 配种时体重过轻，生长速度太快；
- ✓ 应激而不是发情刺激；
- ✓ 缺少"短期优饲"；
- ✓ 在配种前和第一个哺乳期饲喂过时的/不能满足需要的饲料（参见"青年母猪"一章）；

经产母猪

- ✓ 哺乳期体贮损失过大；
- ✓ 配种前光照不当；
- ✓ 断奶至配种期饲喂不当；
- ✓ 没有公猪在场；
- ✓ 人工授精技术不熟练；
- ✓ 没有实行分胎次饲养；
- ✓ 发情检查技术差，发现发情过迟；
- ✓ 地板和母猪后躯的清洁不佳；
- ✓ 配种后需要休息和静养；
- ✓ 打斗；

- ✓ 未分析窝间差异并采取措施；
- ✓ 疾病；
- ✓ 返情检查做得不好；
- ✓ 胎龄结构不合理；
- ✓ 应激、不安、焦虑；
- ✓ 遗传因素；
- ✓ 哺乳期短。

公猪

- ✓ 人工授精技术差；
- ✓ 没有监控公猪的记录；
- ✓ 过度使用偏爱的公猪；
- ✓ 某些公猪携带致死基因；
- ✓ 公猪阴茎包皮未做卫生处理；
- ✓ 没有独立的输精/配种区域；
- ✓ 营养；
- ✓ 缺乏运动。

一般因素

- ✓ 缺乏"感觉良好的要素"；
- ✓ 很少聘用专业的猪兽医；
- ✓ 每头母猪获得的年均工时太少。

三、应对窝产仔数低

良好的记录至关重要，特别是母猪和公猪的使用记录。而使用混合精液有助于提高人工授精的成绩，但无法确定与单头公猪有关的问题是一个明显的缺点。

四、一般因素

(一)"感觉良好"的因素

这是一个很难定义的术语，但是任何看似遭受虐待或应激而不是感到舒服和满足的猪很容易表现出较差的生产性能。

在窝产仔数问题上，"感觉良好"的因素对即将作为种用的青年母猪和在经产母猪的配种后阶段特别重要。生产者应该对他们的种猪进行应激、焦虑和舒适感评估，尤其在这些生产阶段。

饲养员应该能够分清配种前和配种期间的刺激和应激，配种一旦结束，要尽一切可能给母猪提供一个安静的环境，使它们安静下来并感到舒适。

刺激可以促进生殖激素分泌。而应激会抑制激素分泌/使激素失效。

（二）每头母猪每年所耗工时过少

经验表明，对种猪花更多时间的饲养员（特别是除新手外的经验丰富的饲养员）能拥有更好的窝产仔数。对饲养员每年应该在母猪身上贡献多少工时这一问题，很难给出一个最低的数量，但是建议最少在 20h 左右。一些规模大的养猪企业，考虑到规模经济，花费的时间只有区区 10h 或甚至更少，但是这些企业的生产性能指标并不高，即使认为有"足够多的"利润。

在窝产仔数少的中小猪场，主要的人工问题是把时间花在紧急维修和预防性维修上，占用了本该用于配种、分娩或者充分卫生保健上的时间（表 2-2）。专家的协助/聘用合同工可能有助于解决这一问题。

在过去的 4 年，笔者对 7 个国家的大约 56 家猪场进行了有关工时分配的调查（表 2-2）。

表 2-2　工作量——源自饲养员的评估——对窝产仔数的影响表示为 h/（母猪·年）

小型猪场饲养员（50.7%）花在种母猪上的时间大约是 14h/（母猪·年），大猪场（57.5%）则是 11h/（母猪·年）。

	40 家猪场 120～550 头母猪	16 家猪场 875～2500 头母猪
饲喂	4.2	2.1
* 配种	3.5	3.1
* 分娩和产后	2.5	1.8
转群和记录	2.0	1.9
清洁和消毒	1.8	1.9

* 影响窝产仔数的因素。这些数据告诉我们，接近半数的猪场花在配种和分娩这 2 项重要工作上的时间不足，特别是维修和维护占用了 2h/（母猪·年），与用在母猪分娩和仔猪饲喂上的时间接近。

（三）缺少猪兽医专家的建议和现场指导

疾病，特别像低毒力病毒引发的猪繁殖与呼吸综合征（PRRS，又称蓝耳病）等疾病可能成为窝产仔数少的原因。所有猪场无论其规模大小，都应该经常性地邀请猪兽医专业来场指导。在笔者的记录里有几个发病水平下降的案例，净收入普遍增加了 20%以上。然而，兽医服务时间仅增加了 4%的兽医/治疗成本，另有 5%的成本增加在预防措施（药物、疫苗、卫生保健产品）方面，回报率为 20÷9 或者 2.2∶1。在这些案例中，基于产活仔的窝产仔数平均提高了 0.9 头/窝。

五、青年母猪

39%～48%的更新率（后者太高，但很普遍）能使得青年母猪占现代种猪群很大的比重。现代的青年母猪具有较多的窝产仔数（总产仔数超过 12 头），但常常产 9 头或者更少的窝产仔数。即便如此，青年母猪（即第 1 胎的母猪）不应该因窝产仔数少而被淘汰。

六、影响青年母猪窝产仔数的因素

（一）配种体重过轻

135kg 是当前建议配种的最小体重，尽管有些养猪生产者更倾向于 130kg。请咨询你的种猪供应商，再征求营养专家的意见。无论如何，240 日龄是决定配种的关键因素，这时候体重和脂肪都不是很高（请参见"青年母猪"一章）。

（二）生长过快

现代青年母猪日增重可以到 1 000g/d，生长速度快，然而其内分泌系统却远远落后于身体的早熟，因此使其处于风险之中。因此，它的体重可能符合要求了，甚至同时显露出交配的兴趣或伴随着强烈的发情状态，但由于不能正常分泌性激素而造成受胎率低或者窝产仔数少。

表 2-3 给出了适合大多数品种的年龄体重表。与营养专家一起检查你的青年母猪专用料可以让母猪在特定年龄达到标准体重。

表 2-4 给出了这种稳健的方法对现代青年母猪发情的影响。

七、断奶猪或者未成年母猪

购买 35～40kg 的青年母猪，并自己进行培育，这一方法可以避免扩繁场为降低生产成本而"促成"青年母猪早熟的任何可能性。除了可能会增加青年母猪的窝产仔数外，这种方法还有其他显著的优点，但是由此带来的高成本/低选育率/高失败率也需要考虑（请参见"青年母猪"一章）。

表 2-3　青年母猪：现代高瘦肉型欧系种猪各年龄段推荐的标准体重[*]

青年母猪生长速度	目标是 170～180 日龄体重达到 100kg，青年母猪日增重速率为 550g/d，到发情期提高到 750g/d		
100kg	180 日龄	25 周龄或者 26 周龄	6.5 月龄后
104kg	187 日龄	27 周龄	
108kg	194 日龄	28 周龄	7 月龄后
112kg	201 日龄	29 周龄	
116kg	209 日龄	30 周龄	
121kg	216 日龄	31 周龄	
126kg	223 日龄	32 周龄	8 月龄后
131kg	230 日龄	33 周龄	
136kg	240 日龄	34 周龄	8.5 月龄后

[*] 咨询种猪供应商以获得更确切的目标值。

表 2-4　青年母猪第一次配种的日龄与窝产仔数

第一次配种的日龄（d）	200～210	215～225	230～240	245～255	260～270
青年母猪占的比率（%）	28	27	21	16	8
总产仔猪数（头）	10.58	12.27	12.92	12.87	10.44

资料来源：Easton Lodge Pigs（UK）（2000 年 3 月）。

注意，这项早期的研究预测 240 日龄首次配种最有利（请参见"青年母猪"一章）。

八、短期优饲（Flushing）

如果青年母猪进入繁育群时又瘦又轻（这种情况现今很常见，因为扩繁场想尽快出售他们育成的青年母猪），那么"短期优饲"特别有价值。表 2-5 是笔者多年来发现的一个有价值的操作程序。表 2-6 给出的是延迟配种的几种结果。

（一）短期优饲的意义？

对于排卵率处于中低水平的青年母猪，短期优饲可以改善这种状况。

如果青年母猪排卵率已经很高，短期优饲的效果有可能不明显。由于对农场主来说没有真正有效的方法来确定"短期优饲"作为常规措施对所有青年母猪是最理想的方法。可能是在发情前的 7～10d 增加了能量的摄入量进而刺激了卵泡的生长，有望多排出 1 个或者 1.5 个的卵泡。

表 2-5 典型的青年母猪短期优饲方案

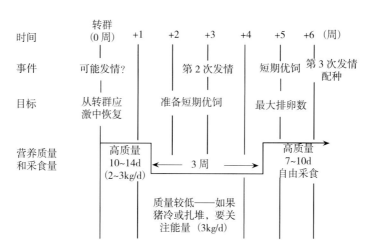

注：如果（a）有病毒流行或（b）转群时体重轻（＜100kg），
那么前者（a）购买断奶的青年母猪，或后者（b）推迟一个情期配种。

笔者发现上述方案对幼龄或体瘦的青年母猪特别有价值。即便如此，如果青年母猪在转群后 2～3 周体重还较轻或者很瘦，那么相对低的营养摄入时间可以缩短至 10～14d。一定要密切注意，灵活调整，青年母猪管理的任何事都并非铁板钉钉。

表 2-6 采用上述方法后的结果（同一猪场，品种相同）

结果	短期优饲/延迟情期配种 成本（据前表）为每头青年母猪 30 欧元* 第 3 个情期配种，240 日龄并短期优饲		传统模式 青年母猪休养 2 周 充分饲喂（饱饲） 第 2 个情期配种	
	窝活产仔数	窝断奶数	窝活产仔数	窝断奶数
第 1 胎	10.8	9.4	10.3	9.4
第 2 胎	11.1	10.0	9.2	8.2
第 3 胎	11.7	10.4	10.7	9.4
第 4 胎	11.6	10.8	10.9	9.4
第 5 胎	12.1	10.9	10.8	9.6
合计		51.5		46.0

额外的成本——30 欧元，额外的生产成绩 5.5 头断奶仔猪，按 2008 年价格毛利为 70 欧元回报率（2008）70÷30＝2.33：1。

* 当时的成本。

资料来源：作者的记录（2009）。

对经产母猪进行短期优饲并非是常用的措施，因为没有充足的时间，除非母猪体况虚弱并且错过发情，需要时间恢复其再次配种的能力。然而，母猪断奶后要继续饲喂哺乳料。

短期优饲也被认为对青年母猪是一种"感觉良好"因素。什么是"感觉良好"因素呢？

青年母猪在运抵猪场时可能会体重过轻、体况偏瘦、处于应激状态（紧张），同时一些母猪还表现出好斗。除了玩耍其感兴趣的东西（如稻草）外，饲喂高营养、定制的日粮使得它们快速地安定下来进入到"感觉良好"的状态，这对于成功生产第 1 胎非常重要。

至少在青年母猪第 3 个情期进行最终配种之前，我们必须使它们在一段相当长的时间里保持安静，同时以适度的营养水平，让它们平稳、安静地渡过第 2 个情期。这种适度的营养水平要持续多长时间取决于青年母猪的增重和体况。如果它们仍然被认为偏瘦、体重较轻、环境过冷或者处于应激中，最好不要像表 2-5 中的方案那样持续（饲喂）3 周。可将优饲期缩短至几天，之后在配种前 7～10d 突然提高营养浓度。

（二）经济性

在英国，每头青年母猪短期优饲的饲料成本大概是 11 欧元（占采购成本的 6%～8%），但是每头青年母猪的总成本，包括人工费、房舍和其他开支等，可能达到 23 欧元/头（＋14%）。但是，这是青年母猪整个生产期的成本，表 2-6 显示，每头母猪在生产期内会多提供 5～6 头断奶仔猪，可以增加毛利 50 欧元，即 2.5∶1 的回报率。在青年母猪培育阶段投入资金总是一项划算的投资。青年母猪在转入时日龄越小、体重越轻，越需要进行短期优饲。

九、刺激而非应激

因恐惧和焦虑而分泌的激素往往会使发情前期激素失效，进而影响窝产仔数。饲养员通常会鼓励青年母猪之间互相爬跨和交流时所发出的声音，尤其是在公猪在场时，更是如此。

但其中有些声音可能意味着恐惧和拒绝，这时需要对以下内容进行检查：
- 足够的空间，特别是逃逸的空间（3.5m²/头）。
- 猪栏的形状。尽可能是方形。
- 总饲养数量。取决于饲养空间的适当性，一般每栏 6 头猪足矣。也有很大的青年母猪群（如铺垫草的庭院，每个区域可饲养 30 头青年母猪）。

● 均匀性。亢奋的大体重青年母猪往往具有统治性和攻击性。另外，一个常见错误是把青年母猪和经产母猪混群饲养，甚至在发情期将青年母猪饲养在与经产母猪相邻的猪栏也是不明智的。

● 保证供料和供水充足。

十、经产母猪

哺乳期体重（或体况）损失过大——此术语特指在哺乳期母猪的肌肉和体脂减少（图 2-1）。

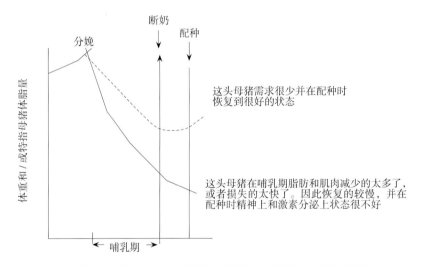

因此，在怀孕期特别是哺乳期如何饲喂和管理母猪，对再配种会有明显的影响

图 2-1　哺乳期体重损失过大的效应——影响排卵、再次配种和窝产仔数

母猪在断奶时体况偏瘦可能会降低下一胎的窝生产性能，同时会导致返情问题。

不要让母猪在哺乳期损失太多体重和/或者总体体况损失较少但在哺乳后期突然大量损失。哺乳期每损失 10kg 体重，下一胎的窝产仔数可能会减少 0.5 头/窝，并且每少摄入 1kg 饲料，会使每头 23 日龄断奶仔猪体重减少 400~500g，具体取决于窝产仔数和母猪的体况。

今后，母猪的生产力很大程度上依赖于猪场饲养员保护母猪不会因为如今追求更大的窝产仔数而遭到过分掠夺。

下文的检查清单列出了有助于避免母猪体况过度损失的各种因素：

检查清单——如何避免"母猪体况损失过大"

✓ 根据体况评分* 你可以快速发现母猪体况的变化和严重程度。

✓ 青年母猪配种时日龄不要太早、体重不要太轻、体况不要太瘦。

✓ 所有青年母猪都实行短期优饲（有关采食量的新建议请参见表 2-5）。

✓ 购买食欲好的种猪/品系。

✓ 使母猪在哺乳期保持凉爽（最高 21℃）。

✓ 饲喂特殊的母猪哺乳期饲料（高热季节进行调整），青年母猪需要特殊的哺乳期饲料，与经产母猪的哺乳期饲料不同。

✓ 提供充足且饮用方便的饮水，尤其在哺乳期。

✓ 用碗式饮水器而不是鸭嘴式饮水器供应饮水。

✓ 液体饲喂（通过供料管道饲喂）。

✓ 怀孕期不要过度饲喂，特别是在产前 7d。

✓ 采取寄养/仔猪交叉哺育/按照体重而不是日龄断奶等措施［但是如果有断奶后多系统衰竭综合征（PMWS），就必须谨慎操作］。

✓ 每天饲喂 3 次，最后的一次主餐在晚上饲喂，保证饲料新鲜。

✓ 避免任何应激，特别是不舒适的环境。

✓ 当天气炎热时要给予特别关注。

*由于体况评分方法无疑存在不精确和主观性，学术界有反对者。不管怎样，多年的咨询工作使笔者确信它的价值在于鼓励猪场工作人员真正凭着感觉和观察去仔细检查他们的母猪。尤其可贵之处是能监测到刚开始出现体重过度损失的迹象以及在断奶后能够确定母猪的背膘和掉膘状况。

那些指出它有缺陷的学者们，应该减少对体况评分的公开指责。因为我们担心会毁掉一个非常有用的先进畜牧生产技术。

十一、切实可行的建议

● 与营养专家一起认真核实日粮是否含有足够数量的蛋白/氨基酸/能量，以满足母猪所哺乳后代的每天增重的需求。现今母猪的窝产仔猪比较多。

● 很多成功的育种者执行英国的"Stotfold"哺乳期饲喂量（表 2-7）。还有一种更简便的美式"料铲"（"Feed-scoop"）（表 2-8）体系效果也不错。一把美式料铲能装 1.82kg 饲料。母猪每日喂 3 餐，每餐 0、1 或 2 料铲的饲料。

若上一餐有剩料，则不添新料。若剩有少量的料，比如说约0.9kg，添1铲的料。若母猪料槽空了，则喂2铲料。这种饲喂模式的唯一特例是在分娩后2d内要少喂料，以避免发生乳房并发症/母猪乳腺炎-子宫炎-无乳综合征（MMA）等疾病（表2-8）。

注意：如果在某一时间内不止一个人给分娩舍的母猪喂料，则需要采取一种能够告诉下一位饲养员前2或3餐母猪食欲情况的方法。这可以用衣服夹夹住一个商定好的代码，或用旋转母猪记录卡的类似方式来实现。表2-8展示了这个简单的系统。

表 2-7　哺乳料饲喂量表（公制）

分娩后前10d（所有经产母猪和青年母猪）			经产母猪鉴定
d	kg	饲喂量	总饲喂量
1	2.5		分娩后天数（第1天）
2	3.0		注：这种日粮计数法在欧洲被广泛使用。与猪营养专家保持联系，制定一个能
3	3.5		够满足已公布日采食量（《母猪与公猪的营养》，B. Close 和 D. J. A. Cole，诺丁
4	4.0		汉大学出版社，2000年）的日粮浓度。在一些猪场，仔猪断奶时总窝重比平均
5	4.5		水平高出30%。
6	5.0		
7	5.5		
8	6.0		
9	6.5		
10	7.0		

青年母猪<10头仔猪 经产母猪<9头仔猪			青年母猪10头仔猪 经产母猪9头仔猪			青年母猪11头仔猪 经产母猪10头仔猪			青年母猪12头仔猪 经产母猪11头仔猪			青年母猪13头仔猪 经产母猪12头仔猪		
d	kg	饲喂量	d	kg	饲喂量	d	kg	饲喂量	d	kg	饲喂量	d	kg	饲喂量
11	7.0		11	7.5		11	7.5		11	7.5		11	7.5	
12	7.0		12	7.5		12	8.0		12	8.0		12	8.0	
13	7.5		13	8.0		13	8.5		13	8.5		13	8.5	
14	7.5		14	8.0		14	8.5		14	9.0		14	9.0	
15	8.0		15	8.5		15	9.0		15	9.5		15	9.5	
16	8.0		16	8.5		16	9.0		16	9.5		16	10.0	
17	8.5		17	9.0		17	9.5		17	10.0		17	10.5	
18	8.5		18	9.0		18	10.0		18	10.0		18	10.5	
19	9.0		19	9.5		19	10.0		19	10.5		19	11.0	

（续）

d	kg	饲喂量	d	kg	饲喂量	d	kg	饲喂量	d	kg	饲喂量	d	kg	饲喂量
20	9.0		20	9.5		20	10.0		20	10.5		20	11.0	
21	9.5		21	10.0		21	10.5		21	11.0		21	11.5	
22	9.5		22	10.0		22	10.5		22	11.0		22	11.5	
23	9.5		23	10.0		23	10.5		23	11.0		23	11.5	
24	9.5		24	10.0		24	10.5		24	11.0		24	11.5	
25	9.5		25	10.0		25	10.5		25	11.0		25	11.5	
26	9.5		26	10.0		26	10.5		26	11.0		26	11.5	
27	9.5		27	10.0		27	10.5		27	11.0		27	11.5	

注：本方法由英国肉类和家畜委员会编制——Stotfold PDU。

如何使用本饲喂量表：

（1）分娩后第 10 天评估仔猪和母猪的况况。

（2）选择与仔猪数和母猪哺乳能力相一致的合适的饲喂量（如哺育 10 头仔猪的高产母猪可能需要饲喂哺育 11 头仔猪的母猪的饲喂量）。

（3）饲喂偏差（或高或低）在表中"实际饲喂量"栏中正确记录饲料的消耗量。

（4）随着哺乳进程的继续，勾选表中"d"栏内的天数——可使替班饲养员能够参考并维持正确的饲喂水平。

（5）记录仔猪数量的变化，并调整到适宜的饲喂量。

（6）哺乳母猪至少每天饲喂 2 次。

（7）建议使用两种日粮饲喂系统：哺乳母猪比妊娠母猪需要更高水平的能量和赖氨酸。

（8）保证供应充足的饮水。饮水器的水流速度每分钟至少不低于 1.5L。

（9）确保猪舍内温度适宜。当母猪采食量增加时，猪舍温度应该从 20℃ 降至 16℃。哺乳期最后 10d 猪舍内温度维持在 16℃。

（10）当白天温度较高时，上午饲喂日需要量的 1/3，下午饲喂日需要量的 2/3。

表 2-8　"按照食欲"饲喂的方法（堪萨斯州立大学）

分娩后 0～2d 用容量为 1.82kg 的料铲在每次喂料时饲喂的铲数			用容量为 1.82kg 的料铲饲喂的铲数（4lb＝1.82kg）				
料槽中剩料	饲喂		料槽中剩料	饲喂			总计（kg）
	上午	下午		上午	中午	下午	
空	1	1	空	2	2	2	10.9
<0.9kg	0	0.5	<0.9kg	1	1	2	7.3
>0.9kg	0	0	>0.9kg	0	0	1	1.8

资料来源：Dritz 和 Tokach（2010）。

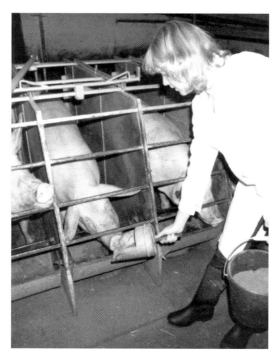

在美国，用简便的料铲饲喂系统饲喂母猪——在本案例中干母猪需要增加饲喂量

　　● 尽量购买有充足食欲潜力的母猪。要求供应商提供母猪的食欲证据，然后联系他的客户，就如何轻松地在哺乳期获得充足的日采食量征求他们的意见。

十二、正确的光照方案

　　光照，像饮水一样，成本相对低，但是其重要性常不被种猪场重视。在配种区和饲养刚断奶母猪或配种前新进入青年母猪的区域需要明亮的光照——至少350lx。这一亮度足可以很方便地阅读报纸。夏季绿茵地中明亮的阳光大概为500～600lx。图2-2建议一些配种舍使用白色荧光灯，并提出了需要使用100W白色荧光灯的空间和高度。请记住，灯光需要照到母猪的眼部，所以灯管需要安装在限位栏中母猪头部的上方，或者在它们的前方，而不是在母猪背部的上方。

100W 荧光灯灯带，目标亮度 16W/m²　　　　　　　　光照方案

将灯安装在大部分光线能照射到猪眼睛的位置　　　　每天最多 16h 光照，8h 黑暗

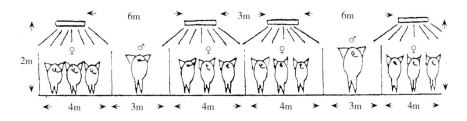

注：青年母猪的光照方案建议照明时间适当延长，即明暗比为 17/7

图 2-2　配种/种猪舍光照

十三、光照模式

大部分人但不是所有的学者认为，1/3：2/3 的黑暗：光照的模式最理想：即 8h 黑暗（10～12lx），紧接着是最长 16h 光照（亮度大于 350lx），青年母猪可以是 14h 光照。笔者确信，如果种猪区过于黑暗，这种模式是正确的。关于如何测量光照水平，请参阅图 2-3。

十四、窝产仔数的离散度——一种很多猪场正在使用的窝产仔数检查方法

窝产仔数的离散度能够很好地暗示繁殖障碍性疾病正在暴发或已经发生，以及存在与排卵/着床或公猪配种差有关的问题。这些都是窝产仔数少的指示物。

窝产仔数<8 头：目标是占所有分娩窝数的 10%，干预水平在 15%。

十五、母猪群体年龄结构——不要弄得很被动

因非特异性的繁殖障碍病、高温、腿病，很多猪群被迫过早淘汰（表 2-9），这一理想的猪群年龄结构很快被摧毁。这可能会导致窝产仔数在一段时间内出现多达 2 头仔猪的损失，并且每窝损失 1 头是非常普遍的现象。

使用摄影测光仪——现在到处
都有销售的而且很便宜，
使用任意设置来
测光，比如：

1. 在晴朗的天气，我们将接
   收器背对着太阳，测到的
   光大约是600lx，然后在
   这点做好标记

2. 在星光闪耀的夜晚，测到
   的光大约是25lx，然后
   在这点做好标记

3. 有了以上两点，从而可以
   估算出指针300~350lx
   的位置

4. 将摄影测光仪的接收器一面放置
   在距母猪眼部约200mm的
   位置检查光度，摄影测光仪
   表盘指针指向标记的300~
   350lx的位置，说明猪舍内的
   光照设置正确

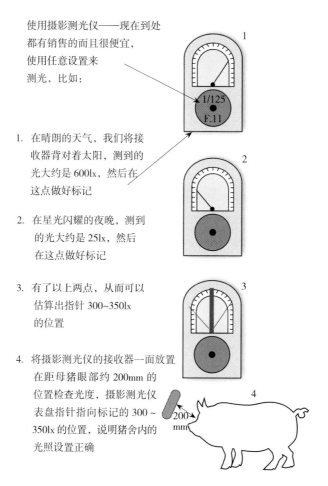

图 2-3　如何测量光照是否足够

如果成熟的 3~6 胎母猪所占比例过低，整个母猪群的群体免疫水平将受损，这会让病毒性疾病得逞。仅此原因就可能会显著减少窝产仔数。

表 2-9　因繁殖/生产障碍而被淘汰的年轻母猪数

	20 世纪 80 年代	20 世纪 90 年代
整体更新率	37%	45%
原因：		
繁殖障碍	32%	48%
健康原因和伤亡	30%	27%
腿和肢蹄	18%	10%
其他	20%	15%

资料来源：英国肉类和家畜委员会年鉴（MLC）。

实用建议：坚持用图表描述猪群的年龄结构。青年母猪群中备足充分数量的已适应的可用青年母猪；购买断奶的小母猪可能会对这一方面有所帮助。如果因非特异性繁殖障碍而使猪群的强制性淘汰率超过 33％，则需要请教兽医专家。选留四肢骨骼健壮、系部弹性好的青年母猪；这应该不会过度影响育肥的后代的骨骼发育得粗大/厚实的趋势。

请记住：早期淘汰会导致猪群年龄结构的改变，最终会影响窝产仔数。

十六、哺乳期短

众所周知，人们会采取缩短哺乳期的方法来减轻经济压力。笔者在标记这些注释时，欧洲的生产者采用 23/24 日龄断奶的方法（尽管建议延长到 28 日龄再断奶）；但是美国的生产者似乎更倾向于 16 日龄断奶，特别是一些新建的大型猪场。23 日龄断奶和 16 日龄断奶之间的差距可能是每窝产仔数相差 0.5 头，但这一差距可能会减小，因为在动物福利法规允许早期断奶的一些国家中，管理和断奶后再配种技术能够缩小这一差距。美国的生产者正在考虑回归到至少 19 日龄断奶，因为他们的窝产仔数和断奶后问题已经影响到了生产。

十七、返情（配种后返情）

按以下方法检查返情：
正常返情（21±3d）：目标 10％，干预水平 15％；
非正常返情（＞24d）：目标 3％，干预水平 6％。
注意改善妊娠诊断技术，由此返情降低 33％可使窝产仔数增加 0.3 头/窝。

十八、疾病

如果疾病是影响窝产仔数的一个因素，它主要影响配种后的妊娠。检查青年母猪是否接种了猪细小病毒疫苗，并检测 PRRS（猪繁殖与呼吸综合征，蓝耳病）。在兽医的帮助下，判定影响因子是传染性（特别是死胎，以及木乃伊及木乃伊的大小）还是非传染性原因（如产出活仔却因窒息死亡/弱仔）。

定期邀请猪兽医专家是防止窝产仔数低的重要手段。

十九、生物安全

执行科学的生物安全制度。今天所使用的很多技术和产品已经过时了（参见"生物安全"一章）

霉菌毒素：以极低水平存在的各种霉菌毒素可能与窝产仔数减少有关。

- 饲料和贮存的谷物经常性地添加霉菌抑制剂。
- 也可考虑添加（特别是在湿热的收获季节后）现代的霉菌吸附剂（非黏土类）。
- 经常性地消毒散装料贮仓（即蒸汽清洗并干燥），有可能的话一年进行2次。
- 建议贮料仓制造商将"仓壁门"检修口放在料仓壁的中等高度处，并配套可拆卸的饲料绞龙防护罩。通过顶端的检测舱口进入贮料仓总是太麻烦而且危险。
- 饲料斗也可能成为霉菌毒素污染的源头。
- 在群养母猪圈舍中，潮湿或发霉的垫料是霉菌毒素的源头。
- 饲用玉米也是霉菌毒素污染的潜在来源。

（所有这些内容都会在"霉菌毒素"一章）

二十、遗传基因

与窝产仔数有关的机体功能都或多或少地受到遗传的控制。然而，由于大量的基因参与了决定窝产仔数的生理过程，且任何2头母猪不可能是相同的，因此，母猪群间存在着巨大的差异。

其次，不同的母猪对应激的反应不一样，这会使该情况变得更为复杂，特别是排卵和着床。

不同的专家已对利用遗传手段改善窝产仔数的复杂性进行了综述。其难点如下：

- 该性状的遗传力低（<0.1）；
- 该性状可重复性低（<0.15）；
- 需要很大的样本数方能检测到差异；
- 可受杂交优势的影响；
- 环境和管理会影响各阶段母猪的生产性能。

　　笔者完全接受科学的智慧，但是有证据表明至少 3 个试验的窝产仔数得到了显著的提高（增加总产仔数/产活仔数为 0.92～1.86 头）：一批来自不同品种的青年母猪产仔数平均提高了 21%。这 3 个试验中本地品种是高瘦肉型杂交猪，而青年母猪是主要以母系性状为主（大白）的杂交品种。

　　专家普遍认为，公猪对窝产仔数的影响很弱或者没有影响。然而，如果精液质量差或密度低，同一个品种内的单头公猪（或人工授精）会对窝产仔数产生很大的影响，结果造成一部分胚胎死亡或染色体畸形，使它们表现为不育。今后，这些遗传缺陷可以在公猪和/或人工授精精液在使用前被筛选掉。

　　在调查产仔数低的原因时，检查所用公猪/精液是非常重要的。

公猪生产性能检查清单

✓　9 月龄前的年轻公猪不超过种公猪群的 15%。

✓　不同公猪配种获得不同的母猪窝产仔数；请跟踪检查。

✓　检查公猪配种成功率：

对于每一头公猪而言，将其所配母猪的分娩率×其 100 次配种或授精的窝均总产仔数。

目标：1 000　　　　　　　　　**干预/探究水平**：800

例如：分娩率 85%

　　　　其所配母猪的窝产仔数为 9.1 头　｝其最近配种的 100 窝

　　　　85×9.1＝773.5　低于 800＝需要采取措施改进。

✓　对于自然交配的猪群，检查"特别好用"的公猪的使用频率。这是非常普遍的现象，也是饲养员的弱点。将一个检查板放在明显的位置（图 2-4）。若把它放在走廊，则需要能从侧面观察到（以一定角度），并且任何过度或不合理/偶尔使用的公猪可以很快被发现。

✓　配种质量。匆匆忙忙地配种会降低窝产仔数（表 2-10）

✓　多次配种：有助于提高窝产仔数。2 次配种优于 1 次；3 次配种时如果后 2 次在连续的 2d 中进行，则优于 2 次配种（Tilton ＆Cole，1982）。然而，在过去 20 年中育种者更加注重正确的查情、输精时机和比较均衡地间隔 12h 输精 1 次。在这种情况下，正确的输精时机将可以最大限度地增加窝产仔数。

✓　查情时间。

✓ 下一次配种时间。

✓ 配种质量。监督和耐心对自然交配成功与否非常重要。

表 2-10　受胎率及窝产仔数与第一次配种质量评分的关系

配种质量评分	配种持续时间（min）	第一次配种所占比例	受胎率	平均总产仔数
1	<1.5	7	86%	7.67
2	1.5~3.0	28	75%	10.11
3	>3.0	49	91.8%	11.46
4	>3	16	75%	11.50

资料来源：Bell R. 等（1994）。

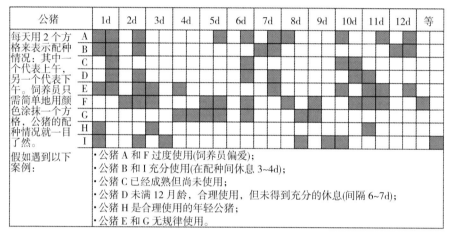

图 2-4　图解法——把复杂的事情变得简单明了

从横向角度去看，以显示公猪的利用情况。因此，将观察板置于走廊，
有利于从侧面观察公猪的使用频率。

参考文献

Dritz，S. and Tokach，M.（2010）KSU Breeding Herd Recommendations For Swine 8-10.

"Litter Size"．On Our Farm（report）Farmers Weekly March 2000.

Tilton & Cole（1982）Effect of triple v double mating on sow productivity Anim Prod 34，
279-282.

（孟凡伟译　韩子民、潘雪男校）

第 3 章
既要窝产仔数多又要初生重高

在猪场生产中，初生重定义为活产仔的体重。活产仔的定义是出生后至少有一次呼吸的新生仔猪。在本章的最后，"肺漂浮试验（Bucket-test）"将帮助人们将出生时存活的仔猪与那些出生时已经死亡、没有呼吸的死胎相区别开。

出于研究的目的，研究人员需要记录活产仔数和死胎数，但是本章我们仅讨论活产仔的初生重。对于农场主来讲，知道活产仔的初生重非常重要。

一、目标

仔猪初生重的这些数据每年都在变化。但是，窝内 10% 的仔猪初生重小于 1.3kg，50% 的仔猪则超过 1.5kg，剩下 40% 的仔猪初生重为 1.3~1.5kg，这一体重分布对育成猪的生长性能会带来一个良好的开始。

二、初生重非常重要

我们都知道仔猪的初生重很重要，但是为什么如此重要呢？最近的调查允许用预测模型进行预示。

1. 更多的仔猪可存活。出生时初生重每增加 100g，断奶前死亡率很可能会降低 0.4%。

2. 断奶体重将更理想。出生时初生重每增加 1g，18 日龄断奶时体重可以提高 2.34g，26 日龄断奶时体重可以提高 2.7g。以下这种情况甚至可能更多（图 3-1），即初生重发生 0.5kg 的改变，相当于 23 日龄的断奶重出现

1kg的变化。

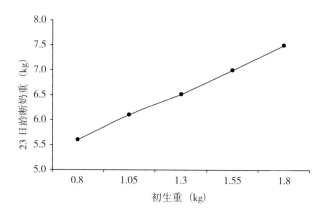

图 3-1　初生重和断奶重之间的关系
（来源：Sprent 等，2000）

我对客户的猪群检测后发现……

3. 窝产仔猪更均匀。很多时候，出生时体重低于1.1kg的仔猪会抵消同窝中一头初生重1.7kg的仔猪在屠宰时的部分利润。

● 生产者应该了解仔猪的初生重，即使会给繁忙的工作增加任务。不能仅用眼睛去评估仔猪的初生重。"仔猪秤"既便宜又高效。我的客户告诉我，要完成这项工作每头母猪额外多花不足15min的时间（只增加了1.25％的劳动力）。如果33％的猪提前2d上市，这些投入就可以得到补偿。

● 这是事实吗？似乎是的，表3-1显示，通过密切关注仔猪的初生重，可以使全群猪达到上市体重的天数提前2.7d，会对付出的辛劳给予4倍的回报。

表 3-1　对初生重审核后的结果，下面描述了几个需要干预的方面

	审核前			审核后（经过14个月）		
初生重	<1.0kg	1～1.3kg	>1.3kg	<1.0kg	1～1.3kg	>1.3kg
所占比例	13％	45％	42％	9％	28％	63％
育肥上市天数（出生-88kg）	156	151	142	157	151	141
			全群平均屠宰日龄提前2.7d			

资料来源：客户记录。

图3-2提供了不同初生重影响屠宰日龄的一个原则。

注意：该图是以2000年中期英国的养猪生产情况为基础建立的，当时由

于行业内严峻的财务状况，受监测猪场的生长/育成猪舍总体上都需要翻新。每一个养猪企业应该基于其自身条件公布类似的指导性图表。我在 31 个不同的养猪企业工作过，其中的 1/3 都不足以达到其考核指标。

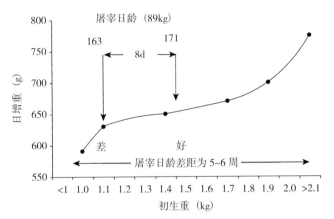

我对英国数据的解释：
(1)大的、强壮的仔猪将很容易、更快地达到屠宰标准；
(2)猪群平均初生重哪怕是适度的改善也可以节约近 1 周的饲料和日常开销

图 3-2　较理想的初生重如何影响屠宰日龄

● 均衡的初生重比其平均数更重要。窝内初生重为 1.1kg 或不足 1.1kg 的仔猪数太多，会显著影响窝平均屠宰日龄，特别是当窝产仔数多（超过 12.5 头）的时候。首先，我记录的数据建议，初生重 1.0kg 的仔猪比 1.45kg 的仔猪要多花 1 周的时间才能达到上市体重，并且当 28 日龄时体重还要轻 2.0kg。

● 相对于窝平均断奶重，窝断奶重的差异对利润的影响更重要。5kg 的断奶仔猪额外增加的 250g，比 7kg 的断奶仔猪额外增加 250g 能为猪场增加更多的利润。正如已故的英国伟大的养猪研究者和学者 Peter 博士所说的"猪场更应重视窝内最小的仔猪"。

● 在我的客户中，有 25% 的仔猪初生重 1.1～1.3kg，这些小体重仔猪（但还不算太小）比 30% 初生重 1.5～1.65kg 的仔猪迟 2.7d 上市屠宰。

至于个体非常小的新生仔猪（800～900g），其中 62% 会死亡，根据它们身上的外伤判断，很多都是死于踩踏。猪场如果有超过 5% 的仔猪初生重在 900g 以下，其仔猪断奶前的死亡率比仅有 2% 的仔猪初生重在 900g 以下的猪场高出 2%。目标是初生重低于 1.2kg 的仔猪数尽可能少于 10%，而高于 1.45kg 的仔猪尽可能超过 50%。我发现，从利润角度考虑，这是一个较好的且能够实现的仔猪初生重方案。

三、平均初生重掩盖的问题

平均初生重会掩盖在同一生产/成本核算期内出生时小体重仔猪和大体重仔猪数量上较大的差异。

理想的初生重＝可以售出更多的瘦肉

更多的每吨饲料可售猪肉（Saleable Lean Meat per Tonne of Feed，MTF，请参见"商业篇"）得到显著的提高。我最近的一项试验表明，初生重1.05kg的仔猪到屠宰时每吨饲料可以提供211kg可上市的瘦肉，而初生重1.41kg的仔猪，在屠宰时每吨饲料可以提供270kg可上市的瘦肉。相同的饲料和饲养环境，却多出了67kg的猪肉！

这重要吗？似乎是的。表3-2是一个管理良好的欧洲商品/试验猪场和附近另一家条件非常类似的猪场给出的数据。

表 3-2　两家猪场实际初生重/死亡率的比较

初生重类别（kg）	初生重分布（％）		断奶前死亡率（％）	
	A 猪场	B 猪场	A 猪场	B 猪场
<0.5	0.5	1.8	80	78.2
0.5～0.74	2.2	1.4	62.4	63.1
0.75～0.99	6.2	11.8	24.7	25.2
1.00～1.24	16.5	20.9	13.4	13
1.25～1.49	24.1	29.1	6.6	6.2
1.50～1.74	27.9	24.3	3.7	3.5
1.75～1.99	15.1	6.4	2.5	2.6
>2.00	6.9	3.8	1.7	1.7
平均窝产活仔数	11.7	11.1		
平均初生重	1.48	1.37		

点评：尽管平均初生重差距看起来不大（不足8％），但B猪场窝活产仔数比A猪场少0.6头；初生重0.5kg以内的仔猪数是A猪场的3倍，这就需要付出更多的努力养活它们；初生重小于1.0kg（更易被压死/冻死/发生腹泻）的仔猪数大概是A猪场的2倍；初生重高于1.75kg的仔猪数是A猪场的1/2（大体重仔猪的断奶重会增加2kg或提前5d出栏）。

　　我观察新生仔猪的窝重指标已经达 45 年了，直到今天，我发现仍然很难辨别出平均出生重达 1.4kg 和 1.5kg（非常不错的表现）的窝产仔猪，如表 3-1所举例的那样，我禁不住要说："只要足够大，一切都好。"

　　现在，我的难题可能是由于我自己本身无能带来的，果真吗？但是我不那么认为。意识到不均衡的初生重会使饲养员意识到某一个问题或者是已经存在或者是正在形成。因此，又重新回到"这个很重要吗？"

　　表 3-1 的数据来自我的一个母猪/育肥猪场的客户，问题是初生重不是特别理想（这也是他为什么找我的原因），并显示了提高仔猪初生重后获得的利益——到达 88kg 屠宰体重时间提前将近 3d。

　　母猪产前 14d 使用抗生素的确可以增加仔猪的初生重，那么继续使用至断奶，届时断奶重也会提高？似乎是这样的，但在某些国家这是法律不允许的。然而，其他产品可以避开抗生素的法令，我肯定将来我们将会听到更多这样的话题。

四、两点值得探索的建议

　　1. 我想知道，在一些猪场仔猪断奶前死亡率持续保持 6% 以下时，全球的这一死亡率仍顽固地保持在 10% 以上，这是否与以下事实相关，即饲养员认为在仔猪出生时进行称重是一件很痛苦的事情。的确，这是事实，但是我发现，在那些将仔猪断奶前死亡率充分降至个位数的猪场中，现在足足有一半的猪场腾出时间做好这一件事。他们知道自己的仔猪初生重很低，并采取一定的措施来改善它们，或加强淘汰力度。

　　2. 正如在"混群"一章所提到的，一些有经验的母猪/育肥猪场生产者在进行批次断奶和按体重断奶时，把仔猪的初生重及窝的均匀性加以考虑。"相近初生重的仔猪作为同一个群体饲养到屠宰往往会表现得更好"——每一个群体出栏时间的跨度可以缩短 3～4d，这一建议还需要研究。一个非常有趣同时也很重要的假设，批次生产的成功与否取决于出栏时间差异的最小化，是实现批量上市的一个重要优势。

初生重检查清单

行动要早

　　成功来自能使商品猪场的饲养员确信，在母猪繁殖周期很早时候所采取的措施会对仔猪初生重产生重大的影响。

- ✓ 配种后 12～24d 确保受精卵充分着床非常重要。
- ✓ 这时要给母猪提供安静的休息环境。
- ✓ 无应激和性兴奋将有利于最后一次配种的成功。
- ✓ 这时最好不要对母猪进行混群。
- ✓ 断奶至配种期间有相对较高的营养摄入对母猪配种成功似乎是有利的。对存在初生重小问题的母猪，可以尝试饲喂较当前所喂料多 1.5kg/d 的饲料。另外，作为常规的措施，此时（即人工授精前和进行期间）可给母猪饲喂哺乳期的日粮。这 2 种措施均有助于同步排卵，更多的卵泡能够及时地在很短的时间内排出，并且/或者这能保证子宫表层（子宫内膜）可以更快地恢复接受性。这些内容将在"窝产仔数"一章中阐述。
- ✓ 妊娠期不要给母猪饲喂营养太丰富的日粮。就低赖氨酸（总赖氨酸含量为 0.55%）的妊娠期日粮征求营养专家的意见——略低于当前推荐的水平。然而，随着妊娠的进行，仅增加饲喂量（从 1.8kg 增加至大约 3.0kg），而不是像教科书上那样为使母猪保持良好的体况而建议保持饲喂量不变。
- ✓ 决不能使母猪在哺乳期体重损失过多。在此，我们研究一下在前一个繁殖周期中所采取的措施会对下一窝猪产生的影响。
- ✓ 如果初生重小，不要刻意地突然增加产前的饲喂量。若是出现其他的原因，这种方法或许可以接受。
- ✓ 不用太担心产仔数多会影响仔猪初生重。新的"高产"母猪可以产较多的窝仔和较大的仔猪，可产多达 14 头足够重仔猪。
- ✓ 在美国，多位采用多点式生产的生产者在对分娩-育肥的单点式猪场进行调整后，并没有报道当仔猪于 16 日龄断奶时会降低下一窝仔猪的初生重（但窝产仔猪似乎比欧洲发达的猪场少了 1 头）。
- ✓ 不要过早地使用前列腺素，因为在临产前胎儿每天增重高达 60g。
- ✓ 最新的研究显示，采用有机微量元素而不是无机微量元素（源自岩石/矿土）将成为繁育猪未来微量元素营养的主流。
- ✓ 遗传学手段不大可能用来提高仔猪初生重。也许只有当超高产种猪品系表现非常突出时该手段才有效。

五、初生重小的仔猪会影响猪场利润

我过去曾多次为养殖户进行成本计算，不断地发现饲养那些最弱小的仔猪往往会抵消同窝最大那些仔猪所带来的大部分或全部利润。令人惊讶的是，和长速更快的大体重仔猪相比，虽然体重稍低于平均值的仔猪在屠宰前的饲料转化率并不一定更差，我发现体重非常小的仔猪的转化率确实会差 0.3 以上。在实行早期隔离断奶/多点式生产的美国，他们的养猪业采用类似于肉鸡生产的批次生产模式，这些体重极轻的仔猪会在出生时被处死。它们没有盈利的潜力，最多只能保本。这是为什么我前面讨论出生重时会说平均重可能会误导，我们需要研究个体重来看一下哪一种补救办法更好。

六、很难说服

该问题已经说服生产者付出更多的努力，并将初生仔猪的称重作为猪场常规作业来做。

如果把适中的初生重标准定为 1.25kg——这是问题猪场呈现在我面前的一个常见典型数据，那么平均初生重低于平均值 0.25kg 有可能会在 100kg 屠宰体重时每吨饲料可售猪肉（MTF）减少 31kg；如果初生重高出平均值 0.25kg，那么将使 MTF 几乎多 36kg。这得益于生长更快、效率更高的那些活猪，而不是源自较低的死亡率。然而，至于后者，（低死亡率的价值）我们要回到表 3-2。在初生重方面，A 猪场因拥有较少数量的小体重初生仔猪和较多数量的大体重初生仔猪，每窝断奶仔猪多 0.6 头。因此，比如说每年母猪和公猪消耗 1.4t 饲料，A 猪场多出售 5.4% 的育成猪。让我们还假设 A 猪场的销售，每头母猪每年提供 22×100kg 活猪，或按屠宰率 75%，则可供应 1 650kg 猪肉。多出 5.4% 的可销售猪肉意味着多出 89kg 猪肉；分摊到 1.4t 饲料上，那么每头母猪消耗的每吨种猪饲料会多产 64kg 猪肉。再加上前文所述的快速生长带来的利润，那么增加 1kg 可供销售猪肉会给猪场带来多少利润？因此，每多出 1kg 猪肉的货币收入会使每吨母猪料减少等数额的成本。计算一下，大开眼界了，对吧？

七、奖金创造奇迹

这就是为什么尽管会带来额外的麻烦，这些客户却开始记录仔猪初生重的原因。当然，分娩舍的饲养员仍然有额外的工作要做，不过，我们可以这样解释，一些农场主同意在当前的业绩中根据提高的 MTF 给予 50％的奖金。奖金标准在 3 年内固定不变，然后重新审核，根据审核情况调高或者降低。

养殖部主管利用我的检查清单来探索改善提出的措施。即便如此，管理者仍需要进行一些深思，以确保可以有时间完成这些工作，而且不会影响围产期的其他工作。我的 3 个客户使用这套体系。奖金意味着饲养员领回家的工资提高了 10％，由此工资成本相应地增加了 1.4％，但是，正如我们所讲的，可能与此概念有关的高生产成绩已经使 MTF 提高了 30kg，不过这一数值约是我们预期值的一半。虽然如此，这足够支付 3 倍多的奖金了。

八、用肺漂浮试验检测真正的死胎

这一方法可帮助我们分辨真正的死胎和出生时还活着但很快就死亡的新生仔猪。当试图确定窝产仔数少的原因时，导致产前和产后死亡的因素是不同的，需要采取不同的治疗措施。

取一个桶并盛满水，把仔猪/死胎的肺脏轻轻地放在水中。真正的死胎的肺脏会相对快速地下沉，而仔猪在出生时如果还活着的话，这类仔猪的肺脏会比较慢地下沉。

这是因为即使新生仔猪出生后仅呼吸了一口空气，其中的一部分空气也会滞留在肺脏中，而真正的死胎根本不会呼吸，因此肺中根本没有空气。

一旦这两种情况均被观察了多次，就会很容易发现它们之间的区别。

参考文献

Deen，J.，Dion，N.，Wolff，T.（2006）Predictions of piglet birthweight. Procs. Ipvs Conference.

Sprent，M.，Varley，M. A. and Cole，D.（2000）BSAS Meeting. effect of birthweight on subsequent performance of pigs.

（孟凡伟译　韩子民、潘雪男校）

第4章
避免断奶后问题

断奶后生长受阻

断奶后仔猪的生长速度立即下降。正确的解释是：刚断奶的仔猪恢复到断奶前 24h 日增重所需要的时间。

一、问题概述

断奶后生长受阻现象可能只有短短的几个小时，也可能长达 18～24d，普通农场通常是 7～9d，这当中有一半的农场又主要发生在饲养管理不佳的猪舍。我们会在本章的后面看到影响断奶后生长的因素与盈利能力之间的关系。

断奶前高死亡率，生长缓慢、上市屠宰时间长与如今猪能达到的遗传潜能不匹配，非生产天数多，母猪使用年限低这 4 个问题加上第 5 个方面问题——即我们本章要讨论的断奶后生长受阻，过去的 30 年来在猪场层面一直未有明显的改善与进展，确实令人失望。

(一) 首先——营养问题 (也许是唯一的问题)

在作者看来，这主要归咎于大多数饲养员和农场主没有重视已经出现的问题——在仔猪至关重要的过渡期 (断奶后，仔猪立刻由母乳喂养转变为吃自己没办法很好地进行消化吸收的固体饲料的过程) 没有给予正确合理的营养。

(二) 问题 1——在断奶后饲料方面没有投入充足的资金

在日粮配方设计方面，营养学家们已经取得了许多研究进展，使日粮的消化吸收尽可能容易地在仔猪的消化系统中进行。问题是这些特殊的饲料都很贵——价格大约是农场主以前所用的或由热衷于得到业务的厂家所提供的饲料3倍多。于是出现了一个无法避免的现象：为降低成本，对解决消化不良问题所需的特殊日粮设计进行调整，从而牺牲了特殊日粮的效果成本。这么一来，生长受阻问题也就随之出现了，特别是早期断奶的仔猪，比如16～21d断奶的仔猪。乳猪料的销售者必须牢记这个深刻的教训。

（三）为什么这些新型的断奶后饲料如此昂贵？

- 要求必需氨基酸含量高而粗蛋白含量低，目的是为了避免仔猪断奶后出现消化不良。强制降低蛋白质含量的同时还要维持高水平的氨基酸含量，这看起来是自相矛盾的。因此，要做到这点就得花钱。
- 那些普通且便宜但会损伤肠壁的原料是不能用的。其他含有抗营养因子的饲料原料也同样不能用。
- 为了提高消化率，一些谷物和大豆需要经过热处理。
- 添加的酶可以帮助消解抗营养因子，同时也需要对一些原料进行发酵处理。
- 精心制作的颗粒料必须经过缓慢、谨慎的加工过程（不可过热）。而加工所需的机器设备是非常昂贵的。
- 可能需要添加某些免疫球蛋白或能提高免疫力的新型原料。
- 需要使用有机微量元素（而非廉价的无机物）和被专门保护过的维生素。
- 生产车间和仓库的条件不利于产品保鲜，所以只能进行小规模生产，这增加了成本。

这部分内容在与教槽料相关的章节中有更详细的解释。

（四）问题2——料槽不干净

第二个主要因素是农场主没有以足够清洁的方式来提供这些昂贵、优质的过渡性饲料。如料槽很快就弄脏了且经常这样。当仔猪的消化和免疫系统（以及体温调节系统）均未充分发育时，需要科学的营养水平和饲养员的精心照料，污染物的存在会进一步从消化和免疫两方面危及仔猪本就不成熟的消化系统。

下面试图劝说那些断奶仔猪饲养者做到以下两点：

一是，准备充足的资金购买合适的饲料。

二是，正确饲喂。

保持断奶后的料槽清洁能带来丰厚的回报

	达 108kg 日龄	节约成本/头	工作时间/头	死亡率（%）
料槽非常干净	156	5.26 欧元	18	4.2
料槽卫生一般	168	—	7	7.0

在保育舍，每多花 10min 以上时间在一头断奶仔猪身上将额外增加多于 1.20 欧元/头的成本，但同时能节省超过 5 欧元/头的成本。

来源：客户的生产数据（2008）。

（五）断奶后生长受阻给生长发育带来的代价是什么？

对大量的英国饲养员进行调查后发现：96％的人认为，在自己的农场，断奶仔猪一定会以某种形式停止生长发育一段时间。

88％的人认为会持续 2d 或以上；

52％的人认为会持续 4d 或以上；

30％的人认为会持续 7d 或以上；

16％的人认为会持续 10d 或以上。

更糟糕的是，即使在英国比较成熟的养猪业中，仍然有许多的受访者认为仔猪断奶后生长抑制期达到 10d 是"正常的"。

事实上，我们做得最好的只有 2～3d。

20 年以前，在 Dean's Grove 农场，我们对断奶仔猪的生长速度进行测定，并经常估算到生长受阻的天数，被我们降到了只有 2d。其中有一小部分猪 25kg 时的生长速度达到了 923g/d——接近惊人的 1 000g/d（营养学家和遗传学家认为有可能，但许多生产者并不相信这个数据）。我隐约记得，其中有 1 头或 2 头 9.5 周龄（66 日龄）的巨型猪离开保育舍时体重达到了 33.5kg。也就是说从出生开始至 66 日龄，平均日增重必须要达到 485g/d。

这个速度几乎是很多人取得的 2 倍。

这其中还大有文章……

一个很短的断奶后生长抑制期能对出栏时间产生很大的影响，从而对购买的每吨生长猪饲料能够生产的可销售瘦肉量也产生很大的影响。

上述现象已被英国的一些数据所证实（表 4-1）——生长受阻天数下降 9d（12d 下降到 3d）为生产者节约将近 20 英镑/t 或 14％的饲料（饲喂至屠宰所消耗的所有饲料）成本。

表 4-1　断奶时生长受阻使生长猪饲料成本增加 10%以上

活体重（kg）	生长受阻天数（d）	达 94kg 天数（d）	日增重（g）	一级肉比率（%）	胴体瘦肉率（%）	每吨饲料提供的瘦肉量（kg）
5.8	12	156	567	72	52.3	166
5.8	3	142	621	86	53.1	182

由表 4-1 可知：每吨饲料可多生产 16kg 瘦肉，
以零售价 150 便士/kg* 算，可获利 24.00 英镑；
少饲喂 14d，可节约 3.36 英镑（24 便士/d）
每吨饲料总共可增加收入 27.36 英镑

* UK/Dec 2009。

资料来源：英国 2009 年 12 月的市场价。

注：换言之，每吨饲料能多提供 16kg 的肉。如每吨饲料饲喂 5 头猪，意味着每头猪能多获得 5.47 英镑或 7%的收入。

记住：断奶仔猪的平均生长抑制期为 7～10d。因此，如果仔猪的生长速度持续下降 3d 以上，那么每吨生长/育肥料（猪在后期一直吃这种料，直到屠宰）的成本将额外增加 2.28 英镑。总之，与断奶后每天下降的生长速度相对应的是饲料费用每天增加 1.4%。

在欧洲，一个利用废弃的牛棚改造的现代保育舍。请关注温度控制箱、充足的喂料器和充裕的活动空间

二、研究人员针对仔猪的试验研究往往不够深入

我看过许多有价值的研究试验，这些试验表明：断奶或保育期结束时，仔猪的生产性能差异显著。然后就不再继续深入研究下去了。

甚至有些人根据这一阶段的生长曲线，指出了使用某种产品或技术所带来的好处。然而，聪明的农场主会说：是的，尽管保育猪的试验结论证明了生产性能已经改善，但这种方法几乎没有回报。

如果将试验继续下去直到屠宰，那么，即使到了后期生产性能的提高率可能稍稍有所下降，成本效益的曲线仍会明显往好的方向发展。

我相信在用计量经济学的方法对相同条件下饲养至屠宰的两组猪进行评估之前没有一个仔猪试验能得出令人满意的结论。大多数人是出售商品猪的，而不是保育期刚结束时的猪。

由于随后出现的一系列变化，没人能从统计学的角度确定试验的结论。但任何在生长曲线早期阶段得出的负面的经济上的结论都能被屠宰体重（带来的经济效益）所改变，尤其在试验的处理方法对断奶后生长受阻有积极的作用的情况下。

我知道资金不足、设备不齐全和人员短缺等因素制约着研究机构将断奶仔猪试验一直进行到屠宰，但这也正是他们目前所用的方法的不足——在试验的设计阶段就需要考虑这些制约因素。良好的生产性能终究会带来利润的增长，这点很重要。一般我们不会出售断奶仔猪，我们（或有的人）主要出售育成猪——相比于断奶仔猪，育成猪每天的饲料成本更高。

三、为什么说在过渡料上花费很多是值得的？

为过渡期的断奶仔猪量身定制的早期开食料叫做过渡料——比"开口料"更恰当，也可以说是一种教槽料。许多养殖人员不愿意花 700～850 英镑购买经过精心设计的比较合适的过渡料（我见过最优质的料价格为 1 200 英镑/t），而是选择 350 英镑/t 的"没有太多问题"的过渡料。

700～850 英镑比国际常规定价高 2～3 倍。

"没有什么饲料可以值那么多钱"，他们难以置信的大喊。

让我们沉着冷静地看待投资回报方面的情况。

首先，谈一谈那些声明"没有太多问题"的过渡料。其问题主要集中在消

化方面，如腹泻、食欲不振等。但真正的问题是屠宰性能非常低，以至于让人难以接受，像这样：

美国人对我在表4-1中引述的内容进行了补充。美国明尼苏达大学援引的一项研究结果表明：在仔猪体重从 5.2kg 增加到 22.7kg 的过程中，每增加 0.454kg（1lb）将损失 10 美分。需要注意的是，这种损失在仔猪体重 23kg 之前就已经发生并结束了。表 4-2 引自美国佐治亚大学，从中可以发现：一方面，用普通过渡料饲养仔猪直到屠宰要比用高消化率的过渡料多 8d；另一方面，虽然断奶后 7d 内高价日粮的成本是普通日粮的 2 倍，但达到屠宰体重时能获得 3 倍的收益。

表 4-2　需要为断奶后的过渡料支付费用吗？——根据美国的数据推算

	普通过渡料 （对照组）	高消化率的过渡料
断奶后 7d 内仔猪的平均日增重（g）	100	200
达 105kg 体重时的日龄	171	163
7d 内消耗饲料的相对成本（美元）	100	199
到屠宰时节约的相对成本（饲料和管理费用）（美元）	—	513
高消化率饲料的相对价值（美元）	（513－199＝314）	314

注：虽然断奶后饲料的成本是对照组的 2 倍之多，但到屠宰时的纯收入是对照组的 3 倍还多。

1. 在断奶后最初的 5～10d 内饲喂过渡料回报最高

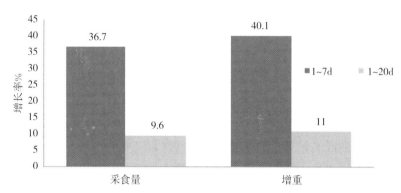

2. 少数断奶后的过渡料能缩短断奶至屠宰的饲养天数

表 4-3 中的数据是我在美国艾奥瓦州立大学和明尼苏达大学工作期间收集的，那时，还在犹豫是否对"过渡料"这一理念进行推广，因为所有饲料的单位成本增加了 3 倍！由表可知：在节约饲料（而非节约管理费用）的基础上，每个农场都有能力在流动资金用完前购买过渡料；加上节省下的管理费用，共

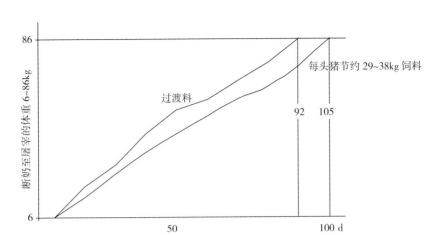

图 4-1 高成本的过渡料对生产性能的改善超过了常规的开食料
(数据来自英国)

可从额外支出的饲料成本中得到 2～2.5 倍的回报。顺便解释下，农场 2 和农场 3 的保育舍料槽卫生状况不好，这也进一步证实了我在料槽清洁度问题上的观点。

表 4-3 美国 4 个农场饲喂过渡料的盈亏平衡成本及回报情况

	农场 1	农场 2	农场 3	农场 4
断奶后使用的天数（d）	5	10	7	12
每吨饲料盈亏平衡成本（美元）	2 631	1 840	2 135	3 100
每吨饲料实际价格（美元）	1 200	1 200	1 500	1 350
回报率	2.2∶1	1.5∶1	1.4∶1	2.3∶1

资料来源：客户数据（2000—2005）。

四、鲜为人知的算式

有些养猪者似乎还不知道断奶仔猪在断奶后 7d 内能吃多少这么好的过渡料。

● 一般 21 日龄断奶的猪在断奶后 5～14d 内的采食量大概是 3.25～7.5kg。也就是说 1t 过渡料大概能饲喂 133～300 头断奶仔猪。保守估计或最坏的情况下，能饲喂 100～250 头。那么，我们取平均值 175 头。

● 由于断奶后生长受阻，若选用低档（普通）的断奶后日粮饲喂，则到屠宰时每头仔猪将多花费 5～8d 的饲料（10.5～17kg 饲料）成本，以单价 16 便士/kg 计算，就是 1.68～2.72 英镑/头。在不考虑节省管理费的情况下，我们以平均 2.20 英镑/头算，单单饲料成本就节省了这么多，这还不包括节省的管理费用。常规断奶日粮的成本为 350～400 英镑/t。

● 因此，如果某种特制的高成本过渡料能避免育肥料的浪费，那么，从客户的角度出发，即使在最糟糕的情况下仍可以在流动资金用完前买每吨贵 385（175×2.20）英镑的饲料，如果同时考虑管理费用则是 430 英镑/t。

● 因此，在一切有利因素消失之前，就算按照最坏的情况计算，你也有能力购买价格是普通小猪/生长猪饲料 2 倍左右的优质过渡料。

五、计算盈亏

我建议大家用上述方法计算一下自己的盈亏情况。你可以忽略我的假设，用你自己的取而代之。当然，你应该说服自己做一个保育试验：用一种昂贵的过渡料与你目前所选用的作对比，并将所得的收益作为绩效的基础数据。根据我的试验，在保育舍的饲养环境和栏舍条件有所保障的情况下，只有极少数的优质过渡料在使用后达不到盈利的目的。

有意思的是：你能接受的每吨饲料的价格上限是多少？"保育舍的环境越干净、越优越，饲料价格就越低"，这似乎是毫无疑问的。恰恰相反，一些很好的保育舍似乎做得更好——所使用的断奶后日粮的配方设计更好。这表明遗传学家们通常说的"我们远远没有挖掘出生物的遗传潜能"是对的，这里的遗传潜能指猪生长速度方面的（已经包含在我们购买的猪的遗传学特征中）。

这也验证了我的观点：在猪被运去屠宰前，断奶后的研究工作永远不会结束。

正如那句谚语所说的："在比赛结束前不能确定胜负"。

六、断奶时肠道中发生了什么？

我希望我已经从经济效益的角度说服你去购买精心设计的优质过渡料。

那么，我所说的"精心设计的"是什么意思呢？首先，我们必须清楚断奶时仔猪的消化系统发生了什么。在自然状态下，仔猪是不会突然从母猪身边被转走的——进化使猪的断奶过程循序渐进地进行至少 16 周（通常是 20 周），以便肠道一点点地适应消化固体食物。因为消化道中的微生物和化学信号通路需要时间来调整和适应由喝母乳到处理植物根茎、橡树子、坚果、草、种子、苹果和土壤中的细菌、真菌这一过程。即使在该过程的后期，仔猪仍可以通过快速吸食母乳来稳定机体出现的一系列不适应症状。

除野猪和一小部分现代散养猪外，其他猪的自然断奶过程都被人为地忽略了。在 17～32d 突然就把仔猪断奶了，意味着我们将自然条件下不可能发生的转变强加到了仔猪的消化系统中。如果我们不帮助仔猪缓解这个突然的变化，那么断奶后生长受阻现象就会不可避免地发生。以下就是断奶时肠道中发生的事……

图 4-2 是一个非常复杂又特别精巧的消化系统示意图，详解如下：

● 3 周龄断奶仔猪的胃既是一个储藏食物的地方，又是一个最多能容纳 0.2L（和一杯酒的量差不多）食物的预消化场所。

● 经过仔细的测量，每隔 35～45min 母猪会泌乳一次。母猪受到小猪的吮吸刺激后，通过乳池释放乳汁的方式作出回应，并在 17～30s 后关闭乳池停止泌乳。然而，不管仔猪吮吸得多用力、吮吸时间多长，每小时只能获得 150～220mL。

● 哺乳仔猪的胃弹性差且只能容纳一定体积的食物——如前面讲的，大约 0.2L。

● 胃壁细胞会同时释放消化酶和盐酸对蛋白质（蛋白酶等）和碳水化合物（淀粉酶等）进行预消化。酸会使随食物进入体内的病原微生物失去活性。哺乳仔猪的胃内容物（母乳）已经含有以适合的形式存在的营养成分，以便在 35min 左右的时间里顺利地进行预消化（酶解）和杀菌（酸化）过程。

● 接着，胃中的内容物就会进入一个像管道一样的短管——十二指肠，这里是预消化脂肪的地方，也能容纳大约 0.2L 的量。

● 然后，已为小肠的吸收做好充分准备的十二指肠内容物在肠道的蠕动作用下进入小肠。此时，内容物中已经没有什么潜在的有害微生物（但可能是仔猪探索周围事物时吃进去的）。

● 最后，食物（母乳）已经被适当地预消化并可在小肠中被安全地吸收。

了解仔猪断奶时消化系统中发生的情况对解决饲料、采食量及生长抑制等问题有很大的帮助。以下就是消化系统中发生的事情。

1. 胃能容纳 0.2L 的量，不能扩张。食物在这里大概要停留 45min 左右，以让胃分泌胃酸来杀灭有害微生物。与此同时，食物被酶包裹，这些酶可为淀粉和蛋白质的进一步消化做好准备。过量采食将导致上述两个过程进行得不完全。随后，胃内容物将十二指肠填满，而它本身重新被新鲜的母乳装满。

2. 十二指肠长 22.86cm，厚 5.08mm，容积略少于 0.2L。一旦胃内容物到达十二指肠，肠壁细胞就利用脂解酶对其进行分解，以便为食物中的脂肪在

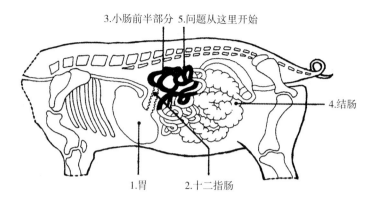

图 4-2　一头体重 5.5～6.5kg、3 周龄的断奶仔猪的消化系统

消化道下一个部位的消化和吸收做好准备。来自胃的食物太多、太快，会导致食物没完全处理好就进入十二指肠。

3. 小肠的前半部分长 4.572～6.401m，表面复杂且面积庞大，有半个足球场那么大，因为表面有数以千百万计用于吸收食物的微绒毛或微小突起。数以亿计的表层细胞吸收预消化过的营养物质，未充分预消化的不被吸收，说明该部位无法吸收只被简单处理过的食物。

4. 结肠（或大肠）长 182.88cm，厚 2.54mm。主要用来吸收水分和消化粗纤维。与断奶后生长受阻现象关系不大。

5. 问题：仔猪断奶后，原有的每 45min 一次的有规律的摄食活动被中断了，变得饥饿，于是拼命吃（摄食过量）。结果食物在胃或十二指肠中没有停留足够的时间，没有经过充分的杀菌和预消化就进入了小肠，引起肠道堵塞，细菌开始大量繁殖，使小肠微绒毛变短并萎缩，体内水分就通过肠壁细胞进入小肠，最终导致仔猪腹泻/脱水。

6. 解决方法

● 接受仔猪在断奶后会狼吞虎咽的现象；

● 因此，小肠将不可避免充满食物；

● 所以需要一种经过充分"预消化"的断奶仔猪过渡料，即使吃多了也不会妨碍吸收；

● 这种日粮只要限饲 12～36h，然后就可以进行少量地饲喂；

● 然而，有一些超级过渡料（与教槽料很像）很容易消化，只需稍微地限饲一下（如果有必要）。向厂家征求建议，并注意不要订货过多，还要用正确的方法进行储存。

- 饲喂过渡料 7～10d 后，掺入普通的生长料。
- 有电解质溶液和大量清洁新鲜的饮用水。
- 或者晚一点断奶（26～30 日龄），让仔猪习惯于每天吃大量的教槽料。
- 粗糙不易吸收的纤维是难以被消化吸收的，而母乳中不含有纤维。

七、断奶时将母猪转走常常会发生什么？

- 仔猪在 45～60min 时间内感到有点饿是很正常的事，并且会四下找东西吃。而此时它的母亲已经不见了。
- 在 1～2h 后胃和十二指肠就空了，连小肠前半部分也将其内容物进一步向后移到了其他吸收部位，并在肠道比较靠后的地方被有益菌继续加工处理。
- "是的，有些笨猪不喜欢这种香气宜人的固态过渡料"，有小猪这样认为。而那些笨猪是这样想的——"它既不湿润也不温暖，硬的像沙子一样，尝起来的味道感觉不像乳汁，我猜里面一定含有很多纤维物质，对我不利。我不会去吃的，我相信妈妈很快就会出现的。"
- 经过 3～4h 以后，仔猪已变得饥饿难耐，同一栏内的一些胆大的非常饿的小猪开始尝试着吃固体饲料。"或许我可以试着再吃一点"，小猪一边这样想一边继续吃。虽然固体饲料不是很好的乳汁代替品，但吃多了以后也能消除饥饿感。这就是所谓的"摄食过量"。
- 但仔猪的胃是无法扩张的，不能容纳仔猪吞咽下去的全部固体饲料，这些食物只有两条代谢途径：一是被吐出来；二是通过最自然的线路进入十二指肠，再到等待补给的小肠，从而再次激活饥饿反射。
- 因此，摄入的固体饲料在胃和十二指肠中没有停留足够长的时间，为蛋白质、碳水化合物及脂肪在小肠中的吸收做好准备。也没有进行充分的酸浴，以清除那些对天然的强酸性物质敏感的有害细菌。
- 最终，食物带着错误的吸收信号并搭载着有害菌很快就到达了小肠。

八、接下去发生了什么？

- 食物在小肠的最前端形成了一个堵塞，不能被充分地吸收，于是滞留在这个位置。这是严重的消化不良。但对细菌来说，这是一个非常理想的繁殖场所，可以获得免费的食物。它们快速繁殖，释放出毒素来破坏脆弱的吸收结构——肠绒毛（覆盖在细胞表面识别和吸收经适当消化过的营养物质，但不吸收那些没有充分预消化过的物质）。

● 细菌会引起肠绒毛防御性地缩短，导致巨大的吸收面积（每头仔猪都有大约半个足球场那么大的吸收面积）可能被缩减至只有足球场禁区那么大。对营养物质的吸收能力大幅度下降。

● 这个肠绒毛减少的过程会刺激肠绒毛基部的细胞（隐窝细胞）慢慢渗出水分。这一过程使食物被液化，同时刺激排便，将堵塞的食物沿着消化道下游清除出去，使消化道变得顺畅。这就是腹泻——像冲厕所一样帮助清除消化道中潜在的致命物质。

● 这就是断奶仔猪容易腹泻的原因。这是机体的一种防御机制——尽量使事态往好的方向发展。

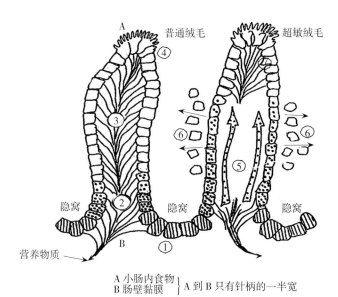

图 4-3　肠绒毛切片图

1. ▨分泌酶和腹泻时渗水的细胞；

2. ▨更替（生发）细胞，此阶段无吸收作用。3～5d 内会变成……

3. ▱吸收细胞，能从食物中吸收氨基酸、糖类、水和矿物质（理想比例是：1 个生发细胞转化成 5 个吸收细胞）；

4. 微绒毛，位于肠绒毛顶部，能进一步增加吸收表面积；

5. 如果某种食物过早进入小肠，生发细胞就会加快分裂和转化的速度；

6. 正常的吸收细胞会被推离肠绒毛表面；

7. 该处吸收面积大幅减小——仔猪不能充分消化食物，细菌繁殖并入侵，引起腹泻

九、水分不足

● 问题是 6～7kg 的仔猪其血液和体细胞内用来"冲洗厕所"的水分有限。当这些水用完以后，血液就会变的黏稠，除非水分能迅速地补充回去。血液将营养和能量物质（动脉血糖）运送到肌肉并通过静脉系统将有毒有害物质转移到肝脏和肾脏，肝脏和肾脏可以对这些物质进行处理，最终以尿和粪便的形式排出体外。

随着血液变黏稠，仔猪开始缺乏肌肉能量（行动变迟缓）并感到寒冷（颤抖）。体内有毒有害物质的积聚已经使其出现了中毒症状（感觉病得很重）。而有一种可直接获取的特殊处理过的水能帮助仔猪避免受到这些伤害。就是加了电解质（简单的矿物质）的水溶液，它能促使隐窝细胞在失水的同时吸收水分。换句话说，当仔猪由于腹泻在肠道的一端不断失水时，它可以同时从肠道前半部分吸收水分。

● 这就是一旦发现腹泻就需要在饮水中加入电解质溶液（早期）或严重时直接代替饮水的原因。最重要的决定性因素是，一定要让仔猪饮用干净的水。如果装电解质溶液的容器空了（干了），后果将不堪设想：小猪会养成去新的水源地喝水的习惯，并将这个过程牢记在脑中。因此有些农场，特别是气候炎热干燥的地方，在断奶后给仔猪提供电解质溶液是一项日常工作。

这是一个猪兽医专家多年前推荐的电解质溶液配方（表 4-4），不过市场上也存在的一些电解质溶液产品，只是组成相对简单一些。

表 4-4 自制电解质溶液的配方

将下列物质加入 2L（3.5 品脱）水中	
纯葡萄糖	45g
氯化钠（食盐）	8.5g
柠檬酸	0.5g
甘氨酸	6.0g
柠檬酸钾	120mg
磷酸二氢钾	400mg
仔猪腹泻——对房间内的所有仔猪全剂量连用 2d	
断奶后精神不佳——用量减半，连用 10d	

十、帮助断奶仔猪度过这个消化瓶颈期

现在我们知道刚断奶的仔猪其肠道发生了什么，我们可以为此做一些事情。

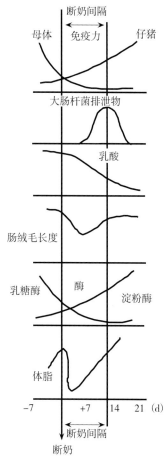

根据"Animal Talk"（Cole and Close，2001）推断而得

图 4-4 仔猪断奶后 7d 问题很多的原因

1. 将固体饲料预消化到这样的程度：它不需要在胃或十二指肠中停留 35～40min 来进行正常的消化过程。一些这一时期仔猪所必需的饲料原料已经被充分预处理/预消化过。

2. 另外，加入一些必需酶（最好是天然的），用于预消化蛋白质、碳水化合物和脂肪，以及帮助仔猪处理抗营养因子。

3. 添加极易吸收的有机态矿物质和微量元素。

4. 对饲料中的粗纤维进行加工处理（通常进行热处理），使其更容易被消化。

5. 将额外添加的酸性物质加入饲料或饮用水（酸度适中的水口感很好）

中，起到对进入胃部的内容物进行杀菌消毒的作用。

6. 使饲料异常可口（包括质地、风味和气味），这样会有很好的诱食效果，但不能让仔猪吃太饱。新鲜的时候适口性最好。

7. 正确的教槽能让仔猪在哺乳阶段就适应固体饲料。这对不允许在 28d 之前断奶（动物福利）的仔猪来说是非常重要的。

8. 可以应用发酵液体饲喂系统（前提是我们希望采用该系统）对日粮或单独的谷物/大豆进行预发酵处理。

结果是：饲料原料费用、添加剂费用、工厂的加工防护费用和储存费用等所有的一切都比传统饲料贵很多。建议你使用 3 倍于你现行饲料成本的过渡料，这并不是厂家在欺骗你。相反，高出部分通常是真实的间接成本，任何一个信誉好的公司都非常乐意跟你解释并回答你的疑问。

十一、饲喂方法必须正确

一般而言，断奶时日龄越小、体重越轻的仔猪需要更好的过渡料。但这并不一定就行得通，饲喂的方法也非常重要。下面以检查清单的形式对此进行详细地阐述。

检查清单——关于断奶后饲喂方法是否科学的三个方面

A. 检查清单——饲料本身

✓ 所遇到的断奶后生长受阻的程度如何？见"生长速度"一章。

✓ 考虑过使用专门定制的过渡料吗？其复杂程度和成本的高低很大程度上取决于仔猪生长受阻的程度。

✓ 跟在过渡料设计方面很有经验的营养学家一起讨论过某种合适的过渡料吗？当然，一些猪兽医专家和其他顾问也是很有帮助的资源，他们会提供你所需的有关畜舍和饲养管理影响日粮质量方面的一些建议。

✓ 不要过度关心每吨的成本——屠宰时，高的生产性能及由此节约的饲料成本会将成本全部收回。找到一种优质的过渡料并坚持使用下去。

✓ 如果你出售结束保育的仔猪，要确保卖家会感激你为了仔猪能更快地达到他期望的屠宰体重所付出的良苦用心以及因此承担的额外费用。这样你就有权利提高售价，从而抵消高额的饲料成本。要知道，30kg 之前投资 1 个货币单位，到屠宰时至少值 2.5 个货币单位。用这一点作为断奶仔猪/屠宰猪销售价格的谈判理由。

✓ 几乎所有的农场都不能自己制作过渡料。因为他们没有加工车间，并且很多重要的饲料原料只能大批量的购买或者无法获得（在饲料贸易的范畴之外，限制供应）。于是出现了专门的过渡料制造商。

✓ 你应该向供应商询问原料和成品的库存周转量，尤其是在夏天/天气炎热的时候。最好是每天询问一次，而不是每周一次。

✓ 鉴于此，自己场内的过渡料千万不要存放 14d 以上。要经常性的小批量订货（即使很勉强你也要接受并进行小批量补充），并存储在干燥、阴凉的地方。旧的装冰激凌或冷冻物品的货柜就非常合适。千万不要将过渡料存储在保育舍中。因为需求量很小（5 栋可饲养 200 头猪的保育舍，即总共 1 000 头体重 6～12kg 的断奶仔猪，如果日增重为 350g/d，饲料转化率为 1.2∶1，那么饲喂过渡料 10d 以上也只需 4t 多），所以都是一包一包的，而不是散装的。一个 200 头猪的保育舍大约只需 1t 左右的量，所以每两周订一次且最多订 1.5t 是比较合理的。但要注意，有些保育舍的需求量会是上述的 2 倍。

✓ 充足、干净并容易喝到的水对采食充足的过渡料非常重要，因为仔猪采食饲料后自然而然会觉得口渴。如果饮水充足且管理得当，就不会出现问题——甚至还会提高采食量（优质的过渡料本身就有提高采食量的作用），且没有消化方面的不良反应。

✓ 由于刚断奶时仔猪饮水量较少，体内水分问题就变得很糟糕。这时，液体的摄入量显著下降，由每天来自母乳的 800mL 下降到只有来自饮水的 200mL（图 4-5），这一过程会一直持续到仔猪学会如何从饮用水中获取自身所需的全部水分为止。这使得仔猪的采食量逐渐降低，消化食物的能力减弱，生产性能也随之降低。

这可能是饮水器设计不当引起的。日本（全农）有一种非常不错的用铝或光亮的金属制作的舌状或树叶状的饮水器，是专门为体重 5～12kg 断奶仔猪设计的，便于保养和保持清洁。

✓ 掌握电解质溶液的使用技巧。当饲料和饮水中都能添加时，后者的效果会更好。可以使用自动分配器来添加，但很多较小的保育舍使用的是专用容器。

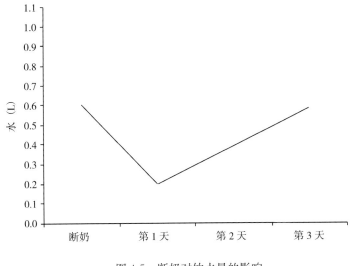

图 4-5 断奶对饮水量的影响
（资料来源：Tibble，1992）

（一）断奶后的营养需求

根据"教槽料"一章中所给的建议，将 28 日龄断奶重作为整个保育期及其以后的连续的目标生长速度的起点。

表 4-5 目标生长速率

日龄	周龄	体重（kg）
28	4	8
35	5	10
42	6	12
49	7	14
56	8	17

数据来源：BPEX（2009）。
BPEX 即英国养猪委员会，现今欧洲领先的养猪咨询机构。

（二）从未达到过的惊人的生长速度

有一个客户难以接受表 4-5 中的目标体重，认为那是绝对不可能的，因为"即使饲养环境和管理水平较好"，仔猪也只能在 35 日龄时勉强达到 8kg。对于他和其他质疑者，我的回答是：很多猪的生产者没有完全意识到隐藏在当今优良猪品种中的惊人的生长性能。

2009 年，顶级仔猪营养专家 Mavromichalis 报告说：在实验条件下，10～50 日龄期间只饲喂复原牛乳的猪在 30 日龄（在目标体重表中大概是 9kg）时体重达到了 15kg；50 日龄时达到 32kg（与目标体重表中的 16kg 相比）显然百分之百超了！

这样的生长速度真的非常惊人，也说明表 4-5（对某些人来说，里面的数据还显得很乐观）没有问题。这坚定了我的想法：目前，每个人都能达到我设定的目标，并可在将来超过这些目标体重。

即便如此，生产者也应适当地了解生产实践中断奶后和保育期饲料的营养标准。表 4-6 和表 4-7 给出了当前根据 2010 年的生产标准进行合理考虑后的营养标准和限制量。

表 4-6　保育料的推荐日粮能量和赖氨酸需求量

体重（kg）	DE* （MJ/kg）	克赖氨酸/MJ/DE	总赖氨酸（%）
3～5	16.5	1.05	1.73
5～8	16.0	1.00	1.60
8～12	15.5	0.95	1.47
12～18	15.5	0.90	1.40
18～25	15.0	0.85	1.38
25～35	15.0	0.80	1.20

* 消化能。

表 4-7　理想氨基酸模式（与母猪乳汁相比）——2001—2006 年美国 NRC、英国 ARC、法国 ITP 和荷兰 CVB 公布的理想氨基模式表的平均值

	母乳*	总可消化及回肠真可消化氨基酸的建议比例
赖氨酸	100	100
蛋氨酸	33	26～30
蛋-胱氨酸	56	57
苏氨酸	55	62
色氨酸	16	18
异亮氨酸	55	55
缬氨酸	73	69

* 以回肠实际消化率为准。

许多生产者仍旧喜欢将总赖氨酸含量作为参考标准来衡量日粮营养价值。从表 4-6 中可以看出，理想氨基酸模式是根据估算的赖氨酸的量建立的。为了使断奶仔猪的机体沉积充足的蛋白质，每克蛋白质需含有 120mg 的回肠可消

化赖氨酸。如果你或者你的饲料供应商比较喜欢用"总赖氨酸"这一术语，则日粮中每克蛋白质需含有 145mg 总赖氨酸（以大多数保育日粮中赖氨酸的回肠真可消化率 82% 左右计）。

（三）较好的饲料厂家往往采用赖氨酸"超量"添加法

超量添加是指比表 4-6 中推荐的水平高很多，这样更为保险。如果农场内的储藏条件比较好且经常订购饲料，那么建议饲料厂在制粒时多加 5% 作为安全系数，在饲喂时不用额外再添加；如果农场内的储藏条件比较差且不经常订购饲料，那么建议饲料厂在制粒时多加 10% 的量并在饲喂时再添加 5% 的量。厂家这么做的目的是为了保护自己及其产品的声誉。此外，厂家还鼓励销售人员将农场内的使用情况反馈给饲料厂。鉴于此，每个月订购 2 次仔猪料并把它们存放在阴凉干燥的地方是比较合理的（划算的）。另外，某些维生素的超量添加量比赖氨酸更高。

（四）低蛋白的保育料？

当前的研究热点是降低保育仔猪的日粮蛋白质水平：饲喂低蛋白日粮（蛋白质含量低于 20%）的仔猪被证明不容易发生大肠杆菌感染所致的断奶后腹泻。从环境的角度来看，低蛋白日粮可使氮排泄量降低 30%～50%。一般来说，日粮蛋白质水平降低 1%，氮排泄量会降低大约 8%。如果日粮的氨基酸模式能够维持在表 4-7 中的水平（如有必要，在成本允许的情况下可添加合成氨基酸——这些都是能充分被消化的，这点你不必担心），那么降低保育料的蛋白质水平是可行的。因为这样的日粮能够被充分地消化。

（五）能量

猪通过调整日采食量来维持正确的能量摄入量，因为食欲受遗传效应和猪体大小两方面控制。一些主要在瘦肉快速生长方面有较高遗传价值的生长猪被人为地选出来，它们的饱食能力已有所降低，以遵循瘦肉生长发育的遗传机制。对大多数体重小于 15kg 的现代猪而言，日粮能量水平低于 15.5MJ/kg（DE）将使能量摄入量减少；而对体重超过 15kg 的猪而言，建议不能低于 14MJ/kg（DE）。代谢能降低 1MJ，很可能使能量摄入量至少降低 1.5MJ。[DE（digestible energy）消化能＝总能－粪能；ME＝（metabolisable energy）代谢能＝消化能－肠道发酵损失能量－尿能。]

表 4-6 中的能量水平仅供参考，因为饲料原料的选择和所加脂肪的有效性

决定了日粮能量水平的上限。

当然不同品种、品系（品种间）甚至同一育种公司的品系之间控制食欲（量）的遗传效应也不同。所以，应该向你选择的育种公司征求意见，同时确定其有一个被社会认可的营养学家并问清楚他是谁，这很重要。因为我曾经发现有些全能的营养顾问已经跟不上时代了。

（六）乳糖

正如我在教槽料部分提到的，对仔猪日粮的原料进行严密的品质管理时，人们倾向于过量使用乳糖，而我曾一度被要求阐明这一情况。往仔猪饲料中添加富含乳糖的奶制品（如乳清粉和脱脂奶粉）可以提高仔猪生长性能，我们知道这个事实已经有 60 年的历史了。但是这类原料（特别是经过干燥处理的）的价格已经上涨了。

最近的研究表明：日粮乳糖水平在仔猪断奶后的前 2 周迅速下降。对于体重 12kg 以上的仔猪来说，饲喂乳糖没有真正意义上的好处——在预防腹泻方面也没有。表 4-8 是最新的乳糖推荐量。如果乳糖添加量超过了表 4-8 中规定的水平，不会对仔猪有任何损害，只会浪费钱。这些浪费的钱应该更好地用在其他高成本的饲料原料上面，比如有机微量元素（而不是无机微量元素）。

表 4-8 保育日粮中的乳糖（来自类似乳糖一类的单糖，
与葡萄糖、果糖和蔗糖相比是最便宜的）含量

体重（kg）	最低含量[1]	理想含量[2]	最大含量[3]
3～5	20	30	50
5～8	15	20	30
6～12	5	10	15
12～18	0	2	5
18～35	0	0	0

注：[1] 低成本生产系统中生长发育所需的最低需要量。
[2] 原料成本和生长性能相互平衡时的最佳浓度。
[3] 不断提高的生长性能所需的最大浓度。
来源：Mavromichalis（2009）。

B. 检查清单二——过渡料的饲喂方法

✓ 所有料槽和料斗必须清洗得非常干净并干燥——这是所有全进全出模式（见"生物安全"一章）的一个基本环节。

✓ 在转入限位栏之前，料槽位至少比常规的（每头体重 5kg 的仔猪对

应 70mm 宽的料槽位）长 25%。换句话说，要计算仔猪所需料槽位的大小——请记住，断奶仔猪会同时吃奶。我个人更喜欢料槽位宽度比仔猪的肩膀宽至少 25%。使用临时添置的料槽或料斗是非常有必要的，可安装适当的隔栏以阻止仔猪将饲料拱到一边或直接踩进去。

✓ 料槽下方的地面应该放置一块实心板，可以是临时使用的石板、盖子或木板，也可以是"大栏"中普遍使用的永久性托盘，使用实心地板的保育舍应该铺上泥炭或刨花。

✓ 料槽的位置应该在饮水器和排泄区的对面，并尽可能远离饮水器和排泄区。

在起初的几小时内饲喂量是多少呢？

这取决于几个方面：日粮配方、断奶仔猪的体重和膘情、饲槽数量、群体数量和密度、刚到保育舍时的应激程度、断奶前教槽料的采食量、饮水设施，等等。

我们的目的是让仔猪自由采食，这是一种非常成功的饲喂方法。此法一般不用于早期断奶（18 日龄以下，体重 4kg 左右）的仔猪；比较适合用于体重 6kg 以上（21 日龄）的断奶仔猪；非常合适体重 7kg 及其以上（24 日龄及以上）的断奶仔猪。

首先，联系饲料供应商。在使用他提供的饲料时，他知道不同的饲养条件下起初最关键的 2d 时间里仔猪采食量和采食时间的变化情况。所以要咨询和请教他。

其次，检查所有重要的环境因素（见检查清单三）是否正常。

这里有一份我已经成功地使用了 12 年的颗粒料饲喂程序（表 4-9）。它对因不得不从分娩舍断奶和（或）没有吃到足量教槽料以及（或）农场主不愿意完全使用真正好的过渡料所致的体重较轻的批次猪很有用。

目的是通过不使消化系统脆弱的仔猪出现消化不良，以避免断奶后腹泻。

随着仔猪对营养的需求不断增加以及昂贵的过渡料被普遍接受，17 日龄断奶后立即进行自由采食将成为标准的饲养方法。最好的专业化保育场现在正在开始使用这一技术。到时，将经常用到一种类似前面提到的严谨的"试错法"，因为（我发现）农场主所选用的饲料的适宜性、投资力度以及对断奶仔猪舍条件和饲养管理的重视程度仍然有较大的变化。

表 4-9　断奶仔猪饲喂程序——供炎热且断奶技术一般的保育舍参考的饲喂计划
（使用最新饲料产品的有经验的饲养员基本上可以不用这个表）

断奶后	时　间	17～21d 断奶——体重 5kg 或低于 5kg 预计饲喂量	4 周龄断奶（体重 6～6.5kg）预计饲喂量
第 1 天	上午 10：00——断奶。空腹 2h。中午 12：00——放置厚 6mm 的饲料于料斗底部或在料槽中加 1/2 左右的料 下午 2：00——检查。如果吃完了，加等量的饲料 下午 4：00——检查。如果吃完了，加等量的饲料 下午 6：00——检查。如果吃完了，加等量的饲料 临睡前最后一件事：检查并清理料槽，放置厚 12mm 的饲料。让料斗上方的灯开着	每头猪全天饲喂 60～70g，但一定不要超过每 10 头猪 0.7kg	第 1 天可以多喂大约 33％的量
第 2 天	上午 8：00——检查并清理料槽，加等量的饲料，也就是厚约 12mm 上午 11：00——检查。如果吃完了，加等量的饲料 下午 3：00 跟上午 11：00 一样 下午 7：00——往料斗内添加大量的饲料，足够维持一晚上（前提是到目前为止没有出现腹泻）。让灯开着	每头猪全天饲喂 70～90g，在超过 10 头猪的情况下，最多喂 0.9kg	注意！有些猪可以吃到 100g，但其他猪不行。出现这种情况的时候，饲喂量应该保持在一个较低的水平
第 3 天	检查和确认。检查饲料被吃的情况，有无腹泻发生。如果发生了腹泻，说明添加的太多了或者饲料不易消化。如果饲喂情况良好，没有出现问题，那么能吃多少喂多少（满足仔猪的食欲），或者每天喂 2 倍或 3 倍的量，你觉得怎样合适就怎样喂	每头猪全天饲喂 100～120g。但不能超过 1.2kg/10 头	满足其食欲，饲喂 3 倍的量
第 4 天	自由采食，饲喂量控制在每天 3 倍以下	自由采食	自由采食

● 摊开料斗中的饲料让其均匀地落入料槽中，这点始终都很重要。

● 在没有发生腹泻的情况下，你会发现与 21～22d 断奶的仔猪相比，4～5 周断奶的仔猪在第 2 天和第 3 天的采食量变化更大。

● 不同批次猪的接受能力有所不同，所以每个栏都可能要进行个性化的饲喂。有的栏可能第 2 天晚上开始就可以自由采食了。

● 每次喂料时都要检查饮水，保持饮水清洁。

记住：这是一个严谨的饲喂程序表，可避免许多"水平一般"的农场中出现的仔猪消化系统超负荷运行的现象。如果断奶比较迟，那么断奶时仔猪的教槽料采食量已经比较理想（500+ g/d，Varley，SCA，2002）；如能保持料槽清洁、提供合适的环境条件并使用精心设计的过渡料，就可以在断奶后 4h 内快速大量的增加饲喂量。

C. 检查清单三——与环境相关的问题

✓ 所有断奶仔猪断奶时应遵循全进全出原则。

✓ 体重 4～6kg 的仔猪不但消化系统未充分发育，而且体温调节系统和免疫系统也未发育完善。我们必须竭尽所能（如用饲料）地弥补仔猪发育上的不完善。

✓ 卫生。确保料槽是干净的（第一次使用前要消毒并干燥），并保持清洁，以后就会很"清爽"。每天清理几次料槽中不新鲜的吃剩的饲料。

✓ 进猪前，检查地板是否温暖、干燥。提前 12h 左右进行预热是非常明智的。

✓ 温度。对膘情好的断奶仔猪而言：体重 3.5kg 的，室温应升高到 29℃；体重 4.5kg 的，室温应升高到 28℃；体重 6kg 及以上的，室温应升高到 27℃。对"瘦猪"（thinnies）而言，室温应相应地提高 1℃。在猪栏内铺满干燥的麦草/垫料后，在没有风的情况下可使"瘦猪"的体感温度上升 4℃ 且不影响仔猪食欲。"瘦猪"的猪是指体重达到了断奶的标准，但膘情不好。

✓ 寒带和温带地区，辅助供暖是必要的、合理的措施。通常情况下，使刚断奶仔猪的背部处于热中性温度（代谢量最小时的环境温度范围，在此范围内即使外界温度变化，而代谢量并不变化，既不感到热，也不感到冷——译者注）范围内的气流速度不应超过 0.15m/s（大约每 7s 通过 1m）。当环境温度高于最适温度 0.5℃ 时，应当加快风机转速；当环境温度低于设定温度 0.5℃ 时，应当关闭风机。

✓ 仔猪夜晚受冻是一个很常见的问题——甚至热带地区也有。

✓ 贼风会干扰正常通风。夜间检查贼风可用湿的手臂或手背，也可点烟检查。

十二、减少断奶后应激

寒冷和贼风促使仔猪应激（变得焦躁不安），出现了因激素水平下降而引起的一系列反应——食欲和消化能力双双下降。

因此，要学习如何使用门窗上的胶带密封条和/或简单的空气导流板。

● 设定温度时，要考虑同批次中最小的猪。稍微热一点对其他猪的影响不会很大。

● 坚持在每天最温暖和最寒冷的时候检查猪的躺卧姿势。这意味着遇到寒冷空气或刮风时，要临时进行夜间检查。千万不要开灯，带上手电筒悄悄地移动来检查猪休息的姿势和呼吸声。

● 千万别自以为是地认为保育舍内的温度会跟控制面板上设定的一样。检查，检查，再检查！如果你怀疑有问题，就叫电工来维修。我到访过的保育舍中，有 1/5 以上出现 2℃ 或 2℃ 以上的偏差。这足以造成低水平的应激，使猪生长速度下降，提高饲料转化率（表 4-10）。

表 4-10   温度波动使成本增加

断奶（6kg）后前 2 周温度变化的影响

	超过或低于设定温度 2℃ 以上	超过或低于设定温度 2℃ 以内
日采食量（g）	443	404
平均日增重（g）	306	344
饲料转化率	1.45∶1	1.17∶1
预计 9 周后额外增加的重量（kg）（全部按每天增加 47g 算）		+2.33

来源：NAC Pig Unit（1989）。这些数据现在已经很旧了，但在当今世界各地的普通农场中常常能找到它们的影子。

● 逐步地降低室温，到体重 11kg 时降到 24℃。比大多数人预期的这一年龄标准体重猪的最适温度还高。如果不这么做，一旦断奶仔猪出现生长受阻，机体就会失去很多的脂肪（图 4-6）。

● 料槽的卫生至关重要。请不要以为，饲料清空后，料槽就彻底干净了。优秀的保育舍饲养员会用一根清洁棒棍将料槽的角落清理干净，用园丁铲将吃剩的不新鲜的饲料移除，并用一块海绵/纱布和布料将角落擦干。至少在断奶后的前 3d 要对仔猪进行这样的照顾——这不是"不必要的"！我们既然会为婴儿清洗食物容器，就必须同等地对待仔猪。我们目前的标准太低了！

● 仔猪一旦自由采食，料槽和饲料的"风味"（即新鲜度）显得极其重要。大部分料槽或料斗都比较脏，特别是单料位料槽，加上饲料腐败细菌、霉菌毒素，对幼龄断奶猪来说危害尤其严重。

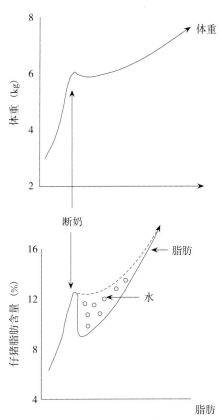

- 断奶后仔猪恢复体重的增长，同时脂肪储备立即下降；
- 组织中的部分或大量的脂肪被水分所取代；
- 这表明，断奶后我们必须保持使仔猪更加暖和，并十分注意夜晚的贼风和寒冷，同时确保供水没有问题

图 4-6　断奶后脂肪的变化情况

- 刚断奶的仔猪绝对不能断料 2h 以上。这意味着要不断地检查和监督。这也是专门在三点式饲养工艺中使用的保育舍如此成功的一个原因——工作人员有时间进行常规检查。

十三、早晨还是傍晚断奶？

是在安静的晚上还是喧闹的清晨断奶呢？人们对晚 8 点和早 8 点断奶分别进行了试验。

美国的研究结果表明：随着夜晚休息时间的降临，猪会迅速地一起安定下来，并且 28 日龄采食量会比清晨断奶的仔猪高 5％，体重也相应地增长了 6％以上。在刚断奶的 24h 内，只提供给 2 个试验组少量的食物。与白天断奶相比，晚上断奶会导致在起初的 8～10h 内因黑暗对仔猪的监管力度不够，这是晚上断奶的不足之处吗？事实并非如此。然而，没有仔猪的情况下，断奶母猪的转移会变得很困难，大多数会待在原地直到第 2 天早晨。当它们被立即转入配种舍以后，有大量的时间来消除烦躁的情绪，将注意力从断奶的一系列事件中转移出去。该研究并没提及这种应激是否会影响受胎率。

我会怎么做呢？我仍然喜欢清晨断奶，因为我觉得我有必要在最初的关键的几个小时跟仔猪们在一起。

十四、总 结

（一）最出色的保育舍管理者告诉了我什么呢？

我有幸和几个最杰出的保育舍管理者进行生产经验和技能的交流（表 4-5），以下几条很普通的基本法则是他们一直坚持使用的，已经被广泛地发表。

✓ 他们在每一个猪舍中标记出相应的进猪和出售数量，以便做到心中有数。

✓ 他们会确定供应者（这里指断奶仔猪供应者，下同）是否有一个严谨的生物安全系统，以保证每批接收的断奶仔猪都有稳定的健康状态。请注意，这里的关键词是"稳定"。

✓ 为达到上述要求，供应者会聘请兽医专家，并时刻与他们自己的兽医保持联系。因此，（从疾病角度来说）双方兽医对猪群可能出现的疾病的共同监控，使仔猪尽可能小地受到转群综合征的影响。

✓ 日龄非常重要。每个批次都有一份不同日龄组的记录表。日龄相近，体重也比较接近，猪群就会有一个比较好的均匀度。但是，与那些日龄小同时体重也小的猪相比，有的猪体重低是因为达不到其日龄标准体重，这种猪需要特别关照，如饲喂更长时间的过渡料、提供更多的料槽空间、更暖和的环境温度等。有些猪被 Whittemore 教授称之为"掉膘猪"，虽然比较大且很健康，也需要相同的特别关照，直到它们恢复正常的膘情。有的还要求供应者在每头断奶仔猪的耳朵上打上出生当日（1～365d）的耳刺，以便在生长过程中监测其日龄体重。

✓ 有些我访问过的管理者会要求供应者提供断奶仔猪的详细信息，如哪些猪是青年母猪产的，哪些猪需要同舍饲养，以及哪些猪需要跟其他批次分开饲养（见"分胎次饲养"一章），等等。

✓ 没有哪位会将来自同一地方的断奶仔猪随随便便混在一起饲养。

✓ 他们当中很少有人喜欢将送来的断奶仔猪进行分类。通常只会将最小的仔猪（虽然已经要求供应者提高均匀度，但难免会有个别特别小的）进行单独饲养。

✓ 有的会预留 15% 以上的可用空间（栏位）给那些刚送来或送来以后变得"憔悴"的猪，这 15% 以上的可用空间不包括病猪隔离栏。瘦骨嶙峋的猪立即实施安乐死。

(二) 人员配置

✓ 不管是认真培训还是跟新员工"交朋友"（两者要兼顾），要让新员工与有经验的饲养员一起工作 2～3 周。新员工工作时注意力要保持高度集中，认真观察饲养员的每项日常工作（打针、加料和全进全出过程中的卫生消毒等），因为熟练和流程能使事情变得顺利，即使是专业的职工也不例外。

✓ 其中一部分培训内容是试着教新员工"诊断"成群的奶仔猪。"诊断"是指辨别哪个栏的猪长得好或哪个栏的猪尽管很健康但看起来迟钝呆滞的能力。然后，找出导致这一现象的可能的原因——温度、饲养密度、饲料、通风等，检查清单已经列出，如下。

断奶仔猪一直都在向你传递信息

✓ 外表神态——警觉的还是消沉的

✓ 体况————般还是偏瘦

✓ 腹部形状——圆圆的还是瘪的

✓ 皮肤——光滑有光泽的还是干燥的

✓ 白色品种的毛发是直立的/姜黄色的

✓ 食欲——在料槽中吃料还是踌躇不前

✓ 脱水——双眼内陷

✓ 躺卧姿态——侧躺还是趴着

✓ 平稳安静地呼吸——晚上睡觉前仔细听

✓ 错误的做法——清粪

✓ 蜷缩

行动

✓ 将详细的供参考的检查清单（环境、营养、卫生等）和工作计划一起固定到休息室的墙上。

✓ 每天早上开一次简短的晨会；每周给所有个人开一次"征求意见和建议"的例会。

（三）导致断奶后仔猪生长缓慢的因素是什么？

一项完整的（深入而全面的）关于过去 8 年中的 180 个研究和农场试验的调查，记录了下列导致断奶后仔猪生长受阻的因素。这些因素都是在没有其他干扰因素的情况下单独被测量的。

错　　误	断奶后生长发育受阻的天数
饲养密度超过正常值 15%	2～3d
没用教槽料	2d
没有使用现代化的过渡料配方	3d
劣质的颗粒料（太硬/太脏）	1d
对断奶仔猪的混群技术不熟练	2d
太冷（低于下限临界温度 3℃）	3d
太热（高于蒸发临界温度 2℃）	2d
水压过低	2d
料槽空间不够	1～3d
脏的料槽	2d
喂料器的下料装置不合理	2d
存在霉菌毒素	2d
劣质的地板	2d

在某个农场中同时发现 3～5 个明显的错误是非常正常的。这将使断奶后生长受阻的时间从 2～3d（我最好的客户做得到）增加到 9～10d。断奶时多饲养的 7～9d 时间通常在饲养至屠宰的过程中会被放大，轻则 2 倍，重则 3 倍。

因此，快速度过断奶期是影响猪场经济效益的一个主要因素。

最后，发酵液体饲喂（FLF）将为断奶流程开创一个新的局面。

参考文献

Cole. D. J. A. and Close，W. H.．'Bridging the Weaning Gap' Pig Talk 8 NO 5 May 2001.

　　Farrell，C.，Templeton，C. Procs. London（Ont.）Swine Conference. 2007.

Proceedings 'Understanding Heating & Ventilation' Course Nac Pig Unit，Stoneleigh，Uk

Tibble，S 'Clearing The Confusion' 'Feeds & Feeding' May/June 1992 pps 9-11.

Mavromichalis，I. 'How Much Lactose For Piglet Diets?' Pig International，Oct 2006，p23.

Varley，M. 'Piglet Nutrition：The Next Five Years'．Procs. J. S. R. Genetics Annual

　　Technical Conference，Nottingham，Uk. Sept 2002.

（蒋腾飞译　张佳校）

第 5 章
免疫
——每一个人的盲点

对微生物、病毒和癌症的侵袭或致病作用不易感或有免疫能力的状态。免疫机制调动机体检查和抵抗体内存在的机体认为不利于自身健康的外源物质的能力。外源物进入机体后，机体便自发地启动了一系列复杂的化学反应来保卫自身的细胞和组织免受侵害。

多年前，当在笔者还是猪场的一位学徒时，我们那时候几乎没有什么疫苗和饲用抗生素可用。于是，我们试图搞清楚当时被我们无知地称为"自然抵抗力"的东西。一个可能的结果是，当时猪场的疾病要比今天少得惊人。当然，那时猪场的集约化生产程度没有现在的高，这肯定也是重要原因。

50 年前的检查清单——
如何保持"自然抵抗力"

✓ 我们知道：我们的猪场可能太脏或太过于干净；因此，解决方法便是试图寻求二者间的平衡。

✓ 我们知道：我们需要猪群有一个比例合理的成熟母猪群——通过这种方式，疾病便不会大规模流行。

✓ 我们知道：我们需要体魄强健的断奶仔猪——断奶日龄不能太早，或断奶时体重也不能过轻。我们不追随 21 日龄断奶的新潮流，而应当在所有窝产仔猪的体重远超过 5kg 时才断奶——差不多在 24～26 日龄（体重小的猪要再次寄养，到体重达 5kg 时断奶）。因此，我们应根据体重而不是日龄断奶。

✓ 虽然我们没有采用全进全出制的生产方式，但是我们知道，仔细彻底地清洁分娩舍和保育舍是至关重要的。

✓ 我们对所有新引进的动物进行隔离检疫，并且采用我们的方法来返饲妊娠母猪（将胎盘胎衣以及 6 个月内累积的、切碎的仔猪肠道混合物冻存于冰箱中。然而，今天看来这种做法可能不一定正确）。

✓ 我们不会让青年母猪太早配种——在过去体重超过 115kg 可能就足够了，但按今天的标准就不行——它们的体重需要再大一些，生长速度不要那么快，240 日龄达到或超过 135kg 就足够。

✓ 那时没有限位栏。我们尽可能利用垫料对猪进行群养，且为它们提供充足的活动空间。

✓ 结果是，我们不必经常求助于兽医（我们那儿还没有专业的兽医）。

然而，我并不是说现代猪场需要按以上检查清单中的建议来操作，因为这其中的一些建议在当前的生产条件下可能会起误导作用，或者成本比较高，同时部分建议还存在风险。但是，再次阅读笔者做学生时——即 20 世纪 50 年代所作的笔记，有一件事突显出来，即与今天一般的养猪人相比，我们本能地知道猪的免疫力。我们必须了解它！

一、提高对免疫力的认识

我们必须要增强如何刺激猪产生天然免疫力的意识，尤其是对母猪和体重 20kg 以下的仔猪。为什么呢？

第一，因为现有的预防性疫苗已经防不住出现在猪场中的一些“新”的病毒（甚至有些病毒目前还没有疫苗）。但即使我们有办法对付一种新病毒，可能会接着又出现另一种新病毒。

第二，原来经常采用的药物（尤其是通过饲料添加的药物）对控制病毒导致的继发性感染很有用，但现在已经越来越多地被有关当局和广大消费者限制，其理由主要是抗生素的耐药性和最近出现的“食品恐慌”。

第三，我们正不惜一切代价提高猪的生产力。由此产生的应激会抵消或抑制猪的免疫力。

第四，我们已清楚猪要用多少来自饲料中的能量和其他营养元素来重建其受损的天然免疫力（表 5-1）或者建立必要的防御力来抵挡较高的病原体攻击的风险。

表 5-1　为应对高强度疾病入侵，经遗传改良[†]的保育猪（体重 6.2～27.2kg）
采食量减少、生长减慢，最终的胴体质量变差

| | 所需的免疫刺激 | | 差异[*] |
	低水平	高水平	
VFI（kg/d）	0.97	0.86	多 12.8%
平均日增重（g）	677	477	多 42%
饲料转化率	1.44	1.81	好 25%
蛋白沉积量（g/d）	105	65	多 62%
脂肪沉积量（g/d）	68	63	多 8%

[*] 低免疫水平的要求明显对猪的生长有利；

VFI：自由采食量；

[†] 猪的基因型越是偏向瘦肉型，蛋白沉积受损程度越严重。

注：以上两组猪均应认定为"健康"猪。高水平疾病感染风险环境通常是指易导致猪"生病"的猪舍环境，而低水平疾病感染风险环境是指采用"全进全出／多点式生产"模式，并进行了正确的消毒程序而产生的环境。

来源：Stahly 等(1995)。

免疫力这一课题对我们降低生产成本和保证利润非常重要，需要农场主完全理解透彻。如果做不到这一点，且不能按这种理解所揭示的原理采取措施，那就意味着维持猪群健康的成本一定会大幅度增加。

但是理解免疫力并非易事。

二、一个令人困惑的矛盾——认识高水平和低水平的免疫防护

表 5-1 清楚地表明，生长育肥猪的免疫水平应尽可能低。初次接触这个话题的人会觉得很奇怪——"抵御疾病最好是免疫防护水平越高越好，难道不是吗？"

理论上是这样，但如果需要建立高水平的免疫防护力的话（因为生长猪受到大量病原体的侵袭），猪会自发地将用于生长的饲料营养转移到建立高水平免疫防御屏障上来，以便继续保持机体的健康，那么这会增加饲料成本。

那怎么办呢？再研究表 5-1 中的数据。请注意，由于猪为抵御强毒力病原体的侵害以维持自身健康状态，需大量消耗沉积的蛋白质。用于生长的蛋白质减少意味着增长的肌肉也减少，而肉越少则意味着利润也越低。

当然，解决的方法是通过增加蛋白的摄入量，使之在满足高水平免疫防御需求的同时又能保证有足够数量的蛋白质来维持猪的生长。但这也是要增加成本的。

首先降低病原攻击的概率更划算。

从客户过去做和不做清洁的经验可以看出，当猪饲养在一个更清洁且应激更少的环境中时，所花的成本要比表 5-1 中所示的瘦肉增重损失的成本便宜大约 2.3 倍，且要比通过给猪饲喂特定高营养浓度的饲料便宜约 3 倍。那么，做好清洁卫生，上面两种解决方法就都不需要了。

这就是作者为什么要把"应激——应激侵害免疫力"和"生物安全（生物安全如果做得好，才可能实现低水平的免疫屏障）"这两章依次安排在本章后面的原因。它们均是猪场主从现在开始必须理解的内容。如果不了解这些内容，便会花大量的冤枉钱。

三、对于母猪，情况有所不同

另一方面，母猪需要尽快获得一个强大而且高水平的免疫屏障。

为什么要"快"？由于青年母猪很早就被要求生产大量仔猪，因此处在应激之中，而靠自然完善自身的免疫功能需要一定的时间，通常要到她产第 2 胎或第 3 胎的时候。

为什么要建立"高而强"的免疫屏障？因为与商品肉猪 20 周左右的生命期相比，母猪生活的时间要远远长得多，母猪的预期寿命有望比商品肉猪长 6～8 倍。

是的，母猪非常需要更多、更好的饲料以维持其较好的产出，尤其是在哺乳期，同时也要在其整个生命周期中保持自身的健康。但是，这笔额外的花费就其整个生命周期提供 500kg 断奶仔猪断奶力的潜在收益而言是值得的。

与表 5-1 中免疫水平对生长猪的影响类似，高、低免疫水平对母猪的影响展示在表 5-7 中。

表 5-1 和表 5-7 的差异并不意味着对于母猪，我们可以放弃"降低应激和加强生物安全"这一对生长猪来讲至关重要的理念。

但我们需要为青年母猪和经产母猪构建高水平的免疫屏障，而且我们承担得起这一费用。

因此，简言之：

- 对于生长猪，低水平的免疫保护比较好。
- 对母猪而言，高水平的免疫保护比较好。
- 对于以上二者来说，良好的生物安全措施＊＊以及降低应激都非常有利于降低生产成本。

**此处提到的生物安全不仅仅是指保持猪舍的清洁和使访客远离猪场等，而是指广义的生物安全——参见我在"生物安全"一章开始时给予的定义。

免疫接种从何而来？

即使是在了解你猪场的兽医指导下进行免疫接种，该方法也只是一种确保母猪有高水平免疫屏障并且为生长猪的低水平免疫屏障"填补空缺"的方式，但是这种方式越来越重要。这些免疫屏障水平极低的生长猪可能会被当地的或偷偷逃过生物安全屏障侵入猪场的烈性疾病侵袭。

美国人在几年前发现，当他们的兽医在用注射器接种疫苗获得"针头之乐"时，这可能降低了种猪的天然免疫保护水平，进而使猪群开始发生各种各样的问题，这在过去是极少见的。我在表5-2中给出了应用疫苗的例子，但千万不要照本宣科！因为免疫程序是针对特定时期特定猪群的疾病流行情况的。

现在情况好多了，但我更加坚信：任何免疫接种和天然免疫保护规程应该让你的兽医来做主，并在他的指导下完成，生产商建议的常规免疫程序也应定期地咨询兽医的意见。根据兽医的建议，其中某些免疫注射根本不需要，或者暂时不需要，因为随着时间的变化，猪群的免疫力已经足够强大。

是的，免疫接种要在有需要时才进行，但一定要采纳专业人士的建议。

疫苗是填补动物免疫大厦中空缺位置的砖块，有时它的作用非常重要，没有它整个大厦可能会轰然坍塌。从广义上来讲，免疫大厦本身是由天然获得的免疫力构筑而成的，可能需要，也可能不需要疫苗的帮助。随着免疫接种知识的增长，以及越来越多的疫苗问世，恰当地采用免疫接种方法在构建健全的免疫屏障中将越发重要。

四、提高猪群免疫力的行动计划

对于每一位需要让自己的猪群建立良好免疫状态的养猪人，以下是我的建议。时间很紧迫，你需要马上行动。马上开始做吧——病毒可不会等待。

1. 认真学习。尽你所能地参加所有关于免疫力这一主题的会议，阅读文章，与你的兽医讨论你猪场的情况。不出一年，你对免疫力这一主题的理解程度必定会像你今天确实擅长的技能（如配种程序）一样。

2. 联系专业的猪兽医。与20世纪60年代相比，一位优秀的本地猪病兽医还是容易被找到的。我们中的许多人已经邀请他们来指导工作。所以我们要使用他们——这也是欧洲人与远东地区"低成本"猪生产者相比的一大优势，在那里猪病兽医很少或是离猪场很远。领他到猪场参观一下，给他时间思考（同时还可以做一些试验），再和他探讨有关青年母猪、批次分娩以及分胎次饲养（参见相关章节）的相关问题。他制订的行动计划可能会也可能不会产生改建费用——这取决于许多因素，包括你们对目前和将来猪群接触"新"病毒性疾病时会做出怎样的决定。我的经验是必要的改建费用还是需要的，但远没有理论家在书本上建议的那么高（见表5-5第4行），所以不要惊慌。例如，消灭某些疾病并不是特别烦琐，但需要对猪场做一些改变，并需要严格执行，形成常态。如果你明白免疫力是如何发挥作用的，那么你就会说服自己去做那些必要的事，花那份应花的钱。

3. 采用一种更规范的方法。说到现有的病毒性疾病以及由病毒性疾病引入的"继发性杀手"，我们的现状就如同在走钢丝一样，尽管很容易从钢丝上摔下，但是如果你经过训练，能够熟练驾驭它而且集中注意力，那么它是相对安全的。但前提是你和你的员工必须严格地按疾病防治的培训内容去做，没有偏差或疏漏。对于清洁和消毒工作尤其如此。

你的兽医是构建猪场规范的关键。你必须请他，即要花钱请他，对你的猪群定期（6～8周）进行一次疾病流行情况分析，建立猪场疾病流行谱，并且制定出一套清晰实用的免疫接种、药物使用和饲养管理方案，这套方案可能要根据你猪场中疾病发展情况每个月进行调整，美国人将这种方案称之为"操作规程"，他们现在对此已经很精通了。

4. 有必要与你的兽医以及其他顾问（如工程师、营养师、遗传学家、通用型顾问）一起分析你的猪群正在遭受怎样的应激，并减少此类应激。应激会降低猪群对疾病的免疫力，这是通过我们人类在相对舒适的家庭生活条件下出现的人类疾病了解到的。应做一次应激检查。我们对猪做了许多能够诱发其产生应激的作业，这些作业能够降低应激期间猪的免疫力，包括饲养密度超过标准密度15％、过早淘汰、霉菌毒素中毒以及其他一系列应激因子。我们的任务是找到应激因素，降低应激。

检查清单——帮助生长育肥猪降低免疫刺激的方法

养猪生产者如何才能让生长猪避免高强度、长时间的免疫刺激，从而以最低的成本获取最大的生产力呢？

✓ 降低来自其他猪群的免疫刺激。对青年猪群而言，大龄猪群是其主要的疾病传染源，因此需要按年龄对猪群进行分群饲养。

✓ 在可能的情况下采用全进全出制的饲养策略。

✓ 断奶仔猪、生长猪以及育肥猪舍每次转群后，猪舍要进行彻底的清洁和消毒。这包括正确使用洗涤剂（不只是用普通的水）进行预清洗，对封闭空间的空气进行气雾喷消毒，保持饮水系统的清洁卫生。

✓ 清理漏缝地板下方和泄粪池。

✓ 减少猪舍中的灰尘。灰尘颗粒是病毒传播时搭乘的"出租车"，会引发疾病问题。

✓ 凡是需要进行连续生产的环节，实施短暂的中断生产措施，如出售仔猪或采用部分清群的办法。利用这些间断生产措施以进行彻底的清洁和消毒。

✓ 采取严格的猪场生物安全措施，尤其是运送货物和猪群的车辆。生物安全并不是仅仅包括我们熟知的进出猪场生产区的淋浴，还涉及其他 30 多个方面。深入研究这一问题；我们中许多人需要跟上生物安全最新的发展速度，并且关注和使用最新的生物安全产品（见"生物安全"一章）。

✓ 防止猪发生应激。做一次应激检查（见"应激"一章）。

✓ 勿使猪圈的猪群太拥挤/饲养密度超标。

✓ 猪群中要有足够数量的 2～5 胎次母猪。

✓ 执行兽医同意的新猪群驯化适应方案。这与隔离检疫不同（但是也很必要），隔离检疫主要是完全隔离。而驯化适应是有计划、渐进性地让外来猪群与现有猪群融合，而不是隔离。

✓ 要避免将免疫接种作为"日常管理"措施。最好请兽医对你的猪群疾病流行情况进行详细的分析，并提出需要进行哪些天然免疫刺激，是否需要以接种疫苗为补充。然而，美国有些以"打针为乐"的猪场为使猪获取高强度的免疫保护而过度免疫，这种做法已经遭到质疑。表 5-2 列出了美国最近一份典型的种猪场免疫接种规程的例子。

✓ 断奶后，仔猪由母乳喂养变为自身无法很好地进行消化吸收的固体饲料。在这个关键的过渡期，仔猪没有得到正确合理的营养。

表 5-2　种猪群建议免疫程序示例（美国，2001）

时间/年龄	免疫接种/处理
青年母猪/母猪	
6.5 月龄	钩端螺旋体、丹毒、细小病毒、PRV
	饲喂来自公猪/母猪的新鲜粪便；1 周后重复一次
7.5 月龄	重复免疫
分娩前 6 周	大肠杆菌、AR、TGE、轮状病毒、PRV
分娩前 2 周	大肠杆菌、梭菌类毒素、支原体、轮状病毒、TGE、AR
分娩后 3~5 周	钩端螺旋体、细小病毒、丹毒、PRV
公猪	
隔离期的头 30d	血检布鲁氏菌病、钩端螺旋体、细小病毒、APP、TGE、PRV
隔离期间每 30d	丹毒、钩端螺旋体、细小病毒
每 6 个月	再次免疫 PRV、钩端螺旋体、丹毒、细小病毒
生长育肥猪	
1 日龄	梭菌抗毒素
3~7 日龄	AR、TGE
7 日龄	支原体
3~4 周龄	再次免疫 AR、支原体
断奶后 20d	丹毒、APP
10~12 周龄	PRV；再次免疫丹毒、APP

来源：猪肉工业手册（PIH），68 页。

TGE＝Transmissible gastroenteritis，猪传染性胃肠炎；

AR＝Atrophic Rhinitis（bordetella/pasturella），猪萎缩性鼻炎（波氏杆菌/巴氏杆菌）；

PRV＝Pseudorabies Virus，伪狂犬病毒；

APP＝Actinobacillus（Haemophilus）pleuropneumonia，猪胸膜肺炎放线杆菌（嗜血杆菌）。

　　这是相当大的工作量！对猪的免疫系统来说也是不小的负担！我的建议是根据兽医对你猪场情况的了解程度，决定哪些是绝对必要的或是可以参考的。要记得经常咨询你的兽医。

五、初乳

　　绝大多数养猪生产者都意识到初乳的重要性以及它在免疫上所发挥的重要作用。

　　仔猪在出生时体内抗体水平极低，不足以抵抗其一出生就将接触到的病原体，尤其是病毒。仔猪必须从母猪产后分泌的前乳中获得抵抗这些病原体的能力。此前乳即是大家熟知的初乳，它含有大量的免疫球蛋白。

初乳中主要的免疫球蛋白（Ig）

	提供的保护	抵抗对象	初乳中含量（%）
IgA	体内黏膜——肠道、喉、肺等	细菌	17
IgG	全身，通过血液	细菌	76
IgM	启动仔猪的免疫应答系统	主要是病毒	7

IgA 是唯一一种仍存在于继初乳之后的常乳中的免疫球蛋白，但含量很低。

免疫球蛋白分子很大，能够被新生仔猪的肠黏膜细胞吸收，在分娩后 6h 内免疫球蛋白的吸收区域开始关闭，12～16h 内则可能完全关闭。

这意味着：

- 所有仔猪至少应在出生后 8～12h 内吸取足够量的初乳。

- 最后产出的仔猪所处的环境对其非常不利。它们不但身体虚弱，而且还有"错过免疫班车"的危险。较早出生的仔猪可以享用抗体含量多达 30mg/mL 的初乳，而最后出生和吮乳力差的仔猪可能仅获得抗体含量为 4～6mg/mL 的初乳（Varley，1989）。

- 随着现代品种猪窝产仔数的加大，加速分娩的主题显得越来越重要（见下文）。分娩时间越长，最后分娩的仔猪身体也越虚弱。专家发现："分娩过程的启动也是仔猪死亡的开始"。

分娩护理是另一项可帮助晚出生仔猪存活的技术，它可以使体弱仔吮吸到足够数量的初乳。因为这些仔猪在一出生时就可以被放在母猪的乳头处，或者随后采用分批哺乳的方式使其摄入充足的初乳。由于初乳富含可快速吸收的能量物质，这也可以帮助仔猪抵御寒冷和避免因寒冷而被母猪压死。

初乳有多少?

母猪每天的初乳分泌量为1 200～1 900g。新生仔猪的初乳总摄入量变化幅度很大，可能为 200～450g/头（仔猪在出生后 24h 内初乳的摄入量为100～1 400g/d）。由于现代品种母猪的窝产仔数较多，初乳就不会有太多的剩余，因而弱仔最先遭殃。仔猪出生后 6h 内至少吸取 60g（mL）的初乳，16h 内至少摄入 100g 初乳（BPEX，2008），但具体的摄入量取决于初乳的质量。在这段期间不要剪牙，因为剪牙必然会阻碍仔猪吮吸初乳。

六、初乳的质量

许多养猪生产者没有意识到初乳的质量会因免疫球蛋白的含量不同而存在

差异。这种差异取决于母猪的年龄（2 胎前以及 6 胎后较差）及它早先接触病原体的情况。后者也是为什么猪场需要兽医定期对猪群进行疾病流行谱分析的另一个原因，我已在本书的多个章节中提及它们。还是用我之前做的简单比喻，母猪可能需要用特定的免疫接种这些"砖块"来填补"免疫大厦"中的"空缺"。目前已有一系列疫苗可以应用，兽医可以通过检测并借助对当地流行的病毒性疾病的了解来回答这些问题：到底需要多少"砖块"，这些"砖块"要填在大厦中的哪些地方。正确利用兽医的方法是把他（她）当作猪场的"防火员"，而不是像很多养猪生产者那样把兽医当猪场的"救火员"。兽医是任何猪场猪群取得良好免疫状况的关键部分。

（一）青年母猪及其初乳

青年母猪的初乳质量很可能比成年母猪的差，因此，监测并鉴定青年母猪配种前可能接触过（或没接触过）哪种免疫刺激因子就变得相当重要。只有兽医能决定青年母猪不完备的"免疫大厦"中需要用哪些免疫接种"砖块"来填补，决定这些"砖块"何时用在何处会使免疫大厦变得完美无缺。这将会影响青年母猪第一次分娩后的初乳质量，甚至影响到第二胎，特别是当青年母猪直到第二胎时都处于过度应激的状态下时。

良好的营养也会影响初乳质量。母猪要正确饲喂，特别是在临近分娩的时候。有些猪场的母猪在分娩前 14d 时看起来状态比整体水平稍差些，我一直建议这些猪场此时应将妊娠期料改成哺乳期料。

以我的经验来看，正是因为有了设计精良的哺乳期料，才不会遭遇到诸如 MMA 和/或产后食欲减退等问题，这些问题在过去都是养猪生产者担心的疾病。

这种策略可以当作常规管理措施来应用吗？母猪的营养值得饲料行业研究吗？也许直接提供一种含更多营养成分（目前是 8 种）的预产料应该有助于提高初乳质量和产量。当然，这将又是一个会结出累累硕果的研究领域。

在"青年母猪"一章中，我也建议按照这种做法来进行。青年母猪在初产前需要给予特殊的饲料，这些饲料含有一些能有助于其更快构建良好免疫体系的营养成分，这样就可以节约时间，不必等待自然免疫在 1~2 胎后才能建立。

（二）初乳替代物

我在另一本书（见参考文献）中已介绍如何采集母猪初乳、怎样保存初乳以及如何利用胃导管给出生后无初乳可食的仔猪灌喂初乳的技术。

初乳替代物大多来自牛初乳，其免疫球蛋白的组成与猪母乳非常相似。我本人没有亲自这样做过，我个人倾向于用母猪的初乳，同一母猪群中刚分娩且温顺的母猪都可以使用，但是绝不要用不同猪群的母猪或者大型猪场的不同单元中的母猪，因为我本人曾经接受过这方面的培训，而且很好地掌握了这门技术，喂养过近 500 头仔猪，而其中仅有 3 头死亡。

Jim Pettigrew 博士于 1994 年发表的研究结果显示了美国一种初乳替代物的价值：饲喂初乳替代物的仔猪存活率从 79% 上升到 90%，提高了 11.2%；19 日龄体重比未处理组的仔猪高出 318g。该替代物当时的价格为每头仔猪 0.17 英镑，我计算了额外支出回报率（REO）（包括饲喂的人工成本），单单存活率上获得的回报就达到 15：1。这说明这种初乳替代物有相当高的价值。

如果你不能或不愿费劲去自行采集初乳，那么初乳替代物对于那些可能无法自行获得 100mL 初乳的弱小新生仔猪而言可能是一个很不错的备用措施。现在的初乳替代物可能不如 15 年前那么常见，但在当前窝产仔数非常高的情况下，这些初乳替代物又可能会重现江湖。

七、分娩监护

分娩监护是仔猪构建良好免疫力的重要部分。一般情况下，有 3% 的仔猪因无法摄入充足数量的初乳而不能存活，而恰当的分娩管理能保证这部分仔猪的存活。

另外，还有 2% 的仔猪在出生时由于缺氧窒息而死。如果母猪分娩时有人在旁照料，这些晚出生的仔猪大部分也是可以得救的。

几十年来，我们努力地将出生至断奶期间仔猪的死亡率控制在 10% 以下，而最优秀的养猪者试图把死亡率降到 5%～6%。

我可以确定，过去我 80% 的客户能够达到这一水平。而所有这些成功者都能保证在工作时间内分娩的母猪都有工人全程照料。

我最后一次从客户那里收集资料已是几年前的事了，表 5-3 中的数据表明了分娩时护理和不护理母猪产仔性能的差异。如你所知，通过使用前列腺素类似物可以保证绝大多数（约 95%）母猪在工作时间内分娩，如果有需要时可以辅助使用催产素（这要看你的国家对这些药物的使用是否有限制）。

表 5-3　护理分娩和不护理分娩的对比（3 次对照试验）

	护理	不护理	护理	不护理	护理	不护理
窝产活仔数（头）	10.66	10.00	10.81	10.67	10.01	10.12
窝断奶仔猪数（头）	9.91	9.12	10.10	9.64	9.83	9.01
死亡率（%）	7.00	8.88	6.60	9.70	4.30	11.00
每 100 头母猪每年额外提供仔猪数（头）	185		108		190	

注：分娩护理策略所带来的额外收入是每窝平均 84 英镑，而成本（含人工成本）是 25 英镑/窝——REO 为 3.36∶1。

由于有饲养员在场，不仅那些原本可能不会存活的仔猪得到了挽救，而且许多晚生的仔猪和弱仔能立即被放到母猪的乳头旁，或进行分批次哺乳，或甚至可利用胃导管辅助哺乳，以确保每一头新生仔猪都能从初乳中获得足量的免疫球蛋白，这一点在无护理时通常是做不到的。

该结果表明，分娩监护能使每头母猪每年提供仔猪数平均提高 6%，这虽是个不起眼的数字，但对于每头母猪年提供 25 头仔猪的猪场来说，相当于把这个数字提高到了 26 头以上。

八、仔猪何时死亡

表 5-4 中的数据来自于同期 11 个国家的平均数据，当时我对 18 个猪场的班组长进行了问卷调查，其中 5 个猪场的分娩护理人员在母猪分娩时全部在场。我并没有问有多少哺乳仔猪死亡或者它们的死亡原因是什么（因为我怀疑这种问题可能不会得到有价值的答案），而是问他们仔猪的死亡时间是什么时候。

表 5-4　仔猪死亡时间及平均损失（11 个国家：询问了
18 个猪场，窝活产仔数平均为 10.8 头）

出生时起	0～12h	12～24h	24～48h	3～7d	8～14d	14～21d	总共
损失率（%）	37	32	12	8	6	5	13.5
死亡仔猪数（头）	0.53	0.46	0.17	0.11	0.09	0.07	1.43
	←1 头猪→		←——————半头猪——————→				
	第 1 天		接下来的 20d				

点评：世界范围内仔猪断奶前死亡率平均为 12%～13%，在最近 20 年里几乎没有改善；那么如果在出生后头 24h 内每窝平均拯救半头以上的仔猪，就将大大改善这种情况。我们应慎重看待表 5-4 中的结果，因为这都是人的主观意见，其中只有 3 个数据来自现场记录。这些猪场均没有使用前列腺素，而且有几个猪场是禁止使用的。

然而，出生时存活的仔猪到断奶前的死亡率为 13.5％也是常有的事，也就是每窝损失 1.5 头。就目前的高窝产仔数而言，每窝将近损失 2 头仔猪。我想，如果通过分娩监护能保证仔猪摄取充足的初乳，这会拯救多少头仔猪呢？

九、加速分娩

随着窝产仔数越来越多（比 15 年前增加了多达 40％），可以想象分娩时间也会延长 1/4～1/3。丹麦研究人员乐观地预言到 2016 年窝产仔数会达到 15.5 头（Pedersen，2007）。这足以令许多分娩母猪筋疲力尽，尤其是初产母猪，因此最后产出的仔猪会缺氧，且往往活不长久。

以上问题不仅说明了加强分娩护理可以辅助晚产仔猪，而且还说明了在有可能的情况下缩短分娩过程很有意义。

几年前，我见到有人用一种神经兴奋性药物——新斯的明来促进分娩母猪平滑肌的收缩（这与催产素不同，催产素是一种促进分娩开始的激素）。在产下第 4～5 头仔猪后给母猪注射新斯的明，可以解决当时不断增多的产死胎问题。虽然这会使产仔间隔缩短 9％，但饲养员不喜欢这么做，因为当时人们强调的是降低死产率，随着人们的视线转移到分娩室中的煤气炉是增加死产的罪魁祸首，新斯的明的应用就慢慢无人问津了。

2007 年，有一种名叫"Parturaid"（SCA）（一种运动补充剂，含有能量、矿物质、维生素、抗氧化剂的混合物——译者注）的商品被用于加快母猪的分娩。该产品呈膏状，在母猪即将分娩时把它涂到母猪的嘴上，可使产程缩短约 20min，看起来效果挺不错。同样，饲养员也不愿意用它，所以它并没有得到广泛应用。从新生仔猪高死亡率与较大窝产仔数之间的联系来看，我感到在这件事上有点遗憾。越来越多的报道称，总窝产仔数达到 13.5 头时死胎数达 1.6 头，这种损失的大部分是因为窒息造成的。

"母猪分娩过程的开始，就是仔猪死亡的开始。"

——English（2001）

可以参考的实用方法

在用科学的方法再次尝试前，回归到最基础的问题。

温度：不能太热，也不能太冷，21℃最理想。我参观过的许多分娩舍温度都太高，达到 24℃。

母猪处于良好的体况。这毋庸置疑，但争议是母猪是否要在预产期前 2d

增加能量摄入，因为这样可能会导致其患上 MMA。我的经验是，如果分娩过程中分娩区一直保持良好的卫生状态，母猪发生 MMA 的可能性比较小。

有的母猪可以增加能量摄入量（比如，已经采用的一种方法是每天饲喂 1kg 的教槽料），但对于其他的母猪就没有必要了。对于了解自己所养猪的饲养员而言，他们不会为这种问题犯愁。

小心尝试，因为窝产仔数较大时增加能量摄入似乎会降低新生仔猪的死亡率。

肌肉张力：我们都知道运动可以提高身体的柔软度。对母猪而言，尤其是对年龄较大的母猪而言也是如此。这是母猪群体饲养的另一个好处，如果有一个比较宽敞的有垫草的运动场那就非常好了。

干扰程度：大型饲养场的一些分娩舍会非常嘈杂，充斥着仔猪的号叫声和粗心饲养员扔东西的声音。走动时应尽量保持安静，如果母猪注意力分散，则会阻碍其分娩进程。

霉菌及霉菌毒素：尽管尚未证明，但我怀疑霉菌及霉菌毒素与分娩问题的发生有关，因为在我参观过的猪场中霉菌的出现率很高，当我们解决了霉菌毒素问题后，分娩问题都得到了缓解。

符合自然规律的加快分娩过程可以使死胎率下降 2%，相当于每 100 头母猪每年可多卖出 46 头仔猪。随着窝产仔数的增长，死胎数也在增加，死胎率不会低于以上水平。

十、疾病流行谱分析

请一位有实战经验的猪病兽医专家来为你的猪群进行疾病流行谱分析是完全值得的。20 世纪 80 年代，我们在 Dean's Grove 猪场就是这样做的，且效果非常好。从美国客户收集的数据证实了这种理念的价值，如表 5-5 所示。

表 5-5 猪兽医专家为 3 个猪场进行疾病流行谱分析前后的差异
包括免疫接种和猪场改建的额外开支（美元/头）

猪　　场	前			后		
	A	B	C	A	B	C
估计每年因疾病造成的损失*	284	186	300	80	96	109
兽医费用	8	3	12	30	27	31
疫苗及用药费用+	26	18	30	18	20	21

（续）

猪　　场	前			后		
	A	B	C	A	B	C
猪场改建费用（7年）**	—	—	—	27	45	33
总的疾病消耗（美元）	318	207	342	155	188	194
差异（提高%）	—	—	—	51	9	43

* 估计的疾病损失包括断奶后腹泻以及生长滞后对潜在生产性能的影响；呼吸道疾病、回肠炎、流产、感染性不育等。

+ 注意有计划地预防性用药比无效的治疗性用药开支低。

** 不包括分胎次饲养。

来源：客户记录与一位兽医的实践数据。

十一、免疫力不足的代价

这个问题一定有成千上万个答案！且无法量化，就好像回答"如果我不得病我会省下多少钱"或是"如果我没有给田地施肥我会损失多少钱"一样。

（一）直接损失

免疫力不足会带来非常严重的疾病，相信每一位读者都无需我来提醒了，特别是一些病毒性疾病，如猪繁殖与呼吸综合征（PRRS）、仔猪断奶后多系统衰竭综合征/猪皮炎肾病综合征（PMWS/PDNS）、猪瘟、猪流感、冠状病毒病等会严重影响猪场利润。我的客户因这些病原侵害造成的利润损失为40%～100%，即使在猪价较高的时候也是如此，有时这种损失会持续18个月之久，有时候在疾病流行看起来已经平息后由其造成的后续影响和损失将持续6个月之久。除了以上这些损失，还必须要算上免疫接种和兽医/药品的费用。单是常规预防性费用就占生产成本的8%，这还不包括增加的劳动力成本，如果再算上饲料中添加预防性药物的成本，则会再增加1.5%的成本。

（二）潜在的损失

许多养猪生产者没有意识到的是，当猪的免疫系统必须对高水平的病原体刺激做出应答时，因受不利影响猪的生产性能会损失。偶尔一些有用的研究试图对高水平免疫刺激造成的损失进行量化，我举2个例子来说明免疫应答与营养之间的互作关系，这2个例子都是艾奥瓦州立大学在20世纪90年代中后期进行的开创性研究。

表5-1总结了必须对高水平刺激激活其免疫系统的青年生长猪与同等条件

下无需做出任何反应的猪相比可能会出现的情况。请注意，蛋白质增重是作为猪肉生产者的我们中任何一位的主要目标，现在反而严重下降，更要命的是，正是我们这些养猪人在引导人们去购买高瘦肉型猪肉。

我尝试过计算保育猪生产性能下降造成的损失，见表 5-6。

重要的是，我们试图对高强度免疫刺激对断奶－育肥猪生产者造成的损失进行量化，因为外表看起来非常健康的（免疫系统被激活）猪，其生产性能损失远远比提供低强度免疫刺激环境的成本要高。这就是为什么现今许多养猪生产者成绩较差的原因，因为他们没有意识到是这个原因。

表 5-6　饲料品质与疾病流行状况不匹配对 MTF、PPTE 和 REO* 等经济性能指标的影响

免疫激活状态	体重 7～102kg 的猪赖氨酸需要量（g/d）	额外的饲料需要量（kg）	调整日粮浓度的好处（赖氨酸：平均值＋2.81g/d）		
			MTF（kg）	PPTE	REO
高水平（"低健康水平"猪）	5.7～16.1	＋25.26	286	—	—
低水平（"高健康水平"猪）	7.9～19.3	—	321**	＋33.25英镑/t**	5.3：1

* 新术语：

MTF = Saleable Meat per Tonne of Feed，每吨饲料可售猪肉。

PPTE = Price Per Tonne Equivalent，每吨等物价——这个数字将 MTF 的增量与每吨饲料成本相应的降低量联系起来。

REO = Return on Extra Outlay，额外支出回报率。本例中提供更优质日粮的额外成本为 6.25 英镑，故 REO 为 33.25 英镑÷6.25 英镑=5.32：1。

** MTF 包括产量提升 0.91%（原文如此）。

根据 Williams（1995）和 Stahly（1996）计算结果整理。

表 5-6 中数据的启示：

饲料质量与免疫状况不匹配相当于使体重 7～102kg 的猪每吨饲料成本上涨 24%。

比起通过刺激免疫系统让生长猪进行自我保护，一开始就给生长猪提供一个低强度免疫刺激的环境要经济得多。

提供低强度免疫刺激环境比在饲料中添加预防性药物便宜，而且要达到相同的效果后者往往需要更长的时间。

饲料营养与当前免疫状况不匹配，相当于你为从断奶到屠宰期间需要的所有饲料再多付 1/4 的费用（表 5-6）。而这些钱可以购买很多的消毒产品、提供更好的猪舍条件以及寻求更多的兽医监测/指导。

十二、繁殖母猪的情况

艾奥瓦州的研究人员发现，在 18d 的哺乳期持续地激活母猪的免疫应答会使该母猪日采食量下降 0.5～1kg。结果导致所哺乳仔猪窝增重降低 0.32kg/d，这可能是母乳质量下降造成的（表 5-7）。到屠宰时，MTF 可能会因此损失达 9kg，或者说 7～25kg 阶段的生长猪饲料成本每吨增加 6.5%。

表 5-7 免疫系统激活对哺乳母猪及其所哺乳仔猪生产性能的影响

	免疫系统激活情况	
	低水平	高水平
母猪指标		
采食量（kg/d）	5.36	4.80
体重改变（kg/d）	0.74	0.69
背膘厚度改变（mm/d）	0.19	0.24
哺乳仔猪指标		
断奶仔猪数（头）	12.6	12.6
窝增重（kg/d）	2.60	2.28
估测断奶重（kg/头）	5.53	4.93
乳及乳成分产量		
IgG（mg/mL）	4.3	5.4
IgA（mg/mL）	12.4	17.8
产量（kg/d）	11.5	10.1
能量（Mcal/d）	14.4	12.7
蛋白（g/d）	683	612
脂肪（g/d）	726	675

来源：Sauber 等，1999。

这就是为什么任何试图给哺乳期母猪提供更舒适、更清洁的环境和减少哺乳母猪免疫系统损伤的努力是如此有效的原因，因为这些努力不仅对母猪自身有好处，还对仔猪从出生直至屠宰的整个生长阶段都有利。

如果给予哺乳期母猪高强度的免疫刺激，那就需要喂更好的哺乳料。

减少猪激活高强度免疫屏障需要的生物安全措施及清洁措施参见生物安全一章。

十三、青年母猪的免疫力

种猪群面对消耗性疾病的持续时间比生长/育肥猪长 5～7 倍，因此青年猪需要尽早地建立尽可能长期的良好、高效的免疫屏障（参见图 5-1）。

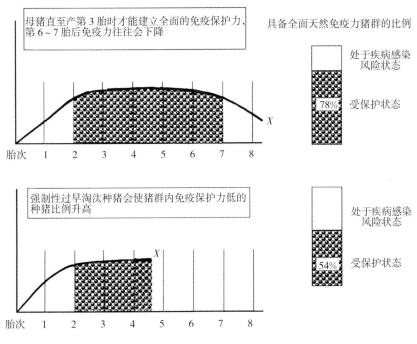

图 5-1　种猪生产周期缩短存在的不利

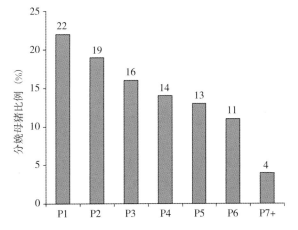

图 5-2　普遍认同的理想的种猪群胎龄分布，呈"卧狮"型

（来源：PIC，2010）

如果青年母猪/青年母猪需要高水平的免疫屏障来保护她后续的生产力，
那么就需要提供高品质的饲料来维持这种额外的免疫需求。

十四、免疫力与猪群年龄分布

（一）展望未来

然而，我们如今处于青年母猪与经产母猪都非常高产的年代，只要管理和饲养得当，母猪在高产和高收益上都能够持续较长的时间，理想的胎龄结构应该是胎龄更长（8 胎以上），各胎龄母猪比例更低（从 19％至 4％）。这会使断奶力从目前的目标 500kg 提升到 600～650kg。

（二）种猪群胎龄分布的目标

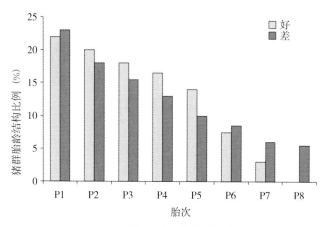

图 5-3　两个不同种群的胎龄分布
来源：（BPEX，2009）

基于一个 7 胎的胎龄分布研究可以看出，表 5-3 中浅色柱形图比深色柱形图代表的胎龄组可获利更多。这两种胎龄分布的种猪群年更新率相似，均为 42％～44％。然而，到第 3 胎时，深色柱形图代表的猪群损失近 30％的青年母猪，而浅色柱形图代表的猪群仅损失 16％。

因此，浅色柱形图的猪群几乎有一半的母猪处于免疫力高峰期的 3～5 胎，而深色柱形图猪群仅有 1/3 多的母猪处于免疫力高峰期的 3～5 胎，因此猪群患病的风险明显增加。需要记住的是，猪群胎龄组成的"卧狮"型，而不是像深色柱形图所代表的"滑雪道"型。尽量使猪群中 45％～47％的母猪处于 3～5 胎龄，且/或者使 54％的母猪处于 3～6 胎龄。青年母猪一开始占母猪总数的 20％～22％，但有些最优秀的种猪场将此比例保持在18％，因为它们的母猪生产寿命更长，因而需要的种猪更新率就低。青年母猪的理想比例为 17%～21%（这由分娩指数和更新率决定）。如果该比例下降到接近 17%，那么"卧狮"的"头部"就几乎没有了，而且它的"背部"会更直一些！母猪胎龄分配呈两种"卧狮"型中任一种的母猪群，都是高产猪群。

然而，从先前引用的试验来看，也许我们未来的"卧狮"可以会有更低更长的胎龄分布吗？既不会引起生产性能的损失，又使得种猪更新成本更低？

我希望是这样，因为这符合正确的 SLC（低成本同收益）经济理论，即以较低的成本创造相同的价值。SLC 并没有充斥市场，而是把省下的成本当作利润。

十五、如何使"卧狮"的背部又高又平又长

- 拥有一个理想的青年母猪群。
- 有足够长的驯化适应期。
- 向兽医咨询青年母猪的驯化适应期培育规程与措施。
- 青年母猪在 240 日龄前不配种。
- 使用青年母猪培育料、妊娠期料、哺乳期料。
- 如果青年母猪头胎和第二胎窝产仔数较大，可采取一系列措施来减轻这些母猪的负担，如寄养、分批哺乳、较早饲喂优质教槽料、设立救援仓（设在分娩舍的一种箱式设备，用于救护通常较易死亡的仔猪，采用全进全出，提供高卫生标准的微环境，较早提供固体饲料——译者注）等。
- 每个月对你的猪群胎龄分布情况精心制作一个图表。这一点很重要，但在我参观过的猪场中只有 10% 的做过，而且没有一个猪场是每个月都做的。
- 参考淘汰母猪"能做与不能做的"一文（参见 Gadd "Pig Production Problems"，NUP 出版社，2003，第 68-71 页）来做。

据我看来，种猪免疫状况为何往往很低有以下几个重要原因：

使种猪群逐步自然地激发免疫力的检查清单

✓ 我们没有在从进入猪场起就给青年母猪提供一个足够长的适应期，以与场内猪群在免疫力上完全融合。如果要使青年母猪建立对 PDNS、PMWS、PRRS、圆环病毒及冠状病毒感染等"新"病毒性疾病的抵抗力，最少需要 5 周，甚至需要 6～7 周。

✓ 如果为节省成本拟采用最短的适应时间，请咨询帮你监测猪群疾病流行状况的兽医，同时他也应该知道当地流行的病毒，如果你外购青年母猪，也可以联系卖家的兽医。

✓ 在青年母猪驯化期，我们通常对疾病感染策略太过随意，总是用相同的传统方案（胎衣接触、将淘汰的猪与青年母猪隔栏接触等）。随着病原体群体结构（包括免疫接种方案）的改变，我们需要一个特定计划和不同的方案。

✓ 就青年母猪在驯化适应期应采用怎样的病原体接触方案、采用多长时间和何时采用，咨询你的兽医。通常要在前14d内进行，第2个月是"休养调理"期。

✓ 我们的青年母猪从体重90～95kg时购入或选择到第一次配种时的体重135kg期间生长得太快。生长速度取决于猪种的瘦肉型（品种）。请让它们长得慢一点！要让猪免疫力的获取与现代青年母猪的早熟性步调一致。让青年母猪的内分泌系统与其快速生长的能力相协调。这些母猪犹如一位21岁的性感女子，但是其激素和免疫水平仅相当于一位14岁的女中学生，在21世纪的今天甚至应该说是12岁。

✓ 请咨询营养师如何配制和使用青年母猪培育料，使它们在体重100kg前时的生长速度不超过550g/d，逐步增加到8个半月龄（体重135kg）时的750g/d。这段时间青年母猪长得很快，稍稍采取一些控制措施。这种日粮需要含有大量特定营养素，但饲喂量一定要处于可控状态。

✓ 对妊娠的青年母猪及初产母猪的饲养管理应有别于已稳定的普通母猪的饲养管理。除了营养需求之外，这种母猪是一类完全不同的发育中的动物。如果饲养管理工作没有做好，则会损害其随后的免疫力。

十六、总 结

总结一下整个主题涉及的问题：青年母猪配种前的培育、最新的清洗消毒技术、首次妊娠的饲养管理、帮助青年母猪应对陌生和应激性的初次分娩，以及使用初产母猪专用哺乳料。拓展部分将举例说明，特别是可以参考 Close 和 Cole

"Nutrition of Sows & Boars"(《母猪与公猪的营养》)(2000),它是种猪营养方面最前端的教材,而且通俗易懂。

十七、母猪更新速度过快会损害它的免疫力

母猪的更新率越来越高似乎是个令人烦恼的问题。有人说种猪公司应负全责,但我并不这么认为;青年母猪淘汰率高得令人无法接受主要是由于早期不育造成的。

十八、40%～45%的母猪群更新率太高吗?

严格来讲是这样,因为我们不得不在母猪第2或第3胎完全成熟前就因为繁殖障碍而将其淘汰,这导致我们在猪群只有部分免疫力时将其淘汰——有时保护率在50%以下(图5-1)。此外,这些青年母猪可能不会产生充足的抗体以保护它们的仔猪免受 PDNS/PMWS 和 PRRS 等疾病的影响。PRRS 是令全世界养猪人都头疼的疾病,看起来没有消失的迹象。在造成这一局面的原因中,母猪群更新太快"贡献"了多少?

更新比例应高于30%,低于40%,最好是靠近前者。我的客户中那些拥有较长种群寿命(平均超过5胎)的猪场很少有疾病问题,且兽医/药物费用比绝大部分猪场要低 1/2～2/3。请再看看图5-1 他们成功的秘诀就在图中。

十九、成本是什么?

成功的猪场都是在兽医的指导下对新引进母猪采用较长的驯化适应期,同时成本主要是额外增加的猪舍及所需的饲料,第一胎的成本提高约15%(根据我客户的记录,成本介于12.8%～17.1%)。然而,从母猪群较高的生产寿命和更多的产仔数获得的回报,似乎远超出早期对青年母猪和初产母猪在时间、疾病和资金上的投入。

表5-8 的资料来自我的一位英国客户。数据显示,假如正确培育并照顾一头青年母猪的额外花费占15%或更多,那么由这种早期投资带来的母猪较长生产寿命,会使出售该母猪的成本便宜50%。因此,REO 等于 50÷15 或 3.33∶1——额外投入的回报超过 3∶1,当然困难还是有的。

表 5-8　母猪生产寿命很重要的原因——会使你对青年母猪投资减半

到初产时青年母猪的培育成本	产 3 胎以上的母猪 （40 头仔猪） （每头出售仔猪平摊成本）	产 6 胎的母猪 （70 头仔猪） （每头出售仔猪平摊成本）
300 英镑	7.50 英镑	4.29 英镑
加上在第 4 胎时更新后备母猪的空怀天		
数 25d，按 3.10 英镑/d÷40 头仔猪＝	1.94 英镑	—
每头仔猪的总成本	9.44 英镑	4.29 英镑 （至少降低 50%）

资源来源：按英国成本核算（2010）。

二十、病毒侵袭时会发生什么

请读者见谅我用打仗来比喻免疫，这样可使复杂的问题简单化，因为理解免疫力实在是太重要了。当病毒入侵时，一场大战随即开始。各种士兵被召集起来对付敌人——病原体，这些敌人已侵入了动物组织的健康细胞中，并在其中增殖，再被排出去侵占其他细胞阵地。

（一）侦察

当病毒从它的桥头堡大量涌出时，执行机体警戒任务的辅助性 T 细胞能够识别它们，并将它们作为抗原或外来入侵者报告给总部。这是一个警报。

（二）动员

1. 前线防御屏障

自然杀伤细胞也是一种机体警戒力量，但它们不需要抗原警报，可以立即行动，搜寻并杀灭一些病毒和癌细胞。但它们很快就需要增援。

2. 快速反应部队

巨噬细胞（一种白细胞）能对从辅助性 T 细胞传来的抗原警报做出应答，它是一种快速反应力量，和平时期驻扎在骨髓——"营房"里［这些骨髓营房在战争时期（如当病原体入侵时）就会变成训练营和补充兵员的营地］。巨噬细胞能处理某些（但不是全部）入侵者，尤其是细菌、真菌、被病毒入侵的细胞及癌细胞。因此，它们能识别敌人，随后联络辅助性 T 细胞去动员 B 细胞来援助。

3. 首要防御力量

B 细胞是全副武装的部队，它们的武器是抗体。特定的抗体针对特定的抗原，通过这种方式，该部队能使用不同的武器对付不同的敌人，要用到高射炮、反坦克导弹、地雷、机关枪等。完全动员需要 14d 的时间（比如接种疫苗），但在遭到攻击时，在建立更坚固的防御性屏障的同时，快速反应部队会坚守前线。因此，在部队动员期间，巨噬细胞防卫队（辅助性 T 细胞的一种）会出击并攻击入侵者，摧毁被病毒感染的细胞，与此同时另一种辅助性 T 细胞则给重型部队 B 细胞组织所需的正确的武器装备（正确的抗体）。

（三）战斗开始

抗击疾病侵略的应答体系建立（在此期间所有参与战斗的部队均需要你——百姓/政府法令的帮助，这包括降低应激、保持清洁、饲养密度勿过高、保持猪舍内温暖和通风良好）之后，重型部队 B 细胞开始摧毁入侵者抗原。每一个 B 细胞"军团"只识别一种特异性抗原，也只能与这一种抗原反应，方式是摧毁藏有抗原敌人（如病毒）的体细胞或直接中和病毒。

（四）战斗结束

后勤与情报部队

另一种已经处于战备状态的辅助性 T 细胞为抑制性 T 细胞。这些细胞侦测到战斗已经胜利，就会解除绝大部分部队的战斗状态。如果没有这种细胞，那些完全处于战斗状态中的各种免疫部队除了攻击被敌人占据的细胞外，还可能会开始攻击机体的健康细胞。如果你记得，全副武装的特异性 B 细胞仅对一种病毒敌人进行识别与作战，记忆性 B 细胞和一些 T 细胞待在体内等待抗原"敌人"的再次入侵，即是否存在相同的抗原或入侵者。

二十一、勿将抗原与抗体的概念混淆

抗原是入侵者，它有许多不同的类型：不受欢迎的抗原，即病毒、细菌、真菌、癌细胞等，以及以上各类中的不同家族成员。另一种则是计划之中的抗原，如疫苗。

疫苗抗原是一个"寻衅"入侵者，它引发警报、刺激和动员足够的防卫队伍，当有不受欢迎的入侵者出现就消灭它。

抗体是一种蛋白质（主要有 IgA、IgM、IgE 和 IgG），它们抵抗外来的入侵病原体。在我们的比喻中，抗体就是保卫队所使用的武器和弹药。

二十二、营养对免疫有帮助吗？

在前文已经提到过 Stahly、Williams、Cook、Sauber、Zimmerman 等专家和其他研究人员的开创性研究。重要的是要与你的营养师讨论你所用日粮的营养浓度，他们能理解这些先驱者的研究成果。日粮配方的设计可能会受食欲（采食量）和猪群免疫状态的影响，而一位营养师只要曾经从事过设计出可满足这些变数的日粮只要目前的知识允许，将是一位有用的帮手。

我们马上就遇到了问题。尽管第一眼就看出来是个实际性的难题，但并不是无法克服的难题。这个问题就是日粮的设计问题。猪场主总是务实的现实主义者，他们会问："好，但我怎么知道（更重要的是，你怎么知道）我照看的这些猪免疫激活程度的高低呢？"

问得好！这绝对是个重要的问题。实际上，在英国，如果把这个问题搞错，单单因营养配方发生偏差，就会导致生产一头猪的成本增加至少15%。

二十三、三种方案

在我看来，三个潜在的措施可以解决以上问题。

（一）血清学方法

请兽医采集猪群的血液样本，建立猪群的疾病流行谱。缺点是即便最先进的血清学技术也不能鉴定出某些疾病，因此如果碰巧猪场发生的疾病正是那些鉴定不出来其中的一种，则会发生什么？其次，血清学检验比较昂贵且耗时。随着知识的进步，将来血清学检验会大有益处。但是问题是我们现在能采取什么措施呢？

（二）挑战性饲喂或试验性饲喂

这种方法需要50头正常的生长猪，给它们饲喂"非限制性日粮"且定期（比如每隔14d）监测其生长状况、FCR 和瘦肉增量（通过使用深部肌肉扫描仪）。通过这种方法，再结合屠宰时的胴体数据，营养师就可以很好地了解生长/育肥猪群瘦肉沉积曲线，从而设计出能满足猪场需要的特定配方。按例每年进行2次作为常规性工作，或者在疾病流行谱发生显著改变时进行（表5-9）。

表 5-9　利用挑战性或试验性饲喂方法使猪群摄入与其免疫状况相匹配的营养

方　　法
1. 50 头有代表性的试验猪，体重为 25～105kg
2. 饲喂非限制性日粮
3. 每隔 14d 称重一次
4. 每隔 14d 用超声波测试一次
5. 将结果发送给营养师
6. 计算赖氨酸沉积曲线
7. 设计出与免疫状况匹配的成本最低的日粮配方——猪场特有日粮（Farm Specific Diet，FSD）
8. 每年重复 2 次，一般在夏季/冬季；或在猪群疾病流行谱发生突然改变时进行

　　困难：过去，扫描仪很昂贵，所以它便成了那些能够调用此仪器且其客户拥有电脑控制液体饲喂系统的饲料生产商的专用品。随着更廉价的扫描仪推向市场，这种理念在猪场的应用就更近了一步。为什么要采用液体饲喂技术呢？因为使用这种设备，日粮的任何调整都可以在猪场中通过仅仅 2～3 个基础配方来实现。这可显著减少客户拥有的配合料种类；实际上，我知道的一个配合饲料厂，定制饲料的客户增加了 60%，但在 2 年中已经将他的猪饲料种类减少了 50%，效益则提升了 300%！他还辞退了多位饲料销售代表，因为他不需要按价格销售——预期的瘦肉增长曲线决定了饲料的价格（表 5-10）。

表 5-10　与传统日粮配方法相比，瘦肉增重饲喂法给猪场经济指标
及生产性能带来的益处

	采用传统配方法的客户	根据所用猪种的瘦肉沉积速度和预期采食量设计的专用日粮	
生产性能			
至屠宰时 FCR	2.97	2.87	改善 3.36%
平均日增重（g/d）	786	846	多 7.63%
平均每日可售胴体增重*（g/d）	581	660	多 13.6%
P2 点背膘厚（mm）	12.1	11.6	
经济指标			
平均每吨饲料的成本	100	107	多 7%
饲料成本的边际利润	100	116	多 16%
净利润	100	121	多 21%

*假设从达到 25kg 时开始具有 80% 的可售胴体。
来源：猪场试验（2000—2004）。

　　这就是未来的趋势？可能是。随着猪场生产规模越来越大，饲料加工业也朝着为猪场专用日粮的方向稳步发展，因此仅引入测试饲养法还远远不够。

（三）测量生长速度

目前，据认为生长率和免疫激活之间可能存在一定的相关性关系（关联），不过现在就此断言还尚早。如果养猪生产者决心要准确地测量生长率是可以做到的，因此这种方法看上去是行得通的，对养猪生产者非常有用，而且也不用投入太多的资金！

这种方法有缺陷吗？当然有，除了免疫刺激外，日增重还容易受其他因素的影响，如温度、应激、饲养管理、饲养密度过大、饮水、干湿饲喂等。我们需要通过研究证实这种潜在的、简便易操作的方案确实是一种可行的选择。

二十四、使日粮的营养浓度与免疫反应所需的营养水平相匹配——令营养师头疼的问题

欧洲的一位著名饲料配方师曾讲道：目前大多数商业化的营养师都把这个话题视为"噩梦"。当猪遭遇到病原体侵害时，体内就会释放细胞因子（一类蛋白类化学信号），它们会改变机体的代谢，使营养物质不用于生长，尤其是瘦肉的增长，以便能够优先用于免疫过程。细胞因子可改变营养物质的吸收和利用——这是营养学家第一个令人头疼的事，这就需要进行补充更多的营养物质以减少生产性能的损失。

与此同时，代谢的改变会增加或减少营养需要，这是第二件令人头疼的事。发热需要能量，而发热的结果是通过降低活动和增加睡眠来减少能量的消耗；生长速度的降低也会进一步减少能量的需要。最重要的是，即使动物机体看起来很健康，强烈的免疫反应也会使动物的食欲下降。

为了便于理解，这里我引用欧洲著名的商业猪营养学家 Paul Toplis 的一段话：

"食欲的改变是无法预计的。比如说，如果一头健康的生长猪每天吃1.5kg 日粮，需要 15g 赖氨酸，那么日粮配方中赖氨酸的含量应设为 1.0%（10g/kg）。如果该猪面临免疫压力，对赖氨酸的需要量会降至每天 14g、13g，甚至 12g，且采食量可能降至每天 1.4、1.2 或 1.0kg。结果使营养学家要面对9 种可能的日粮配方"。

——Toplis（1999）

二十五、这很重要吗？

养猪生产者提出这个问题是可以理解的。是的，这当然很重要。考虑到 Toplis 所提及的各种影响因素以及艾奥瓦州立大学试验表明的生产性能下降的结果，即使我们不谈最极端的差异，以当前英国的市场价格（2010 年 3 月）来计算，如果猪的采食量未能满足它的免疫需求，那等到要屠宰时每吨饲料提供的可售肉量会减少 11.6kg，还会导致出栏时间延后 12d，这种间接成本也是非常高的，因为提供条件良好的猪舍成本是非常昂贵的。但是，如果采食超过猪的免疫需求，这会使你在日粮上多花 8% 的钱，因为猪将不会充分利用所摄入的饲料，且将会把多余的部分排泄掉，这又将增加你处理排泄物的费用。

二十六、饲料添加剂能够帮助免疫吗？

（一）锌

医学界一直建议补充锌，尤其对年迈的病人，用于巩固免疫防御能力。对动物而言，锌在繁殖与免疫能力方面发挥着重要作用，但遗憾的是，维持免疫能力的最佳锌需求量并不清楚。一般认为这种需求量可能远高于用于生长的需求量。就动物的免疫能力来看，锌可增强动物对病原体的免疫应答反应，还能通过维护上皮组织的健康来预防疾病（上皮组织中有多种细胞，锌的作用是阻止或延缓病毒的入侵）。

那么，如果动物需要更多的锌来协助机体的免疫功能，那么究竟需要高多少呢？我们认为我们还并不完全清楚。一个重要的进展（用"突破"一词太夸张）是动物能更好地利用微量元素蛋白盐螯合物或"生物复合微量元素"。让我冒着过度简化一个复杂代谢途径的风险用外行话进行解释，请专业人士多多包涵。

（二）百乐复合有机微量元素的概念

以锌为例，锌这种矿物元素与某一氨基酸（如蛋氨酸）结合，氨基酸（蛋氨酸）"拖"着锌元素经过肠道中蛋氨酸的吸收部位，也就是说锌被吸收入动物体内。结果，锌的吸收量增加，因此日粮中所需的锌会减少。这种联结称为生物复合体。因此，由土壤中长期少量沉积引起的牧草和河水污染也大幅降低（微量元素氨基酸螯合物也称为"蛋白盐"）。

当锌大部分以生物复合体的形式被吸收后，是否能更好地用于生产和提高免疫力呢？似乎是这样，不过至今为止相当多的证据是关于锌对生产性能的影响而不是有关其对免疫功能的影响，这并不奇怪，因为对免疫功能影响的数据更难测定。

专家仍然不确定是否所有的锌都应来源于生物复合体，或者只有一部分是这样，或甚至大部分源自生物复合体。另一方面，至少到本书撰稿时，专家们倾向于用生物复合体锌全部取代以往常用的无机锌。

我们能够确定的是，当疾病发生时机体需要更多的营养物质。如，在家禽中，要维持正常的免疫水平，所需的营养仅占所有营养需求的1%；而当疾病激活家禽的免疫防御系统时，这个比例上升至7%。美国的研究表明，在猪上面这个比例可能会更大，尤其是瘦肉型猪。无论如何，全部或部分使用生物复合体形式的锌似乎是一个好主意。按建议剂量使用似乎对机体无害，而且还有很多益处。因为每吨饲料的添加成本不会太高，所以生物复合体锌、有机锌、铁或铜的REO可达到5∶1～22∶1。

（三）寡糖——糖组学的新主题

寡糖是一种简单的多糖，来源于酿造业副产品（果寡糖，FOS）或酵母制造（甘露寡糖，MOS）。

这2种添加剂渐渐为人所关注，因为抗生素生长促进剂在动物饲料中的添加逐渐被禁止。作为天然且安全的副产品（糖类），它们会成为一种有用且划算的抗生素生长促进剂的替代物。

起初，人们认为它们主要通过竞争性排除肠壁内的病原体来发挥作用。确实如此，但对于甘露寡糖而言，似乎还有其他更为复杂的作用机制。

请原谅我再次将科学的问题用大白话来表述，最新研究表明，奥奇素（一种含甘露寡糖的畅销产品）用于一些疾病的效果非常好，看来它们的作用机理绝不是简单地"捕获病原体"，然后通过肠道蠕动将其排出体外这么简单，很可能还有其他的功能——是否能强化机体的免疫功能呢？

甘露寡糖可能通过以下多种方式来增强机体的免疫功能：

- 俄勒冈州立大学报道，甘露寡糖可以使分泌型IgA的含量增加25%。
- 研究人员发现甘露寡糖能增强巨噬细胞的反应能力。
- 其他研究表明，在无菌猪上，甘露寡糖会同时影响机体的体液免疫和细胞免疫（B细胞和T细胞）系统，不过检测到的水平存在很大的差异（这些专业术语的定义见表5-11）。

表 5-11　一些免疫学术语

体液免疫＝B 细胞，淋巴细胞

机体感染某一病原体后留下的记忆性细胞，能够识别出再次出现的该病原体，并能迅速唤醒相应的防御机制。

细胞免疫＝T 细胞

T 细胞保持警惕以抵抗病原体的攻击，限于不同组织中对病原体入侵敏感的细胞。

全身或黏膜免疫

当机体的表面（鼻、喉、肠道、外生殖道）暴露于外界时，理想情况下局部的体液或细胞免疫抗体会出现。

主动免疫

在母猪受到感染后，由刺激产生的抗体留存在体内，并通过初乳以 IgA、IgG、IgE、IgM 等的形式转移给后代。母猪在传递免疫力的过程中是主动的。

被动免疫

仔猪接受抗体（即为被动），只要母源抗体存在，仔猪将会持续受到保护。由于没有记忆细胞（淋巴细胞），因此该免疫力不能持久。

获得性免疫

猪病愈后或免疫接种后，会产生获得性免疫力。

抗原

启动机体防御机制的外源物质——病原体或疫苗。

抗体

与敌对抗原作斗争、可预防疾病的蛋白（IgA、IgM 等）。

吞噬细胞

能够吞噬进而可摧毁病原体的细胞。

巨噬细胞（白细胞）

大型的固定细胞，通常发源于骨髓，当受到炎症、免疫反应物和微生物产物刺激时具有主动移动能力。

细胞因子

调控巨噬细胞和淋巴细胞的信号蛋白。

免疫抑制

因环境恶劣、拥挤、劣质饲料、原有疾病、应激和霉菌毒素等因素造成免疫系统不能正常工作。一些新病毒似乎自身具有免疫抑制能力，这为这些病毒创造可乘之机。

滴度（效价）

猪免疫力的数值测度或测定值。抗体滴度指猪血液中有多少抗体。以 1 与一个数字的比值表示。如，如果 1 个体积的血液用 64 个体积的生理盐水稀释后抗体仍然能被检测到，说明效价为 1∶64。1 后面的数字越大，说明体内的抗体越多，免疫力越强。

血清学

实验室检测中进行的抗原/抗体反应。

炎症

由组织的损伤、破坏或注入的毒物（如昆虫叮咬）所造成的机体局部保护性反应，以阻挡、摧毁或稀释有害因子并保护受影响的组织。

综上所述，Biomos 似乎有利于所有这些抗病物质的复杂的相互作用。这被称作免疫调理作用（对免疫应答反应的作用）。许多问题仍有待于进一步研究，但已有的研究表明，Biomos 有助于抵抗大肠杆菌、弯曲杆菌、沙门氏菌引起的感染。因此，随着越来越多的此类试验的完成，我们有信心认为，除了5年前首次宣称的"病原体捕获"的抑制作用外，Biomos还具有能有效替代抗生素生长促进剂的有益作用。

参考文献

Close W H & Cole D J A 'Nutrition of Sows & Boars' Nottingham University Press（2000）p 359.

Gadd，J（2005）Stomach Tubing. In：What the Textbooks Don't Tell You. Nottingham University Press pps159-162.

Molitor T（1992）'Immunization' Nat. Hog Farmer Blueprint Series，Spring 1992 p 28.

Sauber T E，T S Stahly and B J Nonnecke，（1999）J Anim. Sci 77：1985-1993.

Stahly T S and D R Cook（1996）ISU Swine Research Report，Iowa State University Ames，ASL-R 1373 pps 38-41.

Stahly T S，S G Swenson，D R Zimmerman and N H Williams（1994a）ISU Swine Research Report，Iowa State University Ames，AS-629，pps 3-5.

Toplis P（1999）'Interactions Between Health & Nutrition' Procs JSR Genetics 10th Annual Technical Conference p2

Williams N H and T S Stahly（1994）ISU Swine Research Report，Iowa State University Ames，AS-633，pps 31-34.

Williams N H，T S Stahly and D R Zimmerman（1994）J Anim. Sci. 72（Suppl 2）：57.

（周绪斌译　万建美、曲向阳、潘雪男校）

第6章
应激的含义及其对养殖利润的影响

应激：指生物有机体（本书特指猪）对任何不利刺激的所有生物学反应的总称，这些反应可来自身体、精神或情绪，它们会影响猪的正常代谢功能（稳定性）。

应激因子：任何会影响猪代谢稳定性的单个因素或行为（统称为刺激）。我们已知的应激因子有许多，由于生理学上的相互作用，更许多应激因子有待发现。

紧张：应激因子对动物生理学的影响，如对各种器官、神经通路等的影响；应激和应激因子是猪的外部影响因子，它们会在猪体内部产生紧张反应。

我们对应激知之甚少，因此本章的篇幅也相对较短。我相信，应激是养猪生产者应该知道的一个最重要的课题，应激不仅会影响猪（和作为猪监护人的我们）的福利，也会影响猪的养殖利润。

一、应激和紧张

应激和紧张有什么区别？首先，我们要记住引起猪应激的因素，从而降低作为结果的会影响生产性能的紧张的出现概率；其次，发现猪的紧张症状并采取措施减少它们，它们就应该不会出现。但是，要弄清这二者的区别我们需要先定义另一个名词——刺激。

二、刺激

什么是刺激？现在它是一个褒义词——那意味着另外两个单词（应激和紧张）是贬义词吗？因为农场主经常将刺激和紧张混为一谈。刺激（食欲、性欲、拱地和探究行为，筑巢、公猪刺激和哺乳）——所有这些刺激及其他更多的刺激是一类自然和本能的行为，它们会使猪发挥更好的性能。

例如，到达初情期的青年母猪产生的可怕的吵闹声——是一种先行的兴奋，还是（我们还会经常发现）因过分拥挤引起的以相互欺负和打斗形式发出的抗议声？其次，生长猪在喂料前还会发出达到最高点分贝的痛苦的叫喊声！这种声音是表达了对饲料即将到来的愉快期盼，还是对于再次出现太长时间饥饿的抗议？这两种声音是完全不同的。再次，在喂料时间以外，猪还会发出一种低沉而嘶哑的饥饿抱怨声，这不同于饥渴时发出的一种更紧迫的、较高的声音。好几次当我和同事一起走过猪舍时听到猪的叫声，他们会随口说："也许它们有点饿，我们还没有喂料吧？"我会回答："不是，这是一种饥渴的声音，去检查一下饮水器。"

刺激还是紧张？有时候很难区分这两种情况，那些定位栏中的干母猪啃咬着栏杆——这是失望（紧张）还是刺激？或仅仅是为了打发时间做的一些无聊事情，就像我们每天晚上看电视一样？啃咬栏杆时母猪体内的皮质类固醇水平（评估紧张的一种大致测试方法）并不会高于正常状态的母猪。

（一）从科学角度解释

简而言之，应激是一个很专业的术语，然而，如果你对发生的现象至少能了解一些，那么它能给你（和你的猪）提供帮助。

不同类型的应激因子会导致不同类型的生理学（体内）反应，但是它们都会表现出类似的生物学指标，这些指标主要分为两大类（图 6-1）。应激因子的信息传达到大脑，并在 1ms 内通知机体做出反应。这种反应是如此之快，真是自然奇迹之一，尤其是对猪而言存在许许多多的应激，并且这些应激可能要激活同等数量的各种应答反应。

大脑的中央计算机随时储存着两类主要信息："打斗/恐惧"和"沮丧/焦虑/担心"。大脑必须对紧张做出应答的部位为两个极其不同的区域，要么下发信号到自主神经系统（自主是指不受身体的控制），我们称之为 ANS（Autonomic nervous system），或从神经内分泌系统（Neuro-Endocrine System，NES）释放激素，NES 很大程度上受身体的控制。图 6-1 简要地描述了 ANS 和 NES 作用与区别。

（二）自主神经系统（ANS）的功能

当应激因子递呈一个突然的威胁时，大脑会迅速激活 ANS。直接效应是提高能量的供应，增强心肺功能，并暂停消化活动，所有这些反应都是激素

中枢神经系统 主要区别			
自主神经系统（ANS）		神经内分泌系统（NES）	
诱导急性应激		诱导慢性应激	
（打斗/迁徙）		（沮丧、焦虑、紧张）	
激素反应		激素反应	
睾酮上升		睾酮下降	
皮质醇变化		皮质醇升高	
醛固酮升高		B-脑内啡升高	
激活反应	很快/短期	激活反应	逐渐/长期
攻击性	升高	性欲	下降
消化率	下降	免疫力	下降
水分/矿物质损失	加剧	蛋白质合成	下降

图 6-1　ANS 和 NES 的主要作用（Airey，1991）

作用的结果。猪随后可以战斗，也可逃离。一旦威胁消失，被激活的激素会迅速减弱直至消失。因此，这种效应持续时间较短，除非该威胁被反复重新激活。

（三）神经内分泌系统（NES）的功能

然而，猪如果认为不能正确处理当前状况，如地板不舒服或被许多同伴挤压，大脑会启动 NES。这将影响其他参与长期（科学家称之谓"慢性"）对抗应激的激素的释放。

NES 激活的重要作用是它会影响与生长有关的器官，尤其是蛋白质合成、机体抗病的免疫系统，以及控制与繁殖有关的代谢途径。这些是由应激引起的最主要的紧张效应，这也是为什么应激和紧张这两个术语是两个不同概念的原因。

（四）NES 激活是目前主要的问题

NES 激活可以持续较长时间，且不如 ANS 引发的"打斗/逃逸"反应明显。

生长。在 NES 激活事件中，蛋白质合成（形成）被破坏，水代谢被中断。因为肌肉的主要成分是水和蛋白质，饲料转化作用迅速减弱，因为饲料和水转化的肌肉减少了。在该应激因子去除前，饲料转化率升高并一直维持高位。这些起作用的应激因子是主要的，也很常见，如温度、不适、拥挤、疾病威胁，以及其他人为因素，如心不在焉的、过度劳累的员工。见表6-1。

免疫。根据对30多个国家的不同农场中疾病流行和应激因子水平进行比较后获得的长期经验，我相信应激不会破坏免疫屏障，应激至少是被农场主认可的引起NES激活的一个作用。一个重要途径是由NES释放的皮质醇和内啡肽激素（图6-1）会减少从事吞噬病原体这一重要工作的起保护作用的白细胞数量。我认为其作用就是这样简单，不需要再做进一步的科学解释。

繁殖。繁殖也易受很多应激因子的攻击或伤害。受NES激活控制的阶段，如排卵、胚胎着床，尤其易受由营养不当、配种后缺乏休息和无安静环境以及分娩时分娩舍条件不当等应激引起的紧张影响。

事实上，NES激活主要发生于母猪怀孕或分娩时。怀孕期问题似乎不大，且可能是为何给定位栏母猪安装让人们产生众多顾虑的咀嚼棒根本不是一个主要应激源的原因。但是，在群养的干母猪等待进入电子饲喂系统（Electronic Feeding System，EFS）站时因打斗引起的应激却可能严重得多。胆小母猪的受挫感和想要让它们让道的霸道母猪所产生的怒气都会激活ANS系统，以及越来越饥饿的、社会地位低下的母猪认为自己永远不能进入EFS而产生的长久担忧也会激活NES系统。

另外，为什么在实心地板上群养的没有或仅提供少量垫料的干母猪与采用厚垫料饲养的母猪需要不同的设计？我们已经掌握许多有关母猪群养的知识（以满足消费者日益关心的欧洲动物福利要求）以及如何让它们保持平静和满足的方法。母猪群养并非易事，做好的话需要避免母猪打斗应激；然而，给母猪提供宽敞的垫料区或许是一个值得考虑的折中方法。

三、如何计算应激在生产中的成本？

这方面的资料很有限。我只有我从许多我访问过的农场（我完成了许多容易测量的科目）中收集到的关于应激的前后证据。在这些农场中，应激减轻产生的结果已经得到测量。那些按我的应激检查清单进行执行的生产者肯定已注意到生产性能有了明显的提高。表6-1列举了根据我35年的使用经验得出的估计值。

表 6-1   各类应激因子可能会引起所在国前 1/3 优秀

种猪和生长猪经济损失的估测*

繁育舍	每头母猪每年所产断奶仔猪减少 3 头（包括非生产天数增加 6d，断奶前死亡率增加 2%，母猪淘汰率增加 8%，产活仔数减少 10%）
	另加：兽医费用增加 12%，猪舍成本提高 2%，劳动力成本增加 1% 的
生长育肥舍	饲料转化率（FCR）上升 0.15 7～100kg 的日增重降低 30g MTF 减少 19kg 管理费用升高 3%

* 这仅仅是作者对高生产性能的估测，此时生产者根据作者建议，将减少应激单独作为日常管理中一项固定的措施。即使如此，在研究证实这些结论前，这些数据需要谨慎使用。

本章最后还会就为减少应激而投入的额外的时间和精力获得的回报做进一步的计算。在农场层面上有 3 个方面需要考虑：

1. 预期。在猪的内部和周边有可能会看到哪些应激因子？

2. 观察。猪对这些负面刺激会有什么样的反应？

3. 行动。在经济允许且可行的范围内，我们能够或必须或应该采取怎样的措施去消除该应激？

自数年前我开始收集文献以编写表 6-1 起，我也亲自进行了一些试验，同时也发现了一些更深入的公开信息。

四、应激和过度拥挤

关于过度拥挤，我有许多话要说，我去过的猪场几乎每一家的大部分猪都存在过度拥挤的问题。在我亲临猪场的服务中，这种现象随处可见，许多年以前我就相信这对利润肯定会有影响，在 3 位生产者的配合下，我进行了 3 个试验来观察过度拥挤会引发什么问题。这项研究的结果将公布在"饲养密度"一章，为了方便，我在这里重复一下。

我们比较了超过正常饲养密度 15% 的故意拥挤猪栏（当每栏本应饲养 12 头时，故意多饲养 2 头变成 14 头/栏），与目前建议的饲养密度进行了对比，并进行了记录。

表 6-2　保育舍和育肥舍饲养密度提高 15% 很可能会产生的成本

	体重 6～35kg		体重 36～100kg	
	正常密度	+15%	正常密度	+15%
日增重（g）	518	480	844	848
饲养天数（d）	56	60	77	77
管理费用（按每天 24 便士计）（英镑）	13.44	14.40	18.46	18.46
饲料转化率	2.02	2.12	2.42	2.63
全程饲料消耗（kg）	58.6	61.5	156.7	171.0
全程饲料成本，便士/kg（英镑）	11.13	11.69	27.53	29.93
额外每头猪成本（英镑）	1.85	＋	2.4	＝	4.20

节约 15% 的猪舍折合每头猪（8.20 英镑/头）共节约 1.23 英镑/头

因此最终成本是 4.20－1.23＝2.97 英镑/头，REO 是 3.4∶1

点评：在所有 3 家猪场中，由有意将饲养密度降至正常水平后获得的平均回报率为 3∶1。即使从提高这些猪场饲养的猪的健康来考虑，也不值得采用高密度饲养。REO＝额外支出回报率。

过度拥挤的青年母猪

育肥猪的过度拥挤如此普遍，那么青年母猪如何呢？作为将来生产的核心，青年母猪寄托着很大的希望，因此现代的青年母猪在初情期或配种前常常采用高于推荐标准的方式高密度饲养，在存在体重大、生长快的青年母猪欺负胆小、体弱的母猪时，群内不合理的搭配会使情况变得更糟糕。这会引起恃强欺弱者出现的 ANS 激活和被欺者发生 NES 和 ANS 的激活，两种应激途径都会影响它们的排卵、受胎。对于这两种应激，经常有人告诉我恃强欺弱者受影响更大，这是为什么呢？

很遗憾，我没有如表 6-1 所示那样有说服力的试验数据来展示——我只有 12 家农场的数据，这些农场听从建议将其明显拥挤的狭窄的青年母猪栏换成较为宽敞的猪栏，饲养量由原来每栏 6～8 头每头猪平均占地面积 1.5～1.8m² 换成现在的大栏，即每栏饲养 10～15 头青年母猪，每头猪平均占地面积提高到 2.8～3.0m²。结果是仔猪的初生重提高 13.6%（0～21%），提高了 200g/头，在 5 个猪舍中，产仔数比对照组 10.1 头增加了 1.8 头。这些结果让生产者很兴奋，但是这些成果中有多少是由于降低了饲养密度或青年母猪"群养"效应导致的，还需要进一步研究。

不管怎么说，尽量做到不要让青年母猪过分拥挤。它们是精致的繁殖机器，不是等待挨宰的育肥猪。

五、青年母猪推荐的饲养空间似乎太低

尽管动物福利规范上有明确的青年母猪饲养空间要求，但根据我的经验，

目前的推荐标准 1.64m²/头太低。我对这些大体型"女士"的建议是 2.6m²/头或更多，因为我们要一直把这些青年母猪养到体重 135kg 第一次配种为止。请看前面 12 家农场在增加母猪饲养空间后发生了什么。是的，增加空间确实会增加一些成本，但是按一栋青年母猪舍的正常折旧来计算，分摊到 12 年，成本并没有表 6-1 中的那么多。

六、应激和混群

任何形式的混群都会潜在地导致应激，但影响有多大呢？ANS 经常被大量激活。

表 6-3　断奶后分窝饲养的作用

	断奶后 20d 的生长速度（g/d）
断奶后并窝	240
原圈饲养	350

资料来源：Varley（2001）。

表 6-4　断奶后分群和匹配管理的作用

	上市日龄	MTF（kg）	体重范围（kg）
断奶时随意并窝	150	237	6.1～101
批次断奶并配对	148	248	6.3～100

注：MTF＝基于屠宰率的每吨饲料可售猪肉（Meat sold per Tonne of Feed）。
资料来源：作者的记录（2008）。
点评： 一个有趣的结果，外行的混群似乎并不会太多地影响猪的整体生长速度，但是会明显减少出肉量。额外的 MTF 相当于断奶到屠宰饲料便宜 10.2%。因此，无论猪场是否采用并窝，都有必要对饲养员进行正确的批次断奶和匹配方法的培训。当然，任何时候都要将生长速度与饲料转化率和 MTF 关联起来，因为 MTF 意味着更多金钱，就像本例一样。

仅在运输前进行混群

我们都知道不应该这样做，但是当生产任务加大时或下一批猪的饲养空间十分紧张时，生产者会屈从于形势，不得不进行混群。这会产生什么危害呢？我们就以本例来说明，这个农场主很慷慨大方地为我列举了数据。

将平均体重相差不超过 10.8kg（平均体重 82.1kg）、平均生长速度为 760g/d 的生长猪从 4 栏并成 15 头一栏（保证充足的饲养空间），一直饲养到运输时体重 92.2kg，并将它们与那些运输前没有混群的猪进行比较。

表 6-5 运输前 10d 强制混群会明显降低生长速度

	混群栏	未混群栏	
平均日增重（g）	696	805	（＋13.5％）
平均日采食量（kg）	2.05	2.21	（＋4.87％）
平均饲料转化率(25.1～92.1kg)	2.94：1	2.73：1	（＋7.7％）
MTF（25.1～92kg）	259	278	

资料来源：作者客户记录（2003）。

点评：这些数据清楚地表明了运输前因混群造成的经济损失有多大。本例中仅仅在运输前 13d 进行混群，由于 ANS 刺激影响了作为肌肉主要成分的蛋白质的合成和矿物质的平衡，造成了 19kgMTF 的损失。与要容忍由转寄过多的未达到上市体重标准的仔猪以便腾出饲养空间造成的收入相比，建造这些猪舍的花费可大大节约 2.8 倍——本例中按 2010 年的物价计算。

七、应激影响着床

着床是另外一个主要的应激敏感型阶段。当受精卵在母猪子宫内进行着床时，母猪需要休息和安静的环境。对干奶圈养母猪而言，不提供这种安静的环境极为常见：刚配种的母猪与等待配种的母猪和处于妊娠后期的母猪混群饲养。在这种喧闹乏味的环境中，刚配种的母猪尤其容易受到伤害，窝产活仔数会降低 0.2～1.8 头，初生重会减少 200g，窝均匀性更差。

八、两种理论

应激对繁殖的损害是由于应激会影响分娩后母猪的子宫壁再生（子宫内膜），特别是当青年母猪产第一胎时。一个理论是由于一些应激因子的影响，子宫某些部位对试图着床的胚胎降低了容受性，因此胚胎会迁移到没有受到影响的部位，并在那儿"定植"。因此，胚胎往往会"成群"（我的描述）着床，最弱的胚胎可能会根本找不到地方定植，结果由此丢失（结果是产仔数减少）。或虽然可以找到地方定植，但是因太拥挤，受到早早到达的受精卵排挤（表现为个体较小/不均一的窝产仔初生重）。

有些学者不认同上述观点，他们更关注着床过程中新形成胚胎释放的速度。应激会降低一部分胚胎到达的速度，因此后来者仍然能找到足够空间去扩展，但难以发育，结果有些胚胎会发育不良。早早到达的那些胚胎占有了最好的宿营地！

我并不关心哪种理论是正确的，毫无例外二者都由应激引起。图 6-2 和图 6-3 展示了这两种理论。

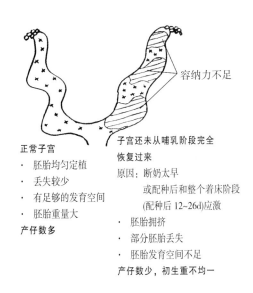

图 6-2　目前的理论或许有瑕疵？子宫条件会影响仔猪的初生重

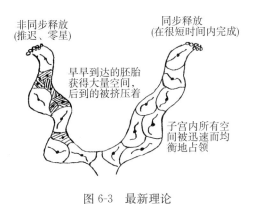

图 6-3　最新理论

九、分娩和应激

第 3 个主要方面是会影响成本。我们知道，在分娩时使母猪尽可能感到舒适是很重要的，且如果感到舒适了，母猪会明白舒适正是它需要的。但是大家可能不太熟悉下面的内容。

分娩看护

我早年做过分娩舍的夜班，因此我对分娩看护的看法发生了改变。毕竟，我们知道分娩第1天经常会损失1头活仔（53%的死亡发生于分娩后前12h，毫不夸张），在接下来的20d至断奶仅会损失半头多的仔猪。如果我们可以将24h内的仔猪损失降至0.5头，把断奶前死亡率控制在6%以内这一目标将不再是遥远的神话。值夜班就可以做到，1100头母猪一年可以多产出1000头猪，由此获得的额外收入不仅可以抵消加班工资，还可以使我们获得丰厚的回报。

表6-6展示了在我后来的职业生涯中说服我的客户采取值夜班方案后得到的收益（表中的数据来自于记录）

表6-6　分娩时饲养员在场与不在场的结果（3家断奶猪场的试验）

试验编号	在场			不在场		
	1	2	3	1	2	3
窝数（窝）	78	176	130	40	87	126
在场时分娩率估测值（%）	85	80	100	15	20	0
窝产总仔数	11.30	11.72	11.21	10.50	11.51	11.38
窝产活仔数	10.66	10.81	10.21	10.00	10.67	10.12
初生重（kg）	1.40	1.26	1.20	1.45	1.31	1.10
断奶仔猪数（头）	9.91	10.10	9.82	9.12	9.64	9.01
23d断奶死亡率（+/−1.5d)%	7.00	6.80	6.20	8.80	9.70	11.00
采用值班技术后，每100头母猪每年多出售的仔猪数（数据来源于农场主）	185	108	190	—	—	—

点评：试验1和试验2是未采用和采用值夜班方案后的结果，但是试验3就比较有意思了，因为它是相同员工根据轮班制进行2班制工作的同步试验，因此饲喂方案、环境温度等都极其一致。分娩值班不仅可提供更多的可出售断奶仔猪，也减少了难产（或产程慢）时母猪的应激。我希望自己还能记录下一胎次的性能，但一年后参与者提供的数据能对当时发生的事提供更多的线索。

十、应激检查清单

定期进行应激检查是一个很好的办法。

表 6-7　在现今的生产条件下天然应激因子的检查清单

		ANS	NES
仔猪	出生	✓	
	病原		✓*
	自我识别/竞争	✓*	✓*
	温度/寒冷		✓*
	渴		✓*
	断奶/重建自我	✓	
分娩母猪	生产期	✓	
	泌乳/饮水供应		✓*
	温度/热	✓*	
	舒适		✓*
	断奶	✓	✓
	寄生虫		✓*
怀孕母猪	排卵	受助于	✓*
	着床	"感觉良好因子"	✓*
	限制/舒适/无聊		✓*
	竞争（群养）	✓	✓*
	饱感/纤维		✓*
	温度/冷		✓*
	寄生虫		✓*
	腿/地板		✓
青年母猪	初情期启动		✓
	竞争/恃强欺弱者	✓*	
	光照不足		✓*
	空间		✓*
公猪	温度/冷和热		✓*
	缺少运动		✓*
	挫折		✓
	饱感		✓
	无聊		✓
生长/育肥猪	温度/多变/白天		✓*
	空间		✓*
	病原	✓*	
	采食和饮水供应		✓*
	充足睡眠		✓
	无聊/满意活动需求		✓*
	运输/入圈/处置	✓*	

*＝可控制的应激因子

表 6-7 可以用来作为制订应激检查清单的基础。

十一、40 年应激检查积累的一些经验

不要穿白色工作服。应穿绿色或深蓝色外套，保持安静，轻步行走。

动作轻！ 观察猪的行为是否正常，打开保育舍门 1in* （2.54cm），开灯前或进入猪舍前仔细倾听。听猪的呼吸声，可以得知猪是否坐立不安、气喘、喷嚏（轻的或强烈的喷嚏）；分娩舍和生长-育肥舍采取同样的方法。

在毫无察觉的情况下进行观察。如果需要开灯观察猪休息的样子、拥挤状态以及相对于气流方向的位置，可轻轻地把门稍微打开些。在猪受到惊扰之前不要进入猪圈，要尽可能多地进行观察。发现问题的最佳时间是晚上下班前，拿着手电筒进行检查。

观察猪惊吓的状态。进入猪舍，立刻沿着过道快速向前行走，呼吸猪舍内空气以检查空气质量，同时检查温度。注意查找僵猪/跛行猪/行动困难的猪，寻找吃力的呼吸声和咳嗽声。

检查分娩舍和保育舍。寻找躺卧姿势不正常的仔猪，以可以见到一半胸骨的方式抬起仔猪的下腹。这可以发现消化道不适的征兆。

检查有盖的保温箱。偷偷观察保育箱内部仔猪的状态，确保所有的仔猪都很快乐，仔细检查然后轻轻离开。

借助产床对母猪乳房进行触诊检查。检查母猪是否有异常状态或不舒服。

检查料斗和料槽。检查饲料是否不新鲜、腐败、受到污染和新鲜度。检查饲料是否有浪费现象，猪在料槽中用鼻子拱料吗？这往往是因饲料不可口或饥饿而导致营养不良的标志。

尽可能让更多的干母猪站立。对这些干母猪进行休况评分，检查腿/疮/擦伤（请参见"跛行检查清单"）。检查饮水供应是否充足、尿的颜色，检查粪便。

观察群养母猪。让母猪在你面前走过，观察母猪行走的步态和灵活性，检查饮水的供应，检查进入电子饲喂站前排队混乱的状况。

相邻猪场相互检查。偶尔邀请相邻猪场的技术人员来场检查是很好的主意，同样你也可去对方猪场帮他们检查。

小技巧远不止以上这些，请参见表 6-7，但以上检查列表可向你提供有关应激检查需做些什么的大概印象。

---

* 1in（1 英寸）＝0.0254m。

安排时间（没有干扰/需要认真观察，你需要专注），每 2 月进行 1 次应激检查。

十二、测量和监测重要的信号

应激检查发现不了所有潜在的问题，除非你能对受到照料的猪强制执行的一些生理限制条件进行测量。这些指标是：

温度（常见问题）：温度计应该正确悬挂在与猪身体高度相适应且不会受到损坏的地方。每间猪舍至少要在"中间"位置放置 2 个温度计，即避开通风极端的地方。温度最好能够自动记录，因为这可以提供白天、夜晚的温度变化。只要它们符合以下条件，单个的高/低温度计就能满足要求：干净，可随时读取，校准后跟英国标准协会（BSI）设备对比误差不超过 1℃。

检查空气的流动（主要问题）：部分应激检查包括风扇速度、安装位置以及运行情况是否按设计/预期要求进行。通风工程师应该至少一年检查一次。值得注意的是工程师将隔多久对单个主要错误检查一次，这种错误将导致处于通风不当区域的生长猪饲料转化率损失 0.2，这足以支付工程师的上门检查费用。

工程师不在猪场时我们可以做的是用烟管或烟瓶"看"空气流动，将手背或胳膊弄湿以检测冷贼风。这种方法对于发现吹向靠墙睡觉的猪的背部的向下强冷贼风特别有用，尤其是在晚上。这一问题最简单且廉价的解决方法是，在墙上钉 3～4cm 宽的三角形的木质挡板，使靠近墙壁向下流动的冷气流方向改道成与来自猪睡觉区上升的暖气流交会，从而用自然的方法消耗该强冷贼风。

了解猪舍内空气流动方向和进行正确的通风换气布局的重要性是其他任何事都无法取代的。

检查猪群密度（常见问题）：检查、再检查，检查你是否遵守了猪饲养空间要求（请参见"饲养密度"一章）。猪群密度经常会失控，应激检查清单应将此作为每一个栏的检查内容，在我访问过农场中，整整一半的农场不是在这儿就是在那儿违反了推荐饲养密度，根据"饲养密度"一章的内容可以看出问题所在。

注意饮水（常见问题）：此外，清单要求不仅要检查水流是否达到要求，而且要检查饮水是否足够方便。

如：一个猪栏里只有 1 个饮水器，高度不能调节，分娩舍中安装鸭嘴式饮水器，未使用水槽/碗式饮水器，饮水器水位设置太低，湿料饲喂系统中无独立的、额外的仅供饮水用的点，或配备干湿两用槽的猪圈，饮水器安装在角落里，群养的怀孕干母猪仍然使用鸭嘴式饮水器，没有使用饮水槽，所有这些常见的错误都会引起应激。

检查每一种可控制的材料，如麦草、垫料、是否充足，是否完好（没有破损）。 检查猪是否仍在玩耍每一种玩具（球、管等），因为它们会很快对此产生厌倦。如果没有，请更换。

检查地板和垫料（主要问题）：我一直主张使用垫料，无论对经产母猪还是幼龄猪。然而，出于经济或物流的原因，在我访问过的英国和瑞典以外的农场中，80%的农场几乎不使用或很少使用垫料。这意味着正确的地板设计十分重要。对于肢蹄较小的猪来说，你需要检查许多接触区是否太小以便于清洁。如果躺卧区太小，应向足部脆弱的断奶仔猪临时性地提供一块结实且舒适的板，以便使它们至少能站到结实的区域上以暂时性休息。

在进行应激检查时，地板质量的维护（打滑、缝隙/孔洞、凹凸不平）是一项必选内容——"跛行"一章将介绍更多相关的内容。

厚垫料（麦草）式群养舍在将来的养猪生产中必定会更多地采用。保持院内垫料新鲜（散发出垫料特有的芳香味），且无变味、结块和明显腐烂的区域，尤其在炎热的季节，角落和猪栏前部等区域要人工翻动通风，这是我曾经从事过的最艰苦的工作之一。除此以外，还可以进行机械通风，借助安装在悬挂导轨上部可自由移动的轨道式通风设备，可以进行更简单的通风，因此鼓励工人进行更频繁的通风，也会节省垫料。

检查着床的条件（主要问题）：配种后 7～28d 的母猪大多处于应激之中，它们需要休息和安静的环境，没有打斗和因为打斗带来的沮丧。营养学家总是提示我们不要饲喂太多的饲料，尽管有些猪体况不足，但它们需要足够的饱腹感。熟练添加干草、可食用的垫料，尤其是干的甜菜粕可以使母猪在感受饱食带来的幸福上有不同的感觉。

母猪需要远离贼风，需要温暖（18℃）和无有害气体的清新空气；即使有，氨气浓度最好低于 12～15mg/m^3。这可以用相应的化学脱色管很方便地测定。

十三、应激可以测量吗？

从某种意义上讲，可以通过测定皮质醇、内腓肽、心率和血压来了解动物是否处于应激状态；但从生产者的观点来看，这些好像跟应激没有什么关系？把这些指标留给研究者吧，他们在发明一个更适合的方法，因此他们需要了解更多。对于生产者来讲，猪的健康是最好的测量手段。猪可以通过多种途径告诉你。

十四、猪会和你说话吗？

是的，它们一直在跟你说话！就像用语言谈话一样（饥饿——一种低沉、特有的抱怨声，口渴——一种更急迫的、大声吵闹声），我们需要倾听它们的肢体语言，并观看它们的动作（行为），同时观察猪的机体机能（明亮而呈黄色的尿、便秘），腹泻之前出现的一种特殊气味，像"瞪着眼睛样"的被毛，长着结节的乳房（结块），阴户溢液，最后是异常的行为。反正有很多跟你交流的方法。

因此，我们需要保持警惕，运用我们的五官〔看、发声（问）、听、闻及接触〕去理解猪复杂的语言，随时准备快速捕捉这些信息。

过冷——很容易理解！打堆（被毛竖立）。"星星"样的被毛，即毛发竖立。但是，定位栏中的母猪如果觉得寒冷，则很难检测（检查晚上的贼风，尤其是靠近猪舍外门最末端的栏位中的气流）；但如果是群养的母猪，则比较容易检测。

过热——在异常的位置排便。这是猪与我们交流的一种极常用的方法，本文有必要进一步介绍。许多生长/育肥猪舍在炎热天会变得很脏，在错误的地方排尿（即原本是用于休息的地方，需要保持干燥和舒适），这是猪的自然反应。猪故意将睡觉休息的地方弄湿是以便通过蒸发皮肤表面的水分来进行降温。补救的措施是加强正常的排泄区（即应该是湿的区域）的通风，要保证通风量足够且风向正确。如果通风仍然解决不了过热问题，可以同上文一样对地面进行人工洒水。

当发现有的猪栏比较乱而有的猪栏比较整洁时，一项重要的工作是仔细检查这两种猪栏在通风和通风布局上的差别，尤其是在一天中最炎热的时候，此时它会告诉你什么是错误的。

当我夏季在猪舍中巡视时，我发现我替饲养员做了许多次这样的工作。当我在现场讲解什么是正确的气流方向以及怎么解决时，饲养员都睁大了眼睛似乎听懂了。这是学习通风最快捷的方法，这一切都源于从聆听猪正在告诉你的信息——这种情况下一定要大声说出来。

当猪出现咬尾时，它又在和你说话了。长期的经验告诉我，它们在寻找要做的事。是的，我知道，过度拥挤、肮脏的环境是主要原因，但是即使没有拥挤仍然会发生咬尾的现象。

猪是有感情的动物，如好奇、喜欢探究，因此给它们安排点事情做会有帮助，正如我在40年前从自养的猪得到的经验一样。我们在草地上扔一些猪喜欢追逐、玩耍的纸质饲料袋和1m长的塑料管等东西。这种现象叫做"环境改良"，是学术上的一种婉转说法，目的仅是给它们一些事情去做。为了搞明白其中的道理，这花费了我至少30年的时间，到现在为止，仍然深深吸引着我。

当腹泻将要发生时，猪有时会半躺在地上，用前腿撑地将身体稍稍抬离地面，很可能是因为将腹部提起离开地面，不适的内脏会感觉到舒适些？出现这些情形，说明猪可能要开始腹泻并需要治疗了，不要等到腹泻发生再采取措施。

有时候在腹泻真正发生前的酝酿期，可以闻到一股酸味，此时我相信我们可以采取措施将腹泻扼杀在摇篮中。

便秘——是猪的一种不情愿的沟通方式。养成持续观察猪粪便的习惯——粪便落到地板上时应该轻微变形，如果是刚排出不久，用靴子轻轻一踏应该很容易压扁。便秘可能是由于缺水或可消化纤维造成的。另外一种可以观察的信号是母猪排明显的黄色尿——此时母猪已经缺水，机体的排毒功能开始下降，因此尿变黄了。

咬栏杆——无聊了，应激激素水平升高或类似的事情发生？我可以减轻这种应激但决不能避免，可以在母猪饲料中连续一周多加一些纤维性添加剂或具有饱腹感的饲料，如一些干的甜菜粕。

行动迟缓——如果猪对休息处或有顶的猪栏降低了兴趣，或采食缓慢，这也在告诉你，它需要被特别的关注。可能有些事情出错了或不想做户外活动，仅仅是想睡觉。

这使我认识到饲养员的重要性，根据我的经验，一个普通饲养员和有经验饲养员的区别在于——能否观察到行为不正常的猪。这很重要，本例中的"正常"是从多年的经验中总结出来的。如果猪的行为异常，意味着某些情况要么已经发生或要么即将发生。此时应该检查所有细节，尤其是机械和电力设备是否处于正常状态。监测设备如传感器、计量器和仪表是十分重要的。

水的消耗也是可以预测疾病发生的一个测量指标，且是猪下意识向我们报警的另一种方式。环境监测设备公司 Farmex 的设备在这一方面很出色。

十五、你的猪真的喜欢你吗？

有比这更傻的问题吗？研究者 Paul Hemsworth 和 Harold Gonyou，以及动物行为领域的其他专家，如 Temple Grandin（研究哪些动作能造成大量的ANS 应激），花了大量时间研究饲养员/猪的相互关系。Hemsworth 在试图科学测量这一关系以及其对猪生产性能的影响方面特别展现了其出色的创造力。

他还就"愉快的处置"（温柔的方法、柔和的声音、缓慢接近）与"粗暴的处置"（嘈杂、快速接近、突然移动、用木棒或电击棒——在某些国家已经被禁止）以及这会对生长猪和繁育母猪产生怎样的影响进行了研究。

在生长猪中，日增重的下降似乎平均可达 8%（根据多个试验的数据），应激激素皮质醇上升了高达 30%。对于配怀的青年母猪而言，有些群体受胎率可能会低 50%～60%，而更低受胎率组群的皮质醇水平可能升高 40%。有趣的是，Hemsworth 的一些研究测量了猪需要多久才会接近一个静静站立的饲养员（它熟悉、害怕或从未见过的）。该时间差异从 2 倍到长达 14 倍，且有些胆小猪群根本没有接近的迹象。

这一反应在一对一的情况下，如配种前后，似乎特别重要，正如上述研究表明，尤其是对青年母猪更重要。

十六、关键点

因此，要强调人的行为对猪的影响，以下几个方面似乎是至今为止行为研究得到的要点：

✓ 人的行为似乎的确会对生长猪和繁殖母猪的生产性能产生明显的影响，并且这已经得到了量化。

✓ 能够完成最大数量积极肢体动作（如轻拍、抚摸、温柔的音调、轻轻地移动以及允许猪不时地嗅嗅）的饲养员，有可能会显著提高他们的生产力——对猪和员工都如此。

✓ 饲养员应该利用对"接近测试"的单个反应来定期监测猪的恐惧水平，这种检测每一个员工都可以做。

✓ 在猪的恐惧水平较高或正在上升的情况下，饲养员在接近猪时应该重新评估他/她的行为。

✓ 接近、处置（移动）、配种特别是在青年母猪配种以及产仔时轻轻抚摸母猪都是有益的，前者可提高受胎率，后者会增加产仔数。

点评：大部分员工都富有同情心，能在母猪分娩时和分娩后认真照料母猪，并能小心地避免外伤。我认为，问题往往出现在更为重要的配种阶段，给母猪配种这种极为平常的作业以及此时通常很大的工作强度，使作业以匆忙且不耐烦的方式进行。"噢，上帝啊，请你移动一下吧"，是经常挂在嘴边的一句话。这种匆忙会导致刚好在母猪开始排卵、受精和胚胎着床的时候产生 ANS 和 NES 应激因子，结果导致所有微妙的激素平衡被这些应激因子打破——也就是说饲养员在这一关键 5 周左右的时间内，应该更为认真且以温柔、友好的方式处置和照料母猪。尤其是青年母猪，它对周围的所有都很陌生。

性价比如何?

基于此假设，投入更多的时间以不急于匆匆完成作业，并采取必要的措施使猪能够真正地对你熟悉，甚至让猪喜欢你——这一方式也许会多花 3% 的劳动力成本。然而，按目前的价格计算，如果一个员工一年上市 1 000 头育肥猪，生产量提高 8%，每个人每 50 头母猪多生 0.5 头仔猪，从中得到的收益将超过所花费时间和人力成本的 7 倍。

一个更快乐的家庭——此外压力也更少——来自农场主、员工的快乐会传给猪。

其他事情

- 与猪交谈? 我相信，它有助于建立信任。

- 播放音乐? 当猪栏改变了或进行了混群时，熟悉的背景音乐可以让它们放心。

- 当心! 我经常参观一些猪场，这些猪场的饲养员会给生长猪播放摇滚音乐，他们关注自身的福利胜过猪。当我在猪圈间走动时，猪表现出异乎寻常的兴奋、神经质并且飞快地逃离，这是因为 ANS 激活或发生了其他类似情形吗? 我告诫与我同行的老板，一年以后，在我第二次参观时猪场变得安静了——嘈杂、喧闹的音乐被禁止播放了。

- 遵守时间表? 所有猪都更习惯于并按照它们预期的那样什么时候应该发生什么事，这应该可减少应激。

- 光照——明显的光照和黑暗的周期肯定会帮助猪形成睡眠规律，人也一样。

- 给它们玩具? 是的，为什么不呢? 它们一定很无聊。这正成为一些国家动物福利法中的强制性要求。

  当然，以人的要求来对待猪并认为人类喜欢的东西猪也一定会喜欢是非常危险的。但是我发现优秀的饲养员的确会采用拟人的方式对待猪，且远超出我们愿意承认的程度。

  这有助于在两个方面都能减少应激。

十七、可操控的材料

无论从养猪生产者的角度还是从公众担心的角度，猪的福利变得越来越重要，让猪忙碌着，因此更多的快乐将成为现实。

（一）种类

猪在接受同类刺激一段时间后会产生厌倦感，因此新奇性对猪很重要。可以让它们占有的各种东西与选择刺激一样重要，只要刺激定期进行改变。许多娱乐/有趣的项目不应该在同一时间出现在它们面前，这是毫无道理的。

废硬纸板、纸质饲料袋（要注意针）以及其他较硬的东西，如木头（未经化学处理的），圆木（当心松树脂）、绳索（注意焦油）、阿卡辛管、硬橡胶板和锥形路标（注意法律规定）都适合给猪玩耍。

（二）组成

行为研究表明，猪一般偏爱软的东西，以便能嗅和拱，或咀嚼。垫草是最好的例子，但不能靠近漏缝地板。阿卡辛管很适合猪嗅，而且猪会试着咀嚼并会持续很长一段时间。木屑（不是松树，是白木）、蘑菇培养料也可以提供给猪，但会很快变脏。

（三）玩具

悬挂物比较好，但不能是铁链！我曾经观察了很长一段时间，它们在猪的面前荡来荡去。塑胶"咬环"比较好，这些柔性的杆会凸出，猪会花很长时间抬起头去控制这些难以捉住的东西，这对它们而言并非易事，因此猪会乐此不疲！船用的结实的打结粗绳也不错，但是要确保没有焦油。

（四）食物改良

将一些非常大的颗粒料混入垫草会让仔猪每天都开心很长时间。草本矿物舔块、盐砖（需要确保足够的饮水供应）、根用蔬菜、草（生长期短，非蓟类），甚至软的篱笆修剪物（防止荆棘）等新型饲料都可以使用。这些东西的持续时间短时影响不大，但这和那些持久的"玩具"带来了多样性并可能会奏效。在干母猪日粮中添加一些干的甜菜粕会增加母猪的饱腹感，因为这些甜菜粕在肠道里会膨胀7倍以上，因此不要用太多。

（五）应避免使用……

链子、轮胎（有金属丝加固）、不洁物品，以及容易产生异味的物品。

（高勤学译　潘雪男校）

第 7 章
现代高产青年母猪的管理

　　自 2010 年起猪的遗传育种取得了巨大的进步，在欧洲成绩较好的猪场中 13～14 头的平均窝产仔数极为普遍。中国的猪场达到这一生产成绩不会很久，因为中国的很多猪场在断奶前向母猪提供了护理。

年份	窝均产仔数（头）	初生重（kg）	断奶重（kg）	断奶仔猪数（头）	断奶重（kg）
2000	11	1.3	6.0	10.5	63
2010	12.5	1.4	7.0	12	84
2014	13.5	1.5	8.0	13	104

　　与 2000 年相比，现代高产母猪约需要多哺育 60％的断奶仔猪，如果不采用本书所介绍的一系列支持技术，它不可能做到，且无法维持随后的生产性能。本章的首要目的是培育既高产又强壮的青年母猪。为了避免高产母猪出现问题，你需要几个月的时间来进行培育，同时本章所提出的建议对实现更为适中的生产目标同样重要。

一、目标

　　选择优秀的后备母猪（或称"青年母猪"，以下统称为青年母猪）能够有效地将你猪场今后的母猪群淘汰更新率控制在 48％以下，同时确保青年母猪一生能提供 70 头以上的后代（头 2 胎提供头数为 22～23 头），并将其终生生产寿命中的年非生产天数控制在 30d 以下。

　　青年母猪的整个选留过程都需要倾尽全力，的确需要深思熟虑。

● **青年母猪在你猪场中是非常重要的动物**。作为种猪，它是猪场未来利润的保证，是母猪群具有较长生产寿命的根基。

● **青年母猪不仅仅是猪场繁育猪群中最易受疾病攻击的猪群，同时也是整个繁育群中比较危险的群体**。它的免疫系统发育不完善，充分的保护力将在今后逐渐完善。在其生命的早期，青年母猪及其后代将是猪场中其他种猪潜在疾病的排毒者。

● **青年母猪是猪群中生产性能进步最快的群体**。育种学家已经将现代青年母猪培育成为具有令人惊叹的高生产性能的动物，在饲养管理适当的情况下，窝产仔实现 13～14 头已经成为可能，并能够将此成绩保持到生命的后期。

或者与上述情况相反，除非此头胎（或第二胎）母猪的管理和营养与这种新的潜在生产水平的营养需求保持匹配，否则拥有高产性能的青年母猪将很快在第三胎甚至第二胎陷入我们通常提到的"疲劳型"母猪综合征。

探寻育种专家在培育高产青年母猪上取得的成功的原因，
许多问题的答案可以在本章中获得。

二、选留青年母猪

我年轻的时候曾在英国当时规模最大的一个猪场工作，或许当初 1 200 头母猪存栏数相对于当今的生产标准是中小型，但这在当时确实是一个巨大的群体。

我们当时的青年母猪选留标准是每周补充 8 头左右进入群体，所以每周一我所要进行的工作就是选留出 10～12 头的青年母猪作为候选群。

经过两年持续不断的选育后，我日趋熟练，并建立了一个能使我受益更多的体系。也获得了一些额外报酬，因为当地的猪场主聘请我为他们做同样的事情，或者帮助他们对育种公司提供的待选青年母猪进行一次最终遴选。

几年前，我最后一次接受了这种性质的工作（此时我也不像以前那样能够自如弯腰了，但是青年母猪腹线的观察及有效乳头数的评估依旧非常重要）。以下是我个人的检查清单，一般来说我很少选留有问题的个体。这也一定得益于我使用指南来确保能够客观、全面有序地对重点指标进行的评估与审核。

（一）如何选留一头优秀的青年母猪

准则一

不要企图将所有的观点带入大脑或者占据你的主观思想。即使你有一个性能良好的高速运转的超级大脑，仍不足对一栏青年母猪做出客观的比较。因此建议你记录下来你的想法。

准则二

运用进度图表。图 7-1 是我个人的进度审查表，但你可以按照你自己的方

青年母猪检查

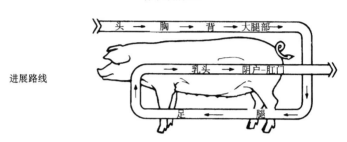

进展路线

检查清单　　　　得分10=杰出优秀　6或低于6分(60%)淘汰

供应商：C猪场	日期 2001.12.12		母猪编号									
			1	2	3	4	5	6	7	8	9	10
头：小、匀称、良好或下沉？			✓	✓	✓	✓	✓	Ⓧ	✓	✓	✓	✓
胸：良好或松弛？	分数		8	8	8	9	8	7	6	8	8	④
背：宽且平？			✓	✓	✓	✓	✓	✓	✓	✓	✓	✓
大腿部：良好丰满、厚实？			✓	✓	✓	✓	✓	✓	✓	✓	✓	✓
腿：良好流线体？ 直且均称？ 移动灵活？	分数		8	8	7	⑤	8	7	8	9	④	8
足：胖胝状，不均匀爪？	分数		8	8	8	③	8	8	8	9	8	8
功能乳头： 12 模棱两可的 14 较合适 瞎乳？ 倒转？ 扁平乳头？	利用你的手指来协助肉眼检查		16	14	15	16	16	15	⑫	16	16	15
			8	8	6	7	8	8	9	8	8	8
阴户：两性体？ 肛门：无肛？			✓	✓	✓	✓	✓	✓	✓	✓	✓	✓
寄生虫、脱皮和红润								X	Mange? - Treat.			
神经质			✓	✓	✓	✓	✓	②	✓	✓	✓	
快速检查：过度落泪、皮疹、 耳脏、肌肉软弱无力							X	Weeping eye				
你是否检查了生产性能记录？												

OK OK OK X OK X X OK X X

选择了50%

图 7-1　青年母猪检查

式进行设计。该图显示出我在评估一头青年母猪时的观察顺序，标记相关细节。事先计划好这些是非常有必要的，否则你将会漏失一些关键点。我制定的评分标准是从 1～10，任何指标值低于 6 以下的青年母猪都不会选留。

我们的大脑是一个不断闪动并善变的器官，它倾向于采集一些你目光所及的信息，即你所关注到的：胸腔不够宽阔，后躯单薄，肢蹄以及行走异常等。因此你会自发地记录这些信息而遗漏其他关键点：如其最后两对乳头可能发育不良，交叉趾，有神经质倾向，等等。所以，一张进度评估图能让你静下心来按部就班地进行评估，并使你不大可能遗漏某些关键点。

准则三

逐一观察评估。可以按照每栏 10 头左右的密度进行观察，但是需逐一评估。可以请饲养员让猪移动一下再进行评估，结束后决定是否选留。请不要跳跃式的观察，如你可能会考虑到"这头猪的后躯看起来好像比另外一头猪更好"，如果这样操作，很容易出现跳跃性思维而造成大脑一片混淆。

准则四

倾向于选择性情温顺的青年母猪。当然这只是我个人的观点，没有任何的科学依据。但是在我们选用各种性情的母猪后，这一准则并没有让我感到失望。你可以选择忽略这一项，但我个人感觉它比较有用。

我倾向于选择一些在栏内表现温顺并可亲近的青年母猪，它可能并没有被我这个完全陌生的人所惊吓，我可以近距离地观察、评估并轻轻地抚摸它，或有时候刻意地在它的耳朵旁拍拍手试图去惊吓它。后来的事实证明这些猪无一例外都有出色的表现！当然，前提条件是这些猪没有可见的问题或者行动不便，或这些猪的指数明显偏低等一些确需淘汰的因素。如果今后有一天我们的年轻一辈科研学家能证明母猪高产特性与其温顺的性情呈正相关，我一定不会感到吃惊。我只是通过选留了成千上万头的青年母猪后发现这一点的。

准则五

不要试图从每批小于 10 头的群体中选留青年母猪（当然每批 20 头更好，只是这种情况不一定每次都能实现）。这是因为你必须保证从足够多的青年母猪群体中选出更优的补充群体，以期给你自己在一定时间内改善猪群的遗传性能创造出最好的机会。

准则六

总是尝试让猪跑动一下。如果这头猪运动正常，那几乎可以保证说今后能正常站立进食，同时总是能够站在正确的地板位置上。马的饲养员非常清楚我所说的"流线型运动者"所代表的含义，如果仔猪走路姿势异常，你就会感觉到它作为青年母猪也会如此。非常奇怪是，我在与一位著名的马饲养者共同评估一群 30 头青年母猪时，根据猪的运动情况我们从中挑出了走路姿势同样呆板的猪共 5 头，并比较了评估的关键点，发现几乎一致。步伐较小并僵硬的猪均需加以注意，同时大步伐并背部摇曳的猪今后可能会有后躯异常的问题。轻微赶动一下，让它们快速小跑一段，你只需要观察它们是怎样跑动的，并在结束后做出评估，而不是中途，因为这会干扰到它们。

同样需要检查关节肿胀、肌腱和韧带、前后蹄垫是否过软以及飞节是否过于笔直僵硬。腿应该具有良好的弹性和缓冲能力，而不是过于倾向某一方面。对于肢蹄部位评估关键点在我前一本书"Pig Production Problems"（《养猪生产的问题》）有更为详细的介绍。

三、一些关注点

（一）胸腔过窄

有些国家，如英国，天气寒冷且潮湿，所以在选种时需要考虑呼吸道方面的问题。同样没有科学证据的是：我发现但凡胸腔过窄（肋骨未形成一定的弧度）的猪，感染肺炎的几率会更高，包括其后代也是如此，并且在公猪和青年母猪上都得到了验证。同样，我从来不会选留后背脊骨塌陷的种猪（俗称断背），主要的问题在于后劲不足并且后代生长速度较慢。当然，如果猪场保温条件很好，或者猪的指数偏高、家系偏少等极端情况下或许可以考虑选留，但一般情况下我不会。

（二）乳头的问题

你应该更多地关注瞎乳头、倒挂乳头或者扁平乳头等问题。我很难去表述这一方面的知识和经验，可以尝试的一个技巧是用手去感触腹线乳房的发育情况，如果内部感觉粗糙起伏而不是顺滑的时候，你应该更仔细地去检查有没有瞎乳或者倒挂的乳头。当然，躯体前侧能有 8 对乳头是相当理想的，但现在是越来越少了。育种人员应该记住的是舍弃那些有效乳头不足 7 对的猪，检查一些发育不良、不对称或者乳腺发育不理想的情况。可以在种猪出生、断奶或者保育阶段对乳头数、间距、质量等指标进行评估筛选。

(三) 阴户大小

一个我所了解的大公司不接受前两对乳头为瞎乳头或倒乳头的青年母猪。同样与小骨盆相关的小阴户的青年母猪也会有问题，它们往往会在分娩时出现更多的困难。

(四) 肢蹄问题

肢蹄问题当然是极其重要的。从侧边观察时，如果肢蹄结构过于垂直，即没有应有的弹性将会影响其评分。这对跗关节和脚腕很重要，如果格外直，评分应降低。杜洛克和汉普夏在这方面需要给予更仔细的观察。肢蹄结构应该有更好的弧度弯曲，以便缓冲站立在硬地板上产生的作用力，但有些种猪品种：如长白猪和威尔士猪会出现弯曲弧度过大，从而导致其年龄较大时肢蹄出现问题。

同样，需要关注关节肿胀或者肌腱发炎的猪，并降低其评分。体重 70kg 以上的猪如果同一只脚的脚趾大小对称差异度超过 1.2cm 时，需要降低评分。

购买青年母猪的检查清单

✓ 了解有可能成为你种猪供应商的扩繁场：大多数情况下你的种猪群会来自纯种场或者杂交扩繁场，当然不是种猪公司喜欢谈论的核心场或者曾祖代扩繁场。试着调查一下：问问曾经购买其种猪的其他公司的名称，并给他们打电话了解种猪购买的情况。更重要的是多多了解种猪公司未推荐的其他客户并征询他们的意见。一旦确定该种猪公司为你的供货商，则需要亲自前往拜访（或者在当今的电子时代，一些供应商会提供一些视频资料。然而，任何形式的了解效果均不如实地现场考察），了解供应商对要进入你猪场的猪做了哪些准备工作。

✓ 询问供应商的条件或者销售条款：和扩繁场一样，这些资料因供应商的不同而差异很大，仔细阅读这些资料。如果你对部分条款不认可，可以进行进一步沟通或者谈判，直至供应商进行修改或者提供令人满意的解释，否则更换其他供应商。重点关注对那些配种不理想猪的处理意见（或者其刻意回避的一些问题）。

✓ 了解不同家系/产品类型的主要差异点：不同的供应商提供的种猪可

能会存在很大差异，如体形、食欲、建议的饲料类型、温顺性和母性、腿部强度和高产性能。同一种猪公司内自己的品系结构也存在着巨大的差异，所以你要基于自己的生产体系以及市场情况确定所需要的产品，而不是供应商认为你需要的是什么，或者便于他们销售的产品是什么。对于户外饲养的母猪的后代，重点关注生长速度或者瘦肉率增长方面的证据，因为无论如何，与室内饲养的种猪相比这方面注定不占优势。

✓ 尝试了解供应商的业务人员/生产专员：一旦与该公司人员建立了信任的合作伙伴关系（这需要一定时间），那么他/她将会成为你是否能及时获得由他/她亲自检查并确定生长良好、符合你生产系统的高品质种猪的专员。在了解供应商及其销售人员的过程中，一部分是通过提问而展开的。

四、有关订购青年母猪的建议

当在撰写本书时，我就育种公司期望客户应该如何下订单购买种猪的问题与 3 家不同的公司进行了沟通，结合我个人的观点，建议你遵从他们的规定以便获得最好的服务。

JSR 公司给出了非常清晰、同时我个人感觉非常有意思的建议，我原文引用如下：我们在体重 100kg 左右即 26 周龄时供应种猪，同时建议初配日龄为 240d 左右。我们强烈建议客户根据他们的目标配种周而不是基于体重订购种猪，以确保种猪能在正确日龄配种。

有些客户可能会基于 3 周一个间隔进行批次选种，比如：20 头 26 周龄猪（体重 100kg 左右），20 头 23 周龄猪（体重 85kg 左右），20 头 20 周龄猪（体重 70kg）。当然，这还是基于他们的目标配种周而不是体重。

检查清单——需要询问种猪公司的相关问题

仔细分析他们对于下述问题的回复以及答案——它可以有效地帮助你做出正确决策。

✓ 育种 我希望能得到保证,你的种猪生产性能预期会高于平均值,因此:

1. 母系性能：你的猪群在目前生产性能下的产活仔数和在理想情况下

的断奶头数是多少?

父系性能:生长速度(从何时到何时)、背膘厚、饲料转化率(期望他们能够准确测量较为渺茫,但是 MTF 可以作为一个能反映真实情况的理想指标,见第 10 章),另外屠宰性能以及肉品质等相关信息都有所帮助。

2. 这些指标在过去的 5～10 年中有没有什么变化? 这会给你对于其过去的表型进展有一个大致的了解。

3. 另外,你目前的遗传进展估测值是多少? 答案应该是年生长速度有 10g/d 的增幅(25～105kg),或者年产活仔数有 0.2 头的增幅。

任何超过上述范围的答案都应引起质疑,即使在当今条件下,上述的答案也是极难实现的。

4. 目前核心群的群体规模是多大? ——越大越好。

5. 请介绍你场内的测定方案。方案的描述和解释(而不是基于科学或者统计数据进行瞎编)应该是非常明确的。

6. 基于这些数据你如何进行分析,多久进行一次?

7. 你是否采用一些相关技术来辅助你的选育? 如分子育种技术或者现代化的测定设备都应该在这个问题的答案中进行讲解。

一名优秀的业务人员将会非常乐于听到这些问题,这些问题可以非常明确地辨别出这些相关领域的专业人员,并了解到业务人员对背景知识的熟练程度,你也可以了解到哪些业务人员可以值得信任。

8. 目前核心群的近交率是多少? 这个数字应该在每年 0.5%～1% 之间,数值如果超出此范围将会带来问题,低于此范围则群体遗传进展可能并没有足够突破。

9. 如果我从你的扩繁群中选择青年母猪,那么它的选择强度有多大?

10. 我能否与你客户中规模大小类似的养猪生产者进行沟通交流,他/她目前的生产水平是什么样的?

✓ 群体健康

11. 我的兽医能否与你的兽医(最好是独立兽医)进行沟通以便进一步了解你核心场/扩繁场的猪群健康状况?

12. 你最近一次检测猪群体中某种疾病流行情况的结果如何? 你可以选择你最为关心的疾病。

13. 你最后一次采血检测/检查/兽医巡视的时间与我购买的种群启运时间间隔有多久? 在你与种猪场签订买卖合同的最初尤其是完成第一

头种猪的购买时，这一间隔越短越好。但是，一旦你对该场的情况很了解后，可以较为宽松灵活。

如果业务人员没有提前准备好，他/她需要获得这些信息。

14. 常规的药物治疗保健方案有哪些，这些信息也值得了解。

15. 一个负责的育种公司需要对表 7-1 中所列疾病进行监测，该表涵盖了编写本书时英国现有的流行疾病，其他国家可能会有不同的侧重点。

表 7-1　育种公司需要定期监控与关注的疾病及异常情况列表

疾病及异常情况	检查类型
猪放线杆菌胸膜肺炎	临床检验，以及屠宰检验
地方性流行性肺炎（猪支原体肺炎——译者注）	临床检验，以及屠宰检验
肠道病毒（传染性胃肠炎、水肿病、温韦伯氏疾病）（类血友病——译者注）	临床检验
丹毒	临床检验及疫苗接种
体内寄生虫	临床检验
疥螨	临床检验
细小病毒	临床检验及疫苗接种
猪繁殖与呼吸综合征	临床检验及血清学检测
猪断奶后多系统衰竭综合征	临床检验
猪皮炎肾病综合征	临床检验
渐进性萎缩性鼻炎	临床及鼻拭子检验
猪霍乱沙门氏菌病	临床检验
猪链球菌脑膜炎	临床检验
猪痢疾	临床检验
猪流感	临床检验
猪痘	临床检验

注：另包含有现行法律所要求的其他法定传染病的临床检查。
来源：JSR 育种。

五、对业务人员进行发问

上述列出的相关问题非常有意思并值得发问。业务人员或许接受过类似于不诋毁对手的培训，也希望它能够成为销售伦理道德中的一条。但你不知道，通过明智的发问，我了解到了有关不同家系种猪的非常有用的交叉证实的数据，基于外交的说辞我不能在这里列出，但是没有理由你不能这么做。

例如：7 个或者 8 个来源的数据揭示了该领域各商用品系间的优势。

- 基于相同胴体产量的每吨饲料可售猪肉。
- 炎热环境下腿部力量以及食欲。

- 上个月单头送宰猪的饲料蛋白需求，部分家系的猪可以持续生长到120kg而不会长得太肥。
- 装载及运输的抗应激能力。
- 温顺/顺从性。
- 大理石纹基因的存在：如0.7%的大理石纹脂肪与1.3%的大理石纹。
- 屠宰率：如基于同样的环境下屠宰率±1%。

这已使我向曾经拜访过的特殊条件的猪场推荐了一些更适合的某些品系，之所以这么说，是因为在后续的拜访中我常听到他们所说的："自从我们尝试或者更替了某品种之后，某些相关问题得到了很大改善。"永远记住一点：没有哪一个公司的猪是最好的。我经常被问到你认为那个品种最好。最好的永远是最适合你的养殖环境同时能够解决或者减缓你目前短板的猪。

六、获得真相

当然，要从其他人那里获得一些相对机密的信息是困难的，在某些商业环境下几乎是不可能。商业秘密就是秘密！

但作为一个老记者的诀窍是"让负面的浮出水面"。你需要特别了解当前题材，并插入一个假设，陈述或声称对受害人而言明显且有意的错误观点，以便利用他从其为善或职业的本能获得的正确数据对你的观点进行纠正。类似这种方法有多种对话技巧，相关的技巧我就不一一阐述了，不过如果你去一家大书店多读读一些有关现代审讯方法的书籍，你也会得到很多窍门！同时，提防记者！

七、断奶青年母猪——新趋势

（北美的幼龄小母猪）

这是一个相对新的发展趋势，许多商业性种猪场目前出售的青年母猪体重不是90～100kg而是25～30kg。据我推断，在今后几年内欧洲也会像这样购买幼龄小母猪——当然这是在一些专业和高效的猪场中。目前的部分种猪公司正出售体重60kg（18～19周龄）的青年母猪。

（一）物美价廉

其原因不难看出。经济和性能的优势从一些12年前就开始尝试的开拓者上就体现出来了，因为一些一开始引进断奶后青年母猪的猪场，在组群后第4

年起，断奶后青年母猪的生产数据更为优秀。

（二）更为便宜的成本投入

在欧洲，1头100kg左右的精选青年母猪售价大约为240欧元，当然，同一个场内32kg的断奶青年母猪价格肯定不会与自己场内培育的体重32kg的低价肥猪价格同日而语，但最近价格可能会在90～110欧元浮动，体重60kg左右的价格为200欧元。当然，所有这些价格都只是标价，并可以和相关育种公司进行协商。表7-2列出了一个典型的相对价格成本分析。

Newsham育种公司刚刚与J.S.R基因公司合并，对外报价的体重95kg青年母猪可以节约20～25欧元，也就是说比育成的青年母猪的报价可节约12%～15%。

表7-2　英国断奶青年母猪的典型成本摊销

	成本（英镑）
35kg断奶青年母猪（中间价）	110.00
35～100kg按185英镑/t（FCR=2.8∶1）饲料成本	33.67
饮水、垫料、兽医和免疫接种成本	12.00
小母猪和饲料成本的利息	3.5
合计	159.17
假设此阶段4/5的青年母猪被选中，生长到	
体重100kg的成本为5×159.17英镑	795.85
减去未选留青年母猪费用	75.00
	720.85
每头被选中青年母猪的成本（英镑）	188.21
按220.63英镑的价格，每头青年母猪平均节约32.02英镑	

（三）更优秀的生产性能

通过比较49个传统青年母猪群与16个用购买断奶后青年母猪（美国称之为小母猪）组建的猪群生产性能后发现，后者的分娩率提高5.9%，同时每头母猪年生产胎次多0.07窝、非生产天数减少17d，窝产活仔数增加0.5头，窝培育仔猪增加0.28头，母猪年提供断奶仔猪增加1.39头，每头母猪年需要饲料减少60kg。

为什么会出现此类现象呢，因购买日龄更小与体重更低,青年母猪基本原理是在其进入繁育群前有更长以及更有效的驯化期,以适应场内的环境。目前,在购买体重100kg青年母猪时，建议隔离驯化期至少为6周（对于一些特定低风险的疾病则可能需要 8 周），隔离期的延长本身成本就很高，仅凭这些额外成本将使得青年母猪在新的推荐标准下完全进入繁育群前有更好的隔离适应效果。如果购买 30kg 左右的断奶青年母猪，则在原有的 12%～20% 节省基础上增加 5%。

（四）如果是体重 60kg 的青年母猪则该如何？

养猪生产者应该基于将 40kg 猪饲养到 100kg 左右的生产成本来拟定合理的协商价格。在写这本书之时，我也统计了多家猪场的相关数据，应该来说体重 60kg 左右的青年猪价格应该不低于育成青年母猪报价的 15%。提供断奶后青年母猪的一家著名的育种公司报告显示：即使是在其非常娴熟的技术管理水平下，在猪体重 35～100kg 阶段，他们预计会有 28% 左右的损失率。如果该商品猪场主要找出他自己的这种不足，那么他必须对断奶青年母猪成本价格以及生长到体重 100kg 和期间损失的生产成本进行仔细计算，并与后期（即这些青年母猪成为繁育母猪后）可能的更好生产成绩进行权衡。

（五）更低的发病率？

更长的隔离适应期带来的应该是对猪群现有健康状况更少的干扰。通过与引进断奶青年母猪农场主的沟通，他们认为繁殖群体的健康会变得更好，同时之前困扰的部分健康问题并没有重复出现。我们对猪群的健康监测数据可能需要更多的确切结果，但是目前可以确定的是母猪的死亡率下降了，由原有的 4.3% 下降到了 4%。然而，按照产活仔数的死亡率统计，青年母猪的后代仔猪为 12.66%，高于正常组的 11.18%，每窝的具体数值则是育成的青年母猪组后代仔猪死亡数为 1.19 头，断奶后青年母猪组为 1.41 头，但是断奶后青年母猪组后代断奶时长，多 2.5d。

（六）每吨（消耗的）饲料可提供更多的断奶仔猪

公布数据中隐藏着一个重要的差异是每吨料（母猪料和仔猪料）提供的可销售断奶仔猪重：断奶后青年母猪组为 142.2kg，育成的青年母猪组为 116.5kg，有了接近 22% 的提高。基于欧洲的经济环境（2010），相当于所有繁育母猪以及仔猪饲料价格每吨降低了 9%。

（七）体重 36～38kg 阶段的比较

有人询问，断奶后青年母猪巨大的优势在瘦肉加速增长阶段会继续保持。这种增长速度通常在 35～40kg 阶段有所缓和？答案是肯定的。

体重 7～37kg 阶段时的日增重，断奶后青年母猪为 585g/d，而育成的青年母猪为 548g/d。饲料转化率差距则较为显著：断奶后青年母猪为 1.8，育成的青年母猪为 2.23。这本质上表明，在这生长的关键阶段断奶后青年母猪可以更有效地应对疾病的挑战。正因为这较大的饲料转化率优势，在此该生长阶段断奶后青年母猪每吨饲料生产的活重大大优于育成的青年母猪：698kg 对 559kg，相差为 139kg 或者 25％。而更为显著的是：PIC 公司提供的数据显示到达这一体重的单位增重所需成本减少了 70％。

如果传统猪群可以维持这样的效果，那么不要对购买幼龄青年母猪会带来巨大节省的预测是正确的，感到惊奇。

八、引进青年母猪

本部分是专门为那些购买体重 100kg，170～180 日龄青年母猪的养猪生产者写的。也适合那些希望不久购买 60kg 左右青年母猪的养猪生产者。

那么，为什么会专门讨论这些问题呢？这是因为由于遗传进展带来了新的发现和极受欢迎的高产性能，但除非采取了某些措施，否则最新育成的青年母猪不能将这种最初的高生产性能带入到以后生产中，这也是编写这部分内容的原因。

九、适应、驯化与融合

每年 35％～42％，或者更多的母猪更新这种情况越来越普遍，超过新引进的上限水平，会面临猪群免疫状态不稳定的风险。大部分青年母猪来自核心群提供基因资源的联盟祖代扩繁场。

祖代扩繁场与你自己的猪群流行着不同类型的细菌、病毒，且采用不同的管理、饲养和饲喂方式。或许仅有细微的差异，但仍不同于你猪群所采用的方式。综合这些因素，这些青年母猪在引入你们场之前可能对他们原场的疾病产生一定程度的保护（获得性免疫），但对你们场的疾病可不一定有抵抗力。

（一）检疫

疾病是一个情绪化的词语。来自可靠扩繁场的青年母猪不至于携带很多疾病，但是它们是完全不同的。青年母猪体内的一些保护性抗体会对其曾经遭遇过的微生物产生应答反应，但是未必会对你猪场中的微生物产生免疫应答。它们一旦到达你的猪场，这些差别或许会带来问题。因此，非常有必要在到达后的最初3d执行严格的检疫制度来避免由环境改变而导致潜在风险的发生，同时还要求饲养人员认真观察是否存在物理性损伤因素，如腿部行动能力。

某地区流行某种疾病并严重暴发时，严格的隔离检查期可能需要再延长3d以上。所以，咨询你的兽医是非常必要的，如需要采取哪些必要的措施并需要多久，合理的隔离和负责隔离的员工应如何组织。

一个偶然机会在文献中发现了检疫和驯化/适应之间的混淆——表明有人认为两者是同义的。它们是完全不同的程序，所以不要混淆它们。

（二）驯化适应的过程

一旦检疫结束，并且新引进的猪群被认为是清洁的，它们需要逐步接触你猪场内的微生物。这是让它们重新建立抗击你猪群中现有微生物的免疫防御机能，同时允许你场内现有母猪升级自己的免疫模式，以应对那些新引入猪群带入的微生物。新引入猪群需要重新调整它们的免疫保护屏障，这需要花费一段时间，通常需要数周。

（三）适应期需要多久？

一般来说，这个适应期超过大部分种猪公司的建议时间。最短为6周，一般建议为8周。为什么？特别是病毒在过去数年中已经发生了演变，且现在还在继续。15～20年前，许多病毒性疾病会被受攻击的宿主动物非常迅速的免疫反应所解决（图7-2a），同时恢复相对较快（图7-2b）。今天的强毒力病毒是一些强壮的微生物，它们能够使受感染动物需要更长的时间来做出应答反应。

这也是为什么我们看到的众多病毒造成的猪体损伤会持续很长时间的原因。猪繁殖与呼吸综合征（蓝耳病）就是一个很好的例子。

这种缓慢的免疫应答可能会导致各种细菌引起的继发感染，同时动物继续重建其整个免疫防御系统。这就是为什么许多病毒的暴发似乎持续了很长时间——它可能不是引起猪体长期衰弱的原发病毒，但是已经侵入机体，同时宿主免疫系统正疲于应付继发感染。

我们可以从中学到什么？由于由这些新型病毒引起的疾病可能需要更长的恢复期，因此我们也需要提供更长时间的适应期，以确保青年母猪能够建立足够强大的免疫壁垒以应对这些新病毒。

当你开始为不得不耐心等待这些新引入种猪进入繁育群所花的成本发愁时，请你记住上述的这一点。

时间越长，越发强壮!
以前，病毒性疾病对感染采用快速免疫应答(a)，
和相对快速的性能恢复(b)

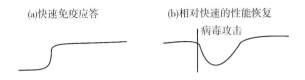

(a)快速免疫应答　　(b)相对快速的性能恢复

现在，主要的繁殖障碍疾病需要较长的恢复期，
部分原因是建立强健的免疫力所需时间较长且不易建立(c)
和／或更利于继发感染(尤其是 PRRS 和 PED)。

(c)免疫应答反应较缓

(d)性能恢复因较高水平的继发(细菌)感染而放慢

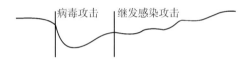

图 7-2　青年母猪对病毒性疾病的免疫应答

兽医推荐建立一个抵抗新病毒的强大保护屏障，就是在适应期采用一个两步法的过程。

(四) 两周的试验性刺激期

这是在青年母猪刚到达时，刻意地或精心计划微生物攻击去刺激其免疫系统。

重要的是，这需要在兽医的监督下进行，而不是随意地每天进行。兽医需要定期监控你猪场内疾病的流行情况。你猪场内的病原微生物通常每月都发生或多或少的变化。兽医可以通过各种检测手段来追踪这些变化。他也应该注意当地正流行着的疾病，这些流行病会影响其采取适合进一步保护你猪场的措施（通常不在我们目前看到的许多猪场生物安全指南中）。

有时候这也会引发一些争议：这等于是给兽医一个空白支票来运行大手笔的兽医/药物保健方案，这种怀疑无疑会转移生产者的注意力，而忽视了猪群健康其实是其最大的利益所在。

但是反过来考虑：遵从兽医建议的最大好处在于防患于未然，而不是在疾

病暴发时投入巨大的治疗成本。当疾病暴发时，成本的增加往往是难以想象的。表7-3明确地展示了兽医在疾病流行诊断上所起作用带来的巨大效益改善。

表7-3 3家猪场在利用兽医专家对疾病流行情况进行分析及由此带来的每头母猪增加疫苗成本、猪舍改建成本和疾病总损失比较

猪 场	使用兽医前			使用兽医后		
	A	B	C	A	B	C
每年疾病造成损失估测值*	284	186	300	80	96	109
兽医成本	8	3	12	30	27	31
疫苗和药物成本†	26	18	30	18	20	21
猪舍改建成本（7年）	—	—	—	27	45	33
疾病总损失（美元）	318	207	342	155	188	194
差异（改善,%）	—	—	—	51	9	43

* 疾病造成的成本损失依据于断奶后腹泻或生长受阻、呼吸道疾病、回肠炎、流产、感染性的不孕等。

†注：计划的预防性用药成本低于实际发生的治疗用药成本。

数据来源：客户的记录以及一位兽医的实践操作总结。

目前，可用于试验性刺激期的免疫刺激方案有许多，很多你可能已经非常熟悉，如淘汰动物的围栏接触、将少量猪粪放入青年母猪栏内，或者返饲（新生仔猪的腹泻物、胎衣、新生仔猪的胃肠道或者肠道内容物，当然这些都有一定风险，参见表7-4）以及疫苗的免疫注射。

表7-4 在下列疾病存在时返饲可能有一定风险

猪痢疾	肾盂肾炎
梭菌性痢疾	附红细胞体病
丹毒	猪蓝耳病
钩端螺旋体病	弓形虫病
子宫炎	

我的观点是请不要凭你以往的经验认为一些操作看起来好像没有问题而去不断地实施。你不知道的是你所认为的可行方法，却使母猪群出现了肉眼看不见的亚临床症状，从而影响猪场生产水平的提升。

所以，请聘请专业的兽医，依据场内疾病流行情况设定操作规程，对场内操作做出定期调整，并解释如何调整和为什么调的缘由。

（五）4～6周巩固期

经过前面所述的试验性刺激期后，青年母猪现在需要尽可能多的休息和安

静，来使其机体免疫屏障得到加强以形成一个强大的免疫保护屏障。当然，青年母猪都很年轻，易兴奋并基本处于性发育成熟阶段，在巩固期趋于结束时，或者至少在其第三次发情时，它们将需要通过醒目和明亮的灯光刺激来形成稳定的发情周期。

100W 荧光灯灯带，目标亮度 16W/m²　　　　　　　　光照方案
将灯安装在大部分光线能照射到猪眼睛上方的位置　　　最大 16h/d 照明，8h/d 黑暗 *

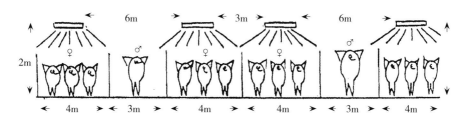

* 青年母猪的光照方案建议照明时间适当延长，即明暗比为 17/7

图 7-3　配种/繁育舍的光照方案

饲养密度过大产生的应激不仅会影响免疫刺激期，同时会影响母猪获得性免疫保护力。青年母猪饲养密度过大是很常见的。为每头青年母猪提供 1m² 的逃逸空间同样重要（我更青睐 3m²/头），正方形/近长方形的猪栏比瘦长的猪栏效果更好，后者设计的初衷往往是为了节省基建成本。

高质量的地面，最好铺上垫料，能够使猪产生良好的自我感觉，这是此时期青年母猪所需要的感觉效果。

图 7-4 显示的是一个中间修建有挡墙的猪栏以使体质虚弱小母猪能够逃避欺负。在较大的栏中还需铺设垫草。

（六）不要太快

让我们再次回到"时间"这一议题，近来培育出的超级青年母猪都往往需要经过一定的时间，以使其性成熟度能够赶上其体成熟。青年母猪在身体发育上属早熟，但是性成熟度并非如此，一般都会相对较晚一些。

我们拿人做一个类比，青年母猪看起来已经像一个非常可爱的 19 岁姑娘，但其生殖激素的发育却只达到一个 10 岁学龄女孩的水平。我们必须让其内分泌系统的发育赶上现代青年母猪可以达到的惊人生长速度。同样，过快地将其引入现有的繁育猪群会带来较高的返情风险。当今，青年母猪的生长速度可以

达到 1 100g/d，这是非常惊人的！我们必须让它稍稍放慢生长以确保其激素
分泌调控能力能够跟上。控制它的生长速度以确保其在 240 日龄（8.5 个月）

笔者于 20 世纪 70 年代在 Deans Grove 猪场进行青年母猪预选

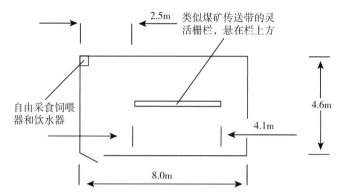

图 7-4　引导青年母猪组群，适合 10 头青年母猪混群的布局

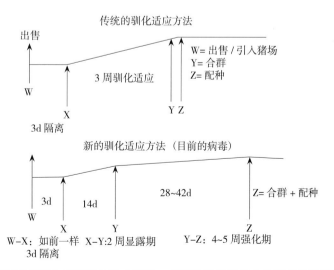

图 7-5　通过延长驯化适应期以阻止感染，尤其对许多尚无有效疫苗的病毒更有意义

的体重为 135kg（按照购买体重 100kg 计算），表 7-5 列出了一个与年龄相对应的体重推荐值，一般建议每周增长 5kg 左右为宜。

这种稳定增长可以带来两大好处：确保其免疫系统能够充分发育并利于其性成熟。

表 7-5　针对现代高瘦肉型欧洲猪种各年龄段的建议标准体重*

生长速度	目标是 170~180d 达到体重 100kg，青年母猪生长速度为 550g/d，接近初情时达到 750g/d		
100kg	180d	第 25 或 26 周	6.5 个月以上
104kg	187d	第 27 周	
108kg	194d	第 28 周	7 个月以上
112kg	201d	第 29 周	
116kg	209d	第 30 周	
121kg	216d	第 31 周	
126kg	223d	第 32 周	8 个月以上
131kg	230d	第 33 周	
136kg	240d	第 34 周	8.5 个月以上

* 咨询你的种猪供应商以获得实际的增重目标。

十、为什么要在 240 日龄左右初配？

我的建议既不同于部分南美地区所推荐的 220 日龄配种要求，又不同于欧洲目前所说的 220~230 日龄配种建议。我的建议（在我写这项建议的时候依然被视为是相关咨询的范本）见左栏，右栏是目前的推荐建议。

	许多人目前参照的标准	当今的建议标准
日龄	220~230d	240d
体重	130~140kg	应该推荐为 135~140kg
P2 点背膘	18~20mm	16~22mm
性成熟	第 2~3 个发情周期	第 3 个发情周期，或者部分是第 4 个发情周期

依据 JSR 种猪育种公司的大量数据表明（图 7-6），开配日龄为 240d 左右的青年母猪产活仔数最高，接近于 260 日龄配种的青年母猪。

虽然 260 日龄配种，即在建议的 240 日龄上推迟 3 周可以产生同样的结果，但会导致母猪在其生产后期体重较大，对饲料的需求较大，以及在青年母猪阶段会额外多出 3 周的饲料成本和其他费用。图 7-7 以反映大量实例的散点形式绘制了此种情况，并以中线穿越这些散点。我将 X 标记为出现最佳成本效益的配种年龄点：最高产活仔数和成本间的经济权衡。

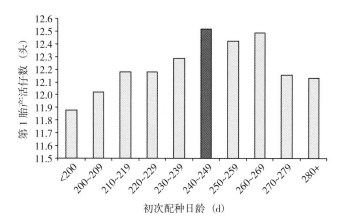

图 7-6　青年母猪首次配种年龄与产活仔数间的关系

　　通过这些数据表明，240 日龄的开配日龄被视为最佳选择，虽然 260 日龄
配种可以达到同样的效果，但会增加额外 20d 的饲料成本和其他费用，以及母
猪后几胎时较大体重增加的成本及对饲料较高的维持需要，综合考虑 240 日龄
是最佳选择。

（资料：JSR 研究，2009）

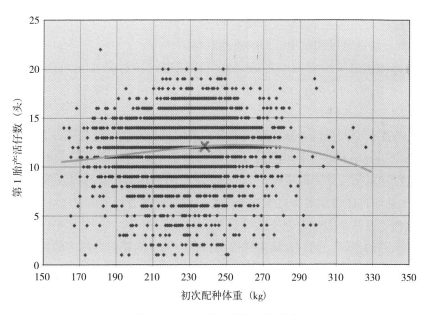

图 7-7　240 日龄配种的点状分布

如何看待背膘以及体重范围？

　　图 7-8 显示出了青年母猪在体重 130～170kg 进行首次配种时，其受胎及返情的比例相对恒定。图 7-9 显示了青年母猪开配时 P2 点背膘处于 12～22mm 较合适厚度时，配种体重和产活仔数间具有相同的情况。

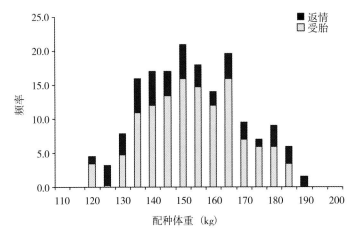

图 7-8　首次配种时体重与其性能间的关系

注：成功配种与返情的比例大体类似于在体重 130～170kg 时配种的情况。

　　这些结果是某一个品系所特有的吗？似乎并不是，因为在撰写本书的，两家育种公司支持优先考虑初配日龄的理念。

　　240 日龄是可以构筑免疫力的关键时期。

　　如果你回过来看看前文的表 7-5 可以明白，该种猪在与场内现有繁育猪群相融合前，至少有 9 周的时间去适应新环境以产生稳定的获得性免疫力。

　　一些生产商及兽医青睐于较长的交货期和更长的严格隔离期，而不是目前为体重 100kg 左右的青年母猪建议的几天预防期。这是因为某些地区疾病流行情况较为复杂。如果购进体重为 60kg 左右的青年母猪，对真正确保它们的"清洁"并向兽医提供更为宽松的隔离适应期是非常有帮助的。

　　此外，这就是为什么你的猪场兽医应该为你提供决策，使你不仅仅依赖于种猪供应商的建议。同时也请向你的种猪供应商寻求建议，因为他们更加了解自己的猪品系特点。

　　但是，凭经验我不得不再次重申：对种猪公司的建议要带有批判的态度地去听取，因为可以理解，有时他们急于尽快将场内的种猪推销出去，甚至以可观的打折为手段，60kg 对于他们来说可能很诱人，但是请务必在做出决策之前与你的猪场兽医进行更多的沟通。

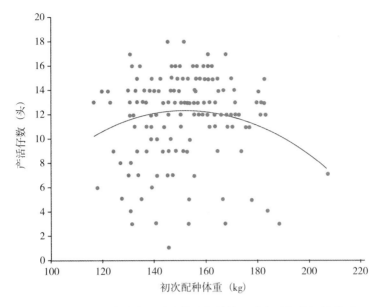

图 7-9　青年母猪首次配种的体重与其第 1 胎产活仔数间的关系

注意：首次配种时体重在 138～170kg（32kg 幅度）间波动时，其产活仔数的变动范围
非常小（＜0.2）。因此，首次配种时的体重对第 1 胎产仔数的影响会非常小。

（来源：JSR 育种研究，2009）

不要误会我的意思，我并不反对"断奶后青年母猪"的理念，因为这也有
有利的一面。

十一、刺激青年母猪

在我参观过的很多猪场中，青年母猪的刺激工作开展得很好。但是，从研
究的主要猪群记录方案来看，很显然在大多数商业性猪场中，繁育群的生产性
能远低于青年母猪和经产母猪的繁殖潜力。如果你没有达到有全球青年母猪管
理权威之称的澳大利亚 Attwood 大学保罗·休斯设定的基本性能标准，那么
你应该仔细阅读这些注意事项。

26 周龄左右出现发情症状的比例	50％
29 周龄左右出现发情症状的比例	85％
32 周龄仍未出现发情症状的比例	5％
首次发情平均时间（周）	27

十二、我们如何实现这些目标值？

1. 存栏

尽量不要在一个猪栏中饲养 8 头以上的青年母猪，猪栏形状应该尽量接近正方形而不是瘦长型，因为这便于受到攻击的母猪能够尽快逃离。每头猪的饲养面积应该至少达到 $2m^2$，这一点非常重要的。如果你的青年母猪性情不是特别温和，我的建议是饲养空间放大到 $3m^2$，因为需要更多的逃离空间。猪栏形状和饲养密度对青年母猪来说是非常关键的，我同样建议你参阅本书的图 14-1，我发现图中的布局和猪栏尺寸很合理。

不要将青春期前的青年母猪以持续身体接触的方式（包含隔栏接触）与成年公猪一起饲养，不过每天保持 20min 短期的接触是非常有必要的。最新的研究结果表明，每天用 2 头公猪进行接触刺激效果最好。太麻烦了？请参阅我最后一段有关此方法的回报效率及一些类似细节的优点。

2. 公猪刺激

毫无疑问，经常接触公猪可提供最有力的天然刺激以帮助青年母猪尽快性成熟。常规的理念是将即将性成熟的青年猪集中在一起定期接受公猪的刺激，但这一方法可能不够好，如下所述要实现最好的公猪刺激效果还有多个要素。

（一）最大限度发挥公猪刺激功效——选择合适的时间段刺激青年母猪

我们期望青年母猪能够较快地进入发情周期，即使在第 3 次发情前它不会进行本交或人工授精。该青年母猪应为 20～24 周龄（140～168 日龄），因为过于年轻的青年母猪对公猪的刺激反应会迅速下降，同时日龄超过 24 周龄的青年母猪增加会不显著。这些是配种前的刺激措施，目的在于诱导其生殖系统的充分发育以使其在 240 日龄后开配。当适配日龄到达时，饲养员往往会根据阴户的颜色和肿胀变化判定青年母猪是否已经达到性成熟，这些或许是对的，也可能是错的，再等待 24h 后配种对受胎率和减少返情可能大有益处。

（二）最大限度发挥公猪刺激功效——选择正确的刺激公猪

所用公猪的刺激阈值非常关键，低于 9 月龄的年轻公猪刺激效果非常差，甚至可以说几乎没有。然后，也不是所有 9～10 月龄的公猪拥有相同的刺激效果。平均20%的年轻公猪刺激效果非常差，研究表明使用这些公猪进行刺激将会把青年母猪在21d内进入发情周期的比例降低2/3以上。因此，细心且有耐心的饲养员应当评估候选公猪在发情母猪出现时的性欲和兴奋/激动来确定其是否适合作为查情诱情公猪，仅选择对青年母猪刺激工作明显表现出热心的候选公猪。现在还有一些理论，即选用那些有规律地用于配种的公猪，因为这些公猪对于母猪的兴趣可能更强烈。

这种观念在使用老年公猪的育种公司很盛行。虽然有经验的公猪有很好的效果，但就像年长的成年男人一样，老大叔对青年女性的吸引力反而是很低的，故年龄过大的公猪刺激效果会很差。

（三）最大限度发挥公猪刺激功效——接触而不仅仅是气味刺激

另一个的误区就是认为利用公猪的外激素气味足以刺激母猪发情，但由于外激素不易发挥，最好的方法是公猪与母猪进行身体上的接触，如口对口接触，而不是通过嗅觉传播的气味。

因此，通过隔离栏进行接触也是建议的方法，且效果更好——在一些猪群中有着意想不到的效果。我不知道为什么，但是有人尝试将公猪间隔1m以外，比如我们说饲料通道的距离，然后在饲养员的监督下让公猪进入青年母猪栏并停留10~15min，随后回到1m外它自己的栏中。或许是这种两性间看得见摸不着的失望很大程度上刺激了发情？

（四）使用结扎公猪

过去，很多人用结扎公猪来提高产仔数或分娩率，因此使养猪生产者很容易地达到了育种目标。当今利用现代育种技术取得了青年母猪较大窝产仔数后，这种方法是否仍然实用？对于那些青年母猪窝产仔数9~10头的猪场主，我还是建议他们考虑采用这一方法。

正确和熟练的刺激手段与人工授精或者本交一样重要，因其极为明显地改善猪的静立反应，这使配种工作更加容易进行。同时，预刺激似乎可以加快受精过程，因为PIC公司已经观察到这些母猪的配种速度比未经刺激的母猪缩短1.6min。

（五）最大限度发挥公猪刺激功效——公母分开饲养

青年母猪对以上所有方法的反应似乎取决于早先饲养时公母间距。在育成阶段将青年母猪栏靠近公猪栏饲养的常规饲养系统看起来是一个错误，这种方法使母猪太习惯于公猪的气味与信号，结果双方都厌恶彼此。

在这一点上，青年母猪与断奶母猪是不一样的，因为青年母猪在断奶到再配这一过程中没有足够的时间来熟悉公猪的出现。我偏爱小群体饲养青年母猪（6～8头）不仅是因为可以减少应激和争斗（给予充足的空间），一个深层次的原因是，获益更多。在监控下公猪与6～8头青年母猪接触的时间可以被控制在每天10～15min，而15头或更多数量的大群体至少需要20min，Hughes博士也做出了同样的建议。

十三、是否所有这些工作都有必要？

很显然，在这个时候我们要求负责繁育的员工要具有一定的技能和足够的耐心，并且猪场主需要给予该类员工足够的时间来完成这些需要耐心的操作，并且还要为青年母猪提供无应激的饲养环境。许多研究人员的研究结果都准确地表明，如果遵循此类原则进行作业，青年母猪窝产仔数肯定可以增加1头，且通常可达2头。然而，根据我的经验，正确刺激青年母猪可以获益更多，因为在我工作过的一些比较好的种猪场，大部分已经按此类建议执行了5年甚至更久，母猪的生产寿命平均增加了2胎（即从4.6胎增加到6.6胎），因此每头母猪在其生产寿命中多提供了42%以上的仔猪（由47头增加到67头）。根据欧盟现今的成本测算，这额外创造的效益足以支付一名负责500头母猪的猪场熟练工人全年的工资，以及实现全部生产目标后还应支付的奖金，不只仅限于那些负责青年母猪培育的人员。

十四、是否有必要自己培育青年母猪？

同样，这一议题在一本"问题"书中可能看起来比较奇怪，我个人认为对于这些热情坚持者来说培育自己的青年母猪并没有完全实现目标是一个问题。我与客户就这一观点有过很多次讨论，也理解他们进行这项工作的想法与初衷，他们认为自己培育青年母猪可以节约青年母猪成本17%～21%，同时可更好地杜绝引进疾病带来的问题（虽然这是陈旧的担忧，但依旧坚持），我也并没有劝说我的客户重新考虑自己培育青年母猪的事。

说到这些，我能领会，基于详细的育种指导（独立猪育种师与当今的独立通风工程师一样稀缺），加之严格规定下的有效投资策略，通过自己的祖代群来培育符合标准的青年母猪是可行的。在当今的中欧地区，自己培育青年母猪非常普遍，但当我进入他们的生长育肥猪舍时，我并没有看到在丹麦、荷兰、英国、爱尔兰以及布列塔尼等国家或地区中那些常见的肉质丰满、体宽躯深的猪。他们的数据记录表明，这些自行培育的青年母猪生长速度较为理想，但是在适合长肉的部位没有生长出足够的肉——就如同我说的，这是我一跨入猪舍时产生的第一感受。在过去的 8 年中，我偶然看到唯一一家让我印象深刻的自己培育青年母猪的猪场——其生长猪超级棒，至于是如何实现的，我不得而知。或许他们是天才？

我很难说服他去构建一家国际性企业来销售能够生产这些肉质丰厚、体宽躯深的青年母猪，而不是仅仅在当地销售母猪以实现其成为区域内最大育种公司的这种狭隘心态。

我的观点是这样的：我无法理解某一个猪场主如何能够满足计算机所需的数据量（仅仅一个家系就需要数以万计的数据）以及能够与育种公司对单个家系所进行开发工作相竞争的后代性能测试（数百次周密认真、统计性测量试验）。由场内育种这种相对小的资源带来的育种滞后，势必会导致其遗传进展越来越落后于商业化遗传改良青年母猪所获得的遗传进展。即使最大的、最先进的育种公司都认为需要花费 3～5 年时间的高强度基因开发研究，才能够推出一个新的母系家系。那么一个传统的猪场主有多少机会能够取得那样的遗传进展呢？

(一) 投资以及所需的规定

除非猪场主能够构建独立的青年母猪生产的金字塔式育种体系，并与目前的肉猪培育地点保持一定的距离，否则我认为他们不会走得太远。

这要求建立一整套高标准的数据记录、高素质从业人员以及有效的投资，以避免培育出与通过商业渠道购买的青年母猪相差甚远的产品。最近，由专业育种公司推出的高产青年母猪更加坚定了我的这一理念。

在一天结束的时候，自行培育青年母猪的生产者往往会低估完成此类工作所需要付出的成本。你可能会认为我侮辱了一些老练养猪生产者努力的价值，这其实根本不是我的本意。我只是想要现实一点而已。

当然，购买精液的费用还是在支出，生产者乐意于将育种遗传进展寄托给种猪公司和公猪站上，购买最为优秀的公猪父本，甚至努力学习 EBV 选育技术，来确保其能够获得最为优异的后代。但是，为什么不能够将此类想法应用到青年母猪上呢？在我看来，问题的症结在于不合逻辑和过时的观点，所以我是一个百分百支持育种公司育种的人，他们并没有支付我任何费用来支持此观点。一个不讲感情而只讲实际的信念，帮助我的客户最大化地利用资金与能力来发挥功效的观点，不因任何育种公司支付我费用而来陈述此类观点。事实上，就他们的信誉而言，他们从来没有。

十五、基于你的国际经验，你认为哪个品种是最好的？

我经常会被问起此类问题，我的答案是没有。

从育种公司的不同品种中选择最适宜的家系和品系应该满足以下特性：

● 所购买种猪可以融合、补充并改善你现有猪群中的薄弱环节（因此你日常必须坚持认真记录猪群的生产成绩以确保了解问题所在）。

● 所购买种猪是否最适宜你的市场需求？

● 同时还应考虑你猪场所处的气候条件：炎热/潮湿、漏缝地板或垫料地面饲养、室外开放式饲养等。

● 拥有生产性能记录，并提供客户名字，以支持他们关于你可以通过电话或现场回访的宣传。

● 是否允许你与青年母猪供种扩繁场保持持续对话或上门交流？

● 是否能够提供有兽医监督的交货程序？

● 是否提供可信赖的且能为客户考虑的售后服务，然后才交货？

● 谁能够提供一个可协商且最具竞争力的青年母猪、公猪和精液？

尽管我不怀疑他们的宣传，但我相信，在涉及青年母猪的技术上，优秀种猪公司间并无太大的选择余地，这些公司都是非常优秀的。然而，在父系上差异很大，但这不在本章的讨论之内。

十六、青年母猪储备群

组建青年母猪储备群的目的是拥有一群体重介于90kg和养猪生产者首选配种体重间、数量充足、精选且已预处理的青年母猪，以便填补因母猪被迫淘汰和老母猪计划淘汰造成的空缺。并不是每一家母猪场都同意组群青年母猪储备群的这种想法，但在参观了50家已经采纳这种理念的猪场后，在对其中10家猪场的组建青年母猪储备群前的记录进行研究后，值得注意的是它们的繁育母猪群年龄结构更合理（见第5章），非生产天数更短，断奶力更优秀（见第10章）。

他们展现在我面前的成本数据，使我明白在组群青年母猪储备群2年后，他们受益于平均5∶1的投资回报——投资大部分用于改建猪舍或相配套的运动场。

没有组建青年母猪储备群的养猪生产者的主要损失（并非全部但大部分）是，因一部分母猪群缺乏完全准备好的可配种的青年母猪造成的停产损失。在这种情况下，由于母猪存栏量不足，且该猪群没能实现其投资产能，间接成本将持续增加。那么养猪生产者可以做的是赶快购入并没有准备好的青年猪，或者从其育成的肥育母猪中挑选补充。采用这两种措施，结果是会导致猪群未来生产性能衰退，而更糟的是会带来疾病风险问题。

青年猪储备群的规模应多大？

一般来说，一个 500 头母猪每周分娩并有 11 头窝产仔数、按正确配种计划（和年龄）配种、短缺青年母猪 14% 左右（7 头补充 1 头）的猪场，在昂贵的产床突然出现空缺时，每年会损失 400 头断奶猪，9% 左右的生产力（母猪 21d 断奶、年产断奶仔猪 22.6 头）。青年母猪储备群对现有繁育群的目标比例至少为 12%。

对于那些尝试从持续配种过渡到批次分娩的猪场来说，组建青年母猪储备群是必需的，以便在需要的时候能够组建配种的猪群（批次）。这已经在批次分娩一章进行了介绍。

十七、一个非常有意思的青年母猪群组试验

3 年前，东欧有 3 家猪场调整了他们的青年母猪选育体系，我请求查看其没有调整青年母猪组群方法前的相关数据记录。

表 7-6　**采用青年母猪储备法管理系统**（替代了在需要时采购青年母猪的方式）的**3 家猪场**（2 家为父母代种猪场，1 家为它们的核心种猪场）调整前 1 年和调整后 1 年的生产成绩对比

猪　　场	调整前			调整后		
	A	B	C	A	B	C
平均存栏母猪数（头）	370	120	800	368	126	830
母猪更新率（%）	38	37	42	39	36	43
每头母猪每年非生产天数（d）	37	41	35	34	37	34
周断奶仔猪数（头）	164	48	336	163	50	349
每头母猪药物费用（欧元/头）	21.60	14.62	27.91	14.71	11.25	16.98

　　点评：非常遗憾，试验组较对照组在断奶仔猪数上稍有提高但无明显差异，或许是因为各场的繁育母猪群非生产天数控制得相对合理的原因。但是我们可以明显地观察到，母猪疾病困扰有了明显的改善，这一结论被以前完全依赖于购买青年母猪的 2 家种猪场药物费用显著减少所证实。青年母猪的管理转为储备法也意味着青年母猪在进行配种前会在猪场内饲养更长的时间，因此它们对繁育群内现有的流行疾病会有一个更渐进的适应过程（平均 37d，隔离后 3d，以前为 24d）。

奇怪的是，它们的断奶仔猪产量较早先的成绩仅稍微提高，而我一开始担忧会下降。然而，母猪的生产寿命（Sow Productive Life，SPL）在将近第 3 年的年尾由 3.9 胎延长到 4.86 胎，至淘汰时母猪的断奶力（weaning capacity）由原来的 293kg 增加到 363kg。这也意味着猪场在采用青年母猪储备法后每头母猪的生产能力增加了 24%。

（一）潜在利益

这一方法同样也将使母猪的更新每年降低 17%，这缓解了猪场的现金需求压力。同时也改善了青年母猪储备栏内的拥挤状况：由原有的 8 头降低到了 6 头，由于应激的缓解这也将直接改善猪以后的生产性能。

有趣的是，这一现象发生在所有 3 家猪场，并不奇怪，因为饲养密度过大在东欧较为普遍。

青年母猪储备群也是一个非常有用的聚焦地，可以利用 PG600 使青年母猪转向批次分娩系统。

像全进全出制一样，青年母猪储备在现今也会变得非常重要。

（二）但是青年母猪储备的费用如何！

经常听到这方面的疑问。虽然要在任何繁育场内建立一个青年母猪储备群必然需要投入一定数量的成本，如新建一个猪舍的建设费是旧舍改造费用的 8 倍左右。我收集到的客户数据显示，在 12 年使用期计算每年分摊到的费用将使生产成本平均多增加 2%（1.4%～3.9% 不等）。额外的劳动力费用似乎比较恒定，使生产成本多增加 0.5%，总计使生产成本增加 3% 左右，这相当于目前一头断奶仔猪 50 英镑的成本再增加 1.40 英镑。

那么投资回报如何？

某个猪场可配种青年母猪的缺口达到 12%～15% 时，会给猪场造成每年 9% 的潜在生产量损失，相当于每头断奶仔猪的成本增加 7～8 英镑。这是一个惊人的数字，相当于新建一个按 15 年折旧/偿还期的猪舍。

十八、如何管理青年母猪储备群

青年母猪一旦达到 180 日龄，可以开始转群、混群以及启动用公猪诱情

每天至少进行一次查情工作，标记任何疑似发情的母猪并及时记录出现首次发情症状的日期。

像这样联合作业，当用一个尽可能短的时间间隔完成所有这些工作时，通常可以形成一个能够同步发情的群体，同时发情症状较弱的猪会更加明显，这是非常有用的。

如果需要，孕激素抑制剂的使用也是进行同步发情的一个有价值的工具，当然这是对批次分娩而言（请参阅相关文献）。

坚持用彩色编码喷涂标记法、用不同的颜色表示 3 周中各周内这些同步发情的猪，特别是一些持续配种的猪场。

无论你采用批次分娩还是连续配种系统，这也能帮助你计划每周用于配种的群体，并使饲养人员更容易了解不同批次猪的方位。

如果对你的员工而言这种烦恼因素太多的话，采用批次分娩及批次断奶体系将使工作更便利。可以参见"批次分娩"一章。

十九、现代青年母猪的饲养

我有一种不安的感觉，即母猪和青年母猪营养的进展并没有跟上遗传育种上的改良步伐。然而，青年母猪的饲养似乎正在追赶上来。

在开始撰写本章前我就明白这一点，因为以下的图表数据均是我通过多位权威的学者、动物营养专家以及育种公司顾问收集而来的实例数据。

当然，对于科学从业者来说，研究成果不能与实际情况结合起来是可以理解的，尤其是横跨多个洲时，因为各洲的原料供应和成本、气候条件以及市场需求等均不相同。今年我参加了两个不同洲的养猪技术会议，两个会针对母猪日粮的建议竟也相距甚远。但是，由于学者间似乎对高产青年母猪的关注步调一致，我提供以下 4 个案例作为准则，但不提出明确建议，因为我常常被问到：现代青年母猪的饲料有什么不同？我现在饲喂的饲料正确吗？

（一）如何获取建议？

你应该考虑就你猪场的种猪营养向负责设计每日营养摄入量的猪营养师进行咨询，也可以与你选择的种猪供应商聘用的咨询营养师进行交叉检查。为什么需要这样做呢？因为我发现，根据设计日粮时可能需要考虑的市场，不同种猪品系具有不同的营养标准。

这些差异性尽管不大，但在营养师为你的猪场和市场环境设计个性化日粮和饲喂方案前需要考虑在内。

同样，明智的做法是咨询有经验的环境工程师，因为环境条件会影响猪的每日营养摄入量，因而会影响日粮的设计和其每日的采食量。他能够根据监控/测量完成这项工作——如何正确无误地使用现代猪种日粮设计正越发变得精密。

表7-7　首次配种前青年母猪的饲喂方法

体重（kg）	日粮	DE（MJ/kg）	赖氨酸含量（g/kg）	饲喂量（kg/d）
当时标准				
25～60	生长1	14.0	12.0	2.5～4kg
60～100	生长2	13.5	6.0～8.0	2.5～4kg
100～136	生长2	13.5	6.0～8.0	3.0～4kg
推荐的新标准				
60～110	青年母猪培育料	13.5	8.8	2.5～4kg
110～136	青年母猪培育料（同上）*			3.0～4kg**

* 有些家系可能需要采用青年母猪哺乳期日粮（表7-9），因为这些新培育的青年母猪食欲比以前的小得多。

** 至少一家育种公司推荐饲喂高达5kg/d。

两种情况强调了在必定接受普遍化前咨询种猪供应商的重要性。

这方面似乎有很多不同的观点，我对于第一个妊娠周期内的个人见解请参见表7-8。

表7-8　青年母猪怀孕期间饲喂

当前建议			今后的建议		
体重（kg）	日均提供		体重（kg）	日均提供	
	消化能（MJ/d）	赖氨酸（g/d）		消化能（MJ/d）	赖氨酸（g/d）
130～225	26 增加到 36	6.0～8.0	135～230	40*	14.0～21.0

* 这些均取决于猪的品系，尤其是食欲和生产性能，当然，环境温度也很重要，尤其在炎热地区的国家，在日粮能量配比中可添加更多的脂肪。请咨询营养师。

请记住，青年母猪的体况是异常重要的，并在胚胎着床期间不应该过量饲喂；另外，在分娩前的10～14d可以增加饲喂量，因为大部分第一胎胎儿在妊娠后期的生长发育将会非常快，因此青年母猪培育料应该贯穿于第一胎的整个怀孕期。

那么，青年母猪培育料有什么不同？它能使脂肪和瘦肉在青年母猪体内高速沉积，含有高水平的钙和磷，还含有一些会影响繁殖的微量养分，如维生素E和有机硒，并添加各种有机微量矿物质和一些对形成天然免疫力有帮助的物质，如益生元和低聚糖，最后加入霉菌毒素吸附剂，因为其中一些霉菌毒素会影响敏感母猪的繁殖能力。

无论生长后期的日粮还是干母猪日粮，有些养分发生了改变。

（二）肌肉过度发达的青年母猪

在撰写本章时，一家研究机构指出，日粮含较高水平的蛋白会导致头胎母猪肌肉过度发达，延长分娩时间，降低产活仔数。

目前，我还没有在上市的青年母猪品系中发现此类问题，但值得注意的是，应该做进一步研究证实。

（三）青年母猪的哺乳期日粮

在编写本文时建议的最新青年母猪哺乳期日粮设计升级版是相对（针对能量而言）提高赖氨酸水平——至今为止在使用母猪哺乳期日粮时这是非常普通的措施——和用更多的赖氨酸来支持其氨基酸体系。这被认为可以提高青年母猪的泌乳量，并减缓（部分）这些现代青年母猪食欲逐步减少的潜在发展趋势，以支持当今高产青年母猪实现更高产仔数以及初生窝重。

借助熟练的教槽饲喂和其他措施的协助，帮助青年母猪提升哺育能力，这有助于防止第二胎性能滑坡，并最终延长它的生产寿命。

表 7-9　青年母猪哺乳期日粮

现有建议		未来建议	
13.0～13.5 DE MJ/kg	赖氨酸 6.0～8.0g/kg	14.5 DE MJ/kg	赖氨酸 12.0g/kg

资料来源：Close、Campbell、Challoner、Gill、Hardy、Mavromichalis、Moore、Nicols 和 Tokach 的出版物和著作。

二十、青年母猪的饲喂方案概述

图 7-10 列出了从青年母猪选育到第二胎怀孕期间的饲喂方案指南，该指南能成为与你的猪营养配方师和青年母猪供应商开展讨论的基础。

它包括饲喂青年猪和该年轻母猪的三个关键领域：

足够长的导入期可增强青年母猪的免疫力，并使繁殖机能的发育能够跟上青年母猪快速生长的能力。

利用青年母猪储备群可以确保持续拥有处于适宜配种体况的青年母猪，同时还能适应分胎次饲养的新技术（参见"分胎次饲养"一章）。

遵循由早先研究建立起来的高峰及低谷期的每日建议采食量。

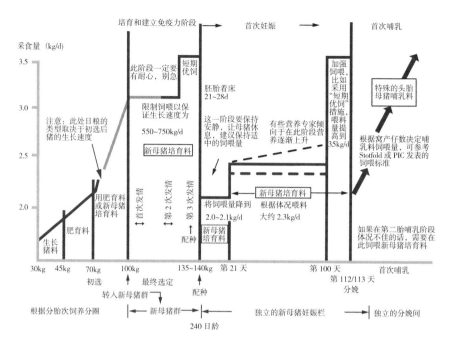

图 7-10 从青年母猪选育到第二胎怀孕期间的饲喂方案指南

二十一、重新学习新技能——代养母猪

我将这一主题归入"青年母猪"一章，因为这是可提升母猪—无论是青年猪还是生产母猪—哺育一个非常大家庭的能力的另一种解决方案。在编写这一章节时，代养母猪正在卷土重来。

（一）为什么需要使用代养母猪

较差的仔猪。毋庸置疑的是，很容易受到攻击的较小青年母猪拖了猪场生产成绩和利润的后腿。由于要使它们活着出生已经花费了很多的时间、精力和金钱，就像花在其同窝强壮的仔猪上一样。那么接下来所要做的工作就是花费相对多的努力来确保这些猪能够良好地存活，并确保它们在今后的生长曲线上有一个良好的开端。代养母猪可以帮助体重（体质）较轻（较弱）的仔猪在同窝其他强壮仔猪转移到寄养母猪时，它们被留下持续吸吮生身母猪乳汁后生长发育能够追赶上来。

泌乳过多的母猪。代养母猪不仅仅可以一方面来帮助那些无力抚养的母猪，以帮你获取更多的利润，同时代养母猪的概念也成为一种新的理念用以解除那些窝产仔数太多母猪的"包袱"，这也是一种快乐的烦恼，因为随着遗传育种的进展、更多的精准饲养和管理技术的飞速发展，有时候分娩舍会达到一种令人尴尬的情况——提供的断奶猪数多得原有的圈舍无法容纳。

早期断奶。虽然北美养猪业已经从 12～14 日龄的极早期断奶上汲取了沉痛的教训，且目前青睐 17～19 日龄的早期断奶。但窝产仔数较大带来的问题和较轻初生重伴随的风险仍存在于每一家猪场中，使断奶体重介于两者之间更有可能。一个经良好规划和深思熟虑的代养母猪方案能够很好地缓解这种趋势（尤其在一些偏爱早期断奶的国家），因为此方案通过帮助一些体重偏轻的仔猪获得多一点的哺乳时间、活力和更好的免疫保护力以抵挡此类早期断奶造成的创伤，从而能在生产性能上提供一些喘息空间。

（二）缺点

1. 有些人告诉我："这种方法是不可行的"，"你总是告诉我们让这些母猪尽快再配种，在这里你却建议我牺牲一些泌乳最好的母猪，停止生产 3～5 周，而此时是它们应该用来生产仔猪的时间。"

但是你可以从另一个角度来思考，在选择得当的情况下，一头优秀的代养母猪花 3 周左右的时间（或如果你想给它再来一批，则所需时间会更长一点）接管（比方说）10 头剩余的或弱势仔猪（或者一些强壮的仔猪，以使体弱仔猪留存在生身母猪边有更好的充分哺乳的机会），因此让体重较轻的仔猪生长到一个合适的体重和状态，随后断奶。

许多年前，有人告诉我"窝内个体最小的仔猪会抵消由个体最大仔猪带来的利润"。如果我的记录要是还靠得住的话这确实是事实。因此，断奶时这类弱仔的数量越多，你获得的潜在利润空间就减少得越多。代养母猪可以显著减少这些小体重仔猪的数量。

如果你像培育任何正常母猪一样饲养、繁殖代养母猪，那么，如果你运气好，经过整整一年可以实现窝产 11 头断奶仔猪或每周 0.5 头断奶仔猪。太棒了！但使它临时承担 3 周哺育职责（或如果你喜欢，可让它负责更长的时间，再让它负责第二批弱仔的哺育），然后它会成为一名至少哺育 10 个多余或弱小仔猪的代养母猪，它不仅使那 10 头弱小断奶仔猪能够加快生长，而且利用这种方式，它在它自己的生产期内每周培育了 3 头仔猪而不是半头仔猪。

2. 怀疑者说："但是，在哺乳它自己的窝产仔猪后，它耗尽了自己的哺乳能力，然后下一窝也一样，且如果它重复此过程很可能再下一窝也如此。"如果你正确选择了代养母猪且管理得当，这种情况很少会发生：一头代养母猪应该是性情温驯、产奶量高且食欲良好的母猪。这样的母猪即使在它自己分娩一个月后产奶量可能会轻微地下降，随后会恢复至 14 周的最大泌乳量。它不可能损耗太多的体况危及再繁育的，除非它身为"速食餐馆"的工作已完成！总之，在野外 14 周的泌乳期是相当正常的。

（三）选择合适的代养母猪

查看窝活产数高的证据，一个理想的基准是寻找它们早先所产全部窝产活仔数的记录。代养母猪应该是一头产乳量高的母猪，且其所有乳头应全部为有效且生长位置得当。它们还应该有温驯、安静的性情，在哺乳期尤其在温暖气候条件下（此时可以用液态饲料调整其食欲）有良好的食欲。

1. 选择方法

在选择代养母猪的"双移动"法和直接法两种方法中，我更偏爱直接法，因为它操作特简单。双移动法还涉及一头中间母猪。在所有猪场作业中，我经常发现最简单的工作总是完成得最好的。

在直接法中，转移给代养母猪的仔猪在移交给刚断奶的代养母猪前至少要从其生身母猪处获得 10h 的初乳哺乳时间。一旦代养母猪自己的仔猪移走后，新的仔猪就要到位。此技术效果最好，且如果较强壮的仔猪被移走后最容易操作，因为这可以让潜在的小体重虚弱仔猪留在其母亲身边，同时可更为便于它们找到母猪的乳头。当然，不言而喻的是不要将剩余的"强壮仔猪"与同窝被转移的任何弱小仔猪混群。请记住将这两种类型的猪群分开饲养，因此请事先详细计划。"移走最大/留下最小仔猪"的原则是最佳的操作方法。

2. 转移建议

可通过用微湿但不是潮湿的布料（不能使用洗涤剂/消毒剂，仅用水弄湿即可）涂抹代养仔猪身体（该布料刚刚以同样的方式涂抹了代养母猪的仔猪，而不是代养母猪的乳房）来打乱母猪的嗅觉：将它自己仔猪的气味转移到新仔猪的身上，以提高代养母猪的可接受性。代养母猪似乎不会察觉新的仔猪个体小于原来的仔猪，但小心起见，代养母猪仍采用其指定的饲料——我们可在其饲料中添加一点点教槽料，甚至偶尔可以添加一罐啤酒。如果需要，你可以给代养母猪提供一些谷物秸秆或干净的干草，让其转移后玩耍，分散其注意力。

如果分娩舍采用全进全出制——应该采用，那么代养母猪将必须转移到另一栋猪舍中，或一个特定的代养母猪专用猪舍中。这些干扰措施能更加有效地分散代养母猪的注意力。

因此，代养母猪的断奶应比同批母猪的断奶稍早些进行，我的建议是提前10~12h。这样新的寄养仔猪能转入一个被完全占满的分娩舍中，随后当其余母猪断奶并移到配种舍时，代养母猪及新转入的仔猪以一个家庭的方式转移到新的环境中。不应等到母猪断奶转移后才转入寄养仔猪。

未来—由仔猪"救援仓"接管吗？

说了这么多，代养母猪会有一个长远的生产寿命？我们现在已经重新配制了与母猪乳一样质优，且如果饲喂时注意卫生能够稳定消化的乳品。

现在，在过去的数月中，专门用于仔猪饲养和饲喂的"救援仓"*已成功上市，作为经生身母猪哺育初乳4~5h后的仔猪的一种饲养方法，其有较好的应用前景。当然目前言之尚早，因为它们的价格不菲，但据说一个此类"急救箱"可以大约饲养从24头母猪转来的仔猪，这使得投资费用极为适当。

根据上文的注释，很明显现有的代养母猪系统需要技能、判断力和许多奉献。幸运的是，我在现今的种猪场见到了越来越多的"专业的"养猪技术人员——现代饲养员的新名字。他们很有能力使用好代养母猪这一概念，且他们乐于去做这项工作。

对未来的猪饲养员而言，仔猪急救箱*将是另一项有趣的开发。

参考文献

在此我感谢文中所列出的 9 位营养专家，感谢他们的研究成果以及他们耐心的赐教和指导。

BPEX（UK）Yearbooks 2009 and 2010 for economic data.

Connor JF. 'Gilt developer units' Veterinary Practice manual, privately printed（Illinois c. 2002）

Beckett, M. 'Cost of Weaner Gilts' Farmers Weekly, Feb 1994

Hughes，P 'Gilt Management to Maximize Lifetime Productivity' Austr. Pork Jnl.（March

---

*仔猪急救箱：自完成了本书撰写后，现在已经有大量的有关此概念在高产母猪和/或断奶前高死亡率的窝上非常有用的经济和生产性能的数据（参见"Pig Progress"第 28 卷）。如果按每 12 个分娩栏配置一个急救箱并每年使用 10 次，外加所需的额外劳动力和初乳后阶段所用特定饲料的成本，它的投资成本似乎很高，但是根据每次分娩额外救活 1.4 头仔猪得到的回报，一年内产生的额外支出回报率为10.8：1 和年投资价值（Annual investment value，AIV）为 21。这些回报使得代养母猪概念具有相当好的应用前景。

2001）．

National Hog farmer（USA）Blueprint 26（1998）'Gilt Pool Management'（Authors：Baas，Bee，Johnston，Levis，Grimes et al）．

Univ. of Illinois：Knox et al（Aug. 2008）Gilt Management-DVD presentation.

我非常感谢 Dr Grant Walling（JSR Genetics）对本章的帮助。

（冯细钢译　蒋腾飞校）

第8章
生物安全
——猪场需要真正落实的措施

生物安全包括为保护猪场、猪群和相关工作人员免遭疫病侵袭而必须采取的一切措施。

范围

因此，生物安全是一个大课题，不仅包括环境卫生控制（清洁和消毒），而且还包括防止疾病通过其他动物（猪场、家养动物和害虫等）、鸟类、人类、昆虫以及因天气、运输和空气流动、废弃饲料和污水、供水、排污、河流和尸体处置等途径侵入生产场所。最后，免疫接种、猪场的选址和布局设计以及猪群流动等都包括在内。

本章将重点介绍防止传染性疾病进入猪场的各项措施；阻止病原在场内找到立足点以进行增殖；并在可能的情况下清除它们。

一、目标

理想状况是将病原的流行水平降低至动物利用自身的防御机制足以与这些残留病原体抗衡的水平。没有一家猪场能做到无菌，所以目标是实现疾病威胁与机体有效防御之间良好的平衡。

动物依靠其有效的天然免疫力来实现这一目标，其结果会因年龄和健康状况、与病原微生物和有益或有害条件的接触程度而有差异。

研究和猪场的一般经验已经揭示了有关猪场应该"干净"到何种程度的一些提示。例如，一位专门从事此领域工作的猪兽医 Waddilove（沃迪拉夫）提出了一些目标（表8-1）。

表 8-1　空栏后的总活菌数（Total Viable Counts，TVC）

猪舍内状况	TVC/cm²
猪群刚清理出时	50 000 000
简单冲洗后	20 000 000
热水及重垢型清洁剂冲洗后	1 000 000
消毒后的目标	1 000

数据来源：Waddilove（1999）。

任何一位兽医都可为你评估总活菌数。你有足够的勇气请他为你这样做吗？并揭示出你的猪场存在的缺点吗？

二、猪场一般能够达到这个水平吗？

我表示怀疑——很少能够达到！在少数场合下我发现，即使是在采取了"突击"清理措施后进行棉拭采样，消毒前的总活菌数也已经达到 300 万个或更多，而且许多地方在消毒后，其总活菌数仍超过 100 万个，其中一个或两个样本甚至超过 500 万个。如果细菌总数没有得到有效减少，那么，变得很难杀死的病毒更不可能得到有效的控制。

在询问最认真的养猪生产者（如我过去所做的）时，他们大都会说："我们非常认真地进行了清洁和消毒"、"我们制订了一整套日常操作规程并严格执行"、"是的，我们现在执行'全进全出'制的生产模式"、"难道消毒剂不能杀灭所有细菌吗？"，等等。

当我针对他们实际所做的事提出几个问题时，在专家要求我们必须做的与生产者在猪场依然固有的操作之间出现了巨大的偏差（表 8-2）。

表 8-2　调查显示的 9 个遗漏点或错误

我在 4 年时间中调查了 119 位猪场主。结果如下：

- 2/3 的猪场在使用高压冲洗时不用任何清洁剂。嗨，伙计——这太可怕了！
- 虽然如此，在使用清洁剂进行高压冲洗的猪场中，有 52% 的没有使用热水高压冲洗。热水冲洗的效果最好。
- 在使用清洁剂进行冲洗的猪场中，有 3/4 的猪场没有使用自己场专用的清洁剂。（这是）不明智的选择——非猪场专用清洁剂不能充分去除油脂。
- 只有 2% 的猪场肯花时间去监测他们的清洗/消毒程序的有效性。

（续）

- 在消毒后用棉拭子采样的猪场中，有 9％的猪场残留活菌水平根本没有达到 1 000 个活菌/cm² 的控制目标或在此标准之下。——危险！
- 50％的采样猪场至少有一个样本的 TVC 超过 500 万个/cm²，——非常危险！
- 80％的猪场没有对饮水进行消毒，管道内壁黏糊糊的。
- 40％的猪场没有定期消灭害虫，大多仅做到"大约一年一次左右"。
- 90％的猪场只在疫情暴发后熏蒸一次，而不是作为常规操作。没有一家猪场对病毒可以存活的顶棚阁楼熏蒸。

即使这些代表了猪场主的态度，他们会因此令人满意吗？我不这么认为。满意意味着场主知道什么是正确的，但是因时间、劳动力、资金或疏于监控而失败。

在我看来，更可能的原因是：

- 未意识到疾病会对生产性能造成多大的损失。或许体重从 7kg 生长到 100kg 的饲料转化效率降低 0.3：1，种猪群每头母猪每年提供可售猪减少 4 头。是的，那是很多！有人告诉我，这些可能是最小的损失。

- 未意识到，假定以 2 年作为一个时间段，亚临床疾病——持续存在的、低水平隐性感染的持续影响——可能比暴发明显可见的临床疾病使你的损失更大，因为对后者，我们常常给予更多的关心，且在可能会发生的这段时时就采取了行动。

- 未认识到现代的病原体比其以往任何时候感染能力更强，更能迅速恢复活力，同时更致命，所以需要高效的清洁剂、消毒剂才可以杀灭。

- 消毒前未进行有效的清洁。曾经粉刷过猪舍的外墙吗？我相信你有做过。以往失败的经验告诉你，这是一个为产生持久效果而进行的表面工作，没有对随后要用涂料的使用方法或涂层数进行更多的关注。同样，消毒前的预清洗已经失去应用的效果。我们没有进行充分的清洁，所以不可能彻底的消毒成功，结果对疾病的控制也会随之失败。

目前，我们有效果更好的杀病毒剂（杀病毒），但他们的作用往往会被猪舍中残留的有机物和沉积的脂肪中和。

这些新病毒在其周围拥有一层具有较强保护作用的生物膜——它们已经发生了改变，因此能够更好地存活。那些"原有的"消毒剂，如酚类和季铵盐，不能穿透这一层保护膜。较新的氧化类消毒剂（如过氧乙酸、过氧化物）能够更有效地穿透生物薄膜，且具有生物友好性——一个有用的附带奖励是如果按建议的稀释浓度使用（雾化），猪甚至可以将气体吸入，会对肺部感染产生有效的治疗作用。这种消毒剂也可谨慎加入猪饮水中。在实施这两种应用前，请咨询兽医。

然而，新的消毒剂往往会因材料表面积聚的有机物而削弱了其消毒效果。此外，猪舍表面黏附的脂肪和油脂，可以使任何消毒剂更难发挥作用。目前，营养学家在泌乳母猪、幼龄仔猪和保育仔猪日粮中添加更多的脂肪，因此，在所有与饲料接触的设备表面都沉积了对病原体有保护作用的油脂层。

必须清除这些病原体的保护屏障，以通过消毒程序获得良好的病原体杀灭效果——在消毒前将病原菌减少至 10 万个 TVC/cm^2 的水平。想想看，如果在消毒前仅使用冷水高压冲洗，物质表面的细菌水平只可以从 5 000 万个$/cm^2$减少到 2 000 万个$/cm^2$，你可以看到你正给任何消毒剂留下的难题！此外，沃迪拉夫对此进行了非常简洁的表述。

"要理解这个问题，需考虑一下你要设法去清除的东西。它通常是一类干的、有强烈黏性的多脂物质。现在再回想清洗一顿多油脂晚餐后过夜存放的餐具的情景。用冷水几乎是不可能清洗干净的，用热水也很难清洗干净，但使用洗涤剂后会变得容易得多。那么，为什么大多数猪场主在高压清洗时只是使用水（常常用冷水）而不使用清洁剂呢？"

——Waddilove（1999）

是的——消除这些保护屏障需要投入资金。如，稀释的重垢型清洁剂每平方米的成本可能高达最高效的家用（厨房）消毒剂的 6 倍，但是这是值得的，在猪场的生产环境下它们能够令人满意地杀灭病原体。

三、预清洁是极为重要的

在过去的 15 年里，由于针对更好消毒剂的研究被媒体突出报道，预清洁的重要性已经被边缘化。现在，相关文献已转向重视预清洁，但一些猪场主在执行首先彻底清洁的建议上行动太慢。

预清洁检查清单

✓ 断电。
✓ 移走所有可移动的设备。
✓ 打开所有难以接近的区域——风扇通风槽等。
✓ 尽可能多地物理清除所有接触面的有机物。

✓ 彻底冲洗掉漏缝地板下储粪坑和排污通道中的污物。

✓ 使用经认可的去油污清洁剂，软化污染的表面。

✓ 给予充足的时间（最短 20～30min）使污染表面充分吸收，但时间越长越好（如果清洁剂中表面活性剂的成分较高，一定要在表面活性剂与有机物结合前用清水冲洗——译者注）。如果可能的话，吸收半天。

✓ 用 500PSI（最大值）高压热水冲洗整栋猪舍（除去所有的油脂痕迹）。水温必须在 70℃或更高。

✓ 全面检查。

接下来，确保你使用了符合要求的清洁剂。采用发泡方法更可取，因为可以掌握清洁剂覆盖的区域。

检查清单——如何选择一个符合要求的清洁剂：选择要求清单

✓ 清洁剂必须经过农场的批准。必要的条件是：

✓ 能够在猪场所有物体的表面发挥良好的功效。与城市工厂不同，猪场中的物体表面有许多种类，其中有一些是半多孔类表面（如混凝土、塑料和一些金属）。这种差异使得使用专门为猪场设计的清洁剂产品变得更为重要。重垢型配方是基础，例如，其清洁效果强于餐饮业所使用的清洁剂。根据我的调查，18%的猪场使用一个知名品牌的餐饮业用清洁剂，"因为很便宜"。

✓ 使用重垢型清洁剂，更容易将裂缝和其他难以接近地方的污染物清除掉。

✓ 漏缝地板需要更彻底的清洁。漏缝地板表面集结的粪便在板缝之间更容易脱落。这对于杀灭大肠杆菌、蛇形螺旋体（猪痢疾）和胞内劳森氏菌（回肠炎）等肠道微生物尤其重要。

✓ 良好的除脂性能至关重要。看起来干净的表面并不意味着清除了所有的病原体。物体表面上的油腻层可增强长链脂肪酸分子对微生物的保护作用。重垢型碱性配方有助于消除这种保护作用。这一点很重要，因为效果更好的较新的杀病毒剂对受到油腻层保护的微生物消毒效果不太好。

✓ 如果时间有限，则这极为重要——重垢型清洁剂能够更快速地发挥作用。

✓ 使用的清洁剂不得影响随后使用的消毒剂的活性。这突出了使用一个充分集成的清洁消毒方案的重要性。如，Du Pont 公司（杜邦动物保健公司）的猪场生物安全计划，那时专门选择有兼容性或在某些情况下能够有协同作用的产品（来保证设计的效果）。

✓ 理想的做法是，应借助于现有的设备，以最少的改变实施生物安全计划。

✓ 发泡对清洁会有帮助。发泡可延长清洁剂与污染物的接触时间，而且还能让操作人员看到哪些地方应用了清洁剂。发泡可减少清洗浸泡和高压清洗阶段所需要的用水量。较少的用水量可降低了成本，并可减少与处理过多废水有关的问题。

✓ 不会留下可以使地板打滑并可存留微生物的残留物，尤其是不应该有残留物累积。

✓ 它应该在硬水条件下能有良好的效果。

✓ 它应该对猪和操作人员没有毒害。

所有这一切要求都会增加符合要求的猪场专用清洁剂的成本。

四、正确清洁的价值/洗涤剂的使用

来自澳大利亚资料的表 8-3 显示了经过正确的预清洁后生长/育肥猪生产性能改善的情况。

表 8-3　预清洁本身可提升生产水平

猪群类别	消毒前清洁过的猪舍	消毒前未清洁过猪舍	增加幅度（%）
断奶仔猪	572g/d	500g/d	14.4
保育仔猪	736g/d	692g/d	6.3
育肥猪	671g/d	662g/d	8.1
从出生到上市	569g/d	530g/d	8.2

注：猪舍实施全进全出制。
来源：Cargill 和 Benhazi（1998）。

五、经济学分析

体重 6～90kg 阶段，日增重提高 39g 可带来每吨饲料可售猪肉增加 24kg。这相当于在普通猪价水平下，每吨饲料的成本减少了 15%，使用清洁和特殊生物杀灭剂（消毒剂）的额外成本占每吨饲料成本的 5%。因此，投资回收或额外支出回报率可实现3∶1，即使在养猪回报很低的时候。

六、消毒

我们现在应该有一个干净的、暴露的表面，总活菌数（TVC）为10万个/cm²或更少。将细菌控制在这一水平应该也能将病毒降低到了一个可控的水平。清洁的表面已经做好了消毒的准备，但猪舍的水箱、水管和饮水器也藏有病原体，同时贮藏间的空气，如阁楼，需要引起注意，防止二次污染，以及橡子之间等难以到达的地方。与使用老式消毒剂有关的问题有：

- 它们对一些较新的病毒消毒效果差，除非以很高的浓度使用。
- 由于具有一定的毒性，它们不能用于饮水线的消毒，或不能用作空间熏蒸消毒剂。
- 在对某些病原体进行消毒时，会有许多种正确的稀释比，且覆盖范围广。饲养人员存在错误使用的风险，也可能猪场主出于价格的原因做出决定，购买了不当的消毒剂。
- 有些老式消毒剂有毒性或刺激性（表8-5）。

消毒的检查清单

✓ 市场上的消毒剂种类繁多。

✓ 必须选择一款已被批准可用于你和你的兽医可能会遇到的疾病范围内的消毒剂。

✓ 在选择消毒剂时，或征询兽医的意见，或只从可以对你选择哪一种消毒剂提供建议的知名制造商处购买。

✓ 与选择消毒剂同样重要的是遵循已批准的稀释比例使用消毒剂，该比例会因疾病的状态而有所不同。一些厂家会配备一种简单的彩色试纸（如Du Pont公司），使你可以快速、方便地检查产品是否实现适合其用途的正确稀释。

✓ 同样重要的是覆盖率的说明。大多数人使用以200psi高压清洗机或喷嘴。管理者应根据应该被覆盖的表面积检查所购买消毒剂的使用量，如1个月的使用量。在英国暴发严重口蹄疫疫情期间给我报告的案例中，我根据用过和丢弃的罐怀疑，清洁承包商并没有完全遵循说明书操作，不是稀释比例不对，就是覆盖率有误……

✓ 检查建议的作用时间，以确保消毒剂能够充分发挥作用。

✓ 有些消毒剂在寒冷的气候下需要更长的时间才能发挥作用（表 8-4）。此时可能需要较高的浓度，所以需要与制造商核实在寒冷天气下的有效使用浓度。

✓ 如果有疑问或不愿意讨论所有这些需要关注的细节，那就使用过氧乙酸类消毒剂，最有名的就是 Du Pont 公司的消毒剂（Virkon® S），它们是一类强氧化剂，能迅速杀灭大多数病毒以及所有的细菌，尤其在你进行彻底清洁后。

表 8-4　消毒剂在冬季有效性分析

稀释比例（%）	温度（℃）	能够阻止细菌生长	
		甲醛	现代配方产品在指定的稀释比例下
1	20	是	是
2	10	否	是
3	4	否	是
4	0	否	是

表 8-5　消毒剂的一些属性

毒性	刺激性	腐蚀性	污染
氯	氯	酚	氯
酚类	酚类		福尔马林
某些碘	福尔马林		碘伏
福尔马林			
快速杀灭	持续时间长	杀灭病毒效果好	氯酚
过氧乙酸	苯酚	过氧乙酸和过氧化物	氯
过氧化物类		类最好，碘次之	碘伏
在有机物存在下的作用效果*			
最佳	中度		最差
酚类	过氧乙酸		氯
碘伏	过氧化物类		
福尔马林	季铵盐		

* 为了安全起见，通常用清洁剂预清洁。

七、消毒后应采取的措施

"空置"房舍

笔者发现，如果房舍内部表面在转入动物前已相当干燥，通常的房舍空置习惯（冬季3～4d，夏季2d）就没有必要了。

不幸的是，有些时候并非如此，所以给房舍一段时间的空置会大有裨益。这样才能保证房舍内表面是干的，干的，干的！

工业煤油空间加热器对于短时间内使房舍内部表面达到足够干燥非常有用，但需要检查漏缝地板及特别是能使热气流转向的墙壁裂缝。

再重复一次，与清洁完毕一样，检查物体表面的清洁度，如果有可能的话，定期用棉拭子对密切接触区进行采样以进行细菌检测。猪场兽医可以落实此项工作。目标值是1 000TVC/cm^2。

八、饮水线的卫生

饮水系统是病毒再次感染〔尤其是猪繁殖与呼吸综合征（PRRS），猪断奶后多系统衰竭综合征（PMWS）〕以及消化道紊乱细菌，如结肠小袋纤毛虫的重要来源。虽然已经使用季铵盐化合物（Quaternary ammonium compounds，QAC）进行消毒，但有机物（如水垢）可以使这些消毒剂失活。最好使用过氧乙酸类消毒剂，如Virkon S消毒剂。

饮水系统卫生检查清单

✓ 确定打算使用的消毒剂是推荐用于此目的的产品。

✓ 检查是否可以带猪消毒。如果带猪消毒，稀释比例将有不同。

✓ 确保饮水系统不堵塞。或者是否有饮水器严重漏水。

✓ 仔细阅读产品说明书。

✓ 给上水箱用药。终末消毒（舍内没有猪）时，消毒剂的浓度可以比带猪时给饮水线消毒时的浓度大很多。

✓ 对于终末消毒，要知道每个上水箱容积和与其连接的管道容量。保留（消毒剂溶液）30min，然后排空。与消毒剂制造商销售代表一起检查，因为我知道通常计算出入较大。

- ✓ 带猪进行水线消毒时，当然不需要如此高强度的活化阶段。处理的次数取决于猪舍内疾病流行水平（稀释比例要求也相同）。征求兽医或制造商的意见。
- ✓ 带猪进行饮水系统消毒时，要知道每只水箱的容积，为慎重起见可用稀释试纸再检查（浓度）。
- ✓ 日常的饮水处理可以根据气候条件，如在热带地区，猪舍饮水系统可能需要更频繁的消毒，尤其是上水箱。
- ✓ 不要把饮水消毒剂与饮水用药品混合使用。
- ✓ 给上水箱加盖，防止灰尘、昆虫等。
- ✓ 在高压冲洗猪栏时，注意饮水器下方。饮水消毒剂不能充分到达频繁密切接触猪嘴巴的饮水器表面。用手指感觉是否有滑溜/黏液样。

九、饮水系统的消毒

近日，刚刚从欧洲工作返回，我碰巧遇到两家猪场替换部分饮水管线，因此停下来好好地看了看废弃管线的内部情况。

他们真的把事情搞糟了，我肯定不会喝用这些管道输送的饮水！一直建议要定期对输水线路进行消毒，而这一次经历确实证实了这么做是多么重要。

幸运的是，一些产品可以用于此目的，如 Virkon（Du Pont）和 CID 2000（Cidlines）。

自我访问以来，每当与客户谈到这主题时，他们就会提出问题——"我如何测量供水管道中流过的水量，以便实现制造商建议的正确稀释比例"？我从60年前的大学笔记中找出了一些公式——当然以加仑为计算单位——并决定我最好还是找一些最近的信息。

喜爱迪以升为计算单位提出了下列公式：

$$r (cm) \times r (cm) \times 3.14 \times L (m) \div 10$$

$$r = 半径 (cm)$$

$$L = 长度 (m)$$

管道通常用直径描述，如：

直径 2.54cm 的管道（半径 1.27cm，半径是直径的一半）和 100m 的长度，这将是：

$$1.27 \times 1.27 \times 3.14 \times 100 \div 10 = 50.65L，或 0.5L/m$$

任何上水箱的容积需要加到这个管道容积上。

喜爱迪建议对处理的水在原位保留 4～6h 后再冲洗，并确保清除每一只饮水碗或水槽中的深褐色残留物。

水垢的另一个来源

来自饮水碗的叶/舌头的底部。我发现，饲养员常常不会用高压水冲洗饮水碗舌头的底部，因为在冲洗时需要将舌头稍微抬高一点才能够做得到。当我用手指检查刚刚完成消毒的保育舍饮水碗的下叶时，经常能发现有污迹斑斑、黏而滑的深色东西。这些污物能够使一种叫结肠小袋纤毛虫（*Balantidium coli*）的微生物躲藏在里边，据说它虽然不是一种会引发严重疾病的病原体，但可以导致仔猪肚子不舒服和食欲不振。

请记住：饮水系统也是疾病传播的一个源头，这一点通常被猪场所忽视。请将饮水卫生纳入到你的日常管理中。

十、空气熏蒸消毒

灰尘和微粒是病原体的"载体"，它们能将有害微生物直接运送至猪的口腔和肺，并可作为微生物繁殖的表面，尤其是在猪舍的上部表面，如天花板和阁楼。这些微粒可以进入到最小的缝隙，并在来自内部及外界的空气压力下改变方向持续流动，并释放出病原微生物，即使在建筑物、房间内表面经过了细致的清洁与消毒后。

（一）传统熏蒸技术的缺陷

常规的熏蒸是按 28m³ 的空间用 500mL 40% 浓度的福尔马林倒入 200g 高锰酸钾中进行的，随后需要封闭 12h，开门窗通气 8h 后才可使用，这一方法由家禽行业开发，效果好且成本低，但存在严重的缺点。

- 操作费力。
- 危险。
- 首先待熏蒸的表面需弄湿，密封所有的开口。
- 建议安排另外一人作为待命者。
- 动物不能在场。
- 防护服和口罩必不可少。

- 饲养员不喜欢这种操作。
- 需要高锰酸钾。如果购买的数量大，贮存不当时会因吸收空气中水分而结块。

（二）一个重大突破

当过氧化物类消毒剂出现且可以借助电动喷雾器使用时，上述大多数缺点都能被克服。如，在正确的稀释比例下，Virkon S 可以用于空气熏蒸消毒，不仅可用于终末消毒，还可用于带猪消毒。据认为，在有呼吸道疾病的猪舍，其以雾化形式现场应用很可能是有益的，即使在每天进行一次消毒的情况下。请征求兽医对此的建议。

利用这种先进的产品，福尔马林熏蒸消毒法的所有缺点几乎都消失了，但它比较昂贵。你的预算允许你这样做吗？下文我将列出一些准则。

（三）我们应该把熏蒸视为常规消毒方法作吗？

很少有具体的证据能够表明，几种猪病病毒如何轻易或有多少可以通过猪舍内空气（空气飞沫）进行传播，不过可以预计是极有可能的。常规熏蒸可能是一种值得用来杀灭空气中细菌和病毒的方法，并可以杀灭猪舍内较难接近的物体表面上可能存在的病原。

在英国，详细记录的熏蒸费用是每头母猪每年 2.50 英镑。此费用用于购买对所有物体表面和猪舍空气空间进行终末消毒（分娩舍 11 次/年，保育舍 5 次/年，育肥舍 4 次/年）的消毒产品，还包括喷雾设备和所有该参与此项工作的劳动力的成本。

由于一些病毒成为目前猪场利润的巨大掠夺者，导致的损失从猪瘟（Classical swine fever，CSF）的每头母猪每年 500 英镑到伪狂犬病（Aujeszky）的 168 英镑、传染性胃肠炎（TGE）的 124 英镑、地方流行性肺炎（Enzootic pneumonia，EP）的 100 英镑、引起繁殖障碍病毒（Infertility viruses）的 75 镑，而每头母猪每年花 2.50 英镑的熏蒸消毒费就可以避免这些问题的发生。

依据这些潜在的损失，在我看来，鉴于病毒对我们的攻击如此无情，每头母猪每月 21 便士的熏蒸费用是值得的。

十一、石灰粉刷

石灰粉是另一个古老的并行之有效的消毒产品。硬地面经过清洗和消毒后，用石灰水对接触面进行粉刷，形成一层厚度像薄沙拉酱一样的涂层，使之变得干硬。

购买消毒剂的检查清单

这些说明可以在计划购买任何一款消毒剂前用作检查清单。

为什么过氧乙酸、氧化类消毒剂以及基于戊二醛的消毒剂在消毒效果上领先了一步？

✓ 有效性。在测试试验中可以杀灭数百种细菌和病毒，包括已知会引起猪发病的所有重要细菌、病毒和真菌家族。

✓ 稳定性。非常稳定，确保其拥有长期的杀灭能力。

✓ 生物友好性。产品最终降解为水、氧气和二氧化碳，所以不会对环境产生威胁。

✓ 有机物的挑战。在有有机物存在时仍可很好地发挥作用。

✓ 低温下的有效性。许多消毒剂在冬季都必须增加浓度才能有效杀灭病原。过氧乙酸和氧化类消毒剂在建议的高稀释比例下仍能在寒冷的天气中杀灭病原。

✓ 注意：消毒剂的成本比较：始终根据相对于已得到批准的稀释比例和建议的表面覆盖率的消毒能力对消毒剂进行比较。那些每桶价格看似昂贵的消毒剂，在换算成每平方米的消毒成本后往往更便宜。

✓ 污水和蚯蚓。如果按产品说明使用，即使按严格的欧盟标准，消毒剂也对污水处理及土壤中的蚯蚓不能构成威胁。

✓ 腐蚀性。它们对金属、橡胶或塑料没有腐蚀性。

✓ 对动物安全性。一些消毒剂可用于带猪雾化消毒和饮水消毒。

✓ 对操作员的安全性。最大暴露水平可以高出其他消毒剂 40 倍——如戊二醛。

　　水泥涂料和酚类消毒剂是另一种组合。在有实心地板的老式分娩栏特别流行，甚至分娩栏杆用家用软刷涂上一层。48h 后已处理的表面干燥变硬，在分娩栏的表面形成对动物无伤害的防腐层。该技术现在仍常见于炎热（干燥）、缺水的国家。

　　然而，只要可能，生产者应该使用本节中介绍的现代技术，因为熟石灰与现代清洁与消毒剂不匹配（即使在 45mL 石灰水中加入 30mL 苯酚消毒液）。

十二、为什么现代过氧乙酸/过氧化物类 消毒剂对病毒尤其有效？

病毒具有由以下成分组成的外保护层：

- 一层脂肪层。
- 一层膜。
- 膜粒或蛋白质的结构。

保护层内是一个衣壳或内壳层，后者则包被着含细胞核的 DNA。

该衣壳的组成：

- 病毒壳微体；蛋白质结构，以保持和支撑核。
- 一层膜。
- 核本身。

消毒剂必须侵入这两个保护层并摧毁它，或造成核功能障碍。

有四种"武器"以确保做到这一点：

1. 表面活性剂。表面活性剂能够溶解外侧的脂肪层，并协助攻击病毒壳微体和壳粒层中的蛋白质。

2. 有机酸。有机酸也能攻击这些蛋白质层。作为有机物，它们都没有腐蚀性。

3. 氧化剂。氧化剂能够穿透刚损坏的蛋白质结构，到达细胞核，即使是在低温条件下。

4. 缓冲剂。缓冲剂可以提高环境的酸度，进而增强杀菌效果，同时也可降低硬水和有机物质的中和作用。

这些新的高级消毒剂是由多种精心选择的化学物质复合而成，每一种化学物质可特异性地破坏病毒结构的一部分。病毒不仅是一种小的生物体——小到很难命中，而且许多都十分坚硬并具有很强的抵抗力（如恶性致病病毒）。

十三、它们的工作原理——简单总结

消毒剂中的表面活性剂找到病毒后打开它的外壳膜，为使其他两种成分（有机酸和氧化剂）攻击细胞核做好准备，而缓冲剂可以避开有机物等的防守（以确保消毒剂的杀菌功效）。

更简单、更便宜的消毒剂只能以较慢的速度完成部分消毒进程。

十四、对每一样东西必须使用过氧乙酸/过氧化物类消毒剂吗？

不一定，不过有这种倾向——我认为这是值得称道的——为简单起见，只使用一个或最多两个经过批准的产品，并避免在混合和应用时出现错误。也有一句谚语"防患于未然"。

以下是普遍认可的关于消毒剂选择及应用的建议：

病毒感染：过氧乙酸、过氧化物类或碘伏和戊二醛。

脚踏消毒盆：碘类消毒剂，或如果不能频繁更换——过氧乙酸。

熏蒸：过氧乙酸。

洗手消毒：季铵盐和肥皂。

饮水消毒：过氧乙酸。

混凝土表面：酚类。对于非常粗糙、破损的户外物表面，使用油基苯酚。

装猪台：过氧乙酸或过氧化物类消毒剂（因为不知道会被传入猪场的是哪些必须申报的传染性疾病，所以选择尽可能广谱的消毒剂是明智的）。

运输、收集工具：过氧乙酸，考虑最小腐蚀性的特点。

十五、饮水线的消毒

我在海外参观期间，偶尔会看到猪场工人正在拆除猪饮水管道部分，我总是会对管线内部稍稍地检查一下。

我当然不会饮用很少消毒，甚至根本不消毒的管道送来的水。幸运的是，现在一些产品可以清除管道内的生物膜（一个我所见到的文雅的名称），你可能喜欢用这样一个公式估测一根运行水管中的水量——以达到所用产品推荐的稀释比例。

一位制造商提供了第 178 页的计算公式。

十六、现代卫生措施的成本和回报

当然，这些质量更好的清洁剂、消毒剂成本更高，即使在能保证其消毒效果的高稀释比例下成本仍然较高。此外，再加上预浸泡、热水高压冲洗、熏蒸、饮水消毒和重新启用前的彻底干燥等的额外任务。

十七、所有这一切都值得吗？

我们必须同时利用农场和实验室试验来研究这些典型的结果，并赋予他们一定的经济利益。那么，对额外投资外的成本必须更新应对对策，以符合最新的可利用建议。

表8-6是基于17项比较试验（11项在农场，6项在实验室进行），其中16项试验的猪没有任何特定的或明显的疾病。

这是很重要的，因为良好的生物安全应该能够降低临床疾病的暴发率，带来的好处可能会大得多——很可能是其付出5倍之多。

十八、正确实施生物安全的成本

因此，如果这些能带来潜在的益处，那么，细致的卫生体系所需成本是多少？

表8-6 采用良好的生物安全技术后获得的收益

参考文献	试验类型，基本细节	育肥猪的计算值（与对照组或以前的做法比较）
Cargill 和 Benhazi（1998 年）	全进全出猪舍消毒前用清洁剂清洁	+3.37 欧元/头
Overton（1995）	沙门氏菌疫情得到控制	+4.17 欧元/头
Jajubowski 等（1998 年）	用过氧乙酸取代氢氧化钠消毒	+9.50 欧元/头
Sala 等（1998）	完全执行 Du Pont 公司的方案 v. 碘制剂	+2.27 欧元/头
Sala 等（1998 年）	完全执行 Du Pont 公司的方案批次消毒 v. 只用于终末消毒	+6.17 欧元/头
丹麦 NCASHP（nd）	部分 v. 全部的生物安全程序	+8.22 欧元/头
Du Pont 公司试验(G&M,1999)	调整为全进全出并更新消毒剂，第 3 批后的结果	+7.72 欧元/头
Gadd（1994—1998 年）	10 个客户更新为充分生物安全方案后的平均值	+6.08 欧元/头
	平均：所有结果平均	+5.94 欧元/头

假设前提：

体重范围从 6～90kg 到 30～100kg。

最后 14～21d 的采食量范围 2.2～2.25kg/d。

育肥饲料价格 200 欧元/t，约是欧洲当前成品猪价格的 1.9 倍。

屠宰率（killing out percent）标准为 73％。采用生物安全措施后增加的收益 5.94 欧元，大约占当前屠宰猪值的 5.3％。

　　我在表 8-7 中对此进行了分析，并继续就迄今为止此项试验研究给猪场所增加的收入以及节约的成本进行说明。

　　采用合适生物安全增加的费用可分为目前使用的材料（即杀病毒剂而不仅仅是杀菌剂）的额外成本，现在被认为是重要任务（即使用重型清洁剂进行的热水高压冲洗、熏蒸空舍空间和消毒饮水）增加的额外费用和所有这些作业需要增加的额外劳动成本。表 8-7 首次尝试把所有这些因素汇总到一个表中。我之前尚未见到有人做过此类工作。

　　如果根据表 8-6 中引用的试验执行一套完整生物安全方案得到的预期收益是 5.94 欧元/头，那么额外支出回报率（REO）就是 5.94 欧元÷0.34 欧元或 17∶1（表 8-7）。通常一个良好的生长促进剂至多获得 6∶1 的投资回报，故这将正确的生物安全措施纳入了高回报的愿景——事实上，是一桩很不错的买卖。

表 8-7　适当的生物安全——成本分布图

数据基于地面大部分为实心地板或漏缝地板的分娩－肥育场猪舍内表面积、劳动力、生产 100 头肥猪（分娩至育肥结束）公认所需材料。包括 4.33 头种母猪（每头种母猪每年生产 23 头肥猪）所需要的繁育舍饲养面积。

材料支出	正确的生物安全方案	现在做的或经常不做的	正确行动的额外成本
清洁剂	12～19 便士/头	不用洗涤剂	12～19 便士/头
消毒剂	2.3～3.2 便士/头	1.0 便士/头	1.3～2.2 便士/头
空间熏蒸	1.0 便士/（头·次）	很少做	假定 4 便士/头*
饮水消毒	2.7 便士/（头·次）	很少做	假定 5.4 便士/头**

* 基于每年处理 4 次（如，每一批次结束后进行）＝4P 每头猪的栏位/年。
** 基于每 6 个月净化一次。

上述操作的劳动力成本再加上设备的折旧费用		
清洁劳动力	没有区别，仅仅高压冲洗	—
热水高压冲洗	蒸汽成本超过 8 年 1.60 欧元/100 头猪	1.6 便士/头
消毒用劳动力	没有区别	—
空间熏蒸	1.30 欧元/100 头猪	1.3 便士/头
饮水卫生	0.65 欧元/100 头猪	0.65 便士/头
清洗装猪台	无明显差异	

总计：每头可出售肥猪额外的生物安全费用 26～34 便士（每头猪销售价格的 0.5%）

资料来源：材料价格，Du Pont（英国）提供援助。

点评：这些额外费用是按照生产商推荐的稀释比例和表面覆盖率使用最新批准的材料进行正确操作时产生的；不是由包括兽医费用在内的多个来源的总卫生费用，声称每头育肥猪的费用 1.00～1.25 英镑。

以下结论表明，正确的卫生操作成本不是昂贵的。

十九、经济计算得出的结论

- 花费不多但正确的生物安全措施能够产生非常可观的回报。
- 在将猪舍内的猪清空后，可以进行两项极少涉及的工作——饮水系统和猪舍空间熏蒸消毒，以清洁一些难以接触的区域。包括劳动力成本在内，这些操作增加的支出不到 12 便士/头。
- 猪场主往往舍不得投入额外的劳动力做这些额外的工作。其实，只需5.4％多一些。一些生产者和我进行了仔细的衡量，并得到这个平均数值，我们对成本的低廉程度感到非常惊讶。
- 猪场主经常抱怨高效实用产品的成本太高，但这类产品仍然低于36便士/头肥猪(或占生产成本的0.6％)。当然，这比单独使用一种简单消毒剂的成本高出三倍以上——但如表8-7 表明，它应该能给你额外支出成本 17 倍以上的回报。
- 猪场主说，他们只是没有足够的劳动力去应对这一工作所需的额外时间。那么，他们也许没有能正确地优化劳动力的分配。17∶1 的回报使得这项工作和其他具有潜在价值的至关重要的劳动任务同样重要——产仔、饲养、断奶。

事实上，稍稍将工作重点放在落实正确的生物安全是获得更多利润的重要途径之一。我强烈建议所有养猪生产者与他们的兽医阅读此内容，并重新评估在当前情况下执行生物安全、他们目前所用产品的充足性以及对此进行全面彻底的判断究竟会有多大的麻烦。

你可能会为节约每 1 欧元的成本而损失 16 欧元的利润。说得够多了吗？

二十、车辆和运输

过去在英国严重暴发的猪瘟和猪口蹄疫疫情证明了定期进入猪场的车辆是一种多么危险的疾病媒介物。

下文我将列出自己事先得出的结论和建议：

猪场生物安全检查清单

✓ 猪场应该在其场外配置用于装卸猪、饲料和其他物料的设施。运送/收货的车辆，包括销售人员的汽车，甚至是兽医的车辆，不应进入猪场生产区，或者只允许进入设有独立进出口并配置附属清洁消毒设施的生物安全区域。图 8-1 显示了一个拥有理想生物安全的猪场布局建议图。尽你所能采纳更多的建议去规划猪场。

✓ 猪运输车辆如果没有由买方/卖方生物安全监督机构批准的采购机构/供应商签发的证明，若需进入，应在停靠猪场前得到彻底地清洁和消毒——包括车辆的内部、底部和外部。这些组织将培训和任命生物安全检查人员作为日常工作。

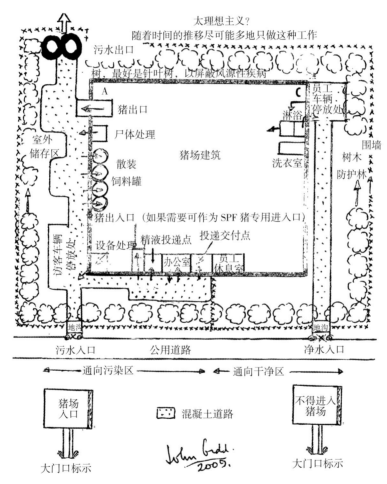

图 8-1　可使猪场感染最小化的生物安全布局
（根据 PIC 公司的建议修改）

✓ 除此之外，每辆车必须有备查的书面装货记录。

✓ 禁止司机协助装、卸猪。

✓ 法律规定任何驾驶运输车辆的人不得将猪停留在其他任何地方。对此立法是误导。

✓ 所有屠宰场、交易市场、饲料厂和商品猪繁育公司必须投资建立符合要求的隧道式消毒通道，并安排相关监督员以确保消毒的彻底性，避免敷衍了事。可能需要立法以确保严格执行。

✓ 装猪台是猪场必不可少的设施，配备可随时使用的冲洗设施。排水区应远离猪场。

✓ 伤亡猪必须在现场焚烧。在某些情况下，需要适当的防护，以免暴露和腐烂后污染环境，可由合法的处理单位在场外的指定地点收集，尸体清除后应对该指定场所进行消毒。

✓ 进出猪场所有通道设置车辆车轮消毒池是一个明智的预防措施，但必须到位，手动或自动喷雾消毒所有通过车辆的轮胎和底盘。现在市场上有这种设备。

✓ 在猪场的出入口设立明显的标识，并为货物和服务供应商提供你希望他们执行的与生物安全相关的特殊说明。

✓ 对于散装饲料的送货，最好要有自己的卸料装置，因为许多车载卸料装置的输送臂都横跨猪场建筑的空地，且由于怕污染饲料和延误饲料的运送，它们很少进行消毒。

请记住——所有车辆都存在传播严重疾病的潜在风险。在英国，最糟糕的口蹄疫暴发后，我们对此有了更清楚地认识。考虑要尽量将担心的风险降至最低程度。

你和你的员工——个人疾病检查清单

✓ 人畜共患病是危险的。你可能会不知不觉地患上一些猪的疾病。

✓ 所以你离开猪舍之前要洗手。这是为了保护你，当然也保护了猪。（在日本，这种做法相当普遍，在门旁的金属支架上放置便携式洗脸盆和肥皂/毛巾）。

✓ 在每栋猪舍外放置一个足浴消毒池，定期补充消毒液。

✓ 猪舍外（办公室和库房）穿一套防疫靴，猪舍内穿另一双。工作服也一样。

✓ 如果拜访农场（像我一样），将车停在远离猪场的边界地方，步行，并随身携带你的东西！这很痛苦，但我这样做了。

✓ 不要穿别人的防疫靴。

✓ 淋浴，回家后立即沐浴，并还要清洗在猪舍穿过的衣服。

✓ 采血、阉割或尸检时，应戴一次性手套。保护所有割伤/擦伤处。

✓ (根据我的经验) 进出猪场的淋浴可能做得有点过了，但在没有新的证据之前，一定继续执行。总之，这些设施的质量一般都太差。

✓ 灰尘和霉菌孢子是非常危险的。当混合或处理质量差的垫料时，穿戴合适的、经过批准的有过滤功能的面罩。灰尘对人的危害比对猪更大，因你的寿命是猪的 15～150 倍！

✓ 在给一窝幼猪服药治疗腹泻后，手和衣服上的某个地方可能积聚多达 100 亿个微生物。仅仅摄入 0.02%（或 200 万）的细菌足以让你发生腹泻，尤其在你机体免疫功能薄弱时。

因此，治疗及用水冲洗发生腹泻的猪栏后，在处理下一批仔猪或在休息室吃饭前，一定要洗手并更换你的工作服。穿戴特殊的防水围裙会大有帮助。饲养员会在一个猪舍内传播很多疾病。

✓ 粪池排空前激起释放的一氧化碳气体是致命的——在我做饲养员时它几乎要了我的命。你闻不到它，但它能在几秒钟内击倒你，再有几秒就会使你毙命。幸运的是，我无意识地倒在了猪舍门之外，而不是里面。不然的话，我就写不成这本书了。

✓ 同样的，决不要进入散装饲料罐中。必须通过侧壁内嵌的舱壁门进行清洁，同时打开顶部的检查舱口。制造商，请按此法生产！

最后——我警告你了吗？当然是！

做好生物安全审查：一个扩展的检查清单/问卷调查

这份清单，虽然长但并非详尽无遗。然而，其中的一个或两个项目可能使你或你的供应商有点难以入眠！

✓ 谁访问了猪场？采取了什么预防措施阻止他们进入猪场，或者在出入口接受消毒？包括你的兽医和他的汽车，祝福他们！

✓ 如何阻断野鸟带菌者？入口处增设防护网，覆盖饲料料斗。

✓ 如何控制苍蝇？你有专职的控蝇人员吗？

✓ 如何控制鼠类？同样的，你有安排专职控鼠人员吗？

✓ 如何接收青年母猪？你的兽医与供应商有联络吗？你进行隔离检疫吗？隔离地与猪场足够远吗？隔离长吗？对它们的检疫足够频繁吗？

对于可疑的/发病的猪，事先有商定的处理流程吗？从一个来源购买吗？决不要从农贸市场上购猪？

✓ 猪场针对允许进入猪场的你和访问者的车辆配备了车辆消毒设施吗？为参观车辆安排了禁止进入区？

✓ 在每栋猪舍的外面设有足浴消毒池（盆）？请正确地补充消毒剂，并经常保持剂量充分。

✓ 你对于所有手术人员、助产和用药人员支持/坚持洗手/进行手保护吗？

✓ 你的卫生间、员工室干净吗？

✓ 你在员工室张贴了检查技术/针头使用的正确规定吗？

✓ 对人工授精流程是否同样进行了张贴？

✓ 你是否清楚地向所有供应商阐明你坚持在他们将猪运到猪场时要遵守的协议了吗？或至少与他们讨论执行的可行性。

✓ 你对货物承运采取了同样的要求吗？

✓ 有没有问过如何、何时及多久对他们的车辆进行消毒？对此，与来访者每年核查一次。

✓ 是否关闭了猪场围墙的门并安装呼叫铃/电话？

✓ 猪场外围是否有散装饲料罐？你使用自己的输送管吗？

✓ 你对散装饲料罐进行了消毒吗？一些散装饲料罐制造商在罐的一侧不安装舱壁门以通过梯子进入，应受到谴责！而且这应该受到法律的强制性约束。

✓ 如果采用液体饲喂，你会定期消毒液体料罐、输送线和料槽吗？

✓ 如果不采用液体饲喂，你仍会消毒饮水线吗？

✓ 你是否会将猪卸载在猪场外周一个独立的、指定的地方吗？

✓ 在每一批猪完成装车后，你会清洗和消毒这些区域吗？

✓ 该地方的清洗污水排往远离猪场的地方了吗？

✓ 要求你的兽医进行药物使用记录，并按手册使用/储存药物了吗？

✓ 对上水箱和输送水线进行消毒了吗？

✓ 对猪舍熏蒸消毒了吗？有没有跟兽医讨论了这个问题？

✓ 对饮水是否定期检测细菌/细菌采样（检测）吗？

✓ 是否询问过饲料供应商他们做哪一种沙门氏菌的检测吗？

✓ 是否对员工进行了培训/使他们明白，处理患病动物需要超出常规的、额外的卫生和自我保护/消毒吗？

- ✓ 员工的女/男朋友在另一个猪场工作吗？
- ✓ 是否曾经从其他猪场借用或与其共用各类工具？如果有过，这些工具在进入猪场前你是如何消毒的？
- ✓ 如果采用户外饲养，有没有研究过如何减少疾病的传播？例如，使用火柴盒、场地循环/空气和阳光？接受建议。
- ✓ 在养猪区域内有没有饲养鸡/绵羊或山羊？禁止它们！
- ✓ 猪舍间的空地整洁吗？我经常看到的混乱空地助长了害虫的滋生，污水坑助长了苍蝇的繁衍，洒落的饲料助长了其他的动物生长——所有这些都可能带来疾病。腾出时间来每年进行两次突击清理。
- ✓ 给你一套定期检查方法：
  - 正确使用合适的清洁剂 ⎫
  - 正确使用合适的消毒剂 ⎭ 稀释比例和覆盖率正确。
- ✓ 使用稀释测试纸条，并每 3～4 个月根据涵盖所要求总面积的销售备忘录检查已经使用的量。该调查显示，3 个猪场均少使用了 35% 的产品！

让业务员替你进行监控。在减少 35% 的销量时，值得他与你坦诚沟通！

- ✓ 是否对粪坑进行了消毒？令人反感的是很多地板生产商/猪舍设计商没有在每个猪圈设置铰链式活板门，以便给喷管留下最小的空间插入。我们可能需要在未来立法以确保他们这样做。
- ✓ 漏缝地板的下方区域也需要清洗。未来设计的网状地板应该有一个可掀盖的出入口。如果没有，可配备一个移动盖板，可以方便消毒工具伸入地板下方。
- ✓ 是否盖住粪堆以防止雨淋/淋洗？流到哪里去了？
- ✓ 检查自由采食料槽中残留的陈旧饲料吗？
- ✓ 有浪费？
- ✓ 最后：

生物安全包括保护性免疫接种。你需要与兽医对你的免疫接种需求每年审查两次。病原体的变异很迅速。

这个检查列表引发你思考了吗？如果是的，那样就好了！

参考文献

Antec International now DupPont International（1999）G&M Field trial report.

Cargill，C & Benhazi，T（1998）Proc. TPVS Conf. 3，15.

Gadd（2000）'The Revolution in Biosecurity' Vétoquinol Trans Canada Swine Seminars，March 10-15 2000.

Ibid（1999）'Get it Clean Before You Disinfect' Antec International，Monograph

Ledoux L.（Cidlines）（2010）Personal communication.

NCPBHP Denmark（1996）National Committee for Pig Breeding Health & Production Report p 37

Sala et at（1998）Proc. JPVS Conf. 2 110 et seq.

Waddilove，J（1998）'Disinfection on the Cheap?' Antec International，Monograph

Walburn，S.（DuPont）（2010）Personal communication.

（王成新译　翁善钢、潘雪男校）

第9章
霉菌毒素
——另一个利润的隐性杀手

霉菌毒素：由霉菌产生的一种有毒的化学物质。

一、问题（霉菌毒素中毒症）

霉菌可能是致命的，可能是无害的，不过仍会有霉菌毒素残留，通常存在于存储和混合的饲料中，尤其是发霉的谷物中。加工谷物虽然可能杀死霉菌，但霉菌毒素仍然会存留在产品中。饲料中只要存在十亿分之几水平的霉菌毒素（表9-1）就能够导致猪出现问题——不孕、不发情、子宫脱垂、假孕及胚胎死亡，生长不良和呕吐。霉菌毒素可以通过母猪的乳汁进行传递，可残留在屠宰后的胴体中。潮湿的稻草是霉菌的另一个常见来源。

我在办公室中存放了40多篇以霉菌毒素中毒症为主题的论文以及8篇相关的调查报告，阅读这一主题的文章和研究论文肯定在这一数值的3倍以上。麻烦的是，这些有价值的文章大多对猪场的工人太过于技术性了，因此工人往往不愿去读，更不用说理解了。

很多文章反复提出有关霉菌毒素的表面观点，几乎到了无聊的程度。尤其是它们如何明显和直接地影响猪。当然，这是很重要的，但霉菌毒素狡猾的"隐藏"作用对生产者盈利的影响可能同样重要。我大胆地认为，这一影响甚至比临床上极为熟悉的可识别的霉菌毒素侵袭引起的影响要大得多。

在本章中，我希望能够根据我40年来收集到的针对这一问题的有用信息，向养猪生产者和他的管理者提供一些不一样的东西。我认为，在处理20世纪60年代末霉菌毒素侵袭的具体问题上，我是某些领域的先行者之一，这纯粹是因为我在从事猪场咨询工作时遇到过这些问题。当时我们对此知之甚少，不过我们意识到肯定有某些重要的东西在起作用，影响动物对疾病的易感性。在这一章的末尾，我将讨论我早期的这些经历，这也许是你从没见过的。我把在世界各地猪场中遇到霉菌毒素的问题时所获得的经验添加到了这些信息中。同时，我阅读了我所能读到的专家发表的与霉菌毒素有关的文章，并试图将他们所推荐的技术应用到实践中。

二、霉菌毒素中毒症是个问题吗？

是的，当然是，并且它似乎有愈演愈烈之势，特别是那些"隐蔽型"霉菌毒素，这肯定会引起动物发病。我们已经听说大量有关猪繁殖与呼吸综合征（PRRS）和猪断奶后多系统衰竭综合征（PMWS）等疾病的信息。然而，我认为由霉菌毒素引起的或加重的许多疾病可能会造成养猪生产者的经济损失，甚至比上述两种严重的且已经得到广泛宣传的疾病所造成的损失更大；但是人们对霉菌毒素可能造成的危害的关注可能少了90%！

这是为什么呢？因为霉菌毒素引起的破坏大部分具有隐蔽性。我阅读过的有关霉菌毒素的一些描述，如"沉默杀手"、"隐身贼"和"内贼"，是完全有道理的。不仅仅是因为生产者没有意识到这些隐藏的掠夺者正在吞噬他大量的利润。我提出了以有成本效益的猪场为基础的应对措施所产生的经济效益，这些措施将在本章节的后面谈到。

三、为什么它似乎有愈演愈烈之势？

● 全球气候条件的变化有利于霉菌的生长以及随之而来的霉菌毒素的产生。

● 为了降低饲料成本，酒糟（DDG）等副产品和替代性饲料原料被大量利用，而这些原料常常受到高水平霉菌毒素的污染。

● 分析方法的改进提高了常规原料和全价饲料以及垫料中霉菌毒素的检出率。这样的一个例子是实验室的新技术能够分离到所谓的"隐蔽型"霉菌毒素。这类毒素能够结合到其他的葡萄糖和一些蛋白分子上，而无法用常规的分析方法检测出来。

● 洲际间饲料原料贸易的增加，使得这些生长在不同气候条件下的作物混合物在与当地生长的作物混合后会出现各类霉菌毒素同时共存的局面，使得通过协同作用对猪产生的作用变得更为严重。而两种相对无害的霉菌毒素在同时存在时能够结合在一起变成有毒性的霉菌毒素。

● 维护不当的收割设备/输送机和不合格的储藏设施（所有这些都是由周期性的现金危机造成的）会在谷物进行干燥前破坏或损害谷物的保护性种皮，使得黏附在谷物表面的霉菌能进入内部。

● 最近的资料证实，防霉剂如果没有按正确的稀释浓度使用，会加快霉菌的增殖，从而会产生霉菌毒素。

● 现代集约化农业种植模式导致轮作方式更少地被利用，这也会加剧霉菌孢子的流行。

● 饲料和谷物料仓有漏洞、集装箱通风差、无遮盖的散装料仓饲料过度受潮——这些都能使饲料含水量提高到 14％ 以上（图 9-1）。

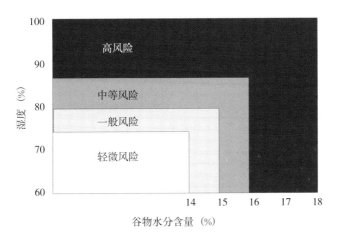

图 9-1　储藏谷物霉菌污染的可能性

Devegowda（2001）认为，霉菌毒素存在于世界各地 27％ 的猪饲料中。据我所知，在热带地区的养猪业中，霉菌毒素的流行率在 35％ 以上。

四、那什么是霉菌毒素呢？

霉菌毒素是多种无处不在（广泛分布）的化学物质，由超过 300 种不同的真菌产生。这些残留物的毒性各异，有对自身没有危害（不过有可能同饲料或饲料原料中的其他霉菌毒素接触后产生毒性）的，也有微量剧毒的——十亿分之一（表 9-1）。有些例子报道中毒水平在万亿分之几，这几乎不可检测！

我被告知十亿分之一相当于一满桶沙子中的一粒，不过我还没有时间来检查这个估计值！

镰刀菌和曲霉菌变体是世界各地猪饲料中最常见的污染物。由曲霉菌产生的黄曲霉毒素在热带气候地区特别普遍，会影响动物的肝脏功能，引起体重下降、食欲不振和降低免疫力，导致各式各样十分常见的疾病。

表 9-1　猪饲料中重要的霉菌毒素

	主要霉菌病原	主要症状	毒性水平（猪）
黄曲霉毒素	曲霉菌	生长停滞 肝脏损害 拒食	200～500ppb *
玉米赤霉烯酮	镰刀菌	雌激素样作用(例如：流产、 　阴道炎、返情)、弱仔	200～300ppb
赭曲霉毒素	曲霉菌	肾脏损害 肿瘤、侵蚀	
脱氧雪腐镰刀菌烯醇(DON) （又称呕吐毒素）	玉米烯酮	呕吐、拒食、免疫抑制性霉 　菌毒素中毒症(ISMT)	1～10ppm
T-2 毒素	三线镰刀菌	弱仔、胎小	100ppb
烟曲霉毒素	镰刀菌	水肿、拒食	5ppm
桔霉素	青霉属	肾脏损害	500ppm
麦角碱	麦角菌	坏死性肾脏损害	0.8%

注：ppm、ppb 为非许用计量单位，ppm＝百万分之一，ppb＝十亿分之一。

除了去除可疑饲料或者用无霉菌毒素饲料部分替代可疑饲料来降低污染水平之外，如果可能的话，将霉菌毒素浓度降低到每千克饲料 0.1mg（100ppb，允许上限浓度取决于是哪种毒素，译者注），霉菌毒素中毒症并没有可靠的治疗方法。在实际生产中，这可以用90％的无霉菌毒素饲料进行稀释来实现。即便如此，完全去除仍是最安全的办法。我并不建议将霉变饲料"稀释"饲喂妊娠中期的"干母猪"或者生长后期的育成猪，不过我曾见过有些猪场这么做。

某些饲料比其他饲料更容易受到霉菌毒素的污染——不过收获和随后的贮存环节都会影响任何一种作物的污染程度。表 9-2 列出了可能会受到霉菌毒素污染影响的作物种类。

在热带国家，高浓度添加的玉米和花生是猪日粮中霉菌毒素污染的首要污染源，在不少玉米饲料样本中，污染浓度可高达 153ppm（表达不正确！毒素允许限值和单位取决于是什么霉菌毒素，不同霉菌毒素的值不可以简单累加！译者注），而花生可高达 200ppm（我从未给猪饲喂过花生，因为我多次看到这么做引起的麻烦）。0.5ppm 的霉菌毒素污染水平即可引发一系列疾病。

---

* 此毒性水平在我国不适用，在我国按我国新版《饲料卫生标准》执行。

表 9-2 霉菌毒素水平明显时的可疑作物

作物	黄曲霉毒素	玉米赤霉烯酮	赭曲霉毒素	DON	烟曲霉毒素
玉米	+	+	+	+	（高水平）
花生	+	+	+		+
棉籽	+	+			
椰肉	+		+		
大豆	+				
高粱	+	+	+		
木薯	+	+			
大麦、小麦	+	+	+		+
水稻	+	+	+		
燕麦	+	+	+		
黑麦	+	+	+		
小米	+				

五、你如何知道猪场是否有霉菌毒素问题？

以下症状都跟霉菌毒素有关，不过其中一些症状有可能是由其他原因引起的。如果有疑问，可以咨询兽医。

（一）繁殖种猪群

乏情、流产、外阴红肿、阴道脱垂、假孕、泌乳期失重增加、死胎、仔猪成活率低、八字腿、无乳、乳房水肿、性欲下降。

（二）育成猪和繁殖种猪群

食欲不振、呕吐、直肠脱垂、肝、肾损伤、采食量减少、生长速度明显的变差、腹泻、呼吸道水肿、皮肤斑疹、饮水量增加、免疫抑制（即"难以治愈"）。这些发生时间长、种类多样及频繁发生的症状支持着我的信念，即霉菌毒素中毒症要比猪场主所意识到的流行广泛得多。

六、某些霉菌毒素的免疫抑制作用

（一）免疫抑制性霉菌毒素中毒症（Immuno-suppressive mycotoxicosis，ISMT）——"难以治愈的"疾病

ISMT 比养猪生产者和他们的大多数顾问所意识到的更严重。

很多年前我几乎在偶然的情况下遇到了这一疾病。20 世纪 70 年代，我在猪场从事咨询工作时一直受困于一些我们无知地称为"难以治愈"疾病。它们大多数表现出疾病症状，但有些仅仅引起幼龄猪生长缓慢和腹泻。长期以来我们对此毫无办法。当然，像猪痢疾、肺炎、猪链球菌脑膜炎和大肠杆菌腹泻等疾病可以通过在饲料中添加药物来应对，最终这些问题在消失 1～2 个月后一次又一次地复发。

后来，我遇到了苏格兰的一位猪兽医 Sigurd Garden。他跟我谈了霉菌毒素，他发现在作物收割时遭遇下雨、阴雨连绵后，以及当饲料存储在较差的条件下后，特别是在那些将这些谷物与自己的饲料混合使用的猪场中，这些问题更为常见。他也知道"难以治愈的"疾病。

他告诉我："John，我们通过说服人们蒸汽清洁他们的料仓后获得了良好的结果——最好是在炎热的天气时进行，这样料仓能迅速干燥。饲料不仅在顶部结块，而且在侧面和底部出口也会形成结块。一个真正的彻底清洗要做到每年两次。"

"问题是，这是一项极为可怕的工作。在那里你无法亲自进行——你需要一架内部梯子和一位男孩爬下去，因为成年男子通常不能从顶部舱口通过梯子进入内部——成人的肩膀太宽。你还需要为小男孩准备一根安全绳和一个特殊的输送管从蒸汽发生器上连接过去。这都是很麻烦的事，他们不愿意去做，但是当他们这样做时，'难以治愈的'疾病很少会回来。"

"我们需要做的是，说服每一位料仓制造商在料仓的侧壁安装一个活动舱壁门而不是像船那样从上面进入里边。同时还要有旋开式启动开关。这个设计将会鼓励生产者经常清洗他们的料仓，摆脱凝结饲料大量积聚，以防止猪中毒——或任何正在发生的事情（图 9-2）。"

我（非常不情愿地）向料仓制造商了解此事的进展，被告知装一扇门会增加 12% 的成本，旋开式启动开关又会增加 10% 的成本。我并未成功，因为这样的设计特征仍然很少见，即使是 40 年后的今天！我们业内人的另一个例子是没有意识到霉菌毒素是多么有害的物质，未能采取应有的预防措施。如果你检查霉菌毒素可能造成的损失，即使是在本章末尾列出的偶尔暴发的由霉菌毒素引起的疾病，你将会明白这种一次性解决全部问题所带来的额外成本是多么的微不足道（参见表 9-4 的注释）以及忽略它仅是一种表面的实惠。

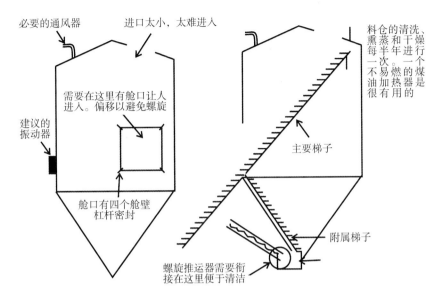

图 9-2 料仓改善/料仓卫生

料仓生产商——你将在侧壁上安装舱壁门

（二）如今，免疫抑制性霉菌毒素中毒症可能造成的损失有哪些?

间接免疫问题可能是一个非常大的问题。我不知道其会产生多大的影响，但是生长缓慢和较高发病率的间接影响肯定是有的。我认为，这会给那些有免疫抑制性霉菌毒素中毒症问题（他们尚未意识到这些问题）的猪场减少（增加）20％的收入（成本）。我是根据 20 多项"前后"试验得出武断的评价。这些试验猪活动正常，没有明显的疾病临床症状。但是，当一个或者另一个（或更多个）在本章开头列举的预防性措施开始实施之后，它们的生产性能有一个明显反弹的改善。图 9-4 引用了 Close 博士所举的对幼龄仔猪影响非常显著的例子，图 9-5（来源相同）则是母猪的例子。

以上讨论的 20 项试验得到的证据似乎并没有涉及免疫抑制性霉菌毒素中毒症的"难以治愈"这一方面，临床病症并没有像下表中所显示的症状那么明显，但是处于干扰措施控制下产生的霉菌毒素一直在抑制动物的生产性能——在某些情况下则大大低于潜能——然而，生产者从未注意到这一点。霉菌毒素是名副其实的隐藏的窃贼。

20 世纪 90 年代料仓清理——如果做了，大部分是无效且非常危险的（Pig International 照片）

赞赏——一家料仓制造商已经看到了曙光。侧壁检修门，简单旋开式启动开关和检查窗户（Uttley Ingham Ltd 照片）

如今典型的散装料仓。一个很小的上舱口和螺栓安装牢固的出口。这些使得正确地清洗异常困难（作者的照片）

如果这个猪场不受清理料仓外面的滑梯的困扰，那里面会是什么样呢?（作者的照片，2009 年）

七、料仓清洗能起作用吗？

根据我自己客户经验绘制的表 9-3 和表 9-4 显示能起作用。

表 9-3　每年两次（春季和秋季）用蒸汽清洁料仓后可减少或完全除去下列问题的案例

	正面结果	负面结果或不确定性	
1. 猪痢疾	3	1	
2. 母猪流产	2	—	
3. 阴道脱垂	2	1	（其他方法也尝试了）
4. 木乃伊胎	1	—	
5. 返情	2	—	
6. 呼吸道感染（非特异性）	3	1	

表 9-4　对料仓进行蒸汽清洗的 3 家猪场清洗前后猪生长速度的案例

	体重范围 （kg）	之前的 ADG（g/d） （12 个月平均）	疾病形势	之后的 ADG（g/d）
猪场 1	60～90	572	很少	652
猪场 2	30～90	607	猪痢疾和回肠炎	781
猪场 3	25～86	616	没检测到	697

计量经济学：猪场 3 购买了容量 10t 的新料仓（填充至 8t），支付安装舱壁门的额外费用，结果不管猪当前的健康状态如何，饲喂的每吨饲料可多产生 17kg 可销售瘦肉。这可以支付每个料仓安装侧壁检修门的成本以及每年两次卫生清洗所需劳动力费用，在 12 倍以上。12：1 的额外支出回报率，钱用得其所！

八、霉菌毒素污染水平能进行检测吗？

可以。但目前的建议是，因为污染水平非常低（十亿分之几），测试结果可能不确定。为避免采样误差，代表性抽样必须非常细致而且会很繁重。大多数检测费用昂贵且耗时。不过，大多数科学家在检测的必要性方面可能不同意我的观点。——我接受他们的观点——但我是一个很实在的人，当我的客户需要用钱的时候，我宁愿他们将钱用到加强预防上也不愿意被告知什么可能有或没有。

但是，由于存在协同作用（见下文），猪场去做检测值得吗？我自己的看法是，生产者与其过于关心检测，还不如采取一切预防措施，防止霉菌被引入饲料并在饲料中生长。然而，尽管采取了这些预防措施，可以猜测的是一些危险的霉菌毒素仍然会成为漏网之鱼并存于饲料中。因此，在饲料中添加吸附剂作为常规措施来降低风险的做法，我认为是必要的支出——请参见本章后列出的回报数值。

是否用一部分流行动资金去做一些检测，这取决于你和你的兽医。

九、协同作用

协同作用被定义为"多种因子的共同作用，以使它们的组合效应大于它们各自作用的总和"。

许多正在进行的研究证明协同作用确实存在于某些霉菌毒素之间。一次检测可能显示危险的霉菌毒素正处于令人满意的安全水平之下。在霉菌毒素被加入时，实验室已经有建议的安全水平标准，随后可以在实验室中检测霉菌毒素。如果检测结果表明污染水平低于公布的安全水平之下，那么猪场主或他的兽医不需要担心。

但是，如果另一种霉菌毒素同时存在，可能也低于其自身的安全阈值。然而，这两种毒素混合在一起之后由于协同效应可能会变得对动物有害。根据常识，因为有这种可能性，现在鉴别检测可能并不是那么有用？科学最终会告诉我们这是怎么回事，但在我最近阅读过的论文中，越来越多的论文表明，霉菌毒素的协同作用确实是一个问题。

当今饲料商品的世界贸易使得一批批受污染的饲料〔很可能含有来自许多不同生长地（国家）和环境的各种原料的不同霉菌毒素〕，在猪食用前就已经互相间充分混合了，因此产生协同作用的可能性更大。

十、那么猪场主该采取什么措施去阻止霉菌毒素侵入，并且他们何时执行该措施以何降低毒素的影响呢？

防止霉菌毒素的侵入

● 尽可能地查明交付的谷物、植物蛋白和成品饲料是否宣称无霉菌毒素，或者按照欧盟的法规，霉菌毒素的含量是否低于法律规定的安全水平。如果是的，请从这些渠道购买。

● 不要给猪饲喂花生（个人建议）。

● 不要购买"发烫"或发霉的谷物、饲料或垫料。

● 培训你的员工，让他们能够通过目测或鼻闻辨别出发霉的饲料和垫料，并立即向你报告。要安全地丢弃这样的饲料，并对料仓彻底清洁（取决于目测或鼻闻判断的霉菌程度，有时有人建议将其"饲喂"猪，这是不明智的；不过我曾见到将其以 10：1 或以更大倍数稀释后饲喂妊娠中期的怀孕母猪和屠宰前最后两周的育成猪且没有明显影响。决不要将其饲喂其他猪群或其他任何生产阶段的母猪。注：这种稀释的做法在一些国家是非法的）。

● www.hgca.com 是一个理想的网上咨询谷物质量、昆虫和霉菌的平台。

十一、隐蔽

分析技术的提高已引起了我们对隐蔽型霉菌毒素的注意。

一些霉菌毒素可以结合到饲料中无害的分子上，如葡萄糖和某些蛋白质，它们无法用常规的和廉价的分析方法检测出。这是另一个（请参见"协同作用"）加强我观点的原因，即以我们现有的知识水平，常规的预防措施对生产者而言是更为务实的方式。与其对猪场的污染水平进行鉴别并量化还不如将资金和精力投入到预防上。值得称赞的是这大概是为了说服他对霉菌毒素的存在做些什么，但是我对他的建议一直是认为他的猪场不管怎样总会受到霉菌毒素袭击，因此需要将预防作为常规工作执行。

这是符合成本效益的，可在本章的结尾看出。

（一）减轻霉菌毒素的危害

● 如果可能，所有谷物的水分含量应干燥到 12％以下，见图 9-1 和表 9-6。

● 尽可能保持饲料的干燥和凉爽。

● 不要过多地订购饲料，这会使得饲料变得不新鲜，同时给霉菌的生长提供机会。

● 保持所有存储区域通风良好——在高湿环境中尤为重要。

● 保持饲料槽和自动进料斗的清洁。去年，我发现 35％的干母猪自动进料斗中有过期和结块的饲料——这一定含有霉菌毒素！当我们在这样的猪场建立了一套定期清洗方案后，总体发病水平会立即下降。

● 给料仓遮阳，以降低内部冷凝。

● 定期清洁料仓、进料斗和湿料饲喂线。在暖湿季节期间，建议一年两次让料仓自然干燥。

进入料仓时要特别小心，附近要有一个同伴。这就是为什么——仅是出于安全原因——必须有一个侧壁进舱口，这很重要；这样的话有人因吸入内部气体感到头晕时可以快速滑下梯子到新鲜空气处。在工作开始之前，打开顶部舱门。

- 永远不要让湿料搅拌罐在灌装线上形成一层凝固层。这是极其危险的。
- 如果有霉菌毒素威胁，如在潮湿季节，在谷物和/或饲料中添加霉菌抑制剂以预防霉菌的生长。丙酸通常作为防御的第一措施，但也有缺点。我更喜欢专有技术产品，虽然比较昂贵，但使用方便且更安全。本章的结尾介绍了成本。

表 9-5　丙酸和复合防霉剂（万香保）的比较

处理方式	活性剂相对含量	6d 后损失（%）	腐蚀作用
丙酸	100	67	100
复合防霉剂	70	3	4

来源：Alltech 公司（1998）。

防霉剂是一种首先用来防止/减少霉菌在谷物、蛋白质添加剂和成品饲料（或垫料中）中生长的产品，它与霉菌毒素吸附剂不同，后者能减少或清除试图侵入饲料的霉菌毒素（表述不正确！霉菌毒素吸附剂只能吸附饲料中的霉菌毒素，使之不能被动物吸收进入机体。译者注）。

使用霉菌抑制剂并不会使霉菌毒素吸附剂的作用失效，两者同时使用对许多猪场仍是经济合算的。

（二）黏土的缺点

某些黏土，如膨润土，购买方便且价格低廉，已被十分高效地用作饲料中主要霉菌毒素的吸附剂。

问题是，它的使用量很大（至少 4kg/t，某些黏土的使用量高达 10kg/t）。此外，它们可以吸附其他有用的养分，如维生素、矿物质和抗生素。

它们能直接通过猪体，因此会在粪污中形成难以除去的坚硬的沉积物。即使是最低效率的 4kg/t 的用量，一个 100 头母猪规模的分娩-育成猪场每年粪池中堆积的黏土吸附剂能累积到 2.2t。如果在粪池中停留时间太长，使用抽吸软管很难将其去除。

我知道，因为我曾干过这项艰苦的工作，用鹤嘴锄手工将其清除！

由于其来源的问题，黏土可能含有有毒物质，如重金属、二噁英和抗营养因子（Anti-nutrient factors，ANF）。

十二、处理"漏网"的霉菌毒素

不管你怎么做，都会有疏漏。根据我对多家猪场观察后总结的经验，在我看来，使用霉菌毒素吸附剂应作为一种常规措施，而不是仅仅当你怀疑存在霉菌毒素时。这些产品根据所吸附毒素的不同，吸附效果有所不同，但我发现以葡甘露聚糖为主要成分的 Mycosorb（霉可吸，Alltech）特别适合一些重要的霉菌毒素——黄曲霉毒素、玉米赤霉烯酮和烟曲霉毒素。

葡甘露聚糖

葡甘露聚糖是饲料中的天然营养成分，以糖的形式出现，源自酵母。它们可以锁定较广范围的霉菌毒素（黏土主要作用于黄曲霉毒素），添加量至少比膨润土低 8 倍。表 9-6 显示了这类产品较宽的作用范围。

表 9-6　葡甘露聚糖的霉菌毒素吸附能力

黄曲霉毒素（B1＋B2＋G1＋G2）	85％
烟曲霉毒素	67％
T-2 毒素	33％
玉米赤霉烯酮	66％
DON	13％
毒蕈毒素	18％
赭曲霉毒素	12％

来源：Trenholm（1997）。

十三、广谱吸附

我发现霉可吸如此有效的第二个原因是其强大的吸附能力。爱尔兰农业科学研究所（Teagasc）对霉可吸的吸附范围做如下说明：

● 猪摄入 1g 霉可吸可产生不少于 $20m^2$ 的霉菌毒素"捕获区域"。

● 这意味着，霉可吸按 Alltech 推荐水平添加后，其每天在一头生长猪消化系统中形成 $8m^2$ 的霉菌毒素新的捕获吸收区域。

● 这也意味着，每吨饲料拥有 $20\,000m^2$（2 公顷！）的等效表面积。这将阻止饲料中的一大群霉菌毒素通过该障碍！

基于葡甘露聚糖的吸附剂是有效的（图 9-3）。

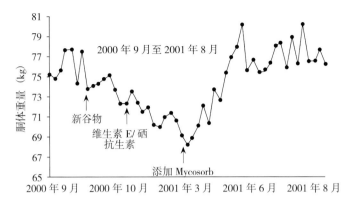

图 9-3　霉菌毒素对胴体重量的影响以及霉可吸的作用

（Edwards，2001，via Close Consultancy，2009）

检查清单——在确定一个理想的霉菌毒素吸附剂上应该检查什么

1. 结合能力

✓ 不同产品的结合能力差异相当大，所以应该询问供应商有关产品的完整声明，作为选择哪一种的起始基础。

✓ 这可能取决于两个因素：

（a）在霉菌毒素以非常高的浓度存在时的吸收能力，以便其在饲料中的最终浓度低于会引起毒性的阈值。

（b）它吸收低浓度霉菌毒素的能力——如 10~40ppb，为了即使在仍能引发亚临床症状的低水平时仍可得到控制。

2. 在肠道中快速吸收霉菌毒素的能力

✓ 霉菌毒素能在 30min 内进入血液，并开始影响动物的性能。一个理想的吸附剂在这段时间内必须能吸收最大数量的霉菌毒素。

3. 在很宽的 pH 范围内的稳定性

✓ 重要的是，吸附剂在经过整个消化道时环境由酸性向碱性变化过程中能够强力地吸收霉菌毒素。黏土在这一点上的表现就很差。

4. 黏附的持续程度

✓ 在整个消化过程中，霉菌毒素需要保持与吸附剂的黏附状态而不是丢失吸附，目的是以无伤害动物的方式被安全地排泄出。

5. 较低的有效添加比率

✓ 一些吸附剂在添加水平低至 0.05％～0.2％时仍很有效。这意味着它们在 500g/t 时就能发挥黏土 4kg/t 相同的效果,这可以给添加更多的营养元素留出空间——这在仔猪饲料、母猪和青年母猪泌乳期日粮上很重要。

6. 有独立研究机构的证明数据

✓ 在活猪,即"体内"进行的试验和在实验室中进行"体外"试验是截然不同的,即应该有尽可能多的实验来建立所讨论黏附剂的可靠的总体特性,这被称为"整体方法"(Rosen,2006)。

把这些问题留给制造商应该有助于你在选择哪种产品上做出正确的决定,然而也只能在那个时候询问每吨的添加成本。

图 9-4 和图 9-5 是多项验证性试验中的两项试验,它们显示了使用经过验证的霉菌毒素吸附剂的价值。

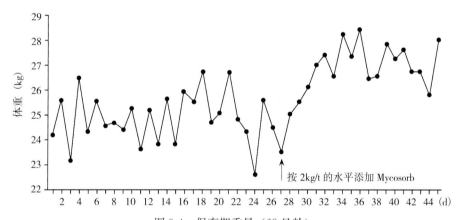

图 9-4 保育期重量(68 日龄)

（来源：Close Consultancy,2009)

2003 年	对照	对照
母猪数量	4 019	4 254
每窝产仔数	9.48	9.72
2004—2006 年	霉可吸	对照
母猪数量	3 815	4 077
每窝产仔数	10.75	10.82
差异	1.27	1.10
	+0.4 仔猪/母猪/年	

图 9-5 霉可吸（Mycosorb）对商业母猪生产的影响

(Henman,2007,via Close Consultancy,2009)

图 9-4 证实了我自己引人注意的调查结果（见下文的"成本/效益"），其中仔猪受到了关注。

十四、优秀霉菌毒素吸附剂拥有
不可思议的吸附区

（一）我常被问到的问题

猪的肠道如何能延伸到一个网球场的大小——这是不可能的！

（二）答案

它并不需要"伸展"。小肠内数以百万计突出的小肠绒毛加起来的吸收表面积是巨大的（绒毛的作用是吸收营养性化学成分），好像成千上万紧密地黏附在肠壁上的发梳（它们的牙齿是绒毛，深入食糜）。霉菌毒素吸附剂利用其对绒毛上以及绒毛附近进行大规模的"清理"能力来保护这一巨大的吸收区域，根据爱尔兰研究人员举证的这一保护屏障规模可以看出，它对将大量的霉菌毒素转化成无害的物质来说绰绰有余。可能仍然存在的微量霉菌毒素通常是足够小的，能够被猪自身的免疫系统来处理。

（三）霉可吸等吸附剂的成本

我发现，说服猪场主保护他们的猪群以及最终的利润免受霉菌毒素影响的重要标准，是让他们信服饲料中添加吸附剂应该是可以接受的——且能够负担得起——就像在饲料中添加维生素 E 或盐等养分一样正常。从价格上看，它需要一种基于对霉菌毒素正以如此众多且大部分为隐藏的方式造成他们经济损失的观点接受的新思维定式。

因此，让我们对此进行分析。

十五、霉菌毒素引起的经济损害

我分析了 10 年来的 51 家猪场霉菌毒素中毒症病例的结果，并于 2005 年将这一结果发表在"Pig Progress"上（Gadd，Pig Progress 21，3 p. 19）。

该项分析记录足够全面，包括兽医学诊断，摘要如下（n＝记录的病例数）：

（一）小猪

体重 $3\sim35kg$ 的仔猪发病情况相对较轻微，病情持续 $4\sim8$ 周，生产成本提高 8%（n＝8）。严重暴发会持续 $4\sim5$ 周，生产成本增加 24%；但在一些猪场，屠宰时的毛利率下降 80%（n＝15）。请注意，这个"隐藏"损失很普遍，往往不被发现，因为在屠宰前不会很明显。

（二）青年母猪

霉菌毒素会延迟青年母猪进入繁育群的时间，导致整群猪的每胎空怀天数增加到 $15\sim34d$，一个月的配种期生产成本增加 25%（n＝5），这又是一个由霉菌毒素中毒症引起的隐性损失。

注：就我们目前拥有的知识，霉菌毒素引起的进一步的长期损失很难评估。霉菌毒素如果袭击幼龄母猪它将如何影响其未来的育种能力？跟我讨论过的专家怀疑这可能会发生，并热心地试图解释为什么——但听了前面几句话后我已无法听下去！（我推测母猪的生殖器官处于受到损害的风险之中）

任何这样的影响必须从这些方程中扣除。但是基于这些理由的常识表明，生产者应在青年母猪饲料的霉菌学质量、饲喂管理和垫料方面（如果使用的话）特别警惕。在我去过的猪场中，我已经"闻"到母猪采用发霉的垫料，那是不好的。

（三）经产母猪

不同严重程度的霉菌毒素中毒症由于出现母猪不发情、返情、流产、死胎、子宫脱垂、仔猪外八字腿和继发性感染（n＝23），使得生产成本在 6 周至 6 个月中增加 $30\%\sim74\%$。

（四）成本/效益分析（51 家猪场，1993—2004）

由各种霉菌毒素引起的中毒症显示，其会使生产成本增加 $18\%\sim74\%$，持续 4 周至 6 个月或更久。

一整年的预防方案成本（购买更昂贵的谷物，如果需要的话干燥至含水量 15%，充分地清洗仓库/料仓，清洁料斗/料槽，需要时在饲料中添加防霉剂和霉菌吸附剂），所有这些措施可平均增加 9.5% 的额外支出。其中，饲料添加剂的处理成本占 $2\%\sim3\%$，这是基于使用 Alltech 的产品和英国当时的价格。

十六、回报

上述的利润除以成本……

<u>额外支出回报率</u>

对于整套预防方案，额外支出回报率在 1.9∶1（即 18％除以 9.5％计算）到 7.8∶1（74％除以 9.5％）之间。

仅仅通过饲料进行保护（基于 Alltech 的产品，2010）。

猪生长到 35kg。

在不采用饲料保护时，由霉菌毒素中毒症引起的生产成本增加平均为 21％或 8.82 欧元/头。而通过饲料进行保护的生产成本为 0.38～0.43 欧元/头。

因此，

额外支出回报率是：8.82 欧元÷0.43 欧元＝20.5∶1

请注意在此生长早期从保护中获得的此巨大收益，节约了 20 倍的投资，20 倍！很少的投资会产生如此巨大的经济收益。

在年度投资价值（*Annual investment value*，AIV）方面（请参见"新术语"一章），回报同样令人印象深刻，因为源自添加剂的收益每年至少翻了 6 倍，保育舍每年被重复利用约 6 次。（AIV：6×8.82 欧元/头＝53）假定保育期为 8 周，加上每批间的清理消毒时间 4d。

（一）青年母猪

青年母猪延迟进入繁育群和平均受孕率降低（例如）的成本是 31 欧元/头（整群的生产成本增加 17.4％），全年饲料霉菌毒素保护的成本是 9.60 欧元（生产成本增加 2.3％）

额外支出回报率是 31 欧元÷9.6 欧元＝3.25∶1

注意：如果青年母猪推迟进入繁育群，整群的生产性能将遭受怎样的影响。

（二）经产母猪

平均 4 个月时间的总生产成本增加 30％～74％（每头母猪 126～311 欧元）。损失高达每头母猪年生产成本的 1/3，即 42～104 欧元/头。

全年（并非仅 4 个月）采用通过饲料进行防护的成本是 7.20 欧元/头。

额外支出回报率是 42 欧元/头÷7.20 欧元/头＝5.8∶1

$$104 \text{ 欧元/头} \div 7.20 \text{ 欧元/头} = 14.4 : 1$$

注意：上述计量经济学均以欧元表述，因为实验证据源自多个州的猪场。当时，我需要用他们自己的价格和回报，以获得一致的结果。

这是无关紧要的，因为是治疗和未治疗间的比较，这才是重要的，并且这应该在任何货币上都是相似的。

（三）结论

来自猪场的合理样本和不同疫情的数据似乎充分证明，全面的预防方案和在饲料中添加现代霉菌毒素控制产品在经济上是可行的。

十七、整体概况和结论

● 霉菌毒素对动物生产性能和发病率的影响被养猪生产者和他们的一部分顾问低估了。

● 由于其会引发动物的免疫抑制，它们对发病率的作用正逐渐被研究人员认识到，但生产者很少意识到。

● 充分清洗料仓和饲料容器是可取的，料仓设计的改进以便于清洗，这一技术在市场上的推广速度太慢。

● 完成此操作后，养猪生产者可以使用得到周密研究、经过充分验证且经济上负担得起的出色应对措施。务实的假设是，出于多种原因，一些毒素会摆脱此类应对措施成为漏网之鱼，仅仅因为它们这种微小的水平仍然可能会影响性能。

● 回报看起来令人鼓舞，猪场主应考虑为产品增加的饲料成本和所述的预防性管理措施做好准备。

● 虽然一些主管部门建议取样并进行定性和定量分析——我怀疑忙碌的猪场对这种分析的需求，因为协同作用和隐蔽等问题会扭曲结果。生产者应该将自己的经费以及工作重心放在本章所概述的预防措施上。

意识：监测与检测（视觉和嗅觉）。

抑制（减少霉菌的存在）。

失效（吸附和灭活霉菌毒素）。

参考文献

在此我感谢 Jules Taylor-Pickard 博士阅读了这一章节并提出了有用的建议。感谢 William Close 博士给图 9-4 和图 9-5 提供的信息。

Devegowda，G.（2000）Mycotoxins：hidden killers. Is there a solution? Alltech Symposium Procs.，2000.

Connolly A.（2005）Prevalence of mycotoxins in Europe. Procs. Alltech Mycotoxin Seminar series，(booklet) p. 145.

Diaz-Llano，G and T K Smith（2005）The efficacy of Mycosorb in preventing the deleterious effects of grains naturally contaminated with *Fusarium* mycotoxins on lactating sows. Procs. Alltech 21st Symposium May 22-25. Poster session.

Fink-Gremmels（2005）Mycotoxicosis in Animal Health Alltech Mycotoxin Seminar series，pps. 19-4.

Gadd，J.（1975）Action now needed for those 'Won't Go Away Diseases' Pig Farming 10 14-15.

Gadd，J.（1998）Clean bulk bins lead to a clean bill of health. The Pig Pen 5，1，1-4.

Gadd，J.（2008）Mycotoxin Synergism-a new twist to the story. Pig Progress 24，7，2.

Gadd，J.（2008）Economics of mycotoxin prevention and control. Pig Progress 24，10，11.

Meissonnier，G M et al.（2006）Aflatoxicosis in piglets… selective impairment of enzymes and the immune response. ProcsAlltech symposium 22（poster session）.

Oswald I P et al.（2005）. Mycotoxin effect on the pig immune system. Alltech
Mycotoxin Seminar series pps. 32-57.

Smith T K and G. Diaz-Llano（2009）Review of the effect of feed-borne mycotoxins on pig health and reproduction. *Sustainable Animal Production*. Eds. Aland and Madec. Wageningen Academic Publishers，The Netherlands. pps 261-272.

Trenholm H L.（1985）Toxic chemicals in swine feeds. Report，ARC Canada.

Varley，M.（2004）Where are we with the control of mycotoxins? Pig progress 20，24-25.

Wyatt R D（2005）Mycotoxin interactions. *The Mycotoxin Blue Book*（Ed Diaz）.

Nottingham University Press（2005）279-294.

（翁善钢译　赵瑜、潘雪男校）

第2篇 商 业 篇

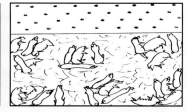

第 10 章
新术语
——为什么需要更能体现成本/效益的术语？

目前养猪业在技术问题与公众媒体关注问题上的新术语大量涌现，顾客们意识到环境污染、疾病控制、猪业福利、培训充足的劳动力、食品安全等问题的重要性。大型规模场尤为如此。

一、商业化猪场的新术语

媒体很少提及的是，猪场老板及经理越来越以商业为导向，他们更关心的是利润的增长而非生产性能。（除了对于珍稀品种值得保存其遗传基因外）那种不考虑效益的精致养猪的狂热者时代已经结束了。20 世纪后半叶，养猪生产者每天面对着、感受着日常的开销，直到最近他们还认为他们仅是猪生产者。现在，历经多次猪价低潮后他们才知道自己是猪肉生产者而非养猪生产者。利润的下跌促进了他们对身份的认知。换句话说，他们已经知道自己是猪肉生产者。随着商业猪场越来越多，他们必须了解基于利润而非生产性能的一些重要术语。

本章因此讨论一些基于利润的新术语，当然也会涉及大多数我们过去一直沿用的生产性能导向的老术语，学者们还会精确计算并继续沿用。

关键问题是，两类术语会共同使用下去。但由于更多商业化养猪者认识到用了新术语，会让他们的决策变得更简单，因而新术语会用得更为广泛。

说明新术语的一些例子在本书其他部分会更多呈现。

二、科学领域与贸易领域也需要新术语

无论是学者，还是饲料、种猪公司的技术人员都应该熟悉这些新术语。对于饲料及饲料添加剂公司的营养师们，新术语让他们在市场上更好地出售更高营养浓度且更高价格的饲料（每吨），猪场主太关心他们的成本了（有时可能反而有害处）。

新术语也可以帮助商业化猪场优先考虑追加 8%～15%饲料原料投资，从而提高饲料的品质。

营养生化技术产品——如有机硒、铁蛋白盐复合物、百乐有机微量元素（特别是锌/蛋氨酸复合物）、霉菌毒素吸附剂、酶制剂等都是技术创新性产品，这些产品一袋或一桶，每千克最初的成本较高。特别是添加酶制剂，是养猪业一个令人振奋的领域。尽管这些产品一点也不便宜。

但到底该用哪些?

因为这些产品的添加量相对较少，故能产生非常戏剧化的经济回报，一年的回报率可达 10∶1，20∶1 甚至高达 60∶1。这些回报远远超过生产性能术语中的改进百分率。这就是为何我们需要更多新的衡量术语来突出这些隐藏的优势，同时能跟上它们在利润项目上所揭示的内涵。此外，正因为这种低的使用率，日粮物理的与经济空间均可释放出来，用于其他营养性改进的投资——增加氨基酸和能量的摄入，例如改善食欲，低龄猪用更好更安全的原料。

三、本章范围

我不是经济学家，亦非数学家，但在关键点上意识到，我们的养猪生产要继续，我们要以更简捷的方式来计算并衡量，以便更快地取得满意的效益。

猪场顾问必须能为其客户提供更多的基于利润的建议才算成功。多年前我就意识到，原来的基于生产性能的指标在说服老板采取行动时显得相当滞后，必须有一套新的术语来加强我的建议。以说服生性多疑的老板们，那些看起来挺贵的产品或方案，实际上却是非常便宜的。

完整的新术语涵盖范围广，包括种猪场的估计育种值（Estimated Breeding Value，EBV）与母猪年断奶重（Weaner weight/Sow/Year，WWSY），财务、猪舍及设备上的利润及收益与投资年限的比率，兽医领域中的绝对死亡

数（Absolute Mortality Figure，AMF）及其他疫病损失。

猪场经理用得最不恰当的是年度投资价值，这是个相当有价值的术语，因为它能让养猪生产者与投资者（或银行经理）用同样的眼光来看待资金。

本章专门讨论营养与饲料供应领域中的经济评估新术语（表 10-1 中列出了一些例子，我会在书中稍后部分描述其他评估形式）。

表 10-1　营养及添加剂相关的新术语

现有术语	新术语
饲料转化率（FCR）	额外支出回报率
日增重（ADG）	每吨饲料可售猪肉
每千克增重的成本	每吨等价物与每百分点的增重成本
投资收益率（ROC；ROI）	同成本高收益（MSC）
	低成本同收益（SLC）
	年度投资价值（AIV）
母猪年断奶仔猪数	断奶力
更新率	每猪生产年限
死亡率	实际死亡数

四、为什么需要新的衡量措施?

目前来说第一列的术语本没有明显的错误。经过 70 年的使用，大家已经相当熟悉了，尽管如此，在当今的情形下，这些术语却不是足够的好用，我们要做到更好，我们必须做到更好！

问题一：目前的术语更多基于生产性能。现在猪场更多讲的是利润你可能有更好的生产性能但却可能利润更低，请看表 10-2。

问题二：目前的术语也涉及生产成本（如每千克增重的成本）。同样，某猪场可能生产成本很低，但会使收入下降（表 10-4），即成本的降低导致净利润降低。

下表的数据非常有趣，来源于 40 个优秀猪场，要么来源于我的客户，要么来源于一些专业种猪公司（销售重量平均为 105kg）。

表 10-2　利润而非性能

(n)	每猪年断奶 （出售）仔猪数	每猪年出 肉量（kg）	每吨饲料产 肉量（kg）	每头猪相对 净利润（%）
13	30.1（27.1）	2 846	447	110
8	27.2（25.2）	2 646	428	108
23	25.0（24.1）	1 808	482	119
常规水平	21.8（19.7）	1 635	390	100

点评：

1. 每头母猪年提供 25 头断奶仔猪的生产者利润最高，而不是那些完美的达到或超过"神奇的 30 头"的生产者。影响利润的原因是顶级生产者花费了大量的时间和绝对一流的技能在繁殖环节，因而占用了生产育成阶段的资金和精力，导致利润下降，在一些顶级繁育-育成猪场很明显。

2. 仅在六年前母猪与育肥场的年产肉量都在增长。这不仅是因为优秀生产者年提供断奶仔猪数的增多，也因为屠宰重量与出肉率的提升。

3. 注意，每吨饲料的产肉量比之每头母猪年产肉量，是一更好的利润向导。如表 10-3 所示。

表 10-3　每吨育肥生长料的产肉量比每头母猪年产肉量更适于作为经济性能指标

超常水平的每头母猪可售猪肉（参照表 10-2）			超常水平的每吨育肥料产肉量（参照表 10-2）	
断奶仔猪数	kg	％	kg	％
30.1	+777	+37.6	+57	+14.6
27.2	+577	+27.9	+38	+9.7
25.0	+462	+22.3	+92	+24.0

点评： 比较两种情况下的各列改进百分率，饲料相关的结果与母猪相关的结果迥然不同。

表 10-4　同一家公司几个相邻猪场中真实的例子显示三年期中相关的成本与销售收入

	低成本场	高成本场	低成本场的对比
年产猪头数	5 320	5 610	
每千克增重的成本（便士）	36	40	每千克节省 4 便士
年产肉量（1 000kg）	345	387	但是，请看下文……
每头猪销售收入（英镑）	66	80.7	
1kg 活重销售收入（便士）	112	117	每千克收入 5 便士
每头猪净利润（英镑）	8.02	8.68	每千克利润减少 66 便士

注：表中使用英国货币单位，如英镑、便士等，后同。

数据来源：客户记录（1998）。

点评： 每千克增重的成本越低，每卖一头猪的利润越低，成本仅仅说明一半的问题。当然，降低成本是好事，但决不能减少到影响收入增长的程度。现行的术语不能把这种情形或趋势进行必要的定义或预警，但新的术语能做到。

当然，两者都要用到。科研人员要更准确地评价生产成绩，更愿意坚持沿用老的术语，如饲料的转化率等。但对于猪场主、饲料供应商等，他们的顾问会发现，新术语用得越多，对于饲料配方师、兽医和猪场生产者更有帮助。

五、新术语是怎样帮助农场主的？

新术语把顾客的思考的问题分成两类。

1. 把投入（饲料）与总产出（我们以猪肉为例）联系在一起。

2. 农场主还是很关心每吨料的价格。这时我们瞧瞧这种看法的效果：销售员可以用新术语来帮他们计算，在每吨饲料消耗的基础上多产出的售出肉量，这样自己也能成功销售产品。

这可以帮助猪场作出决定，因为他们都知道现行的每吨饲料价格，同样熟悉现行的猪价，或更准确地说是现在的可售猪肉量（活重或胴体重）。

PPTE　每吨等价物（PPTE，Price Per Tonne Equivalent）　　　PPTE

这种情况下，"每吨等价物"这一新术语，代表一种农场主能够自己亲自计算成本效益评估的数据，简单又快捷，在每吨成本的基础上很容易看到好处。如果他做些计算，他马上就能自己说服自己。关于每吨等价物的计算如孩童游戏般简单，他很可能会做。

六、如何计算每吨等价物？

1. 有关研究建议要计算出新饲料、生长促进剂、霉菌毒素吸附剂、新增的蛋白等的每吨饲料可售猪肉（MTF，saleable Meat produced per Tonne of Food used）。假设 MTF 优于 20kg/t 饲料。

2. 现行猪价，假定是每千克屠宰重 1.40 英镑。

3. 两者相乘为 $20 \times 1.40 = 28$。

4. 资本效益是 28 英镑/t。这意味着，目前能证明每吨改进的饲料能提供多出 28 英镑的收入。或者说，反过来，用之前的饲料会少收入 28 英镑。

5. 如果饲料成本是 180 英镑/t，那么每吨等价物价格为 180 英镑－28 英镑＝152 英镑，或者说价格减少了 18％。

很多猪场主纠结于每吨饲料的价格，这时 PPTE 就能帮他们的忙，让他们能够评估推销员的建议或以某价格采购的好处。

我很奇怪的是，饲料或添加剂销售员对这类术语也不敏感。

七、现在的术语到底有哪些问题？

1. 饲料转化率（FCR，Food Conversion Ratio）　　　　　FCR

如果计算准确的话，饲料转化率是个好用的指标，但在工作繁忙的猪场要计算准确却是件难事。即使是由专人负责，细心的试验也会有高达 0.2：1 的误差，相当于每吨料的价格相差 15％，多数人在饲料采购决策时远远无法接受这个差价。

表 10-5 是 30 年的数据，但情形并未有改善，去年的两个调查显示，仅有稍微的区别。

表 10-5 5 个曾抱怨饲料的性能不好的猪场的计算与真实的饲料转化率（1975—1977）

农场	重量范围 （kg）	农场主估计的 饲料转化率	基于测量的真实 的饲料转化率	产生误差的 可能原因
1	6～28	2.9	2.71	没有称重
2	20～91	3.2	2.86	记录太差
3	30～90	2.9	2.81	批量输入的误差
4	25～86	2.6	2.92	猜测（!）
5	30～64	2.6	2.45	记录差

数据来源：RHM Agriculture，1977 年未公开数据，饲料转化率有 0.22 的误差，相当于饲料 48kg。

2. 平均日增重（ADG，Average Daily Gain）　　　　　　　　ADG

这是个生长指标，但长了多少瘦肉，还是廉价的内脏、骨头或脂肪？可能长得很好，但，是不是长错了地方？平均日增重不能显示这些问题！这种情况通常发生在感染病猪康复后体重"追上"未感染猪，补偿生长可能更快，但长的是什么呢？是瘦肉吗？多数是内脏或脂肪。这种猪的饲料转化率通常较差，就算长得快也没用。平均日增重没能显示这些问题，但是 MTF 可以。真是如此，日增重仅能决定上市日期少一点或日常开支节省一点，对于利润的意义通常是不真实的。

3. 每百分点增重成本（Cost per % LWG）

这个指标仅显示了成本，与利润并不相干。任何商人都知道成本与利润都是必须考虑的，如果成本降得很低，利润可能降得更多。表 10-4（参见前面）足以说明这点。

4. 断奶力（Weaning Capacity）　　　　　　　　　　　　　　WC

母猪产能通常以每年断奶仔猪的头数来定义。自 20 世纪 90 年代中期，特别是近 10 年来，运用基因选择技术，每头母猪年均断奶仔猪头数日益增长，总数高达 30 头。表 6 是荷兰一家知名的种畜公司 2009 年 4 月发表的证据：通过大量顾客满意度调查，在 2008 年有 101 家母猪场的母猪年断奶头数达到了 30.7 头，产活仔数达到 13.8，且断奶头数高达12.3，其他的公司也能接近或达到这个高水平。我们已经步入生产力的新时代，正如我已经谈论了 25 年，我们需要新的衡量术语来与之同步。

表 10-6　欧洲某种猪公司生产数据

猪场数	2007 年平均水平 942		2008 年平均水平 1006	
	前 10%	前 25%	前 10%	前 25%
规模	412	391	506	465
窝平均断奶仔猪数	11.4	11.2	12.3	12.0
窝产活仔数	12.8	13.1	13.8	13.6
母猪年断奶仔猪数	27.3	26.4	30.7	29.7

来源：Topigs（2009）。

点评：对于高产母猪而言，初生活仔数不足以成为标准；过度地以产仔数性状作为选种目标已经产生了一些负面的影响：仔猪质量、上市前的生长率、饲料转化率（或 MTF）以及屠宰品质等均受到影响。

5. 一般选种压力（A broader-based selection pressure）

为避免单一的偏向产活仔数的特征选择，遗传学家现在重点关注一些结合的特征，从而获得更好的结果，而不是以单一的产活仔数为标准，不管它是如何重要。

这一点我已经讲过多少年了，我们需要基于利润或收入的术语，而不只是生产性能。例如，饲料转化率应该由 MTF 代替，前者仅表示了生产成绩，而后者则可以影响利润，如屠宰率等。

从遗传学上讲，要平衡影响断奶力的各个方面的影响因子，不仅是产仔数，还有仔猪质量特征如初生重、产活仔数、断奶数、初配年龄、断奶到繁殖的时间间隔。

6. 如何获得此新术语——断奶力？

Hypor(海波尔)是另一个有先进理念的欧洲育种公司,在其操作程序中表示,他们统计的断奶力指标与其他种猪公司稍有不同,如表10-7所示。当然产仔数仍然是一重要指标,占 44% 权重。当然这对于仔猪质量性状的影响仅有 33%。

表 10-7　影响断奶力的各性状所占比例

1. 仔猪质量性状	
产活仔数	14%
断奶率	13%
初生重	6%
2. 其他性状	
肉重比	5%
日增重	5%
断奶至配种间隔	3%
初配日龄	5%
其他（如肢蹄力量和结构）	5%
产仔数	44%

来源：由 Hypor（海波尔）2009 年数据推测。

根据海波尔公司的观点，断奶力主要由如下三方面构成：每窝断奶仔猪数、断奶重和每头母猪终生产仔窝数。

7. 如何计算断奶力？

把如今高水平的三个真实数字相乘，情形如下：

12 头（断奶数）×7.25kg（断奶重，24 日龄断奶）×5.8 胎（母猪终生）=505kg（断奶力）

断奶力明确指出一头母猪或一群母猪的终生产能，能意识到仔猪质量和母猪年限的价值，而不限于我们今天重视的窝仔数及母猪年断奶仔猪数。母猪使用年限（太短）在当今世上真实地影响着断奶力数据。例如即使上述两个原始数据达到了，但平均 3.6 窝的生产年限可以把断奶力拖至 313kg，差不多是母猪这台生产机器下降了 38% 的产能，这台机器未免太昂贵了。

八、新术语

1. 额外支出回报率（Return to Extra Outlay Ratio，REO）　　　REO

注：REO 不同于投资回报率 ROI（Return On Investment），ROI 也叫资本回报率（ROC，Return On Capital）。

REO 在商业或学术上都非常重要。正如我们所见，猪场主不能用到市面上的所有的添加剂或补充饲料。通常他们只能在每吨料上多投资一点（8%～10%），用于过渡料、促进生长或节省料的添加剂。问题是哪些才能得到最佳回报？REO 很有用，因为出版的试验数据（通常还是以旧的基于生产性能的术语）可以，到底哪一项才能收到最好的投资回报。

REO 表示，以投资于每吨饲料的单位资金而言，有多少单位资金可能被收回，或者说每吨料的投资可以收益多少？即，你的额外投资可以收回多少？

（1）资本回报率（ROC）　　　ROC

不同于资本回报率，REO 包括更小的项目，如花在提高利润或成绩的一些饲料添加剂、小型的房屋改造或替代的日粮浓度；而 ROC 则表示更广义的投资，如新增建筑、小栏变成栏舍群等。而且，REO 表示的是额外投资，如有机硒而非亚硒酸钠，非转基因的植酸酶而非磷酸氢钙等；但是 REO，用于有必要用的额外投资，把额外的运营资本的需要列入视野。在紧缩成本的情形下，农场主们强烈反对花更多的钱用于以前用过的所谓"同样的"添加剂或饲料配方。这在边际利润时代更真实。REO 可以疏通这种心态，尤其是在过去的 10 年间，有机硒可能花费 50 倍于传统双态硒的情形下。用 REO 来计算，考虑到产生的效果，有机硒实际上是便宜得多。

表 10-8 说明了饲喂有机硒作为亚硒酸钠的替代的 REO。

表 10-8 在猪日粮中以建议水平的酵母硒（Selplex）替代亚硒酸钠的经济回报

来源	结果	生产成绩*	ROI† 投资回报	REO† 额外支出回报
Janyck（1998）	仔猪生长速度	+4.7%	7：1	17：1
Ibid.	窝产仔数	+6.7%	4.4：1	11：1
Munoz（1996）	猪肉 72h 滴水损失	−12.0%	3.8：1	4：1
Mahan（1998）	母猪产仔性能	+0.5 头/窝	20：1**	25：1

* 过量的亚硒酸钠

† ROI＝总投资回报率（包括硒）

† REO＝额外支出回报（酶母硒复合物与便宜的亚硒酸钠对比）

** 一年的母猪后代在屠宰时多产出的肉量（计算机估算模式）

	英镑/t
估计亚硒酸钠的成本	<0.05 英镑
有机硒复合物的成本	1.54 英镑

点评： 酵母硒产生的额外费用能够使每吨原料成本多出 1%，这时候，REO 的回报可能会有所不同，从 4：1 到 20：1 以上。这样才能公正地看待所谓"同样"0.3ppm 的硒所带来的成本大涨。简而言之，若成本上涨 30 倍，能够使额外投资的回报达到 5～25：1。

（2）同成本高收益与低成本同收益（MSC and SLC）   MSC   SLC

这是产生利润的两条途径，要么同样的成本获得更多的利润（More at the Same Cost，MSC）要么用更少的成本获得同样的利润（The Same at Less Cost，SLC）。当然还有第三个途径，就是用更少的成本产生更多的利润，这种情形极少，在养猪生产中几乎不可能。

历史上畜牧生产总注重产量的上升和成本的下降，但更常见的是过量的生产使猪价下降。这种收入的下降吞掉了所有额外生产的利润，同时养殖者并没有富裕起来。因此，我们都采用 MSC，用同样的成本生产更多产品，在利润术语上我们处于摇摆不定的境地。

更敏感的是，当今养猪生产者对于畜牧生产非常在行，他们把产量控制在一定范围内，但要求降低费用。这样做不会有生产过剩，结果猪价持续攀升，同时下降的成本也增加了利润。因此，SLC 即低成本同收益（假定生产性能足够好）是看起来好得多的一个办法。

（3）但"足够好的生产性能"到底有多好呢？

这是个关键问题，到底多好的产量要注意到，使得生产不受影响且成本能够下降？

图 10-1 给出两个例子，一个是母猪的生产力，另一个是屠宰出肉量，每幅图的右边表示生产者对于产量的重视程度，而左边则是节省成本的程度。由于产量的上升，关注点由右边转向左边。

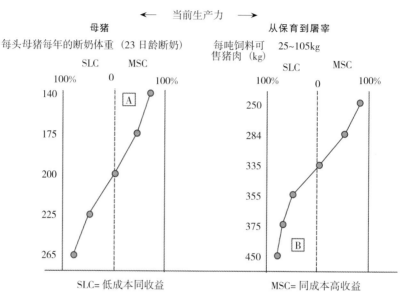

图 10-1　SLC 和 MSC 的选择
这依赖于目前的生产成绩。上面给出的生产者的关注点依赖于其生产成绩（基于 MLC 2009 年鉴）。

由电脑记录的数据也能绘制出同样的 S 曲线（要是统计 300 头以上的母猪的窝数及其后代，则更为接近）。描点法为：取最差 10％、最差 1/3、最好 10％、最好 1/3 以及中位数描点。大量的性能指标可用于作图，如空怀（非生产）天数、产仔指标、仔猪死亡率、每平方米圈舍可售肉量等。记住，这些都是关于到底要分派多少管理资源给 MSC 或 SLC，且没有强制性的标准。但正是这些标准回答了这个问题：我们的生产成绩到底要多好，才能让我们轻松地提高生产率，减少时间（及金钱）的成本。

（4）如何使用这些数字？

计算出母猪年断奶重（kg），算出从保育后到屠宰时每吨料产出的可售肉量（胴体重）。

读取图表中你对于 SLC 或 MSC 的关注程度（以百分比形式），例如，如果你处在 A 状态，你要花 60％ 的时间在提高母猪/断奶猪成绩上，而花 40％ 的时间在不损害目前繁殖成绩的前提下的节约成本上，反之，处在 B 状态，则生产成绩（如饲料转化率）是如此之好，在不提高成本的前提下再没有可能改进的空间了，这样，在保持成绩的前提下，农场主们会花 85％的时间在节约成本上。

当然，图 10-1 左边的关键指标在各国猪业中各不相同。美国的参考尺度与泰国的是全然不同的，这就是为什么农场主们应用当地的国家统计数据绘制的原因。如果图 10-1 左边的关键绩效指标用到 5 个参考点，那么，同样的 S 弯曲会总是显露出来，在图 10-1 给出的数据中有的甚至更加明显，那可是英国 2010 年的参考数据。

ROI/ROC/REO

记住，ROI/ROC 讲的是大型投资，如新的建筑、建新场或开分公司等。而 REO 是指在目前的管理程序与策略下的额外投入，一般来讲，具有最高 REO 的产品才是首选产品。

（5）在实践中使用 REO　　　　　　　　　　　　　　　　　　　　REO

我们以某种非特定的营养增强剂为例，这种产品多数是很贵，又是一种非常好的日粮增强剂。从出版的试验数据来看，多数具有优秀的回报率，大约 7.5∶1，属于一级品。

但是，使用一种或多种以上的具有更好 REO 的添加剂会有更好的结果吗？这种东西花费少，在每吨料中占取很少的实质空间，单独使用，不能达到原来添加剂的回报率，但累用使用，可以通过节省更多，有时节省很多来实现回报。这样，释放更多的饲料空间，在其他地方用更多的资金来改善日粮，可以达到 8％的上限。表 10-9 显示了这一概念。

表 10-9　如何用 REO 来比较有潜力的添加剂——总日粮费用为 160 英镑/t。一种好的生长添加剂可以使费用增加 4％（6.40 英镑/t），产生 7.5∶1 的 REO。6.40 英镑×7.5＝48 英镑/t。3 种可选添加剂如何比较？

使用比例与每吨成本		每吨预期回报	
添加剂 A	1％＝1.60 英镑	REO 8∶1	＝12.80 英镑
添加剂 B	2％＝3.20 英镑	REO 10∶1	＝32.00 英镑
添加剂 C	0.5％＝0.80 英镑	REO 5∶1	＝4.00 英镑
合计	5.60 英镑		48.80 英镑

注：这些数据基于目前欧洲的成本计算。

SLC　三种添加剂同以前用的更昂贵的添加剂一样，实际上给了我们同样的回报，这样利润在哪？为何多此一举地作出改变？

MSC

①要么 SLC 得到了改善（低成本同收益），我们以原投资额的 4/5 的投入达到同等回报，减少了饲料费用，因为改善了现金流从而花费更少了。

②要么 MSC 改善了（同成本高收益），用省下的 0.80 英镑/t（相当于以前总体上一次性投入添加剂的 12.5% 的成本）来增加其他日粮增强剂从而改善生产成绩，也不需要额外的投入。

REO　REO 是一个非常好的比较产品的指标，能使有限的资金获得更好的回报。

请放心，我不反对添加酶、促生长剂或提高氨基酸/能量水平，也不反对用防霉剂或目前猪场主可以用于提高成本效率的任何饲料改善的产品。如表 10-8 所示的，源于可靠的公开出版的试验数据而绘制的 REO 图表（许多优秀的供应商用来支持他们的销售主张），可以让养猪生产者——

- 评价哪个产品最有价值；
- 最有效地利用其投资资金（即以最便捷的途径赚取最多的钱）。

记住，REO 是商家计算出来的，它按照成本效率把产品排序。注意检验这些销售主张的有效性。

（6）REO 消除了浓缩又"昂贵"的产品的不利因素

多数新的饲料添加剂在加入饲料之前是浓缩的、使用比例低，而本身每千克价格很高，典型的例子就是营养性的生化技术产品。用易于解释的 REO 概念，可以让这些产品的经济价值真正显露出来，可以帮顾客排序并挑选产品，可以劝阻顾客不要总是在以每包或每桶更便宜的基础上来挑选产品。

（7）REO 如何能超过 20：1？

铬就是一例子，虽然它已被允许使用，但应用并不普遍。

如果你推行一个计划，贷款一元并在最短时间内赚取二十元，任何银行家都彻夜关注。你不妨问，在养猪生产中这有可能吗？

一般一个好的抗生素促生长剂能带来至少 5：1 的 REO，不过如何让 REO 更高，达到 20 倍或以上？关于猪料中有机铁就是一个很有意思的例子，最近的试验表明它的 REO 可以高达 12～18：1。

REO 检查清查——饲料和饲料添加剂产品

✓ 找出你要买的产品的添加比例。

✓ 从它每千克的单价算出每吨料中添加的费用，包括综合费用（如附加的劳动费用、物流费用，如果目前的流程中有的话）。

✓ 计算出产品声称能带来的效益，细心的求证，求源，如有疑问就问问别家的顾问或行家。

✓ 尽量把生产效益转化为利润效益，如：相对于每吨料的投入成本或额外投入成本（如果该产品目前已有替代品的话）每吨料的产肉量就是一个非常有用的指标。当然还有其他一些利润效益指标，如 WWSY（每头母猪平均额外的断奶重）。

✓ 算出 REO。

✓ 用 REO 比较其他可选产品或方案。

✓ 通常 REO 最高的产品才是首选产品。

✓ 但是并非总是如此，接下来要检查下 AIV（年度投资价值）。

✓ 最后，更准确的 REO 概念是，把它与年度投资价值结合，这样才知道一年你能够有多少次收回你的额外支出。

2. 每吨饲料可售猪肉（MTF）　　　　　　　　　　　　　　　　　MTF

新术语 MTF 与 REO 同样重要，因为养猪生产者一般销售的是猪肉（肉与火腿），而不是活猪。

MTF 关系到猪场主 58%～66%饲料成本的收入。

用 MTF 作为基本的标准，意味着我们不必再去收集或计算那种既困难又不准确的 FCR 了。这是因为，肉里有 72%的水分，水比料要便宜得多。这样，MTF 越好，则 FCR 必定好，没必要像研发单位那样记录 FCR。图 10-2 证实了这一点。

（1）MTF 更好用　　　　　　　　　　　　　　　　　　　　　　　MTF

对于农场主而言 MTF 数据更易于记录。这是因为养猪生产者是根据每千克胴体重不同价格而定价的。所以每周或月，他们能准确地知道其出货给屠宰场每千克猪肉的价格收入。而对于饲料，他们从原料发票上就能知道，每吨的价格是多少，每周或每月要喂多少，所有这些计算都可以在办公室里进行，而不必在猪场里干。

（2）每吨等价物（Price Per Tonne Equivalent，PPTE）　　　　　PPTE

MTF 好用的另一个原因是，它可以迅速转化成 PPTE（每吨等价物）。正如我们在 REO 上看到的一样，农场主们总是过分关注每吨的价格。虽然这很重要，但价格却是反复无常的。当然，如果农场主们还是迷恋价格，就用它吧，不必抵制。

如果 MTF 揭示的是争论时期中更高或更低的数字，比如，每吨料多产出 20kg 肉，猪场知道当前的猪肉价格，比如说宰后价格 1.10 英镑/kg，20×1.10 英镑＝22 英镑，这种情况下，在 MTF 上的改进是 20kg，这等价于每吨饲料便宜 22 英镑。如此简单。用当地的价格算出，看有多简单。PPTE 的优势在于，它能由猪场便捷地算出，也让他们自我说服——结果是对的。对于卖料的商人，如果顾客也能亲自算出并得出数据，那么他的产品就好卖得多了。

表 10-10　如何计算 MTF 数值

a. 设定每吨料能产出多少猪，如 200t 料喂养 1 000 头猪：1 000/200＝每吨料 5 头猪。

b. 计算每头猪在生长期的可售肉量，如 30～105kg。

　　如 75kg 活重乘以 75％的（生长末期）出肉率＝56.25kg 胴体重。

c. MTF＝5 头猪×56.25kg＝281kg MTF。

有些国家把猪养得更大，胴体重更大，吃更多的料。这样数值更像以下（以美国为例）：

a. 从 45～265lb* 期间吃 725lb，出栏 2 000 头，则：2 000/725＝每吨料 2.76 头猪。

b.220lb 乘以 78％出肉率＝每头猪 172lb 胴体重。

c. MTF＝2.76 头猪×172lb＝475lb（215kg）MTF。

这在饲料试验中很有价值，但目前为止一些学者或饲料公司仍不重视这点。每个养猪生产者都应该用到 PPTE/MTF，并从中获益。

（3）好的 MTF 数值是多少？ MTF

表 10-11 显示的是世界水平。因此，最适合的饲料转化率被选用，尽管如此，那仍然是国际上的养猪生产典范。

目前看起来，350～375kg（30～105kg）的 MTF 是一个可达到的目标。不过，在特定的国家，特定的生产者中，成绩高的也有，达到 400kg MTF 才是目标。最高端的 10％生产者可达到 450kg MTF。所有这些数据都限于体重 30～105kg 的生长育肥期。

表 10-11　世界养猪成绩 2009/2010（30～105kg）

	FCR×	增重 （75kg）＝	头均采食量 （kg）	每吨饲料可饲喂 猪数（头） ×	屠宰率 （％） ＝	MTF（kg）
差	3.3：1		247.5	4.04	74.0	299
标准	3.0：1		225.0	4.44	74.5	331
好	2.7：1		202.5	4.93	75.0	370
目标	2.5：1		187.5	5.33	75.5	402
极好	2.2：1		165.0	6.06	76.0	448

来源：各国猪业记录及 BPEX 2009/2000 年鉴。

* lb 为非许用单位，1lb＝0.453 592kg。

表 10-12 不同的 MTF 对于收益的影响

基于欧盟生长育肥猪价 175 欧元/t 与标准肉价 1.20 欧元/kg，欧盟 2009/2010 冬天的数据。

	MTF（kg）	每吨收入（欧元）	每吨收入与每吨饲料成本的关系（欧元）	
差	299	359	297	＋184
标准	331	397	270	＋222
好	370	444	242	＋264
目标	402	482	225	＋307
极好	464	557	215*	＋377*

* 从经验来讲，对于有经验的养殖者，因为购买的是高瘦肉型的品种，需要高密度的营养，所以饲料费用要高出 8%。

点评： 从常规的保育结束到出栏，未能达到 MTF 400kg（30～105kg）的标准生产者，其每吨料的产出收益会减少 1/3（85 欧元）。现在由于先进的基因工程与饲料质量，MTF 400kg（30～105kg）的成绩是完全能够达到的。

（4）警告

正如 FCR 一样，MTF 的值依赖于体重范围，肥猪在早期的 FCR，较之屠宰时的 FCR 要好得多。在表 10-11 与 10-12 中，体重范围是标准的 30～105kg（保育结束-屠宰）。

因此，这个范围的目标 MTF 为 400kg。

如果体重范围为 7～70kg（断奶-中猪屠宰），则目标 MTF 为 357kg。

如果是 60～120kg 的体重范围（美国和中欧育肥猪体重更大）则目标 MTF 应该在 500kg。

记住，MTF 是随着育肥范围而变化的。

（5）这是否意味着 MTF 难用或不可用？

绝非如此！我们用 MTF 来评估比用 FCR 和日增重更趋于利润导向。对于旧术语而言，用 MTF 可以以比较的方式判断一种饲料产品或添加剂产品（相对于对照或竞争产品而言）对于生产的改善。只要育肥重量范围一样，就没问题。而对于 FCR（难得完成），我们必须全程记录体重范围数据，以便做同类比较。

这样，如果我们以 MTF 作为生产目标管理，请记住正确的写法，要带上体重范围，例如：体重 30～105kg 的目标 MTF 值为 400kg，写成"400kg MTF（30～105kg）"。

（6）MTF 比 FCR 更实用

生产者及其顾问，包括销售饲料或销售饲料添加剂的人，不确定的是，以

MTF 替代 FCR，可否得到同样的衡量方法。前者在办公室就可以精确计算，后者在猪场里很难统计计算。

事实上，图 10-2 是我花了好大精力从许多猪场统计而来的，它显示两者的确很接近，仅存在±1%～2%的误差。相对于不精确的表 10-5 而言，这是一个小的误差。表 10-5 是标准生产者的统计，我在审查证据的时候发现，其误差达到±8%～10%。

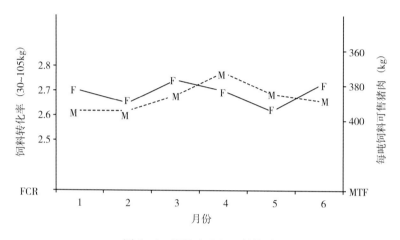

图 10-2　FCR 与 MTF 很接近

同样的场，同样的猪，3 个月的移动平均数。MTF 则是加工处理的数据。

（来源：2008 年客户记录）

（7）如今的销售员如何用 MTF/PPTE 来卖产品给猪场

首先，MTF 和 PPTE 两个术语似乎不像销售全价料一样，在添加剂方面偏离太远。其实不然，目前多数试验数据来源于该地区的肉品生产者，他们有良好的饲料转化率、日增重，每千克增重成本更低。我们能看到这种优势：

FCR：对，更好了，但成本多少？使它降低是否代价太大？

ADG：对，更大了，但长了多少有用的瘦肉？

每千克增重成本：对，更低了，但影响到利润了吗？

聪明的销售人员把一些成绩相关的旧术语结合 REO 和 MTF，因为这意味着更多的生意。如果不行，他们也有优势，着眼于旧的衡量方法，解释新术语的利润导向带来的利益。

PPTE 在评估同等收益对应的每吨饲料成本方面是一个很好的指标。好处如饲料转化率改善 0.1、提前 4d 上市、每千克增重成本下降 2 便士对于顾客来讲，是比较重要。但用 PPTE，加上一句"这等价于你将来买料时节省了 16 英镑

（或者 10%）"，会有更为深远的效果，同时用 REO 还能产生持续效果……

由于我们产品能产生 4∶1 的 REO，每吨料仅多花费 3.2 英镑（增加每吨料花费的 2%），如果添加的话，能得到每吨 12.8 英镑的改善，将来又能享受 8% 的饲料节省费用。这样，农场主和饲料及添加剂销售员应该会：

- 找出支持其产品的试验结果及其意义。
- 算出 REO、MTF 及 PPTE，又简单又快捷。
- 当别人还在用老一套以成绩为导向的术语而挣扎的时候，他们能更有影响力。

饲料销售员，只要熟练使用 REO、MTF 及 PPTE，就足以帮他自己完成更多更好（更高价）的销售，同时激励他们更快地拿下订单。如果饲料及添加剂公司无事可做，就用熟这三个新术语吧，因为农场主及畜牧专业的学生看到本书后也会用到。

（8）母猪的 MTF

母猪也有 MTF 数据吗？如果想就有，当然不能包含断奶猪了，我们很少销售供食用的断奶仔猪。

（9）断奶猪

但是我们可以想象一个数值：每头母猪的年产断奶活重。这不同于断奶力，那是基于母猪终生的生产力的。

这里，基于母猪年耗料为 1.4t（包括补料），假定一母猪年断奶 24 头 7kg 的小猪，则好的目标则是每吨母猪料的产出为 120kg 活重（断奶猪）。

（10）出栏肥猪

这里也有个 MTF（母猪的），一头母猪一年消耗饲料 1.4t，假定能得到 23 头肥猪，每头活重 105kg（或 80kg 胴体重），共计用 1 400kg 的（母猪）料得到 1 314kg 的可销售猪肉。

这就得到母猪 MTF 为 1 840kg。

如果数据比上述低 1/3，约为 876kg，则要采取行动了，但我还是经常碰到这种现象。

（11）为什么说每千克增重成本会误导？

每千克增重成本和 FCR 一样很流行，但会误导。

Phil Baynes 博士（SCA Nutrition）是个冷静的营养学家，他总是考查经济价值（成本效率）。他说，当单独考虑一些对比试验时，特别是断奶后及保育料及其添加剂时（竞争很强的阶段），每千克增重成本会误导。他还提供了一些我下边要引述的例证。

SCA 在同一时段及相同的条件下做了两个试验，比较断奶后的日粮。一个试验是称量三阶段保育日粮的平均消耗，喂了 45.5 便士/kg（455 英镑/t），另一个试验使用三阶段简单的低价饲料，花了 33.2 便士/kg（332 英镑/t）。

结果如下：

试验 1（高价料）：从 7～14.8kg，每头猪增重 7.8kg，耗料为每头猪 4.55 英镑。则每千克增重成本为 58.3 便士。

试验 2（低价料），从 7～13kg，每头猪增重共 6.04kg。耗料为每头猪 3.32 英镑。则每千克增重成本为 55 便士。

用每千克增重成本术语来讲，便宜料的成本明显地低了 6%，是当然的选择。太简单了。

但是如果我们换一种思维方式呢？Baynes 说，试验 1 的增重多了 2kg（长了 12%）。在每个增重百分点的基础上再计算，试验 1 猪的体重比初始重增加了 111%，而试验 2 则只增重了 86%。我们都知道，早期的增重快是相当有好处的，试验 2 中没有充分利用这一点。"如果我们按照增重的百分率来算，两个试验的饲料成本都是 4%，但试验 1 中用了贵一点的料，获得了多出 2kg 的增重，在猪的一生中提前打好了基础。"

在你决定用每千克增重的成本术语的时候，请注意增重的百分比数字的改善，这样你就能改变想法。很多商业性的初期料试验都得出了令人怀疑的每千克增重成本的数据。这同样适用于生长育肥猪。所以请谨慎使用该术语。

3. 年投资价值（AIV，Annual Investment Value）　　　　AIV

REO 在比较试验意义上的饲料或添加剂时是个相当有用的工具。但是一个好的 REO 可能需要很长一段时间来回收，而低的 REO 则仅要较短的时间。这样我们需要一个衡量回收时间的术语，比如说一年的投资。直接贷款一般只限制一年的时间。

比如，一种通过补充加入的能够获利的产品或添加剂，一年可能回收 11～12 次，在保育猪，一年 6～7 次；而育肥猪一年 3 次；母猪则一年 2.4 次。

所以，REO 回收的时间是很重要的，它抵销了初期投资效益，也占用了资本金的利息。

假定一个标准的基于一种添加剂的 AIV，在屠宰前育肥日粮中有 10：1 的 REO，用欧元计算，每年 3 批的屠宰猪，每批投入 3 欧元/t 的添加物，每年三批共回收 3×10＝30 欧元，减去资本投资的利用率，再减去约 30 欧分的利率（借贷了 3 欧元），这样每年的净得收入为 26.7 欧元/（t·年）。这种情况下，REO 是 10：1，但 AIV 是 26.7 欧元/3 欧元，或者说 8.9：1。

AIV 越高，投资越好

比较而言，在教槽料添加剂可能在仔猪断奶时的 REO 只有低到可怜的 2：1，而每吨料成本却增加 10 欧元的额外投入。这乍看起来与较高的 REO 产品相比前景暗淡。的确，这仅产生了每吨 20 欧元的回报，但是，如果 1t 教槽料的话，那么吃这么多料的庞大群体就会产生巨大回报。更有甚者，每吨 10 欧元的额外投资对于 24 日龄断奶的保育猪而言，每年可以回报 12 次。我们看起来低的 2：1 的 REO，从 AIV 的意义上讲，只要年额外投资 10 欧元，利息仅为 10%，但 2：1 的 REO 却占据了初始领先优势，如屠宰肥猪 1 年的贷款也可以后续 12 次的回报，这种优势被放大了。即 20 欧元×12＝240 欧元，AIV 为 240 欧元/11 欧元＝21.8：1。

意义就在于在正确阶段，尤其是仔猪早期阶段，在营养方面的少量投资能够在猪屠宰阶段获得更多的利益。我们都知道，AIV 的原理就是作年度财务计量计划的。

建议：如果你对于生产成绩感到满意，就追求最高的 REO，但是做一个 AIV（年投资价值）评估，这样就能合理利用你的投资资金。

记住：你的银行经理总在着眼于你的钱，像这样——我的钱多快能回收？我的钱能回报多少？AIV 也能使你一样看待你的资金——如何最好地利用！

4. 每头母猪年均断奶重（Weaner Weight per Sow per Year，WWSY）

WWSY

母猪年产仔数：母猪年产仔数是目前常用指标（如年产仔猪 18、22 或 25 头），但没有考虑到断奶的重量，这样也可能误导。见表 10-13。

表 10-14 显示，WWSY 比年产仔数更好。显然，断奶时间/日期对于重量及头数都是有影响的。

表 10-13　两个客户的情况，2 号猪场获得了国家级的生产奖，但 1 号猪场却赚钱更多

	1 号猪场 430 头母猪	2 号猪场 380 头母猪	
经产母猪及配种青年母猪年断奶猪	23.7	24.9	＋5%
3 周重（kg）	6.7	5.4	
经产母猪及配种青年母猪年断奶活重（kg）	158.8	134.5	－15.3%
潜在价值 1.20 英镑/kg	189.60 英镑	161.40 英镑	

　　点评：5% 的更高成绩与 15.3% 的更低收入（英国的算法）。

断奶重对于经济效益有重大影响，这样在表 10-14 中给出分别在 12、21、

28、35 日龄断奶的常规目标值。

表 10-14 每头母猪年均断奶重 (kg)

	断奶日龄 (d)	差	常规	好	目标	极好
早期断奶	10~12*	n/a	n/a	103	103	n/a
常规断奶	21	81	89	133	147	202
常规晚断奶	28	97	109	184	217[†]	[—]
瑞典/丹麦情况	35	115	133	261[†]	299	[—]

*基于早期隔离断奶技术(SEW)的数据不多,SEW 现在几乎无人采用,美国人恢复至19日龄断奶。

[] 英国之外的优秀生产者很少超过 24 日龄断奶的。

[†]由于这种生产方式对母猪有很多限制,因此很难维持稳定,所有数据都基于分娩指标进行了修正。

因为 WWSY 依赖于断奶时间、天数,所以记录时应该记做（如 24 日龄断奶，合重 158.8kg）：

$$158.8kg \ WWSY^{(24)}$$

其次，青年母猪引入猪群的时间记录也应该标准化。关于青年母猪从什么时候开始计算，有的说从引入时（要吃料要照料），有的说要从初产完成后开始。这样有好几周的差别，影响到 WWSY［大约 7kg 或说一头断奶猪/（母猪·年）］，最好是在引入青年母猪初次配种的时间/日期上统一标准。这就忽略了青年母猪引入与驯化的时期，因为青年母猪进入种群的时间是不同的，要进行同类类比，必须选择同一起点，这样才能在生产性能术语上实现统一。

5. 断奶力 (Weaning Capacity，WC) **WC**

断奶力也是一个重要术语，因为它能标明新青年母猪的资金流向，也影响到种猪群的疾病防控。这需要更完善的解释。

仔猪的断奶前死亡率：另一个重要的数据，但是随着品种改良，产仔数会越来越多，而产得越多，相对的死亡率也会上升。要相对于产活仔数来计算死亡率，如：

- 表面看不好：15％的死亡率对于初产 12 头而言成活了 10.2 头（12－1.8＝10.2 头）。

- 表面看很好：5％的死亡率对于初产 10.75 头的产活仔数而言也是成活了 10.2 头（10.75－0.54＝10.2）。

注意百分比！

当然宁可每窝损失半头也比两头好，生产者的死亡率变化大，所以更好的标准应该是 AMF（绝对死亡数字）。

6. 绝对死亡数（Absolute Mortality Figure，AMF）　　　　　　　**AMF**

比死亡率更好的是绝对死亡数——每窝产活猪是怎样死亡的？而不是每年死亡率，因为我们不知道这个死亡率的每窝平均的数字。

最清楚的表达应该是：

12 头产活仔绝对死亡数为 1.2 头。

希望这能更熟悉一点，相当于绝对死亡数1.2/12。这就是说死亡率为10%。

一般来讲，用百分比的方法，当今的目标死亡率为10%，绝对死亡数意即，出生 8 头死亡 0.8 头，出生 12 头死亡 1.2 头。如此表达的时候，我们首先想到的是产活仔数，而非死亡率。这样总是在考虑初生数，这也很重要，我们记录死亡的时候往往忽略了。

随着现代遗传选择技术的改进，13～16 头的初生数成为可能，这样基于初生数的绝对死亡数更加重要，如产 14 头，死 0.8 头看起来多，但死亡率仅为 5.7% 的死亡率，对于多数猪场是很好的了。

7. 终生回报率（Income to Life Ratio，ILR，收入长期投资比；Profit to Life Ratio，PLR，利润长期投资比）　　　　　　　　**ILR　PLR**

在选择使用所有需要额外投资资金的产品时，REO 给了场长们广泛的选择余地，正如我们在 REO 章节中看到的一样，运用 MTF、WWSY、WC 等，能够了解到各项工作对于生产上的改善，通常谁的回报率最高，谁就是首选。

但是，如果 REO 需要长时间回收，几年而不是几个月，比如用于设备和房屋的时候，尽管 REO 是最高的，但不能作为一个好的经济标准了。终生回报率可以在时间上对 REO 进行改进，它可以考虑部分的回报数字。

（1）长期回报

我们可以多用 ILR/PLR 处理设备方面的 REO，这类投资的回报长达5～15 年，而添加剂等的时间相对短多了，要不就是 160d 的育肥期、要不就是一个母猪的繁殖周期，或母猪的年回报率或者是 6～9 周的保育产品的更快回收。

REO 或 ROI/ROC 等用于评估一些大型的设备的投资效果，如大型设备的翻新工作（如通风设备的翻新），大量的小型设备的重装（如水槽），引进最适高度的饮水设备，或合适的小猪保温设备（垫板、灯、地板水暖管等），甚至值得偶然使用的设备（如夏季使用的淋浴器），甚至多功能猪医院或康复舍。

对于饲料添加剂而言，效果或结果必须来源于可接受的试验。这种额外收入的（ILR/PLR）的净利被基于设备的使用年限的时间段而分割成几个部分，表 10-15 给出了例子：

表10-15揭示了什么？

研究表10-15可以发现，即使资本有限，一种长期的PLR是可行的，对于REO而言，长期的回报意味着一种能最快最好地回收的规划。

表10-15　PLR有助于评估资本的改进

情形	客户可以选择投资同样的钱，要么改造通风设备，要么安装新的省料的料槽料机，从以前的制造商的试验数据的使用前后对照中可以看到，前者可以回收10%的每头平均净利，而后者可节省4%的饲料（25～90kg）
通风设备改装	500头猪，要花每头猪8英镑的资本及利息，在下次翻新前有8年的时间，假设净利的改善为10%（每头平均70便士），总利为70便士×3.5个猪舍/年＝2.45英镑猪舍/年，则3.26年期的回收后，剩下4.74年都是净利了。 偿还以后，设备的终生预期净利就是： 2.45英镑×4.74年×500头猪＝5 758英镑 PLR对于产品终生的额外回收利润为11.52英镑/头，投资额为8英镑/头，PLR＝1.44∶1
安装节料型料槽	500头猪，每头猪8英镑的资本及利息，设备翻新前可用12年 净利改进为4%，省料25～90kg 6kg×15便士/kg＝90便士/头猪 总利为90便士×3.5个猪舍/年＝3.15（栏·年） 回收因此为6.5个月，剩下11.45年的利益是净利 偿还以后，设备的终生预期净利就是： 3.15英镑×11.45年×500头猪＝18 034英镑 PLR设备的额外收入/猪舍产品为36.01英镑，PLR＝4.5∶1
评论	PLR和ILR都能让你看到设备投资的使用年限及偿还后的利润 因此，节料型料槽的选择是对的，只要那台通风设备不引发呼吸道疾病 上述两情况下制造商声称的成本与效益均来自于试验数据

制造商声称的利润及设备使用年限关系到上述两个设备终生回报率，如果你对此证据感到满意，就请选择最长期的或"最高即最好"。

PLR与ILR进一步比较并证实了所需资金的回收速度，通风设备要3.26年回收，而料槽仅需6.5个月。

已经回收成本了的设备可当做是利润，要用于再次投资，如MSC/SLC的改进计划。如上所述，这样快速重新调动有限的资金，比之单纯的REO计算，更加重要。

特别是在使用长期资金的时候，总是要配合REO来使用PLR/ILR。

（2）为何用ILR而不用PLR？　　　　　　　　　　　　　　ILR　PLR

一些养猪投资人，在计算资本及其利息的回收利润的时候宁愿用ILR而不用PLR。

　　这是因为收入是一个确切的数字，不像转化成利率那样有变化。耗料、栏舍及每平方米利率可以是净的，总的，或边际的等，除非特别定义，这种词汇总引起混淆，所以一些猪场更喜欢使用 ILR。

　　同时，ILR 可以计算出各种明确的利润数据或直接每头猪多收入多少。

　　ILR 数字更易于计算且在项目比较时更明了。

九、新术语的几点概要

1. 农场主

- 能适应将来养猪者，并更有商业导向。
- 这样他们需要更好的术语来做财务决策。
- 新术语在考虑生产性能的时候，不只是（像旧术语一样）单纯考虑性能，也是以利润为导向的。它同时兼顾了成本和收益。
- 资本来源是有限的，也不容易得到，且成本（利息）大。新术语能够按成本效益的最佳方式分类使用这些有限资本。
- 如果销售人员能用新的术语，猪场就能理解他们的逻辑，就能判断其真伪。销售人员总是夸大其产品的优点，而遮掩其产品的弱点或未经证实的特点。
- 这样猪场就能评判销售人员所说的价值，并与他们的花言巧语进行对比，或与其他的销售人员讨论。

2. 销售人员

- 那些生存下来的顾客就是将来的要与之做生意的更大更好的顾客。因此，销售介绍要基于财务导向而非生产性能导向。
- 销售人员要理解这些新的术语，与时代同步，甚至想办法超前于顾客。因为新的术语才是衡量成本效益的，只有这样才能让顾客掏钱买他的产品。
- 高质量的产品总不会便宜，在市场上永远不会是最便宜的。
- 新术语在高度竞争的销售环境中，让销售员更容易卖掉高品质产品。
- 新术语让销售更有趣味，因为它用的是新异的销售方法。
- 销售拜访中，能够理解并有效运用新术语，可让顾客产生深刻印象，其重头产品能让顾客获得最终的利益而不是猪的生产性能。

3. 商业公司

- 有着熟悉商业思维或善用最时髦术语的一批优秀又高度专业的销售谈判专家。销售人员培训得越好，卖得就更多，公司就更赚钱。

● 其他公司如果不关注新术语及其在批发或零售中的运用，就会立刻处于劣势。这种销售本身有种衰减效应，尤其是在潜在的或已有的顾客面前引述这类新术语的时候，这些公司就会感觉落伍了。

这就意味着，你公司，不是他们公司，会得到潜在顾客的订单，并且你能轻易地把他们公司的已有顾客抢走。对于猪场而言，和其他不使用这些概念的猪场相比，他们就能比其他猪场更有效地利用其有限资金，就能赚更多的钱，在艰难时期也能生存下来。

● 最后，农场主要付出薪水，因此他要关注他的猪产品的不断变化的商业特点，他必须熟知这些新的术语，同时能正确的保留和利用那些生产成绩的指标。比之那些忙碌的农场主，他能够计算并正确地运用那些关键的性能指标，正确运用基于经济价值的新术语来完成任务。

4. 科研人员

同样，用农场主的观点看，科研人员采纳了新的术语后，也会处于有利的环境，他可以优化其应用研究。他可以说服其部门主管，他的研究方向是具有经济效益的，所以是值得投入的。其实研发主管和那些犹豫不决的场长、顽固的销售经理一样，需要更多的说服力。

参考文献与扩展阅读

BPEX Yearbooks for 2009 and 2010.

Campbell，R. G.．Personal communication，unpublished（Effect of Bioplex Iron on a large industrial sow complex.）

Close W. M．"The Effect of Bioplex Iron on Sow & Piglet Performance：Preliminary Results"（1998）. Internal Res. 44. 034.

Close W. M．"Organic Minerals for Pigs：An Update" Procs 15th Annual Symposium in Biotechnology 1999，pps 51-60.

Gadd，J. Monograph："The New Terminology：Guidelines for The Feed Trade & Ancillary Industries Sales & Marketing Deparments " Privately printed；available from the author.

Gadd，J. Monograph："Pig Production Standards"（U. S. edition 1998，Metric Edition1999.）Privately printed；available from the author.

Gadd，J．"Off With The Old，On With The New"，Pig Farming47，1（Jan. 1999）

Gadd，J．"New Terms Better Yardsticks" Pig Farming47，2（Feb. 1999）

Gadd，J．"Questions You Shoud Ask TheSale Rep" Pig Farming47，11（Nov. 1999）

Gadd，J．"Man of Straw... and Iron"，Pig Farming47，7（July. 1999）

Janyk，Stanley W. Organic vs Inorganic Selenium Supplementation of Gestating
Sows，Jan. 1998. Agriculture Research Council，Animal Improvement Institute.
Irene，South Africa（Presented at the Word An. Prod. Conf. Seoul. Korea）

JSR Genetics（2009）"Meat per Tonne of Feed – Become a Convert". Press Release（example of an international company using the "new terminology"）

（蒋文明译 张佳、周绪斌校）

第11章
人员管理
——专家们是怎么做的

一、大多数养猪生产者常犯的错误

在我的职业生涯中，有幸拜访了大约4 000家猪场，并与其老板和经理们进行了交流。在此，将我所见到的他们的不足之处罗列出来，虽然这样有些冒昧甚至不礼貌，但却值得你对比和学习，世界各地的猪场主都有惊人的相似之处。

先说说养猪生产者积极的一面，他们都甘于奉献，工作勤奋，有胆识，适应性强，乐观。他们确实想在有限的条件、经费以及许多外部影响如政策和法律条文的限制下养好猪。养猪生产者不甚计较，当然经常也宽容自己的错误。

现在说说不好的一面！

你有没有过养猪生产者常犯的错误

✓ 忽视可能达到的生产性能，无法发挥猪的遗传潜能，确实令人遗憾。

✓ 不能以书面，或网络（记录），或在猪舍内（利用监控设备）充分监测数据。

✓ 认为自己无所不知，"经验主义"使人退步！

✓ 没有良好的洞察力。

✓ 在日常琐事上浪费太多的时间。

✓ 亲力亲为干了太多的体力重活。

✓ 不注意进行设备的自动化改造，以替代费力、笨重的工作，因而没有精力照顾好猪群。

✓ 不懂通风及空气的流通方法。

✓ 饲养密度过大：这是一个全球性问题，忽视了密度过大对生产性能和疾病的影响。

✓ 没有使用简易的、临时性的甚至是"废弃的"房舍来缓解产能和隔离病猪。

✓ 浪费，尤其是饲料的浪费，并且没有意识到许多隐性的浪费方式。

✓ 低估了断奶后阶段对育肥猪利润的重要性。

✓ 没能按现代养猪生产的要求培训员工。

✓ 母猪分娩时无人照料。

✓ 对青年母猪的培育缺乏耐心，急于配种生产。

✓ 没有合理地使用兽医专家。

✓ 没有有效地利用人工授精技术，因过于熟练反而粗心大意。

✓ 没能及时与外界建立商业合作或合伙关系。

✓ 不关注和参与养猪行业协作组织。

✓ 生物安全执行得远远不够（例如：养禽行业在清洁和消毒方面领先于我们）。

✓ 没有将养猪生产当作一项生意来看待。

✓ 没有意识到霉菌毒素是利润的"隐藏窃贼"。

✓ 没有找到投资的时机和方向，思路不清。

✓ 倾向于完全延缓的支付，而不是先在合适的领域投入能承担得起的数额，然后利用额外的收入来重新投资在其他地方。

多么长的一串清单！虽然如此，我发现许多人的失误占到上述的 50%，请回头再次浏览这份清单，好好想想你在哪儿出现了差错。

另一方面，在这4 000次左右的访问中，我也有幸与几百个猪场老板和经理们促膝座谈，并向他们虚心学习请教，我多么希望我自己能够像他们一样优秀！

这就是他们的共同点，并且不是你想象的那样的上述清单的反面。

检查清单——职业养猪经理的特征

他们的目标是使养猪生产的利润最大化，不一定表现在生产性能甚至是收入上。他们采用的方法可以按短期和长期的目标划分，现叙述如下：

短期目标

- ✓ 设定生产目标以取得预期收入。
- ✓ 保证有充足的青年母猪群。
- ✓ 根据预先计算好的生产目标配种。
- ✓ 减少猪群死亡率和死产数。
- ✓ 根据仔猪的体况断奶，即断奶时获得一头高质量的仔猪。
- ✓ 断奶时保持母猪的体况，以保证能够很快参加配种。
- ✓ 尽可能使多胎次繁育效果最大化〔例如：每头母猪生产周期 (SPL) 内达 500kg 断奶重〕。
- ✓ 尽量缩短断奶后复配时间 (5d 或更短)。
- ✓ 达到最低发病率或最大健康度。
- ✓ 降低成本/避免浪费和低效率。
- ✓ 改善动物和员工的福利。
- ✓ 激励员工的积极性。

长期目标

- ✓ 随时保持与外部市场交流。
- ✓ 选择适合市场需求的种猪品种。
- ✓ 应用能够使猪群周转最优化的猪场数据管理系统。
- ✓ 坚持记录以便于查找问题，特别是能对与目标可能存在的差距提出预警。
- ✓ 选择、管理和培训员工。
- ✓ 按工作量给员工支付足额的薪金。
- ✓ 正确购买饲料 (定期与猪营养学专家沟通)。
- ✓ 高效率销售生猪。
- ✓ 根据可用工时合理安排设备的维护和检修。
- ✓ 做出最经济的调整。
- ✓ 提升自我技能。

这些都是重要的任务。大多数优秀的经理都采纳这些。

二、怎样才能成为一位优秀的猪场经理？

不久前我拜访或采访了 6 位世界上最优秀的猪场经理。我将他们眼中认为的优先工作总结如下……

- ✓ 就猪的生产和工作流程制订科学的计划。
- ✓ 监测生产性能的进程：记录和测量设备。
- ✓ 采购和销售：定期交流至关重要。
- ✓ 激励员工：非常有趣的领域，我会在后文展开叙述。
- ✓ 自我培训：坚持学习至关重要。
- ✓ 熟悉当地和全国市场。
- ✓ 热爱养猪事业？这可不一定，这些人反而是对企业管理更充满兴趣。

（一）现在让我们来说说与猪无关的事情！

商业街上的顶级经理告诉我的……

除了上文所介绍的这种基于最有价值的专业和实用性的养猪经验外，我还拜访了商业街上 4 家最优秀公司的 CEO，作为一位钦佩其事业成功的客户，目的是想了解他们是如何对日常工作进行管理的；这些公司在过去的几年里向我们提供了一套家庭式的一流服务。

这是他们告诉我的要点，这些要点的重要性排名不分先后。我认为所有要点对一位成功的猪场经理来说有非常重要的借鉴意义。

- ✓ 密切关注销售情况（至少半天）。尽管作为猪场经理我们是否应该像街口零售店的经理一样花如此多的时间还值得商讨，但这是非常重要的，我将在下文讨论。
- ✓ 配备一位优秀的助理（有人说过：一位优秀的助理能够向你提供需要的资料）。为什么我会提到这个，因为一位从事此类工作的优秀财务、记录编辑员对猪场经理的作用与优秀助理对杰出 CEO 的重要性是相同的。
- ✓ 良好的谈判、沟通技巧（无论是对公司内部的员工还是外部的供应商）。
- ✓ 与供应商保持良好合作的关系（有人说过："供应商是成功谈判不可或缺的一部分，不需要支付额外的花费，只需花一点点时间和功夫而已"）。
- ✓ 员工培训、培训、再培训（有人说过："人能成事也能坏事"）。
- ✓ 花点力气记住别人的名字（有人说过："我总是问候他们的家庭和福利"）。

✓ 永远敞开大门，设立一个接受建议、抱怨的信箱（有人说过："了解情况能使你将员工和产品等的麻烦消灭在萌芽状态"）。

✓ 让你的员工在与客户打交道时不半途而废。

（二）在我们养猪产业中所花的时间和忙而无功

因此，简而言之，我们可以从来自不同领域的成功经理们那里得到非常相似的有价值的建议，以人们的关注点为例。

两位管理着 100 多名员工的猪场经理都与我谈到花时间去激励和指导员工的重要性，但是我感到这在一些只有 300～500 头母猪的小型猪场里是非常缺乏的。这是因为经理们认为有相当多的事情要做，当然其中包括大量的体力工作。无疑，当我还年轻时管理一个猪场时我也是如此，我懒得费脑筋和做文字工作，更不要说面对烦人的电话（今天是电脑），我宁可走出办公室，亲自去干体力活，这让我感觉心情非常放松；但是我看到很多的经理们认为他们必须亲自参与到繁重的体力劳动中去，否则工作进度就上不去。忙而无果是猪场在人员和管理层面上头痛的事。

（三）那么，一个中等规模的猪场应该有多少体力活，该花多少时间去思考呢？

我提出了这些建议供大家参考。

我建议，一个管理着规模为 400～500 头母猪的分娩-肥育场的经理，应该每周至少用 35h 从事非体力劳动工作，如果有可能的话应该更多，他应该做这些重要工作……

1. 每天一次观察各个猪圈。这大约需要每天 2h，再花半个小时来检查设备和监控仪器，比如说温度计和控制器。

2. 每天与所有员工进行简短的正式沟通，时间为 15～20min。这样不仅能够保证一线员工在正确的时间从事最正确的事情，而且还能及时把握住猪场的现状——人和猪。

3. 每周花 2h，规划或根据目标检查猪的生产流程。这包括：

（1）监控生产性能。根据记录监控生产，利用计算机中的预测功能。在今天这个计算机时代，猪场经理们对这个功能的使用严重不足。每一个超过 300 头母猪的猪场都应该有一个兼职的人员来专门记录经理需要的数据，以便于与生产性能和生产收入的设定目标进行比对。经理们从事太多这种捣弄数字的工作，会让他们感到疲倦，就像我曾经的遭遇那样。他们之所以自己做这些工作，是因为他们对其他人去做这么重要的核对工作不信任，而猪场的那些员工也不喜欢去做这些工作。将此项重要而又费时的工作完全委派给一个不做其他任何事的兼职人员，优秀的猪场经理们把这些人员当作他们的左膀右臂。请记住，零售业的经理们认为个人助理的作用是至关重要的，以便向他们提供能使其做出正确决定的重要信息。一个优秀的猪场经理每周需要花 2h 的时间来解读这些数据，而不是自己去汇总！然后每周打印一份，做成目标图，用于激励员工，这就是好的管理。

（2）监控性能。就像优秀的经理们所说的那样，猪场需要监控设备。然而，大多数猪场并没有足够的监控设备。每天花 30min。

4. 采购和销售。经常打电话和相关人员沟通（也可以通过电脑办事，不必每件事都要对话）。每天至少 1h。

5. 征求建议和信息交流。比如与兽医、负责饲料配方的营养师、其他的经理们、销售人员（经常给这些"讨厌鬼"们一点时间，但要严格控制在10min之内，不要太长，因为他们会是当地最新市场状况的信息来源），每天1h。

6. 在这个时代，还要留出点时间来填表和与政府打交道。各个行业不一样，但在英国，你每天至少得花 1h 来处理法律和与政府有关的事情以得安宁，真是没办法！

7. 最后，每天给自己 1h 的时间处理突发紧急事件，通俗地讲就是需要你紧急关注和判断的"意外事件"。

这一个简单的列表（在实际生产中是最少的）合计为每天约 7h，每周 33～42h。所有工作包括检查、思考、分析和领导。

（四）培训和自我提升

如此多的工作量没有给你自我培训留下太多的时间，是吗？在我看来阅读科技信息如科技的发展进步以及可能会对猪场有帮助的产品和想法是不分上下班时间的。

同样重要的是当地的养猪论坛，如果这些论坛精心组织且参会者是真正的养猪生产者的话（隆重介绍主讲嘉宾，做完报告后惠赠一瓶威士忌），通过与你并肩战斗的同行进行深入交流，将是重要信息的很好来源，也是错误信息的过滤器。

（五）错误的路

我发现很多经理们在他们的工作上实际上花费了更多的时间，他们身体力行，但做了太多的体力活：走出办公室，挥舞着铲锹干干修理工作，很多经理们乐此不疲，但偏离了一个经理的真正职责。尽管他们将一切弄得井井有条，但最后肯定是疲惫不堪。

请记住，我采访的大多数顶尖的猪场经理承认，他们实际上对猪并非极度感兴趣，但是他们对养猪生产这门生意兴趣十足，然而，最近我见到的大多数猪场经理和部分猪场主往往与此相反。

那么你处于怎样的状况呢？

三、有效地利用好劳力——关键是你自己

我本人的一些哲学：

了解你自己和你的工作。我本人的工作就是写东西，然后给别人提供正确的建议，因此我的情况就是这样……

写作	想法可能比写作本身更为重要。 一个想法需要从不同角度发表 4～6 次，以便进行研究和事实检验，包括成本效益分析。同一个信息有很多种不同的表达方式。
获得并保存信息	我工作的 1/3 时间都花在这一方面。获取、交叉检查、交叉引用信息，保证信息可靠。
计算机	非常重要，用于获取和保存信息，与比自己懂得更多的人进行交流，可以节约很多时间，知道其他人在做什么，可以培训和提升自己。然而，我的很多同行完全沉迷于计算机，我敢肯定地说这实际上限制了他们的创造力，阻碍了他们的进步。一定要注意！
广告	宣传猪场？为什么不呢？如果你正在生产一些引以为豪的产品，请告诉其他人，即使他们"只是"你的加工商。
旅行拜访	这是智慧的源泉，知道自己在养猪生产中该干什么、不该干什么。如果你不走出去，那么你就相当于一只手被束缚，丧失了很多机会，并且很快就会落伍。旅行拜访能够提高你的判断力，增加你的知识，让你明白你不是一个人在战斗。

自我培训　我一般会花费自己 15％ 的收入和 5％ 的时间来接受培训。即使是今天，在养猪行业中我已经工作了 55 年，我仍没有停止学习，当然你也一样。我每天都会学习一些关于猪的新知识，每月一次学到重要的东西，每年一次学到有重要影响的革命性知识。养猪行业正在迅猛发展，我们必须跟上它的脚步。

　　尽管我早已过了该退休的年龄，这也是我为什么仍然活跃在世界养猪生产的第一线，这太有趣了！

如何把工作做好——检查清单

按以下要点去思考你的工作。你工作的方法不会和我的经验有很大的差别，即使你的工作与我的不同。

✓ 审视自己做的每一件事。

✓ 别人来做这件事情，或换一种方法是否会更好更划算？

✓ 自己做的原因只是因为别人也那样做，它是否真正适合你呢？请从另一面去考虑。

✓ 做一个社会人，要不耻下问。不要不懂装懂，不要害怕向人请教。人们每一次的反驳/拒绝，你将获得高于事情本身十倍意义的建设性意见，而所有这一切都是免费的……

✓ 辩证地看待别人提供的信息，这其中有很多是不正确的或者说部分是正确的。

✓ 注意协调好你周边的这些人：你的员工、银行经理、你的兽医、你的营养师、你的会计、你的私人医生以及你的家庭。

✓ 及时记下所发生的事。一个忙碌的人不可能记住所有的事情，随后经常查看你的备忘录。

✓ 对于一些好的想法要牢记在心，要不就把他们写进记事本里。

多思考：不要忙而无功，你将做到事半功倍。

四、猪场经理的一些大实话

（一）把产品卖好

猪场经理应该高度关注猪销售情况，这是影响猪场收入的最重要途径，特别是涉及价格时，有时候暂时出高价的买家并不是最好的选择。

优秀的猪场经理能够意识到他的工作不是生产猪而是生产猪肉。他的工作是使加工商能够很便捷地购买他的猪，这意味着根据屠宰加工企业的需要，在交付时以猪场最低的成本准时地向他们提供最多的高质量猪肉。

(二) 成本控制

事实上，所有成功的猪场经理，其共性是以完全相同的方法正确地控制生产，从而实现利益最大化。因此，那些花钱最多的猪场未必是最赢利的猪场。控制成本是当今任何商业生产中一项重要的管理任务。与欧洲的其他制造产业相比，现代大型猪场人均员工的资金投入更高（虽然有点意外，但是确实是事实；在英国，一个较大型的猪场，每人每年平均产出超过 23 万英镑）。合理地用钱对猪场最终的效益至关重要。猪场无论大小，将节省下来的钱重新规划，投入到回报更高地方的方法，获得的回报可能会以百计，而不是以十计。我在书中列出了影响省钱的三个最重要环节。针对我的客户，我常常尖锐地指出三个方面的浪费：即饲料的浪费、热能的浪费以及饲养空间的浪费。注意这三个方面，一般能够帮助客户节省 20％有时甚至达 35％的支出，这对于现金流有巨大的好处，省下的钱往往是猪场支付给我佣金的 20 多倍！

至于资本支出，我认为花钱最重要三个方面是：精确饲喂、减少疾病以及精确的环境控制。在改善以上三者任何一方的设备上，一个货币单位的投入将要获得至少 3 倍的回报，这将会使猪场收入有很大的提升。

(三) 经理们会在哪方面犯错误

我知道除了极少数非常大的猪场外，很少有猪场经理们不做体力劳动的。

(四) 给老板的建议

问题是，大多数的猪场经理们很少将时间花费在上文提到的关键事情上，而是使自己陷入了越来越多的体力劳动漩涡中。有时，这不是他们自己的错误，因为猪场老板希望如此，他们无可奈何地受困于体力劳作之中；对于 21 世纪的今天，这种观念已经远远落伍了。因此，我也希望有更多的猪场老板能以猪场经理的身份读读本章的这些建议。

第二，很多的猪场经理对猪场产出的关注高于一切。当我本人在管理一个猪场时，给我的工资（或者我要求的工资）非常低，但有 10％的分红。这教会了我怎样控制产出从而保证猪场利润的最大化。如果我干得好，我的回报也很多；当然，我的雇主也如此，所得将是我本人的 9 倍！因此，老板应该比我更加高兴才对；但是事实并非如此，老板永远不会满足，不是吗？我们这些打工者必须接受这一切，如果你替别人干活，这就是工作。

第三，我访问过的很多猪场都面临员工不足的问题。这意味着这些猪场的工作总是处于手忙脚乱的状态。特别是维修和维护任务经常会发生意外，经理们需要去协助，使工作能够回到之前的状态。这种事几乎每天都会发生！

这种情况在一些规模为 800～2 000 多头母猪的较大猪场中往往比那些小型猪场要更加糟糕。这类猪场需要有一个专门的全职设备维护人员，负责场内电、水、建筑和电焊等工作，可以外聘一个合同工，或如果猪场规模很大的话，则内聘固定工。经理们需要坐下来仔细研究一个最经济的政策。饲养员要得到专业的养猪技术培训。这是一项极其重要的工作，不能因为他或她忙于其他急不可待的工作而对辅助工作一知半解。

（五）完全的谬误

我经常听到有人骄傲地说现代的养猪人应该是个真正的全才，即他们是饲养员、电工、计算机操作员、水管工、木工、焊工、助产士和护理员。这完全是无稽之谈！这是一个过时而且糊涂的想法。在当今社会中没有任何一个行业可以在这种毫无目的、一知半解的状态下生存。优秀的经理们会将这些技巧分门别类，然后招聘各方面的真正专业人员来工作。只有在那些最小型的猪场需要通才的经理。

（六）了解电脑的作用

例如，那些正在使用针对饲料营养摄入量的假设分析型计算机系统的经理们可能会发现，饲料配方师为他具体指定并配制饲料的方法可能出于配方师的兴趣而不是猪场的关注来进行的。一些意识超前的饲料公司在这一方面看到了市场。但是，正如我们知道的那样，当前（可以让生产更加简单和廉价）的系统首先设定饲料的营养配方，然后希望通过调整每日的饲喂量，从而达到生产性能的设定目标（但不一定是效益最好的配方）。一个比较好的方式是先评估出可能的目标利润，然后输入猪、猪舍条件和管理的具体参数，最后确定营养需求来达到设定的利益目标。想想看，这是一个完全不同的方式。它意味着，当受市场影响而调整利润目标和当猪的免疫状态发生改变时，猪场将拥有他们自己可以调整营养规格的饲料配方。一个优秀的经理将会在了解计算机能为他做些什么后通过计算机来充分利用这些技术，但是如果他只是一天到晚地忙于清理猪粪，给猪称重或当修理工的话，他将永远不能这样做。

（七）最困难的工作

最难的工作是检查工作进展状态，即大家正在干什么，在不引起反对和保持公平及公正的环境下让事情回到令人满意的状态。在所有领域并不只是养猪生产行业中，极少数的经理们会感觉这很容易做到。我当然也意识到这是非常困难的。如果经理们在协调和激励员工方面得到专业的培训，那么将会对他非常有帮助，因为这类课程首先教会你如何进行自我管理。很多时候我发现，工人同老板/经理们关系差时，首先是老板需要培训，而不是经理们。

作为一位咨询师，我认为这是一个亟待传递的棘手信息。

一位优秀的管人的经理的一个秘密就是在错误的时间站在正确的位置上，并且让它看上去是一种巧合。

五、团队精神

与德国、美国以及日本的大型猪场相比，英国的猪场在这方面有很多东西需要学习。英国的养猪生产者可能会反驳，英国猪场人员的个人饲养技术要比其他任何国家都好，事实也的确如此。但是，他们忽略了一个事实，那就是其他国家更加注重团队精神。这就是团体的智慧，他们具有强大的集体荣誉感，从而使得整个猪场更加井然有序，组织畅通。在一些大的猪场中，良好的团队组织决定了能否拥有良好的饲养管理技术。将来，这二者对更大的猪场同样重要。一流的经理对组织管理和饲料管理技术同等重视，但前者更为重要。对饲养管理来说，猪场经理的主要职责是找到每个生产环节的负责人，并分配给合适的工作量，然后通过内部激励与外部培训课程和团队讨论会议，普通的员工将获得突飞猛进的成长，因为这是个自我提升的过程。

六、每头母猪需要多少工时而不是每人负责多少头母猪！

不久前，我对人们总是喋喋不休地问我"照顾 X 头母猪需要几个人？"的问题感到厌倦。

我一般回答："这要看饲养员的工作质量"。每头猪花费的工时是指有效的时间，而每个人照看多少头母猪并不能提供这一有效信息。重要的是员工怎样利用好时间，当然也应该得到相应的报酬。对饲养员而言，每头母猪或出栏猪所需的工时就是强调了这一点。

因此，我开始尽可能记录我所拜访猪场每头母猪每年所需的工时以及断奶猪的成绩。长话短说，（根据来自 158 家猪场的数据）结果显示，无论断奶日龄的长短，每头母猪每年所需的工时数与每头母猪每年提供的断奶猪数间似乎有一个大致的相关关系。

每头母猪每年花费 16～18h 的生产者往往能获得 17～19 头断奶仔猪，而在 S 型曲线的另一端那些每年花费 24～25h 的猪场每头母猪每年可以获得 22～25 头断奶仔猪。

我又重新计算了更加实用的数据：每头母猪每年断奶仔猪体重，出乎我的意料，从这一方面看与第一种统计方法并没有多大的差异。

这些结果鼓励我继续记录 10 年间（1994—2004）访问的其他 50 位左右客户是如何在工作上分配时间的。表 11-1 以一个有趣的形式显示了他们在每头母猪上所花费的时间。我看到了以每项工作所占总工时的比例来表示的类似数据，而不是我认为更关键的是在每头母猪上所花的工作时间，这是很关键的，因为每头母猪的表现是每家猪场能提供的到卖猪为止的最终生产力的基础。"如果你的猪没配上种就没有猪可卖"，这是一个美国人去年告诉我的简单而富有哲理的话。

每家猪场的总数据都来自其工作报表，在每一种情况下，比例划分在员工和管理制度间已达成协议。

这些数据还说明了什么？

- 在分娩-育成舍的劳动力成本方面，规模经济效应使每头母猪的劳动力成本降低了 8%（这比我预想的要小）。
- 在一些小型猪场里，喂料的工作量占用的总劳动成本与大型猪场相比太高，两者分别为 31.5% 和 17.6%（这主要是因为大猪场采用了干料或电脑控制液体饲喂系统）。

表 11-1　用每头母猪每年的工时来表示工作量

	小型	中大型
猪场数（家）	40	10
母猪规模（头）	120～350	875～2 040
从配种到断奶		
喂料	4.2	2.1
配种	3.5	3.1

（续）

		小型		中大型	
猪场数（家）		40		10	
母猪规模（头）		120～350		875～2 040	
护理		2.5		1.8	
转群		2.0		1.9	
清洁和消毒		1.8		1.9	
	繁育阶段汇总	14	50.7％	10.8	57.5％
肥育阶段					
饲喂		4.5		1.2	
转群和称重		2.0		2.1	
清洁和消毒		1.5		1.1	
	肥育阶段汇总	8.0	30％	4.4	23.4％
其他工作					
修理和维护		2.6		2.1	
记录		1.1		0.8	
其他管理工作		1.0		0.6	
	总计	4.7	17％	3.5	18.6％
建筑施工		0.9	3％	0.1	0.5％
每头母猪每年总工时		27.6	100％	18.8	100％
每头母猪每年提供育肥猪数		19.8		20.1	
每头母猪每年生产活猪体重（kg）		1 784		1 850	
每头母猪每年的劳动力费用		203.73 欧元		187.53 欧元	

● 反过来，清洁和消毒占总劳动工时的 14.5％和 16％在今天较高疾病压力下似乎偏低。只花 1/7 的工时用于生物安全是否足够？在疾病成为猪场利润的主要威胁时（排在变化无常的猪价之后），在其他事情上花 6 倍多的时间，这肯定是在冒险走钢丝，我猜想是的。

● 另一个典型的高投入的工作是转群（大约占 16.3％以及 21.3％），通过简化生产流程、更好地设计猪舍以及采用自动化系统将会很好地减少其对劳动力的需求。（真如人们所预料的）这一状况在一些大型的猪场更加糟糕。

七、猪场中由谁做出决策？

这里列出了在现代猪场中过去、现在以及将来由谁做出决定的一些评估数据（均以百分比表示），当然后两个是比较主观的。对于无论在大型（超过

2 000头母猪）猪场还是小规模（500 头母猪左右）猪场中，谁做出更重要的决定，我从过去 15 年中主要拜访的一些欧洲猪场（总计有 300 个）的记录中发现了这样的情况：

10～15 年前，主要是日常的决定

	大型猪场	小规模猪场	
母猪数	1 000 头以上	300 头或更少	
兽医	10	2	很少用到兽医
饲养员	45	23	做很多决定
经理/老板	45	75	老板起主导作用

目前的经验——主要是重要的决定

兽医	25	30	在两者中都有所增长
饲养员/班组长	25	30	班组长起主要作用
经理	45	40	经理一般会很忙碌

10 年后?

	大型猪场	小规模猪场	
母猪	5 000 头以上	500 头左右	
兽医	40	40	更大的投入
猪场技术员/班组长	20	10	接受培训以适应建议和科技进步
猪场经理	40	50	更加专业化

　　同样，畜牧行业的销售人员应该经常尝试与猪场有采购决定权和付款签字权的人进行交流；同样的道理，一个像我这样的猪场顾问，也应该经常和猪场中有决定权的人进行交流，以便提出的建议、措施能够得到很好执行。与销售员一样，在拜访猪场后，我总是记录决策人的信息，因为它对我是否应该再次拜访太重要了。

　　我猜测，猪兽医专家将会起到越来越大的作用（实际上已经如此），但主要工作是观察猪和环境、前瞻性规划（包括猪的生产流程和工作流程，因为两者都会显著影响猪场疾病的状况）以及管理。像我们这些在一线做咨询工作的人能够意识到这些决定对猪场疾病预防的影响正确与否，因此我也欢迎兽医更多地参与到猪场管理决策工作中，而同时，将来的老板们应该根据这种形势的发展对他的时间和资金做出规定。

你可能会好奇我为什么预测将来受过良好培训的饲养员或技术员在猪场决策中的作用可能会消逝？这是因为从现在开始受过训练的他们正越来越多地利用其专业技能来发挥更大的作用，重要的决策将会由其他人——猪场经理、班组长以及兽医来决定。

最近通过对 35 家而且大多数为较大型的猪场的拜访，我发现了另一个现象，即只有 6 位老板会出现在猪场，而且其中 2 位很少参与讨论。在某种程度上我很欢迎这种趋势，如果真的是这样，这说明了他们开始信任自己雇佣的职业经理，并且让他们按照自己的方式去管理猪场。

八、猪场工人的激励

"要找到好的饲养员非常困难。"

"找到一位经验丰富的人后，留住他/她可真成问题。"

"我经常为不能获得并留住人才而担忧。"

养猪的教科书，事实上任何农业类教科书，是否有介绍激励养猪技术人员积极性的内容？除了 English 博士的著作外，其他书本真的没见过。

我在很多东欧国家以及世界上其他很多地区做了很多关于猪场劳动力问题的工作。东欧有足够多的相对廉价劳动力，但是缺少有经验的养猪技术人员，且无论猪场规模大小，激励机制都做得远远不够。小型猪场大多数是家庭式猪场，雇佣一个或者几个外人参与劳动。而一些 1 000 头母猪以上的大型猪场，拥有比较多的工作量，因此会雇用很多的工人，他们中的很大一部分是早上乘坐大巴去工作然后晚上再返回家中。

小型猪场需要与大型机械化猪场很不相同的激励方式，我想这在全球范围内可能是一样的。表 11-2 概括了我 10 年来在世界各地获得的相关经验。

表 11-2　养猪技术人员主要考虑的问题（按优先顺序排序）

大型猪场	中小型猪场
与同事友好相处	工作环境
工作条件	薪酬
高效、果断的管理	和老板的关系
薪酬	休息时间
晋升机会	
归属感	
工作氛围友好	
培训	

（一）基本的激励策略

在上一章中，我提到，在与最成功、顶级的商业老板们交谈时，他们都强调了与员工交流的重要性。这一策略如果应用到一些猪场特别是大型猪场中会是怎样呢？

为什么不问一下你的员工这些问题呢？

他们最先考虑的问题是什么？

他们在工作中最讨厌的是什么？

他们将如何改善？

这一工作最好由一个中立的人员去完成，并且保证他们会用匿名方式提供信息，并将最终信息反馈给他们。

不要自己去做，否则他们会挑你喜欢听的话告诉你。

然后，与员工开会讨论，研究有多少条诉求适合猪场的现状。我参加过很多这样的会议，并且发现不但所有的与会者受到很大的启发，而且也受到了激励。表 11-3 就是根据这些会议编写的。

表 11-3　激励猪场员工的因素

健康与安全	良好的薪酬	就业保障
与老板的关系	好的猪场设备	高效决断的管理
归属感	团队合作	信息透明性
工作的成就感	激励机制	参与决策
	良好的工作氛围	

（由于每个员工的需求不同，本表不分优先顺序排列）

顺便说一下，请注意我称猪场人员为"养猪技术员"而不是"猪场工人"或"猪场劳工"，或"养猪的"，甚至也没有称呼为"牧工"，尽管那样称呼可能会更加准确。但是，要知道他们是熟练的技术工人，给予他们一个适当的尊称，就是对他们的一种激励过程；并且帮助我们消费者认识我们的行业，现代猪场动物生产者并不是传统农民，而是一些经过专业训练的有爱心的人，遗憾的是有很多人并没有意识到这一点。正如我所写的，以英国为首的一些国家开始引入养猪能力的资格证书，如果需要的话也可以分成不同的等级，这一措施在激励员工上迈出了较大的一步。

（二）你们单位的排名如何？

作为一个猪场经理或者老板，在表 11-3 中列出的 13 个考虑因素中你认为哪个能得满分？这一个小小的调查得到最令人意外的结果，是老板承认他并不真正知道或者说虽然考虑过但是并不确定他为员工提供了多少或者为员工办到了什么程度。

以上这么多说的是积极的一面，那么负面的又是如何呢？

在我看来，表11-4更具有说服力，当我将这些项目展现给猪场经理或老板时他们感到非常尴尬。

表11-4　能够挫伤养猪技术人员积极性的一些常见因素

很难相处的老板	与老板缺乏沟通
老板永远不认为自己有错	老板不称职
"我被当成二等公民"	办事不公平
被过分管制	"我的需求从未被考虑过"
参照"白痴工作"的低标准	因缺少设备投入需做太多的无用功
老板过分批评	没受到信任，或者没受到尊重
太多重复性的工作	

注：这里的"老板"是指雇主或猪场技术员的顶头上司。

这些信息都是从那些刚刚从猪场辞职的人中收集的，他们中的大部分信息反馈都来自于他们所做的上一份工作，也就是上一个就职的猪场。请注意，导致他们离职的最重要原因是情感因素，然而有关于薪酬的原因却很少提及，不过正如表11-2和表11-3中所反映的，薪酬是一个非常重要的激励因素。根据这些，我推想不仅世界各地许多养猪行业中的老板需要，而且他们的部门经理也同样需要在人员管理技能上进行培训。农业院校是否应该注意到这一点？

（三）四个主要方面

根据上面的讨论，我们可以得知影响员工激励的主要情感因素似乎有：

✓ 养猪技术人员给予合理的工作量。

✓ 他们的贡献要得到认可。

✓ 以一种他们能够接受的方式尊重他们。

✓ 把他们当作团队中有价值的一员。

（四）一些有效的激励措施

本书在人员管理这一个重要主题上明显篇幅受限（鉴于其对猪场生产效益的影响，人员管理可能需要一整本书来介绍），因此我将会继续提供激励思路和要点的列表，接下来将介绍三个很多农业类著作的作者都会回避的雷区。它们就是比较烦人的工资待遇、奖金激励以及令桌子两边的人都头疼的考核机制问题。

作者(中)和"我所知道的两位最好的猪场技术员"Gordon Spenceley(左)和 Paul Christopher 在 Deans Grove 猪场。早在 1982 年，他们就创造了每头母猪每年销售 27 头肥猪的成绩（每头母猪每年生产活重 2.5t 或胴体 1.7t）。除了这令人称奇的生产成绩，按今天的标准来看可售商品猪相对适中，因为我们的销售合同要求体重 88～90kg 的小体型上市猪。

有关激励猪场工作人员积极性的建议

- ✓ 记住总是以图表的形式表示生产性能的结果。极少有养猪生产者喜欢记录，而擅长数字分析的人就更少了，其中也包括我。请记住中国的一句成语"眼见为实"。在我们国家，我们经常会说"每一幅图都有它的故事"。我已经与猪场主和在校大学生做了一些小型测验，试验中用以数列表示的问题和严格以图形表示的相同数据向他们提问，回答的结果是以图形展示的正确率要比数列形式表示的高 18%～40%。

- ✓ 当生产性能数值与以图表的形式显示的商定目标相联系时，它能使养猪生产者产生的兴趣达到令人吃惊程度。我了解到，在用图表的形式进行记录后，一些部门主管变得非常痴迷，甚至花数小时研究图表。请记住，计算机能够以彩色图片的方式写下大量数据，就像它能够打印这些枯燥的数列表一样快速且方便。

- ✓ 另外，当用图片表示的每周生产成绩与目标对比图张贴在休息室的墙上时，经过一段时间后，惊喜的是即使成绩最差的员工也会有所进步，并积极投入到生产中去。

- ✓ 老板们必须提供一个像样的休息室，满足他们对舒适、清洁休息环境的需要是非常必要的。编制一个值日表来保持休息室的清洁，否则养猪工人休息室会和猪窝一样乱。

✓ 沐浴室也是如此，保持浴室清洁，并且提供一个良好的洗衣服务。

✓ 提供带有猪场标志的工作服装。团队认同感是一种很好的激励方式，而且在这上面花较少的投资是值得的。

✓ 制订一个有计划的培训日程表。一个了解猪场以及场内员工和猪群的优秀兽医就是一个合格的培训师，培训可以在兽医拜访猪场时以小组为单位或以一对一的方式进行。经理们应该在猪场劳动成本中做好培训费用的预算。

✓ 制订一个相互认可的提升空间。经理们和老板都应该就此以及培训内容征求意见，这与培训一样重要。一个巧妙设计的与金钱奖励紧密结合起来的"胡萝卜加大棒"式奖励机制将会发挥很好的作用。例如，目标性能采用"陡坡和平原"概念设立。将层级进行巧妙设计，以使员工经过努力可以达到；当生产成绩接近某个设定的目标，则工资有一个上升的"陡坡"，并且与设定的目标生产性能挂钩，当个人或团队达到这个陡坡时获得奖金。而一旦爬上了"陡坡"，为避免掉回到"陡坡"下的威胁，促使员工尽最大努力，从而远离"陡坡"；而这时他们的下一个陡坡又在前面招手，吸引他们去争取。因此，这是一个正负双向的奖励制度，非常明智。如果设计执行到位的话效果非常好，猪场的兼职记录员可以负责执行这个系统，因为他/她相对比较公正，而管理的技巧就在于设计陡坡的高度以及平坡的长度，以及二者间的距离。

✓ 考虑为病假以及伤退买保险。

✓ 有工作说明书甚至《员工手册》，涵盖猪场的日常事务、健康和安全、应急演练和一般指令以及职位描述清单等更多个人方面之外的指南。员工手册应该采用友好型的"这样考虑如何"的方式来编写，而不是满纸官腔。

✓ 最后，我经常会告诉老板们要发挥他们的想象力。如馈赠或者租借给养猪技术人员一头母猪作为一种奖励或者作为一份礼物来留住一位优秀的员工。该员工可以从这头母猪所产生的利润中获益。

员工的检查清单

采用盖勒普民意调查，但并不仅仅局限于我们的行业，仍然是一个了解员工对于他们雇佣关系想法的一个很有用的方法。

老板以及经理们应该充分利用这一方法来了解在你的监管下员工对于他自己工作的真实想法。

这可能是在工作考核中你们俩的一个很有趣的练习。为每一位员工设计一张复合表格，并在会后而不是会中以打钩、打叉或者问号的形式进行填写。这就是你需要的绝对可靠的信息，简单来说，在下一份工作鉴定之前实施。

员工是否同意以下事项

1. 我知道他们对自己工作的期望。
2. 我有高效工作所需要的设备。
3. 在工作中，我每天都有机会做我竭力想做的事。
4. 在上一周，我的工作得到了认可和嘉奖。
5. 我的上司很关心我。
6. 工作中有人支持我的个人发展。
7. 我的意见在工作中得到了体现。
8. 我雇主的经营范围让我感觉到自己的工作很重要。
9. 我的同事致力于高质量的工作。
10. 我在工作中有很好的朋友。
11. 在过去的 6 个月中，有人跟我讨论过我的进步。
12. 在过去的一年，我有机会在工作中学习和成长。

信息来源：hooper（2010）。

九、关于薪酬的难题

一位猪场技术员应该付给多少薪酬？老板必须在全部生产成本中考虑人力成本。在西欧、斯堪的纳维亚半岛和北美等发达的养猪国家，以我的经验来看劳动力成本占总产品成本的 12%～14%；对于东欧和太平洋沿岸的国家（除澳大利亚、新西兰、日本和韩国外），这一数字大概要低 1/5～1/4。如果老板向他的猪场技术员支付的薪酬低于这一水平，那么工资水平可能低了，且会挫伤员工的积极性，并且有可能会影响员工所照料猪的生产成绩。

我本人有多年建议猪场老板注意这一问题的经历。是的，一开始他们通常会犹豫，不过这样的勉强会很快通过建立奖金体系得到克服，将员工的总工资收入提高到这些国家的基准水平以上。在这种情况下，猪场的毛利率通常会因员工受到更好的激励在短短的一年内提高 15%。

我告诉猪场经理："你关注这些额外员工薪酬资金的投入与整体生产成本的关系，会让你大吃一惊，因为带给你的远非这些。"

老板不能突然增加员工的工资，但要在一段时间内稳步地增加，并且尽量与一个充分规划的能体会到的奖金计划相关联。

（一）你应该支付奖金吗？

奖金是一个薪资刺激计划，这事情说起来比较复杂，有时候是有效的，而有时候达不到预期目标，有时甚至有反作用。奖金计划现在是零售业和工业中常规薪酬的一部分（但在金融界有些过分了，真的），这些行业与家畜生产相比更容易量化。农业落后于这些"新兴"的行业，我们需要赶上时代。

我个人曾经在 4 年中以利润分享方案接受薪金、或许是奖励方案的顶点，同时也为我的客户建议并设计过奖金方案，大多数比较成功，也有部分不成功。

这就是我所学到的——最有效的方案是在个人得到较好回报时的方案：

- 团队达到目标水平。
- 个人得到相应的分成。
- 所有方案事先经过协商。
- 有奖金但也应有合理的工资或薪金，奖金决不能用于补偿过低的工资水平。

其他：

- 考核记录必须详尽，并由一个可靠和专业的记录员管理。
- 共同职责。经理们必须让他的下属相信，所有的问题和成功同样摆在经理们和员工面前，经理们必须作为团队的领导，而不是所有人都必须听他的。
- 时间。一年时间对于发奖金来说太长了，会使人失去兴趣；一个季度对于管理计划来说太短了，因此，6 个月看起来比较合适。

（二）设定目标

这是一项大多数猪场反映最困难的工作也最容易做不好的工作。

预设的财务目标可能会受到猪场无法掌控的外部市场的影响，因此，目标的设定还是以生产性能作为基准较合适，但需要采用与利润相关的指标，如本书在商业一章中所述的方法。虽然如此，奖金的总数应该基于预测生产成绩超过设定目标后所获得的利润增加量，奖金大约占其 10%，不能超过。只有在不受猪场所控的外部环境导致市场利润处于低谷的持续特别长时，这种安全系数才能打破，以度过资金链严重短缺难关。在这种极端的情况下，员工会理解猪场的困难，要不然很多人就会丢掉工作。

在任何猪场中，目标的设定都是基于猪场主的决定，但是都与最可能获利的部分关联，如受孕率、产活仔数、断奶仔猪窝重、保育到出栏每吨饲料的产肉量。

(三)"一次性"的激励

在任何时候，基于某个特定目标的生产环节需要提升时，则设置单项奖励计划是一个不错的建议；但是，经理们在设定奖励目标时往往会缺乏耐心，要么达到目标的"陡坡"太高而难以实现，要么给目标实现时间设置得太短而无法实现。

但这种特殊的激励方案给参与的员工应该始终设置一套"实况记录表"，以便向他们提供个人备忘录以提醒他们需要检查的关键方法，从而确保他们的奖金。本书中所列的许多检查清单可以满足这一需要。

(四) 按比例发放的奖金

一个经济增长目标，比如说，窝产活仔数或窝断奶仔猪数、断奶仔猪窝重，或对饲养生长育肥猪的饲养员来说每吨饲料的产肉量都是易于统计的，许多经理们设计一个分阶段奖励，目标全部完成可得全额奖金，随着完成量的减少奖金依次减少，通常每次减少 25%。这是一种分级式的陡坡设计方式，能激发员工的积极性。

(五) 棘手的工作评估

每个人都讨厌这个，包括经理和员工，做得不好会严重挫伤积极性。我本人离开商界的一个原因是一个接一个地让我觉得沉闷且毫无用处的年度评估，最终让我有这样的感觉，也许为自己打工可能会更好。

如果做得好，绩效考核可以

- 让员工了解：他们在老板眼中做得怎么样，有什么样的升迁机会，在他们自己的工作岗位上会有什么样的变化（或者没有），以及他们会受到怎样的影响。对他们来说了解其中某些内容可能是难于接受的，但是知道这些比不知道好，这是我想要说的，它帮助我非常好地制定出未来职业生涯的转行。
- 协助经理综合评估和记录员工的表现和态度。看下一页的检查清单。
- 确定工作表现问题和阻止可能出现的问题。

- 为双方提供一个表达和解决所关注问题的平台。
- 指导评估者在下一次评估前需要哪些指导或培训。
- 能使工作说明在需要时可以进行修改和更新，并且对员工进行强化。工作说明是工作取得成功的路线图。
- 没有工作说明？噢，天哪！它是猪场中最为重要的文件之一。绩效评估是告诉员工认同工作说明并负起责任的时候，但工作说明要符合工作本身，而不是员工。

自从 35 年前我不幸经历了接受结束自己打工生涯的工作考核后，我很幸运地参加了由专业人士举办的一些专业性会议（其中一次来自我参观的零售企业之一）。我认真倾听，这就是我学到的，随后当猪场客户召开绩效评估会议时邀请我作为协调人参与其中。

理想的工作评估会议检查清单

✓ 事先就什么是绩效评估工作对新员工进行培训，这会增进他们对绩效评估的理解。

✓ 选择一个中性的地方。不要威严地坐在老板椅上，最好不在办公室，以避免被中断。简而言之，要友好、微笑和保持目光接触。不要抱着胳膊或者走来走去，我发现有很多人这么干，这不好！

✓ 为什么不以要求员工进行自我评估作为开始呢？这是一个打破冷场的绝妙方法。然后按照检查清单和测验方法进行。

✓ 把注意力放在工作任务、与工作相关的事项以及对所需工作量的态度上。

✓ 先说说员工的优点，随后再谈及他们的不足。

✓ 在面谈时不要做笔记，即使这对将来提供参考是必要的，尽量选择在面谈之间的空余时间来做笔记。最好是设计一份标准表格供所有的员工（被员工诙谐地称为"死刑令"），以使你们达成共识，签名并注明日期。这为日后的考核提供了一个准确的记录，尤其是当发生纠纷时。

✓ 如果员工坚决不同意你的意见，让他稍后写下他的观点，并承诺另找时间讨论研究。

✓ 经过双方讨论设定目标，包括短期（3 个月）以及长期（12 个月）。在"死刑令"中加入这些目标，以便在下一次考核中查看；如果没有达到，讨论原因和如何补救。

✓ 两个不要：一是绝对不要召开同事间评议会。员工被召见，变成了"囚友"，这是我知道的失去优秀员工的最快方法，一个现实主义的愚蠢想法，因为它很危险！评估考核应该是保密的，不能由同事来做，甚至小组长也不行。二是不要利用绩效评估与工资增长和职位提升挂钩，这些决定可以在其他时间来做。

✓ 大多数年度工作考核应该持续进行 1h。听起来时间长？能使双方受益的有效的评估会议的确要持续那么长的时间。肯在这方面花费时间，他们就能尊重和认可你，偶然的分歧将会非常无聊，在这种情况下，能从他/她身上了解一些事情。

十、培训

一个有计划的培训方案将极有利于激励员工，并且将猪场饲养员提升到"养猪技术员"层次。

另外，培训饲养管理以及照料猪，尤其是死亡率最高的幼龄仔猪的技术，能大幅度提高猪场生产力和利润。在英国、丹麦和荷兰这些国家，都坚持对猪场饲养员进行长期的培训，这些内部和外部培训课程部分是受到中央政府、行业本身以及饲养员雇主的资助。当培训课程圆满完成时，这种正规培训会向参加培训的畜牧从业人员提供技能证书，这不仅对他们未来的职业生涯有所帮助，同时也会给雇主带来较好的生产性能和利润（表 11-1）。

美国的大型猪场雇佣了大量的拉美工人，美国人在员工培训方面做得相当出色，这些廉价但教育程度不高的劳动力大多数只会说他们的母语。

最有趣的是，因为这些工人对猪的了解很少，但是他们擅长于死记硬背计划和用本国语言书写依次介绍猪场每日工作的便条；并且由于他们没有先入为主的想法，就像一张白纸，反而干得很漂亮。但是，对于这种情况，安排一位负责任的小组长对他们的成功至关重要。

（一）大量的养猪培训指南和参考

有关于如何对从最初级的员工到经理进行培训可以写成一本厚厚的书，本人无意进一步赘述有关的优秀养猪培训手册，Peter English 博士关于饲养管理的最新著作和几种网络 CD 教材都能为世界各地会英语的人使用。

以往似乎缺少了一些培训益处的确凿证据，可能根本看不出来能将普通饲养员培训成为养猪技术员的培训费用会带来哪些回报。

（二）一项重要的调查

经过一番寻找，我设法找到了英国 4 家发展中的分娩—育肥猪场，他们已经启动培训工程，利用知名的培训机构和当地的农业大学来培训他们的员工。我经过 2～3 年的耐心观察，将收集到的培训后与培训启动前 2 年内的生产数据进行了比较。

在比较时加入校正因子，以修正在这 5 年的研究中由于采用了先进的技术而带来的生产性能正常提高。

我很担心猪场多变的发病率会影响生产数据，并让我们所做的一无用处，但除了有一家猪场突发短暂的严重肺炎外，其他猪场发病模式在研究前后大致相似。因此，我的统计学顾问很开心。

分析结果见表 11-5。

表 11-5　4 家猪场的平均培训结果（平均 370 头母猪），在 2 年中，3 名工人中有 2 名（一个案例中是 2/4）参加了白天或脱产课程培训

	员工培训前 2 年	培训期间和之后 3 年
生产性能指标：		
平均母猪头数（头）	326	390
窝产活仔数（头）	10.8	11.2*
每头母猪年提供断奶仔猪数（头）	22.3	24.1*（实际 24.8）
分娩率（％）	86	89
母猪断奶时平均体况打分	2.25	2.53
断奶前仔猪死亡（％）	11.2	8.7
平均断奶体重（kg）	5.21	6.27
每吨饲料生产的断奶仔猪总数（头）	89.2	116.2*
财务指标：		
每吨饲料（1.16 英镑/kg）额外增加的断奶仔猪体重的价值（英镑）	103.47	134.79 英镑** ＋31.32 英镑（＋30％）
每吨饲料分摊的培训费（包括额外现场辅助）（英镑）	—	6.87
培训后每吨饲料增加的工资成本（17％）（包括新的奖金）（英镑）		4.07
	REO 2.86：1	

＊采用了−3％的校正因子，考虑到 3 年时间内由于猪种遗传学性能、营养等因素提高引起的养猪生产水平自然提高。

＊＊推迟 2.7d 断奶的额外校正系数。

时间范围（2003—2008）。

相比在我职业生涯中已发布的其他几个主题调查，这次无疑是我从事过的最有趣的业余调查，这是因为我密切了解了猪场技术员（一旦培训课程结束后，他们中大多数理所当然成为猪场技术员），了解了他们的担心和动力、技术和工作量，其中的一些信息帮助我形成了本章节中自己的观点。

十一、培训结论

根据这些煞费苦心的记录数据，即使所有培训费都计算入内，这 4 家猪场由于主要员工经过了正规脱产培训，并在当地兽医的协助下每吨饲料多产猪肉的价值回报率达到了 2.9∶1。

培训产生的主要好处是产仔和断奶后阶段生产成绩明显提高，复配阶段则比较少。

培训的一个有趣的附带好处是，两家猪场主感到因为他们在额外培训和随后增加奖励上投入巨大，员工需要用更多的时间以完成培训课程上设立的工作标准。更有趣的是，这没有增加劳动量，相反，培训的好处之一是可提高员工的工作效率，这本身就是激励。

随后，3 家猪场制定了奖励系统，第 4 个猪场加了一个人手。

所有人员对培训课程表示赞赏，并且看起来受到了这次体验的激励。

参考文献

Hooper，R.（2010）'The Future Staffing of the Pig Industry' BPEX（UK）KT Event, Peterborough，England

（周绪斌译　陶莉、潘雪男校）

第 12 章
猪生长速度

生长是指某种活体生物在形体上不断地增大。而生长速度是指某一个体在单位时间内体重增加的数量，如每天的增重克数（g/d）。

在测量生长速度时，利用国际标准度量单位（g/d）优于 oz*/d、或 lb/周等英制单位，因为英制的测量单位不是非常精确，尤其是对小猪而言。

在实际生产中，平均日增重（Average daily gain，ADG）或日增重（Daily liveweight gain，DLWG）是评估猪生长速度的首选词，但在营养学与遗传学研究论文中也常遇到"瘦肉组织增重率（Lean tissue growth rate，LTGR）"这一名词。

一、生长目标

表 12-1 展示了在一个饲养优秀瘦肉型品种（尤其是公猪）的猪场中，猪可能达到的生长速度。在这一例子中，猪场的设计与饲养管理（猪群在 10 周龄时转群）严格执行全进全出制，疾病的感染压力较低，猪群进行分阶段饲养，自由采食。

表 12-1 中的数据可能会让一些养猪生产者感到吃惊，但在未来的 5 年内，这些生产指标是有可能实现的。

如果说表 12-1 给出的是生长范围最高指标的话，那么表 12-3 则是生长范围的最低参数。若某猪场的日增重处于该水平的话，就需对其原因展开调查。

---

* oz 为非法定计量单位，1oz＝28.35g。

表 12-1　理想生长条件下优秀猪种的目标日增重

年龄		体重	生长速度	周增重	21 日龄后的
日龄	周龄	(kg)	(g/d)	(kg)	生长速度 (g/d)
21	3	6*	—	—	—
28	4	7.20	171	1.2	171
35	5	9.80	357	2.6	271
42	6	12.85	435	4.25	326
49	7	16.50	521	3.65	375
56	8	21.25	679	4.75	436
63	9	26.10	710	4.97	479
70	10	31.35	750	5.25	517
77	11	36.75	771	5.40	549
84	12	42.49	820	5.74	579
91	13	48.65	880	6.16	609
98	14	55.16	930	6.51	638
105	15	62.09	990	6.93	668
112	16	69.16	1 010	7.07	694
119	17	76.65	1 070	7.49	721
126	18	84.86	1 115	7.81	751
133	19	93.09	1 175	8.23	784
140	20	101.49	1 200	8.40	828
142	21	110.59	1 300	9.10	
154	22	120.34	1 400	9.80	

　　在测定猪日增重（或饲料转化效率和每吨饲料可售猪肉）时，明确测定的起始与终末时间是非常重要的，尤其是在将测定值与其他引用数据进行比较时。

　　* 许多仔猪在 21 日龄时断奶体重可达到 7kg 或更重，这些猪可能很少会发生断奶后生长受阻现象，同时可提前 4～7d 达到 105～120kg 的上市体重。

二、关于平均日增重的一些想法

● 平均日增重是一个重要的评判指标，因为到达上市体重的生长速度越快，其上市前所消耗的饲料量通常越少。如果一头猪提前 1 周达到上市体重，就意味着从其总的饲料需要量中节约了 7d 的饲料（按每日最大采食量来计算）。

● 因为仔猪的饲料转化能力很强，人们很难使断奶仔猪以更快的生长速度达到 30～35kg 体重。除此之外，生长速度必须与饲料转化率和胴体等级（脂肪沉积应充足但不过多）相协调，以使收入最大化、成本最小化。

● 建议每周至少对每种生长环境中的一群猪进行一次生长速度检测。根据笔者的经验，不到 1/5 的养猪生产者会这样做。但是，一个合适的采食量和生长速度的选择性称重方法对猪场盈利的重要性远大于大多数养猪生产者迄今为止所认识到的。其原因我们将随后进行讨论。

● 为取得最大的经济效益，在平衡缩短上市时间、饲料转化率及胴体评分等级之间的关系时，很多试验仅强调降低饲料消耗量对改善饲料转化率的重要性，却忽略了计算所节省的经营管理费用。这部分费用可能占生长较快猪所节约饲料费用的 30%～50%（表 12-2），因而可大幅提高猪场经济效益。因此，请不要忽略经营管理费用的节省！

表 12-2 在研究生长较快猪所带来的经济效益时，常对其忽略管理费用的影响*

上市所需天数（d）	所消耗饲料（kg）	全程饲料转化率	平均日增重（g）	每头猪所消耗的饲料成本（英镑）	每头猪的经营管理成本（英镑）
			经营成本包括资产贬值		
97	203	2.9	725	32.48	23.28
88	189	2.7	800	30.24	21.12
80	161	2.3	875	25.76	19.20

	每头猪所节约的费用	
饲料（欧元）	经营费用（欧元）	节约的管理费用占所节约总成本的比例（%）
—	—	—
2.24	1.16	52
6.72	4.08	68

（注：上表左列上市所需天数分别为 97、88、80）

* 假设猪群从 35kg 生长至 105kg，屠宰率为 75%，平均饲料成本为 160 英镑/t。

点评：目前猪场的日常经营管理费用占总生产成本中的很大一部分，且在逐年升高，最近大约占总生产成本的 42%（全球各地的比例为 38%～47%）。猪生长越快，上市所需时间越短，每头猪所需的平均管理成本也就越低。

三、造成猪生长缓慢的原因

导致猪生长速度缓慢（表 12-3 所示）的原因有：

1. 仔猪受断奶后生长迟缓的影响超过了可接受的程度。

2. 断奶仔猪生长迟缓期过后出现毛色无光泽等现象，该状况通常是疾病所致，根据本人的经验，呼吸道感染是最主要的原因。建议及时咨询兽医，特别在冬天时应检查猪舍通风系统。

3. 12～16 周龄间的猪生长迟缓。产生这一现象的原因尚不清楚，但建议进行检查。每周测量并记录猪生长速度的生产者可从猪群生长曲线图中发现此现象，否则此阶段的生长缓慢常被忽视。

4.16 周龄至上市期间，猪群的免疫状态、社会等级关系、食欲及温度调控系统应发育和建立完善。本阶段生长缓慢的主要因素是疾病，如呼吸道疾病、回肠炎或结肠炎，以及猪群密度过大。无论是夏天还是冬天，猪舍内空气太污浊往往比温度过低对猪群的影响更大。有时饲料配方错误也是罪魁祸首。依笔者的经验，氨基酸组成不平衡可能要承担一定的责任，但达到上市体重前 1 个月猪喂给过量的蛋白质也是导致其生长缓慢的极常见原因。这些蛋白质在猪生长周期的前 1/3 时间内饲喂效果会更好。

表 12-3　猪平均日生长速度[*]

年龄				
日龄	周龄	活体重（kg）	日增重（g/d）	每周体增重（kg）
21	3	5.5[a]	—	—
28	4	6.6[a]	157	1.1
35	5	7.8	171	1.2
42	6	9.5	243	1.7
49	7	11.5	286	2.0
56	8	14.5	429	3.0
63	9	18.0	500	3.5
70	10	21.75	536	3.75
77	11	25.75	571	4.0
84	12	30.25	643	4.5
91	13	35.0	679	4.75
98	14	39.75	750	5.25
105	15	45.25	786	5.5
112	16	51.0	821	5.75
119	17	57.0	857	6.0
126	18	63.0	865	6.0
133	19	69.0	871	6.1
140	20	75.2	886	6.2
142	21	81.4	893	6.25
154	22	87.65	893	6.25
161	23	93.9	893	6.25
168	24	100.15[b]	893	6.25
175	25	106.4[b]	893	6.25

[*] 这些数据可看作猪最差的生长水平。当生长速度处于该水平时需采取措施予以纠正。

　点评：在这一典型案例中，猪在断奶后生长非常缓慢，同时 16 周龄左右时猪的生长有时也会出现生长迟缓现象，此时猪潜在的生长速度每周应仍能提高 5%～6%。

[a]这些猪断奶体重过轻，可导致随后的生长缓慢。目前，生产成绩良好的猪场 3 周龄断奶的目标体重应达到 7kg，28 日龄达到 8.5kg。要实现表 12-1 中大多数的优秀生长速度仍将要有一个较长的过程。

[b]此类生长缓慢的猪通常被提前出售，以腾出栏位，这种做法通常称为"去梢法（Topping）"。

5. 猪舍温度设置不当。

生长缓慢原因一览表

12～16周龄猪（体重30～45kg）生长速度变缓或停止生长

可查阅本书的相关章节以了解补救方案

✓ 检查猪群饲养密度。

✓ 评估猪采食的便捷性，特别是天气较热时饮水的便捷性。

✓ 检查是否存在猪舍清扫不当、栏舍肮脏及咬尾等状况。

✓ 检查猪群的均匀度。若差异很明显，最好对猪群重新分栏而不是重新混群。

✓ 以麦草为垫料的猪群此阶段可能会感染疥螨，疥螨在发病初期影响虽较轻微，但可对猪群造成持续性的应激，从而影响饲料利用效率。此阶段的猪也可能患渗出性皮炎，但在发病初期即可察觉。

✓ 换料的影响？就饲料而言，营养成分可能会满足猪生长的需要，但适口性与口感欠佳可能会使猪不愿意采食。请务必牢记，应保持饲料新鲜。

✓ 紧随而来的是，很可能是由于猪在此阶段生长速度加快，霉菌和霉菌毒素可能会对猪的生长造成直接或间接的影响（如饲料适口性）。生产者利用电脑控制液体饲喂系统（Computerized wet feeding, CWF）测定每栏猪的日采食量，可迅速得出霉菌毒素对猪采食量的影响程度。这是CWF的一个显著优点，难道该系统的生产商没有对此重点强调吗？

✓ 猪舍环境的改变。同样,猪舍环境对猪生长速度会产生直接或间接的影响。直接影响:新的猪舍环境没达到标准,因为猪饲养在相对于群体体重来说空间太大的猪舍中,它们会感到冷。临时性使用盖子或顶棚可缓解猪的冷应激。间接影响:因猪对新的环境适应较慢——饲料槽、干料到湿料的转换、饮水器较少和排便区较少,以及猪群社会秩序的变化。这可能要进行长期规划以获得更好的效果。在35年前我们曾进行了研究,结果发现饲养条件的任一改变都会使猪生长迟缓3d,但若措施得当,这一损失可能会减半。

四、生长速度对每吨饲料可售猪肉的影响

表 12-4 表明，与生长速度优秀的猪群（表 12-2）相比，生长缓慢的猪群（表 12-3）的每吨饲料可售猪肉显著减少。

表 12-4　较差生长水平与优秀水平在每吨饲料可售猪肉上的差异

	理想生长水平	生长缓慢
生长阶段（7～105kg）	（即从断奶至上市）	生长阶段（6～105kg）
全程饲料转化率	2.5∶1	2.9∶1
每头猪的饲料消耗量	245kg	287kg
每吨饲料所能饲喂的猪数	4.08	3.48
	（假设两组的屠宰率均为 74%）	
每吨饲料可售猪肉	317kg	270kg
生长缓慢造成每吨饲料可售猪肉减少 47kg，由此对饲料产出的影响（屠体猪肉按 1.2 英镑/kg 计算）		56.40 英镑 PPTE*
所增加的管理费用，但未包含每头猪每天 0.24 英镑的额外管理费用		33.60 英镑 PPTE*
猪生长缓慢所造成的总 PPTE 为		90.00 英镑 PPTE*

* PPTE：每吨饲料等价物（PPTE 是一种使用饲料成本来衡量猪群多种生产性能的缺陷所造成损失的方法）。

点评：表 12-4 所示的结果是两种极端状况，但目前我们依然能够遇到这种情况。在以上案例中，通过利用这些评判指标来表示生长缓慢造成的损失，可很容易得知：若断奶至上市期间的饲料价格平均按每吨 185 英镑计算，该损失相当于有 50% 的饲料价值没有发挥出来（90 英镑/t）。这种损失绝对是惊人的！

五、监测猪的日增重

对生长猪的日增重进行连续的测定是非常重要的，然而仅有 15%～20% 的生产者能够做到了这一点。大部分生产者仅能做到在月末时，甚至隔 3 个月才计算一次猪群平均日增重（ADG）——也称为每日活体增重（DLWG）。此时，那些会影响猪日增重的因素已经造成了不良后果，可能很难找出，且难以进行补救。

同样，这是最为重要的，因为我们知道诸多因素会影响猪日采食量，如温度、饲养密度、疾病、应激、料槽卫生等。它们对猪采食量的影响可能高达

20%。

品种也会影响猪的每日采食量，因为不同品系间的食欲差别可高达15%，甚至来自同一种群相同品系的猪也是如此。最近一项研究发现，两个常见品系的猪采食量分别为2.75kg/d与2.35kg/d。这两个品系有其各自的生长特性是极为正常的现象。

经常告知营养配方师生长猪的日采食量。现代猪营养配方师按照每日的营养需要来配制饲料，以满足所饲养品系的遗传潜力。因此，配方师需要定期从猪场主处了解猪场受到哪些因素的影响及这些因素对猪采食量影响的大小等基本信息。

利用这些信息，营养配方师随后可对配方进行相应的调整，以便为猪提供适宜水平的营养物质，满足其每天生长的需要。

若营养配方师必须依据自身经验进行猜测——因为多数状况下，配方师无法获知上述信息。那么，他设计的配方很可能会含有过多的营养物质，导致饲料成本过高；或者设计的配方很可能营养物质含量不足，而影响猪的生长。无论是哪一种情况，养猪生产者都会损失15%的利润，而这不是营养配方师的失误。

（一）测定频率

考虑到季节性因素的影响，本人建议每年测定3次。通过多年（下文所叙方法所需时间会短很多）积累的数据将能帮助营养配方师设计出一个更具经济效益的饲料，这是一种低成本饲料，或者是一种能使猪生长更好的饲料——通常两者兼而有之。

如果生长猪场严格按全进全出的模式分批饲养，这些数据更加容易收集。若猪场采用电脑控制液体饲喂系统，电脑不仅能够记录每日采食量，还可以自动将数据传输给营养配方师，如果按类似的方法操作，这必定会使这种理念从中受益。但是，目前大多数猪场并没有采用这种管理方式。

（二）"人工收集数据"

从经济学角度看是否划算？如果猪场尚未启用电脑控制液体饲喂系统，而采用人工方式测定猪的日采食量和日增重等信息，从经济学角度上看也是非常划算的。若不按照这一方式进行，将冒着猪群生产成绩损失10%～15%的风险，而且上市猪饲料成本也将出现类似比例的增加。这种影响对猪场来说太大了，不容忽视。

六、未及时找出猪生长缓慢的原因
　　将导致巨大的经济损失

体重为 60kg 的猪在 4 周的时间内平均日增重降低 10%，那将导致每吨饲料的产肉量减少 15kg。这相当于每吨生长猪饲料的成本增加 18 英镑，或饲料价格大约上涨 12%。若考虑日常管理费用，所增加的饲料成本将从 12% 变成 18%，某些猪场甚至可高达 22%。

从这一角度看，猪群生长缓慢带来的经济损失非常恐怖。

在当今的猪生产条件下，即使猪生长速度降低 5%（即 40g/d 或 250g/周）也很难被生产者所发现，但其相当于每吨生长育肥猪饲料成本增加 4.50 英镑。据笔者所知，许多养猪生产者为了从饲料供应商那里得到相应数量的折扣，可能要花半天的时间进行讨价还价方能达到这一目的。

七、评估猪生长速度的简单方法

现有的多种猪生长速度评估方法是建立在一段时期（通常为 3 个月）的猪群平均存栏量基础之上的。

例如：以过去三个月某个单元平均终末体重减去平均初始重，除以饲养天数，再除以 3，则为每个月的数值。

表 12-5　一种计算猪日增重的简单方法

A	1 月	96kg	−31kg	(65 000g)	÷	77d	=	844g/d
B	2 月	94.5kg	−29kg	(65 500g)	÷	79d	=	829g/d
C	3 月	92kg	−30kg	(62 000g)	÷	78d	=	795g/d

3 个月（A-C）的平均日增重为 823g/d

D	4 月	95kg	−30kg	(65 000g)	÷	74d	=	878g/d

连续 3 个月内的平均日增重（B-D）为 834g/d

从表 12-5 我们可以很快发现这种计算日增重方法的缺陷所在（即使使用电脑进行计算也是如此）：

1. 得到这些生长速度数据时，1 个月的时间已经过去了。
2. 猪的伤亡将影响这些数字的准确性。
3. 其他因素，如未达到上市体重而提前出售也会影响到生长速度的计算。

检查清单——影响上市猪体重和(或)产肉量的 12 种因素

因各猪场的状况不同,以下因素并非按重要性进行排序:

1. 初生体重。出生时体重多 1g,21 日龄断奶体重会多 2.34g,猪上市时体重可以多 20~30g。如:出生时体重相差 100g,按 106kg 体重上市,则上市猪体重将相差 2kg。依笔者的经验,在猪屠宰时,体重差异至少这么多。

2. 出生到上市。若得到精心喂养与护理,50% 的弱小仔猪在断奶时体重可达到 7kg。

3. 断奶体重。在 21~28 日龄断奶时,同一栏中个体最小与最大猪的体重应相差 4kg。断奶时平均体重约 6kg 的猪群,大小猪间的体重差达到 4.5kg;而平均体重在 7kg 以上的猪群,体重差达到 5kg。这种体重的差别可使猪群迅速建立社会等级关系,导致弱小的猪很快失去充分的生长潜能。

4. 足够的料槽空间*。至关重要的,尤其是对于断奶仔猪而言。

5. 料斗的送料口大小*。每天进行检查并适时调整。经比较,若每周仅检查、调整一次,上市猪的体重差异可高达 20%。

6. 饲养密度过大。饲养密度增加 15%,可导致上市猪的体重差高达 20%。

7. 品种。猪的品种会影响其后代猪的生长速度与肉品品质,但母系的影响大于父系。

8. 环境。环境温度太热或太冷及通风不当均会影响猪群均匀度。

9. 采食量*。同一栏内不同猪的采食量可相差 20%,不同栏间猪的采食量差距也是如此。重要的是,每个季度应将各猪场(若猪场采用电脑控制液体饲喂系统,甚至应提供每栋猪舍的采食量状况)的猪日采食量状况告知营养配方师,配方师可依此信息对饲料配方作相应的调整。这一方式有助于配方师考虑季节变化(和在一定程度上考虑猪群健康状况)的影响。

10. 饮水的供应。饮水的便捷性与饮水的供应量同等重要。

11. 季节的影响。夏季猪的屠宰体重通常比较小。

12. 健康状况。良好的健康状态可降低不同猪栏间猪的体重差异。

* 这些因素对猪群生长表现的影响许多是显而易见的。尽管有大量的指

导材料可供参考（如：因素 5、6、8、9 和 10），但本人在拜访猪场时发现，大约 33% 的猪场仍然未遵守这些建议。

八、抽样称重

我们需要一种更好方法，虽然猪的称重是件很不受欢迎的工作，但尚无更好的方法可以代替抽样称重。这是因为当所称重的猪日增重位于目标日增重曲线的下方时，需要尽快找出其中的原因。

外界环境会影响猪的生长速度，因此从有代表性的猪舍中选择猪进行称重。

理想状况下，包含不同环境系统的每一栋猪舍都应按以下方法、以 2 个猪圈为一组的方式选择三组的猪圈进行称重：一个猪栏位于猪舍最冷的一端（或在炎热季节是最热的一端），另一猪栏位于猪舍的中部比较冷的区域。

（一）推荐的抽样称重方案

第一：在连续 12d 内，按 25～35kg、55～65kg 和 85～95kg 三个体重范围，各选取二个猪栏共计 6 个猪栏的猪测定采食量，正常情况下每栏猪的饲养数不少于 10 头。在北美洲，如按"磅"计算时此三个体重阶段对应的范围分别为：50～75lb、120～150lb 和 180lb 至上市。

第二：记录 12d 测定期开始和结束时猪的初始体重及终末体重。

第三：在每一个 12d 测量期开始时，记录被测猪的日龄。

第四：记录环境温度以备查看。随后绘制已测的每头猪的活体重与采食量的关系图（kg/d）。根据这些已测参数，可以按天（d）绘制出猪日采食量（kg/d）曲线与体重的增长曲线的关系图。

（二）利用这些极为有用的猪场专有数据，营养配方师能够设计更为精确的日粮，而不是仅提供不合时令的原料价格固定的配方

按这种方式，营养配方现在至少有以下可参考的信息：猪群的品种、猪采食量、猪瘦肉的生长速度要求、特定猪舍内猪群当前的免疫状态及不同季节猪舍的环境条件等。养猪生产者应能就实现这一理想目标与所投入劳动力数量之间的关系进行判断。如果在整个生长阶段进行测定比较困难的话，那么测定 11～13 周龄的猪体重（30～50kg）最有参考价值。

笔者曾遇到 5 位养猪生产者，他们均严格执行了上述方案。其经验现总结

如下：

● 这些生产计划外的测定将使工人的劳动量平均增加 12.5%（两名男性工人每周称重两栋猪舍内的 30 头猪）；这些多出的劳动量将使每头猪的生产成本平均提高 0.625%（幅度为 0.28%～0.9%）。

● 虽然开始时难以让员工认为这种做法是值得的。但经过 2 批次猪的测定后，5 个猪场都认为这些测定工作所获得的信息给他们的工作带来了全新的视野。但是，要做好这项工作必须要有充足的时间，且不要将此项工作强加于那些已经超负荷的员工。

用户的评价总结如下：

那些每周对猪及所耗饲料进行抽样称重的猪场主曾写信告诉我："即使有经验的人单凭肉眼评估猪的生长速度，其结果也可能会多变。虽然每一栏中猪生长的快慢比较明显，但在用数值进行评估时我们还是经常会发生错误。在实施称重方案前，我们经常对猪生长速度迟缓程度低估 50%。"

请记住——即使对猪生长速度评估出现 5% 的误差，其带来的经济损失也非常巨大。

"每周猪栏内猪增重的变化很大程度上似乎与猪群的采食量有关（见下文）"。

"绘制出每一栏猪的每周生长速度曲线，根据最终的曲线图可以发现，猪的生长速度呈轻微的但可察觉的波浪形变化，这种变化的'波长'通常为 14d 左右。若从某一侧面以一定的角度俯视完整的生长曲线时，便可以发现这个规律。"

"在管理上出现轻微（非急性）问题时，我们马上可以在测试猪栏发现猪群的生长数据落后于目标水平。然而，在进行每周称重之前，我们仅能发现所引发问题中的 50%，而剩余的 50% 需要我们返回现场进行反复的核查才能确定。在夏季天气太热或冬天寒冷夜晚空气流通太差时，这种状况似乎通常会发生。天气较热时，猪可能看起来很'肥满'，这会欺骗我们的眼睛，但骗不过'称重设备'。"

九、抽样称重的成本

对一头猪每周进行称重所投入的劳动力成本相当于猪体增重 1kg 所消耗的饲料成本——也就是 0.38 英镑。这种投入不太多。

这样称重是否划算？

对 5 家农场连续两年猪体重与饲料消耗成本进行了测定，其中 4 家农场猪每增重 1kg 所消耗的饲料成本平均下降了 1.8 便士（已对饲料价格的波动进行了修正），也就是说，对于一头 90kg 的育肥猪而言，其生产成本节约了 1.62 英镑，而称重工作所耗费的成本仅 37.5 便士，此工作的投入产出比为 4.3∶1。尚不知道这种生产成绩的改善能够得到养猪从业者的重视程度为多少，但这些数据却可从投入产出比的角度印证此工作的重要性。

十、抽样称重存在的困难

说服养猪从业者对猪群的体增重及饲料消耗进行测定是件非常困难的事情，尤其是要每周进行测定。事实上，上述所提及的 5 家猪场仅占到我们所接触过猪场的 5%。

迄今为止，持反驳意见的人认为抽样称重主要存在以下两种困难：首先是挤出时间从事此项额外工作的困难，其次是说服工人相信此项工作存在价值的困难。若称重所投入的成本占一头育肥猪总生产成本的 0.6%，总增加 2.8% 的收入，那么此项工作是存在价值的，投入产出比高达 4.6∶1 以上。若猪舍内猪栏中修建一座猪称重平台的话，就可以将猪群赶到称重平台上进行集体称重（希望这点可以早日实现）。目前这种称重平台仅用于断奶仔猪的称重。计算表明：称重设备的投入不会降低 0.625% 的劳动力成本，因为设备资金投入占到了成本的很大部分。但使用称重设备却提高了对猪群进行抽样称重可行性，增大了利润增长 2.8% 的可能性。

此外，电脑控制液体饲喂系统（Computerized wet feeding systems，即 CWF 系统）的发明与应用证实了猪的生长速度与饲料采食量之间的密切关系。电脑控制液体饲喂系统可以很精确地记录猪的每天采食量，甚至一天中某个时间段的采食量。若猪的生长速度与饲料采食量之间的关系一定的话，就可以在数小时之内知道猪每日增重量，而不需要一周甚至一周以上的时间。现在，一些电脑控制液体饲喂系统已实现了以栏为单位对采食量进行测定。

未来

可能每头猪都会携带电子耳号，当其在自动喂料槽前采食时，采食量与体增重量就会被自动测量并记录下来。此外，此设备还可用来测定并控制栏舍周围的温度。当外界温度改变时，饲料供给也会相应予以调整。我估计当本书（当前版本）出版的时候，此项新技术可能已经开始在一些大的猪场或种猪公司试验场应用了。

综上所述，直接或间接影响猪生长速度的因素有 40 多种，即：猪生长速度受多种因素控制。

十一、上市猪体重不均匀造成的经济损失

教科书根本不会详述这部分内容。在猪场考察中基本上每天都可以看到如下状况——即将上市猪的栏舍内未装满相应数量的猪，延迟了下一批育肥猪的转入。但目前对此问题的研究太少。与那些尽可能让同批次的育肥猪在短期内集中上市的猪场相比，同批次的育肥猪上市时间差异较大的猪场，育肥猪的生产成本会增加 4％左右——主要是因为栏舍空间闲置所造成的经济损失较大。但这种状况在研究中却极少涉及。将生长缓慢的猪重新集中关入几个栏舍，以空出一些栏舍的方法似乎并不奏效。因为重新混群后，猪群间的打斗对生长速度的影响等同于对经济效益的影响。

因而，无论在何种状况下，我们必须查清导致不同猪达到合同规定的最低上市体重所需时间的差异过大的原因，并采取相应措施。

（一）专家所强调的观点是不是错了？

这是可能的。很多参考书籍与饲养员培训课程反复强调为使保育猪转出时的体重差异缩小而对断奶仔猪进行分批、分群管理的重要性。当然，这点非常重要，但要付诸实践还包括以下内容：即如何准确对不同批次断奶猪进行合理的分批、分群，因为不同批次断奶猪实测和目测体重差异较大。

下列因素对上市猪体重差异的影响会更大，本研究也一直尝试评估以下几个因素对猪场经济效益的影响程度。

1. 饲养密度

猪在生长育肥期是否能够自由采食饲料将对其生长速度产生很大的影响，这个道理很容易理解。饲养密度过大不仅可对猪造成应激，降低饲料转化效率，而且处于弱势的猪可能比处于强势地位的猪采食量少，日积月累这些猪的体重与其实际日龄就可能不符。

数十年来我一直在强调不正确的饲养密度对猪生长速度所造成的影响，因为我所走访的猪场中有 1/3 的饲养密度不当，即使是在最好的猪场，饲养密度

可能也超过标准的 15% 以上。也曾经有 3 个猪场将猪群饲养密度降为标准水平，我从计量经济学的角度对这 3 个猪场的经济效益回报进行过评估，发现其所带来的平均经济回报是额外占用栏舍空间成本的 6 倍。如此高的经济回报率值得我们认真思考。

饲养密度过大是否会增加上市猪体重差异？我相信会的。但迄今为止，从学术角度尚未找到足够的证据来证明此观点。我非常欢迎读者与我分享这方面资料或数据。同时我也正在收集一些猪场的数据，但这将耗费大量时间。

2. 充足的料槽空间

目前已有足够的证据证明料槽空间不足会对猪的生长造成影响。关于影响的严重程度已有很多报道。以我的经验来看，料槽空间不足所增加的成本约为每头猪 3 欧元。

3. 正确设置料槽，如正确设置料槽的进出口大小

关于料槽设计对猪生长速度的影响，北美多位学者〔比如 Patience、Gonyou、Dritz、Tokach 与 Dean Boyd（此人是一个大型猪场的经理）〕已就此开展了深入的研究。因而目前可查阅到推荐的料槽设置、料盘或供自由采食的料槽中饲料的数量等信息。

作者们认为猪群的生长表现可能与料槽设置不正确有关，但此部分内容并未被写入教科书。料槽设置对上市猪体重差异的影响也未写入教科书中。依据北美学者的研究数据，以及欧洲 2010 年的猪生产成本，可计算得知料槽设置对每头猪的成本增加为 1.8 欧元，这与之前提到的料槽设置不合理会使生产成本增加 4% 相吻合。

（二）"猪场"条件与"科研试验条件"不同，以下实证来自于"猪场"

据自身的经验，猪上市体重差异较大所带来的成本增加非常明显。去年秋天我被邀请到一个有 4 个独立保育舍生产单元的大型猪场，这 4 个保育舍生产单位分别由不同区域生产主管负责。我发现两个保育舍的猪生长表现差异很大。一个生产主管负责的猪群在上市时体重差异很大，该主管只是偶尔检查调整饲料槽出料口的设置——这点很明显可以从料槽中的饲料量来判断，有的料槽中饲料太满，有的基本上是空的。而另外一个保育舍的生产主管非常注重对料槽下料口的检查调整，若有必要的话，他每周都检查调整多次。我对这两个主管所负责猪群上市时的状况作了比较。第一位不重视对料槽进行调整的主管所管理的猪群当有 10% 的猪可以上市时，87% 的猪未达到上市体重。而经常对料槽进行调整的那位主管所负责的猪群当10％的猪达到上市体重时，仅有36％的猪未达到上市体重。两者的差距非常显著。

十二、上市猪体重差异太大——"去梢法"可行吗？

我们或多或少都遭遇过这样的问题。用"去梢法（topping）"能否解决这个问题？

词语"去梢法"是指将一部分猪移至闲置的空栏或直接上市，这些被移除或上市的猪在生长速度上占某一猪栏中其他同伴的前5％～10％。通常在上市前1周到10d，育肥栏看起来很拥挤的时候开始将部分猪移出。似乎这种措施已逐渐成为一种趋势，因我不确定此方法是否有效，所以，在2010年我与几个农场主合作进行了试验，试验结果证实了上述方法的有效性。

采取"去梢法"或"选择性移除"有以下几种原因：

（1）为了避免猪过肥，提前将其挑出。当然这是很必要的。但是那些被挑出的猪必须直接装入运输车辆中，不能在一个猪栏中混群，因此在早上进行猪的挑选比较方便。

（2）若有一些空栏的话，在猪预期上市时间前7～10d将长势较快的猪专门移至空栏舍中。为此，有两个生产者还用稻草建了一些栏舍，但应注意尽量不要将来自不同猪栏的育肥猪进行混群，以避免相互打斗，造成皮肤损伤与不良应激，从而影响猪的生长速度。去梢法的支持者认为，这些被提前移除猪的生长速度可增加20g/d，而那些未被移动的猪，因栏舍空间增大，对饲料的竞争降低等原因，生长速度可增加80g/d。我们在现场也观察到了这样的结果。

（3）常规的"去梢法"。将一些生长速度较快的育肥猪比预期上市时间提前一周屠宰。这些被提前上市猪的体重应符合合同中上市猪体重范围要求，至少应达到最低体重要求。我们曾经尝试过此方法，通常能使猪的屠宰体重增加4.5kg左右。

通过采用此措施，这些提前上市的猪的确可以节省一周的饲料费用。但这些饲料成本仅相当于这些猪一周内所长的肉带来收入（13欧元）的1/3。

结论： 在猪的体重未超过合同所规定的"超重"临界上限时，上市猪的体重越重越好。在所有这些试验猪场，若合理灵活地采取"去梢法"，的确能够带来其支持者所宣称的猪生长表现的改善，但这改善看似是不划算的。已发表的文献通常仅强调"去梢法"所带来的猪生长表现的改善，但当从计量经济学的角度来衡量"去梢法"的合理性时，结果就值得质疑了。

当猪群密度过大时，采用"去梢法"通常可以取得较好的收益——但这并不是最佳做法！因为降低饲养密度比被迫采用"去梢法"的成本低得多——请参照以下关于密度饲养所增加的生长成本表（表 15-2）。

当猪场有多余的栏舍空间，采用"去梢法"，通常能够取得良好的收益，理想状态下是可以考虑的。因此，到目前为止，我尚未推荐使用"去梢法"。

检查清单——影响猪群生长速度的因素

对于猪群生长速度缓慢的状况，我们应提前建立行动方案，可使用以下调查表。

1. 猪	品种
	年龄
	性别
	性情（是否温顺）
2. 饲料	营养配方与营养平衡
	原料品质/采食便捷性
	日采食量
	适口性
	水
	促生长剂
	湿料/干料和全湿料饲喂
	足够的料槽空间
	饲料口感
	是否容易接近料槽
3. 周围环境	体表周围温度
	空气流动速度
	空气流向
	湿度
	地板表面状况
	垫料
	物体尤其是地板表面的绝缘性

　　　　　　　　　　　气体（不一定有毒性）

　　　　　　　　　　　空气中的粉尘

4. 同群猪　　　　　　猪栏形状

　　　　　　　　　　　设备摆放位置

　　　　　　　　　　　饲养密度

　　　　　　　　　　　猪群大小

　　　　　　　　　　　同群猪体重间的差异

　　　　　　　　　　　温顺性基因

5. 疾病　　　　　　　生物安全

　　　　　　　　　　　所患疾病，包括霉菌/霉菌毒素中毒

　　　　　　　　　　　免疫保护状态

　　　　　　　　　　　所采用的预防措施

　　　　　　　　　　　所采用的治疗措施

　　　　　　　　　　　兽医对疾病的监管

6. 生产管理　　　　　全进全出（AIAO）

　　　　　　　　　　　按批次生产管理

　　　　　　　　　　　连续生产管理（是，否）

　　　　　　　　　　　猪舍变化

　　　　　　　　　　　批次管理与分群技术

　　　　　　　　　　　断奶体重/大小

　　　　　　　　　　　选择样猪进行称重/记录抽样称重/记录

7. 饲养人员　　　　　人员素质

　　　　　　　　　　　工作时间

　　　　　　　　　　　继续教育/培训/同行间相互学习

　　　　　　　　　　　每日工作报告

　　　　　　　　　　　观察与记录

十三、工作计划与优先顺序——顾问工作指南

　　依照我个人经验，以下方案是解决猪群生长缓慢最有效的方法。虽然以下所述问题非常清晰，但某些问题可能也很容易被认为不明显。每一个问题应该逐条进行核实，以便确定最佳解决方案。

　　了解一个合格的猪场顾问在处理猪生长缓慢这类问题时所采用的措施，将对彼此的工作均有很大帮助。

　　当遇到问题时，应该首先考虑以下问题：

　　1. 我们存在这种问题吗？

　　2. 何以证明问题存在？

　　3. 这个问题是何时被发现的？是怎样被发现的？

　　4. 你是否已经核实了别人所提供信息的正确性？对于顾问来说最好亲自核实信息的正确性。

　　清楚了以上问题之后，再进行以下问题的解答：

　　5. 这个问题的严重程度如何？

　　6. 该问题所造成的经济损失有多大？这将有助于判断采用哪种措施最划算和决定最先采取的措施。可以参考表 12-4 中所示的 MTF 与 PPTE 方式进行衡量。

　　7. 是否有"时停时长"的证据？

　　8. 猪群存在所谓的代偿性生长吗？

　　9. 猪群体重均匀度怎么样？

　　10. 有最新的兽医报告或观察记录吗？

　　表 12-6 中展示了可能导致猪生长缓慢的因素。

十四、核查猪群生长速度缓慢原因时应考虑的主要因素

　　1. 日粮营养不足或不平衡。

　　2. 猪群饲养环境太热或太冷。

　　3. 空气流通不足或存在通风死角。

　　4. 疾病、应激及免疫需求。

　　5. 环境、饲料、同伴、管理、饲养员（可能的）、外界天气状况、栏舍清洁度等因素的改变。

　　6. 对体重、温度、猪舍内部环境变化、饲喂次数、饮水供应、断奶或转出保育栏时批次管理与分群不合理等问题不够重视。

表 12-6　导致猪生长缓慢的因素分析

表 12-6 中数据是通过对 25 年间 14 个温带和寒带国家 137 例猪生长缓慢的原因分析的结果，其中 90% 的案例调查时间长达 6～9 个月（表中数字表示占调查总数的百分比）。

相关因素		经过一段时间问题	
		解决或基本解决	未解决
1. 营养	a. 日粮营养不平衡	8%	5%
	b. 饲喂制度/饲喂量	9%	1%
	c. 适口性	2%	—
2. 温度		12%	4%
3. 通风		14%	8%
4. 疾病	病原性因素	4%（曾咨询兽医）	5%（曾咨询兽医）
	卫生条件差	6%	—
5. 多因素共同造成的		7%	3%
6. 1～4 项外的其他因素		8%	—
7. 调查时未发现问题或问题较轻		2%	—
8. 猪场未采纳建议		—	2%
		72%	28%

注：项目 1b 与 2、2 与 3、3 与 4 通常是相互关联的。

其他因素：包括饲养密度、供水是否充足、饲养员的失误、改变太多——这些被认为是影响 8 个猪场中猪生长速度的主要因素。

点评：在这段时期内作者 60% 的时间在一家动物饲料公司工作，从中发现：饲料质量或饲喂方式仅占影响猪生长缓慢总因素的 1/5 以下。同时也发现：环境因素是影响猪生长缓慢的重要因素（达 28%）。而在热带国家，影响猪生长速度的因素可能与以上完全不同，以我个人经验，品种与食欲是主要因素。

十五、影响猪生长速度主要因素的一些调查发现

营养

饲料配方存在错误。因配方的制作与饲料厂的计算机化，此方面的错误比 20 年前大幅度减少。但是错误也是难免的，错误主要存在于对所用原材料营养价值的评价方面。虽然饲料厂商目前对所用原料的主要营养价值分析比过去要精确得多，但即使到今天，对原料所提供的能量分析方面仍然很薄弱。

从某些程度上讲，饲料厂不应采用次等质量的原料。希望饲料厂能够逐渐

减少次等质量原料的使用量，特别是那些因气候变化所破坏的原料或腐败的原料。否则，很快就会出现猪群生长速度变缓的状况。然而，这种状况偶尔也会发生，猪场应该注意到这种可能性的发生。如果这种状况已经发生或怀疑其可能会发生，及时更换值得信赖的供应商才是明智之举。

当出现了除以上状况以外的情况时，应该格外谨慎，及时咨询专家。

十六、某种原料使用过量

认为在配制饲料时对原料进行充分混匀将有助于提高猪群生长速度的观点可能已经过时了。相反，美国几乎采用统一的玉米—豆粕型饲料（加入矿物质、维生素等添加剂），效果极佳。这种饲料不仅干燥而且适口性好，因而比其他一些国家的饲料中霉菌毒素含量要低。

全价料生产商通常限定某种原料的最大使用量，用户应该询问是何种原料。当价格适宜、采购便利时，小麦、小麦次粉、木薯、面包下脚料、米糠等原料会被滥用。目前已经限定了酒糟（简称 DDGS）与菜籽粕的最大使用限量。面包与糖果生产过程中的副产品目前在饲料贸易中已被广泛应用。我们必须相信饲料厂商会理智地运用这些原料。

十七、针对猪场状况而特制的日粮
有助于提高猪生长速度

依据猪的免疫状态设计饲料营养配方这一重要领域，目前仍然进展缓慢。所有的营养师都已经充分认识到当猪的免疫状态不佳时，对猪生长表现的影响有多严重（对猪生长速度的影响可高达 40%，对蛋白质沉积的影响可高达 50% 以上）。但是，据我个人经验，一些销售与财务部门基于成本的考虑似乎不愿意这样做。因而，他们不愿意先评估猪群的免疫状态，然后根据免疫状态设计营养配方进行销售。

饲养生长猪、育肥猪的从业者可以直接与饲料供应商的营养师沟通，告知其猪群目前的健康状况及猪场设施的生物安全状态。营养师可以根据这些信息来专门设计该日粮配方。为了尽可能达到此目的，生产者最终会采用电脑控制液体饲喂系统，同时也会和供应商共同面对猪食用该特制饲料后出现的各种问题。这样猪的瘦肉组织生长曲线才能绘制出来，并据此对猪群日粮进行调整。目前，认为瘦肉组织生长速度可能会反映猪免疫系统活跃程度。

十八、饲料适口性

有时饲料适口性差可能会影响猪的生长速度。大多数营养师都有关于原料适口性表格，当原料可能存在适口性较差时，会对其用量进行必要的限制。但对于口感稍差饲料的积累效应却很少被关注，尤其是同时存在其他一些不利因素时就更少关注口感稍差饲料的积累效应了，这些因素包括以下几种：饲料粉碎过粗或过细、饲料颗粒过软、霉菌残留、加入的脂肪含量及一些其他的适口性不好的化学性饲料添加剂（如硝基呋喃）及高含量的矿物质（如石灰石）等。饲料的新鲜度差也是导致仔猪食欲降低的因素之一。

在上述所提及的大多数情况下，添加芳香型诱食剂一般不起作用。大多数调味剂的销售商也不会宣称他们的产品一定有效。

目前已知猪饲料中引起适口性不佳的成分包括：高粱、油菜籽、橄榄肉/橄榄油饼、过量的小麦次粉（含量＞40％）、任何含有霉菌或霉菌毒素的饲料、酒糟（DDGS）过量、小麦或玉米硬度过大、过量的（多数）矿物质（石灰粉有时会使用过量）、被氧化的饲料成分，尤其是腐臭的油/脂肪和一些糖类代谢物所产生的具有辛辣刺激性气味的物质等。这些物质对人而言可能适口性尚可，但猪肯定非常抵触。

表 12-7 列出了推荐的饲料原料成分的最高含量水平。

表 12-7 常见饲料原料的最高推荐含量（超过此含量将影响猪的生长速度）（以下数字表示占饲料的百分比）

成分	母猪	断奶仔猪	生长猪	成分	母猪	断奶仔猪	生长猪
大麦	没有限制，但高含量时会造成粉尘增多			玉米麸粉（可消化能 13MJ/kg）	20	5	10
小麦	50	33	40	油菜籽（可消化能 12MJ/kg）	12	5	15
玉米	40	40	25	脱脂奶粉（干物质含量 9％，赖氨酸 0.23％）	30	30	30
燕麦	40	10	25	脱脂奶粉（干物质含量 9％，赖氨酸 0.23％）	30	30	30
木薯	25	10	20	全脂奶粉（干物质含量 13％，赖氨酸 0.27％）	60	80	80
小麦次粉	35	15	30	酸奶酪下脚料（干物质含量 14％~20％）	25	15	20
大豆	25	30	30	乳清粉（干物质含量5.5％，可消化能0.85％ MJ/kg）	25	10	25

（续）

成分	母猪	断奶仔猪	生长猪	成分	母猪	断奶仔猪	生长猪
全脂大豆	15	20	20	啤酒酵母（干物质含量18%）	25	10	10
肉粉	在某些国家因担忧疯牛病（BSE）的风险，不推荐使用，或者			稻米糠（干物质含量88%，纤维含量16%）	15	5	10
	7.5	2.5	7.5	亚麻仁饼（粗蛋白含量33%）	10	2.5	5
鱼粉	7.5	2.5	7.5	玉米胚芽粉（可消化能13MJ/kg）	20	15	10
面包下脚料（干物质含量63%）	40	30	40	粗酒糟（干物质含量23%）	5	0	5（50kg后）
饼干下脚料（干物质含量86%）	40	40	30	玉米酒糟（干物质含量89%）	5	2.5	5
面包下脚料（干物质含量85%）	40	30	40	DDGS（含有可溶固形物的干酒糟）	30	10	30
糖果下脚料（干物质含量98%）	20	7.5	15	羽扁豆（干物质含量88%,可消化能17MJ/kg）	10	5	
小麦淀粉浆（可消化能12MJ/kg）	25	15	20	糖用甜菜（已晾干）（干物质含量88%）	10~20		
马铃薯下脚料（蒸熟）（干物质含量11%）	25	15	20	豌豆	15	10	20
饲料甜菜（干物质含量17.5%）	20	5	10	高粱	20	0	10

若怀疑饲料适口性是导致猪生长缓慢的因素，请不要简单地添加香味剂，而是立即将其更换为另一种已知的含有新鲜且丰富营养成分的饲料。

十九、生物燃料（酒精）生产过程中的副产品

生物燃料生产过程中的副产品包括 DDGS（含有可溶固形物的干酒糟）、甘油、玉米麸等物质。迄今为止，DDGS 是生物汽油工业生产中的主要副产品，大部分是使用玉米生产的。当受潮时会膨胀，注意防护。详叙见下文。

DDGS 是经过碾磨过程而制成，每 100kg 玉米大约可生产 31kg 玉米酒糟

和 42L 酒精燃料。汽油中添加酒精的比例约 10%，而加入生物柴油中的比例应控制在 6% 以下。这样就可以节省大量的原油。

（一）酒精的制造过程

酒精的加工过程很简单。将玉米磨碎并加入水后煮熟。然后加入酶，将淀粉消化转化为葡萄糖。最后加入酵母，将葡萄糖发酵成酒精。

蛋白质、纤维素、矿物质等可溶性的残余物被干燥就制成 DDGS，通常简称为 DDGS。

DDGS 用于动物饲料后，与原有的玉米加工副产品（玉米黄浆饲料与玉米麸粉）相比，副产品产量较低，即每 100kg 的玉米大约可生产 19kg 的玉米黄浆饲料与 4.5kg 的玉米麸粉。

甘油是生物柴油生产过程中另外一种很有开发价值的副产品，其能量含量高，但盐分含量也很高。在钠盐含量可控的日粮配方中，甘油添加比例可高达 10%，从而降低谷物能量原料的使用成本，同时也可改善猪肉的系水力（生肉滴水损失）。

（二）DDGS 存在的问题

目前 DDGS 在饲料中的使用面临两方面问题。其一：来自不同生产厂家的 DDGS 质量不一致；其二：霉菌毒素含量比较高，纤维素含量也较高。教槽料与断奶仔猪料中纤维素含量与质量需严格控制，因而在猪饲料，尤其是教槽料与断奶仔猪料中添加 DDGS 前，向营养师咨询非常必要。

目前有关 DDGS 使用的大部分建议与推荐使用最高限量水平都来源于美国的研究数据，因而均与美国相对简单的玉米-豆粕型日粮配方有关。根据基础配方的成分，选择性添加某些酶会提高猪的生长表现，这也是需要咨询营养师的另一原因。

当谷物原料的成本上涨时，DDGS 显著的价格优势可能会使其用量过多，导致猪屠体肉品质变差，因而 DDGS 的最大使用量取决于基础配方成分，需要咨询专家意见。你不应采纳那些已发表的且看似很权威的关于 DDGS 最大使用限量的数据，而应先向猪营养专家咨询。

请记住：DDGS 是一种有用的饲料成分，但使用时应谨慎。

有些地区（如加拿大的中部与墨西哥）水源中可能某种微量元素超标，而影响猪的食欲。

二十、当怀疑饲料是否影响猪群生长 速度时，应该采取的措施

若你怀疑所使用的饲料是导致猪生长缓慢的因素时，应该采用以下措施：

- 立即采集 2kg 可疑饲料样品。
- 冷藏保存最少 1kg 的饲料样品，以备用。
- 联系饲料供应商，并与该公司的营养配方师沟通。销售代表或销售部门的员工仅充当样品信息采集的媒介。一般来讲，样品应该由当地销售代表或者销售部门员工按照恰当的样品采样程序进行采集。并将一半样品送给你，然后将书面报告通过邮件、传真或信件邮寄给你。样品信息应在达到后几小时内采集，而不是几天后采集。
- 确保你的饲料储存装置与饲料槽的粗糙面上明显没有霉菌或霉菌毒素。
- 若需要的话，收集并提供所用饲料的批号证明，并附有相关书面材料。
- 提供猪生长缓慢的数据证明。
- 若饲料生产商要求的话，可允许其到你的猪场进行相关的调查研究。
- 若饲料供应商故意拖延或看似想逃避责任，可雇用一个独立的猪场顾问或猪营养师以备不时之需。也可允许其到你的猪场进行相关的调查研究。

记住：猪生长速度迟缓未必是饲料存在问题。请再次参考表 12-9。在该调查中，仅有 1/10 的猪生长缓慢状况可能或某种程度上与饲料品质有关。与此相反，当出现猪生长缓慢或饲料转化率变低时，2/3 的猪场养殖者往往认为是饲料有问题。

二十一、猪场自配饲料

猪场进行饲料的混合配制主要存在以下四种问题，其可能会影响猪生长速度等生长表现。

1. 无法向营养师提供猪场自种或购买的原料预期（或实际）的成分分析结果，尤其是所添加谷物的分析结果。

2. 购买饲料原料时凭运气，盲目购买那些看似不错的原料。而供应商往往不标示饲料的营养标签，甚至最主要成分的营养标签都没有。

3. 无法保持饲料混合区域足够整洁，因而残存的霉菌毒素很可能对猪生长产生巨大的影响。

4. 无法保证饲料的各种成分添加比例正确无误。

二十二、原料的营养成分分析

大部分自己配制饲料的猪场都用自己种植的谷物或邻近农场的谷物。因而不同批次饲料所含有营养物质的质量与数量存在巨大差异也不足为奇（表12-8）。

表 12-8　原料品质差异

	平均蛋白含量（%）	范围	
		最小值（%）	最大值（%）
自配饲料的原料			
大麦	11.2	7.8	13.9
小麦	11.9	8.3	16.4
购买的原料			
小麦次粉	16.0	13.7	19.7
大豆 44/47	41.1	34.0	47.0
全脂大豆	36.1	33.6	45.0
最佳质量鱼粉	70.3	64.0	73.5

资料来源：英国饲料贸易等。

营养配方师对各种购买的饲料原料所含有的营养成分的估算基本是正确的，猪场养殖者应向营养师提供所购买原料的营养成分表，以便其进一步缩小估算值与实际值之间的差异。

请勿忽视不同批次原料的营养成分差异性。也不要偷懒，因为这些信息供应商通常是可以免费提供的。

二十三、将原料的营养成分弄错所造成的损失

很多养猪生产者对此有点"逆来顺受"，不是非常重视，认为在猪的整个生长期各种营养成分最终会达到平衡。事实并非如此。我在处理客户对饲料的蛋白质、维生素、矿物质等成分的投诉和仔细分析查找饲料营养配方中的不足之处时发现，对饲料配方进行调整后，每头猪的生长状况改善所带来的经济效益不低于 2 英镑，但一个饲料供应商的报告却显示经济效益为 3 英镑。

即使按照每头猪的经济损失为 2 英镑，每吨饲料饲喂 5 头猪，也就意味着每吨饲料所带来的经济效益会降低 10 英镑。假设某自配料猪场每年生产5 000头育肥猪，每年消耗1 000t 饲料，那么每年该猪场的利润将损失10 000英镑。

　　鉴于其对经济效益的影响，起码应对不同批次谷物的营养成分进行分析。那么对营养成分进行分析所增加的成本是多少呢?

二十四、原料中营养成分分析所需成本

表 12-9 展示了目前对原料中的营养成分分析所需要支出的成本。

表 12-9　目前实验室分析检测的成本

	英镑
干物质	4
蛋白质	7
油	7
纤维素	8
赖氨酸	30～35
霉菌毒素	25～40

　　几年前，我曾与英国主要的全价饲料生产商联系，咨询他们在每吨全价饲料上所耗费的原料分析成本。每吨饲料成本约为 165 英镑，而平均每吨饲料的原料营养成分分析费用为 1.40 英镑，约占饲料成本的 0.8%。按照当前的价格体系，每吨饲料的成本约为 175 英镑，而营养成分分析费用最少为每吨全价料 2.20 英镑（占 1.43%）。

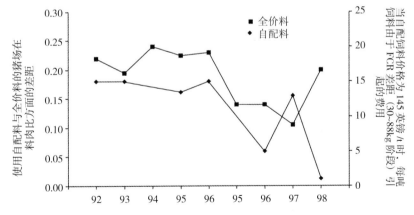

图 12-1　自配料猪场的（饲料转化率）始终落后于全价料猪场

（来源：从各种记录以及全价料贸易的相关资料推算而来）

　　点评：图 12-1 展示的是十几年前的数据。虽然在猪的生长表现方面，使用自配料与全价饲料间的差距在缩小，但两者在经济效益方面的差距仍有 9 英镑/t（6%）。使用自配料的猪场在设计饲料配方时经常雇用相同的配方师，说明他们在饲料配制方面基本是随波逐流的，并未对自家猪场所用饲料原料的营养成分进行具体分析。

图 12-1 展示了在十年的时间内，使用自配料的猪场比使用全价料的猪场在饲料转化率方面的差距，而在生长速度方面，两者的差距也是类似的。这点非常有趣。

这些经济损失中有多大的比例是因配方师或营养师（在一些饲料公司两个职位是由同一个人担任的）对原料营养成分分析采用不同观点所导致？

根据图 12-1 所示，若我们假设每吨饲料的平均利润损耗为 9 英镑（每吨饲料可饲喂 5 头猪，每头猪平均利润损失为 1.80 英镑），那么当我们使用自有的或外购的大宗原料时，每个月能够承受多少费用用于谷物原料的营养分析，用于帮助营养配方师设计出更为准确的营养配方呢？假设每年上市 5 000 头育肥猪，平均每头猪的原料分析成本为 1 英镑，那么一年需要支付 5 000 英镑。而据我发现，这些原料分析费用是足够的，且仅占到其可能造成的经济损耗的 1/5。

表 12-10 原料分析需要的费用

检测项目	次数（次）	单价（英镑/次）	总价（英镑）
赖氨酸含量	12	38	420
干物质	15	4	60
油	15	7	105
纤维素	15	8	120
霉菌毒素（选测）	6	40	240
营养师要求检测的项目			100

共 1 045 英镑或每头猪 10 便士

在表 12-10 中，每头猪投入 21 便士的原料分析费用可使其经济收益提高 1.80~2 英镑，此工作的投入产出比非常高，8~10∶1。可能有些实验室收取的检测分析费用较高，即使检测分析费用是上述的 2 倍，其经济回报率也在 4∶1 以上。若你的营养师推荐的话，你甚至可以花费更高的成本对原料进行更全面的检测分析。

检查清单——购买副产品

有些猪场盲目或基于对某供应商单纯的信任而购买、使用副产品，仅仅是因为使用副产品看似能够降低猪群日粮成本（事实也的确如此）。谷物为主的饲料和全价饲料相比，不同批次的副产品中主要营养成分含量差异较大，尤其是含液态成分较高的副产品，如脱脂牛奶与乳清。有些副产品是按照一定的营养标准生产，因而对计算猪的每日采食量大有帮助，但大部分副产品没有营养标准。下面的检查表会帮助你买到物有所值的副产品。

购买副产品前应该询问以下几个问题：

1. 副产品的来源是什么（是什么产品的副产品）？

2. 若该产品原本是给人类食用的，那现在为何被淘汰？是否该产品含有毒素？例如：霉菌毒素。

3. 若该产品已经过了最晚销售日期，新鲜度如何？（该产品中是否含有抗氧化剂？）

4. 该产品是生的还是已经加工熟化了？

5. 该产品是单一原料还是混合物？若是混合物，具体成分是什么？

6. 该产品是否可口、易消化？

7. 该产品的营养成分的分析结果怎样？其分析结果是否稳定？要明确乳清和浓缩乳清的盐分水平，以及脱脂奶粉尤其是乳清中干物质的含量（表 12-12）。

8. 该产品的供应是持续性的还是仅此一次？

9. 该产品运到猪场时是否新鲜？运输成本是多少，可以具体到每吨干物质的运输成本，也可以精确到每单位能量和蛋白质的运输成本？

10. 还有其他猪场对该产品感兴趣吗？谁反对使用该产品？

11. 它的真正价值是什么？从总体上看，本产品要物有所值。

12. 最后，向与产品没有利益关系的营养专家进行咨询。

二十五、液态副产品品质稳定性差
——对猪生长速度的影响

在牛奶与奶酪加工厂，因向收集池中所添加水的量（对于乳清而言，添加盐的量）不同，导致脱脂乳与乳清的产品品质稳定性差。

二十六、脱脂奶品质的检测

脱脂奶应含有 9% 的干物质，相对密度达到 1.033。相对密度是指某种物质的重量与另一种同等数量的标准品物的重量的比值。液态物质通常以水作为标准物。因而某脱脂奶样品的相对密度是 1.033，意味着在同等体积的状况下，脱脂奶的重量是水的 1.033 倍。此数据可利用一种简单而便宜的仪器——比重计进行快速检测。

表 12-11 列出了脱脂乳相对密度与其营养价值的关系，可以为猪场提供一个简单的参考。脱脂乳的相对密度低，说明工厂用洗液稀释过脱脂乳，若此时要维持猪的生长速度，平衡日粮营养就需要对其营养成分进行补充，若脱脂乳的相对密度始终偏低，应提醒供应商，并要求其对所添加的额外营养成分给予适当的经济补偿。采购前应与供应商就脱脂乳的品质控制问题进行讨论。当你购买脱脂乳作为一种饲料的营养构成成分时，而供应商可能仅仅为了将脱脂乳这一副产品处理掉而已。

表 12-11　脱脂乳的相对密度、干物质及成分之间的关系[*]

相对密度	干物质比重（%）	可消化能（MJ/kg）	可消化粗蛋白（%）
1.036	9.5	1.58	3.5
1.033	9.0	1.50	3.3
1.031	8.5	1.42	3.1
1.030	8.0	1.33	2.9
1.028	7.5	1.25	2.8
1.027	7.0	1.17	2.3
1.025	6.5	1.08	2.2

[*] 把脱脂乳作为饲料的基础成分后进行计算。

二十七、乳清品质的检测

乳清属于高能饲料，也可提供一定数量的高品质蛋白质，在购买时，乳清相对密度的大小是判断其品质好坏的一个重要因素。必须使用比重计进行相对密度测定，以保证所购买乳清的质量。表 12-12a 与 12b 显示了不同批次乳清密度存在的微小差异（密度差仅为 0.002 或干物质差 1%）就可能对猪的营养摄入量产生影响。为了平衡猪的营养摄入量，营养学家假定乳清的平均密度为 1.022（干物质含量 5%），依据所使用乳清的比重及使用量来调整乳清均衡日粮的使用量。表 12-12c 与 12d 通过例证显示乳清密度的差异对每头猪所需的"均衡日粮摄入量"的影响，哪怕密度稍微降低一点点，都会影响猪群生长速度和饲料转化率。

表 12-12a　乳清的相对密度、干物质含量、营养成分之间的关系*

相对密度	干物质含量 （%）	可消化能 （MJ/kg）	粗蛋白含量 （g/kg）	赖氨酸含量 （g/kg）
1.027	6.5	1.07	10.4	0.65
1.025	6.0	0.98	9.6	0.60
1.023	5.5	0.90	8.8	0.55
1.022	5.0	0.82	8.0	0.50
1.021	4.5	0.74	7.2	0.45
1.020	4.0	0.66	6.4	0.40
1.019	3.5	0.57	5.6	0.35
1.018	3.0	0.49	4.8	0.30

* 把乳清作为饲料的基础成分后进行计算。

表 12-12b　"均衡营养素"调整量*

相对密度	"均衡营养素"调整量
1.022	不需调整
1.021	＋5kg/1 000L 或 50g/10L
1.022	＋10kg/1 000L 或 100g/10L
1.091	＋15kg/1 000L 或 150g/10L
1.081	＋20kg/1 000L 或 200g/10L
1.023	－5kg/1 000L 或－50g/10L
1.025	－10kg/1 000L 或－100g/10L
1.027	－15kg/1 000L 或－150g/10L

* 饲喂含有不同营养成分的乳清饲料时，为了能使猪群获得均衡的营养摄入量而需要调整、添加"均衡营养素"。

表 12-12c　实例*

体重（kg）	采食乳清量（L/d）		乳清相对密度 1.022 均衡营养素添加量（kg/d）		乳清相对密度 1.018 均衡营养素添加量（kg/d）	
	每头猪	每栏猪	每头猪	每栏猪	每头猪	每栏猪
25	3.0	60	1.0	20	1.05	21
40	4.5	90	1.4	28	1.50	30
60	7.0	140	1.6	32	1.75	35
80	9.0	180	1.8	36	2.00	40

* 每栏饲养 20 头猪。

表 12-12d　实例[1]

	平均日增重[2]（g/d）	被检测组乳清所含营养成分与正常水平的平均差距[3]	
		干物质含量（%）	赖氨酸的总量（g/kg）
使用比重计对乳清相对密度进行测定，并根据表 12-12b 对日粮进行调整	759	1.3	0.15
未使用比重计	721		

注：[1] 该实验分别对一个农场中两个生产单元中猪的生长表现进行测量：一个生产单元利用比重计测定乳清相对密度并依据相对密度不同对乳清"均衡日粮"做相应的调整，另一生产单元未采取上述措施。
[2] 试验周期 90d，其中 35d 所测乳清的营养成分低于正常水平。
[3] 猪体重区间：20～88kg。

点评：在湿料饲喂系统中，根据测定结果，必要时可对日粮添加量进行相应调整，此时每头猪的成本增加 95 便士，同时猪生长速度增快，到屠宰上市时，每头猪所节省的饲料成本为 1.25 英镑。理论上讲，生产者使用比重计对乳清相对密度进行测定，并记录测定结果，及时将检测结果反馈给供应商，可要求该乳清供应商就此做出补偿（其供应的乳清干物质含量 3.7% 比所承诺的标准 5% 低 1.3%，为此猪场需额外添加日粮的成本为每头猪 95 便士），如此每头猪节省 1.25 英镑的饲料成本完全属于纯利润。若不使用比重计的话，就无法向供应商提出补偿要求。坚持使用比重计，并告知供应商使用比重计的原因，至少所购买的乳清品质稳定性可能会得到改善。

二十八、营养与生长速度

　　日粮中主要营养成分是否平衡会影响猪的生长速度。其中，赖氨酸与能量比值是一个重要的参数，而氨基酸是否平衡，也是影响猪生长速度的另外一个关键因素，这些参数需要营养师进行正确的调整制定。

　　我不是营养学专家，因而将饲料配方设计这一复杂的环节留给那些专业人士来讨论是明智的。Mick Hazzledine 是全球领先的营养专家之一，尤其是在生长猪和育肥猪的营养方面。以下引用了 Mick Hazzledine 的观点：

　　欧洲主要的养猪国家中大部分都采用净能体系，而且已经使用多年。许多国家在母猪与生长育肥猪上采用不同的净能值，以提高大龄动物对纤维素的消化能力。

　　十年前，英国的育肥猪饲料(用于上市猪体重 60kg)的可消化能为 3.27～3.32Mcal*/kg，而目前育肥猪饲料的可消化能为 3.15～3.30Mcal/kg。随着 DDGS 用量的增加，要降低育肥猪饲料的可消化能会越来越困难。

　　　　　　　　　　　　　　——Hazzledine：Banff Pig Conference（2010）

---

*　cal 为非法定计量单位，1cal＝4.184J。

当前营养学研究是建立在商业用途之上，我发现各国间差异很大。下面的数据尽管有些过时，但在拜访全球各地的猪场过程中却给予我很大的帮助。这些数据引起生产者核对关于自己国家的数据，进而判断自己猪场是否达到了专家所推荐标准（发现与表 12-1 中数据相比基本都未达到）。

作为一名猪场的生产管理顾问，我能够帮助生产者解决猪群日采食量的问题，但营养配方的设计是营养师的工作。我可以提醒生产者，可能是因非生产管理因素（如日粮成分）影响了猪的日采食量，但我会推荐他们就此问题向营养师咨询。

我不是营养师，此方面内容就先谈到这里。我的工作角色就像一座飞机场，指引客户选乘合理、划算的最佳航班并保证其安全顺利抵达目的地，或至少根据顾客意愿来选择机票价位，为顾客指引正确方向。驾驶这架飞机不是我的工作，而需要专业人士，即营养学专家。

赖氨酸与能量比值检查

本节中赖氨酸与能量比值是三种不同"性别"的猪（未经阉割的公猪，已阉割的公猪及青年母猪）所需赖氨酸与能量比值的平均数（表12-13）。

表 12-13 生长育肥猪赖氨酸与能量比值、日采食量推荐表

品种优良猪群								
体重（kg）	7	12	16	20	40	60	80	100	115
目标生长速度（g/d）	250	400	500	650	800	900	950	1 000	1 250～1 300
赖氨酸的需求量（g/d）	4.6	7.6	9.6	14.0	20.0	24.4	27.0	28.5	30.2**
大约*需要的可消化能量（MJ/d）	4.5	7.3	9.9	15.5	24.5	30.0	34.0	36.5	38.0**
赖氨酸与可消化能比值（g/MJ）	1.02	1.04	0.96	0.90	0.82	0.81	0.79	0.78	0.82**

*日粮的可消化能需根据猪的食欲进行调整，尤其是保育猪。注意：可消化能不是净能，净能主要用于猪自身的应用。

**表中数据是 2000 年以前所搜集，并且主要是针对体重在 106 kg 以上瘦肉率较高的猪品种。

表 12-13 为所有猪品种就总赖氨酸量和可消化能等每日营养摄入量提供了参考，但进一步的研究显示，实际情况要复杂得多，可能原因如下：

✓ 猪群品种不同，食欲也存在差异（表 12-14）。

✓ 同一个品种内不同个体也存在差异（图 12-2）。

✓ 不同性别间存在的差异（表 12-15）。

✓ 猪群免疫状态不同而存在的影响（参照"免疫"一章）。

表 12-14　欧洲四种主要品系猪的食欲与每吨饲料瘦肉产出量

	食欲		每吨饲料的瘦肉产出量	
	与品种 A 对比		与品种 A 对比	
	kg/d	％	kg	％
品种 A	2.84	—	301	—
品种 B	2.78	−2.11	268	−1.96
品种 C	2.79	−17.76	274	−8.97
品种 D	2.51	−11.62	253	−15.95

注：表中猪体重范围：55～90kg，饲喂同等标准的饲料，全程自由采食。

表 12-14 经济学分析：品种 D 的食欲比品种 A 低 12％，依此对品种 D 的日粮营养密度作了相应的调整，结果品种 D 的每吨饲料瘦肉产出量比品种 A 高 2.6％，而品种 D 的日粮成本也增加 8％，故品种 D 所多产出的瘦肉量可抵消增加的饲料成本的 80％。

该资料来源于英国 RHM 公司（尚未发表）。

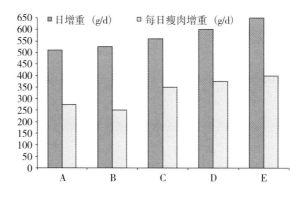

图 12-2　某一品种不同个体间的生长特性差异

（来源：Owers，1994）

表 12-15　某良种猪群疾病高发期状况表[1]

	免疫刺激		
	低	高	差异[2]
随意采食量（kg/d）	0.97	0.86	+12.8%
平均日增重（g）	677	477	+42%
饲料转化率	1.44	1.81	+25%
蛋白质沉积（g/d）	105	65 *	+62%
脂肪沉积（g/d）	68	63	+8%

资料来源：Stahly 等（1995）。

[1] 该良种猪群体重 6.32~7.2kg，在疾病高发期采食量下降、生长速度变缓、胴体品质变差。

[2] 免疫刺激越小，对猪生长越有益。

* 越是瘦肉型猪品种，蛋白质沉积所受的影响就越大。

注意：表 12-15 中两组猪群均可认为是"健康的"。疾病高发组一般发生在病猪隔离舍，而疾病低发组多采取全进全出或多点式生产的生产管理模式，并进行严格的消毒。

热带炎热气候对猪群生长速度的影响

我认为某些品系猪被饲养在炎热、潮湿的（热带或亚热带）环境中，它们对赖氨酸与能量比值的需求是不同的，但目前这只是我自己根据炎热潮湿环境下生产管理经验的总结与猜测。某些瘦肉率高而采食量低的品种在这种亚热带

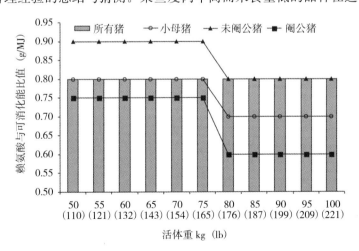

图 12-3　JSR 遗传育种研究所针对 JSR 品系建立的 50~100kg
体重猪的赖氨酸与能量比值

（Penny，2000）

的气候环境下，饲喂依照欧洲营养标准所配制的饲料可能是不合适的，对此可能需要进一步的科学研究。甚至可能需要一种"热带"品系猪并具有自己独特日粮标准，而且这种品系猪是可以被培育的。我遇到很多这样的例子：基因改良后的种猪在热带干净的猪场里健康成长，而生长速度缓慢，但是如果把猪群放到凉爽气候下饲养，其生长性能却很好。

图 12-3 的数据说明，向种猪（或精液）的供应商咨询是另一种信息来源。最好的解决方案就是让营养师与种猪公司进行沟通，养猪生产者仅需确保营养师是站在他们的立场上与种猪公司进行沟通。

二十九、机体免疫应答状态对生长速度与赖氨酸需求量的影响

美国（1993—1997）开创性的研究表明：当猪面临疾病挑战，需加强自身免疫屏障以维持健康时，某些营养物质会被大量消耗，从而影响其生长速度（表 12-16）。

爱荷华州大学的研究已经对猪群生长前期的极端状况进行了监测（表 12-14）。其后对育肥猪的试验研究表明：若生长猪日粮（尤其是优质氨基酸中赖氨酸含量），不是依据猪体自身的免疫应答状态进行相应的调整（表 12-15）或两者匹配不佳，甚至缺乏对猪体免疫应答状态的测量，这都将对猪的经济效益产生潜在的巨大负面影响。

表 12-16 日粮营养不适应猪免疫应答状态所造成的经济损失

		额外增加的生产管理、饲料与猪场运营费用
1. 到达 100kg 额外需要的天数	+18d	增加成本 6.89 英镑/头[1]
2. 每吨饲料可售猪肉收益降低的原因	−18kg	21.60 英镑/t PPTE[2]
3. 饲料未被有效利用		6.79 英镑[3]
4. 使用不必要的高价饲料		2.21 英镑[4]
每头猪总利润减少（1+3+4）8.14 英镑（−35%）		

以上数据表明为健康且生长表现良好的猪群选择日粮时，若不考虑猪群的免疫状态，可能会使每头猪的生产成本至少增加 8 英镑

注：表中的数据是不同试验结果的平均值。

1. 每头猪每天的生产管理成本为 24 便士。

2. 每吨等价物（Price Per Tonne Equivalent，PPTE）。该数字的寓意是当日粮营养标准与猪的免疫状态不匹配时，其对生长成绩影响的大小相当于每吨饲料的成本增加 21.60 英镑或 12% 左右。

3. 每吨饲料可饲喂 3.18 头猪。

4. 每吨饲料的成本高 6.60 英镑（依据英国 2010 年 3 月的生产成本核算）。

三十、如何评估猪群机体免疫应答状态
——这一看似艰难的问题

使用便携式扫描仪对猪的免疫状态进行评估这一方法可行。

阐述如下：究竟猪场工作人员应如何判断当下猪群免疫状态的高低？评估猪群的免疫状态不能靠猜测。如果猜测错误的话，可能会使猪的生长状况变得更糟。试验性饲喂（挑战性饲喂）是评价猪免疫状态的不错方法，但因需要利用肌肉扫描设备来测定现有样品猪的瘦肉生长曲线后反馈给营养师（美国研究报告表明瘦肉生长状况可以很好地反映猪的免疫状态），此过程中成本较高是该方法在实践运用中的问题所在。猪的瘦肉生长曲线的高度与形状，可以反映猪对营养物质的利用状况，因为当猪面临疾病挑战时，机体自然消耗营养物质以有效加强机体免疫保护屏障，耗费了原本用于自身生长的营养物质。

现在一家设备公司已经开发上市了一款便携、手提式扫描仪，足以评估瘦肉的增重状况，帮助营养师评估瘦肉增重曲线，并据此为猪场专门设计相适应的日粮配方。这样，日粮中所提供的营养物质与猪自身免疫状态相适应——在任何情况下，都应尽最大可能使日粮营养水平与猪的免疫状态相匹配。从表12-15 中可以得知：若忽略猪的免疫状态，在 2011 年本书印刷上市时，猪潜在毛利润的 1/3 可能会损失。

未来的发展趋势将随着猪饲料营销模式的改变而改变，目前很多饲料公司已经开始针对某个猪场设计、研发特定饲料配方，经营模式从以前的销售明码标价的品牌饲料向合同中的猪场开发生产特制饲料的模式转变。同时，依照营养师建议，随时变更饲料配方成分很容易做到。目前很多猪场已经使用了电脑控制液体饲喂系统，数秒内就能完成饲料的更换，而不再需要几天的时间。

与之前医院常用的先进人体扫描仪不同，这种便携式的扫描仪体积小、成本低、操作简便，农场工作人员或饲料厂销售人员在前期可利用该设备定期收集猪的生长数据，并将数据反馈给营养师，试验性饲喂法重新回归实践应用领域。Toplis 的研究表明，猪群的免疫需求变高或变低，品种差异对生长速度的影响更加显著（表 12-17）。

在不同的免疫状态下，猪生长过程中对赖氨酸的需求量有着显著的差异，并在图 12-4 中一一列举。

表 12-17　不同品种猪群受免疫刺激时对生长速度的影响

潜在的瘦肉率（不同品种猪群）	屠宰期日增重（g）	
	疾病感染力低	疾病感染力高
低	680	**599**
高	**826**	626

资料来源：Toplis（1999）。

表格中黑体数字是英国猪改良育种的方向，这样可以获得最大收益。

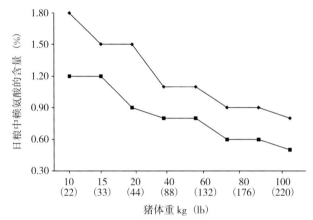

图 12-4　日粮中赖氨酸含量与猪生长速度之间的关系

日粮中的赖氨酸浓度与猪的免疫状态相匹配，调整赖氨酸浓度可使猪群在免疫系统激活高低
不同水平期间饲料效率得以优化。数据来源于遗传力中等阉割的猪群。

（William 等，1997）

三十一、猪场主如何使猪群的免疫状态最佳

　　猪场根据生长、育肥猪的免疫状态来设计日粮，会显著提升猪场利润。如果猪场不能处理无法预测的状况，那么猪场主应如何评定猪群的免疫状态呢？猪群需要的保护性屏障是高还是低？

　　有三种方法可以解决此问题。增加此部分内容较为犹豫，因为我们对这个问题的研究仍处于初级阶段，此时所给予的任何建议都是试验性的。但是这个问题对于猪场盈利而言非常重要，所以必须解决它。我们需要试验一下这些方

法，并观察这些方法是否有效。

1. 血清学方法　该方法是兽医通过对猪群进行常规的血清学检测来判断猪群的疾病感染程度。但还存在三个问题。第一，即使是最先进的血清学检测方法也只能检测某些特定疾病，这些疾病中也可能不包括猪群感染程度最大的疾病。第二，血清学检测成本太高。第三，血清学检测耗费大量的时间。

兽医可利用各种途径来了解猪群的疾病感染状况，尤其是种猪群的疾病感染状况，并制定正确的措施对疾病进行防控。但对于判断猪群的疾病感染程度而言，血清学方法可能还不是一个好方法。

2. 试验性饲喂法　无论你的猪群数量有多大，可从中挑选 50 头猪让其自由采食营养师配制的日粮。测定其生长速度并定期用扫描仪测量从保育结束到上市这段时期内猪群的瘦肉增长状况，屠宰后进行胴体测定并记录。通过以上措施可以测定瘦肉的增长状况，使营养配方师可依据整个猪群（或检测猪场的部分猪群）的假定生长状况设计日粮配方，自然也要兼顾猪群的疾病感染状况和猪群品种特征。若猪群的环境条件差异显著，在挑选 50 头试验猪时应兼顾不同的饲养环境。

过去主要的问题是测定瘦肉沉积的深度扫描设备比较昂贵，对瘦肉沉积的测定成了猪场特定饲料供应商的责任（这也是未来饲料市场的营销策略）。当然，也有公司尝试通过其他不同手段对瘦肉沉积进行测定。目前，对于猪场主来讲有一种操作简便、成本较低的瘦肉沉积测定方法。在书写本章内容时，此方法仍在试验阶段，需要进一步完善。

3. 测定生长速度法。虽然从理论上讲，猪群日增重的测定方法比试验性饲喂法的准确性差，从最初报告来看，测定生长速度的方法还是值得一试，因为猪的免疫状态与生长速度间可能存在一种简单的相关性。同时此方法也存在问题，除了猪群的免疫状态外，环境、应激、食欲、湿料及日粮设计等因素都可能会影响猪的生长速度。但是因猪的免疫状态与生长速度的关系是相对简单而且对猪场有益，对此进行研究是必需的。

保持猪群处于低免疫状态一览表

对于生长、育肥猪而言，免疫状态低不是一件坏事，而是好事。免疫状态低说明猪所承受的疫病或应激压力不大，因此猪群有更多的营养物质用于生长，而不会用于加强自身的免疫屏障。

需要注意的行为	请参照
✓ 尽可能减少外购种猪	断奶母猪
✓ 禁止访客进入	
✓ 采用全进全出管理制度，按批次饲养	相关章节
✓ 建立严格可靠的车辆消毒与驾驶人员管理制度	生物安全
✓ 在猪场建立专门的收发货区域（远离猪群）	
✓ 来自病死动物处理厂的工作人员禁止靠近猪场	
✓ 将所有的病死猪焚烧	
✓ 制定并执行全面的生物安全制度	生物安全
✓ 派专人负责区域内害虫、鸟类监控	
✓ 认识到日常喷雾消毒的价值，尽可能降低呼吸道疾病的风险	生物安全
✓ 对于任何一批新种猪都要建立长期稳定的隔离措施	母猪空怀期
✓ 避免咨询"倾向于注射治疗"的兽医	
✓ 雇用在猪群自然免疫力提升方面经验丰富的兽医	有效利用兽医
✓ 对于新种猪群配置隔离设施（远离猪场）	青年母猪挑选
✓ 经常评估猪群所受应激的大小，应激会降低猪群的抵抗力	应激
✓ 意识到及时清理栏舍中粪污的重要性	栏舍粪污管理
✓ 确保各种日粮中锌的含量是足够的，尤其是有机锌的含量	
✓ 检查畜舍通风状况及通风设备，并建立一套监控系统，确保通风设备正常运转	通风（也可参照 John Good "Pig Production Problems"一书）
✓ 粪便排污系统是通过最近的出口流出生产单元，还是贯穿整个生产单元	
✓ 当执行全进全出制度时，分娩舍与保育舍的粪污池也需及时消毒	
✓ 在远离猪场的地方堆粪，并遮盖粪堆	
✓ 保持厕所干净，整洁	
✓ 禁止猪场工作人员在猪场内吃猪肉或猪肉制品	
✓ 及时更换、补充脚踏盆中的消毒液，并使用正确的消毒液	生物安全

✓ 建立衣服洗涤制度，具有相应的洗涤用具

✓ 对于露天饲养，选择合适的消毒剂非常重要

✓ 在露天饲养时，应注意不要滥用土地如：随意搭
建断奶仔猪棚

✓ 若你拥有多个猪场，各猪场间不要混用工具/车等
进入各个猪场要更换衣服

✓ 时常查看猪群饲养密度，防止过度拥挤　　　　　饲养密度

✓ 禁止家养及猪场饲养动物进入猪场，尤其是绵羊
和鸡

✓ 猫狗控制在猪场生产单元内，不允许其在附近的
区域到处走动

三十二、仔猪断奶后生长迟缓

若16～28日龄间的哺乳仔猪突然断奶，所有断奶仔猪的生长速度一定程度上会出现迟缓。营养是导致断奶仔猪生长迟缓的主要原因。疾病、饲养管理不佳、圈舍环境不当等也是导致断奶猪生长迟缓的因素，但其主要因素依然是营养方面。

有关内容可以在本书"断奶时常见的问题——营养"章节查阅到，该章节中还包含几个关于断奶仔猪营养的检查表。

三十三、代偿性生长

一位著名的养猪研究人员曾经说过……

"猪不存在代偿性生长的问题，那些管理不当的猪场场主往往会把猪的生长速度变慢现象归为代偿性生长。科学试验已证明：仔猪不会因曾经生长受阻、缓慢，而后出现生长速度代偿性增长的状况。"

我自身的实践经验使我不能赞同上述观点，并对其进行修正。我不是反对"代偿性生长"这一现象，在几个猪场我曾发现：若仔猪断奶后生长受阻现象不是很严重的话，如与其他断奶仔猪相比，大约有5d时间测量生长速度放缓，这些猪可以与其他受断奶影响生长速度不明显的猪群在同一天达到屠宰体重。因为我曾在同一天对所有猪进行称重，测量结果一致。

这只是意味着在这个案例（或客户向我报告的其他案例）中，猪似乎出现代偿性生长现象。当然，这种现象似乎并不常见。并不知道出现的概率是多少。

但是，我与养猪生产者曾一起分别对出现和未出现生长受阻的断奶仔猪的屠宰率进行了统计，结果显示：与未出现断奶生长迟缓（或程度较轻微）的猪群相比，曾遭受断奶生长迟缓的猪群的屠宰率降低 0.2%～1.06%。这表明：在活重方面，遭受过（轻微的）断奶猪生长滞缓的猪群出现代偿性生长，但在胴体重方面（该指标与猪场长期利润相关），情况是否一致呢？瘦肉增重方面似乎未出现代偿性增长现象，这点无论对于我们还是生产来说都是非常重要的。

我不知道猪群活重或胴体重在饲料效率方面是否存在差别，因为在现有猪场条件下，对这个指标进行测定不太可行。但我们对仔猪断奶与上市时体重测量是非常重视的，两者在达到上市体重所需的天数基本是相同的。

根据曾遭受断奶生长迟缓影响的猪在上市时出肉率比较低这一状况判断，其饲料转化率可能比较高。因为从体重增长方面来看，饲料转化为瘦肉比率大打折扣，瘦肉含水量也较高。

从成本收益方面来看，两者是相同的，所以以上所述可能只是语义上的区别。但是我想这个问题应该让广大从业者知晓。关于这个问题的正确表达应该是："瘦肉的代偿性增重是不现实的"，而"猪的代偿性生长是完全可能的"。

（曲向阳译　王晶晶、侯梅利校）

第 13 章
重新审视饲料转化率

术语

饲料转化率（Feed Conversion Ratio，FCR），饲料转化效率（Feed Conversion Efficiency，FCE）

活重饲料转化(Liveweight Feed Conversion,LFC)是指获得1kg活重所需的饲料千克数,即每千克增重的饲料千克数(或每磅增重的饲料磅数,美制单位)。

胴体重饲料转化（Deadweight feed Conversion，DFC）是指获得 1kg 经修整胴体重所需饲料的千克数，胴体重是指除去头、部分内脏和消化物后的整个胴体，在某些情况下，还要除去性器官。

瘦肉组织饲料转化（Lean Tissue Feed Conversion，LTFC），该指标主要用于研究，是指瘦肉组织转化的效率，与屠宰重不同。

一、生长猪/育成猪（至体重 105kg）的 推荐饲料转化率目标[*]

在 LCT/ECT 温区下良种猪自由采食时的饲料转化率目标

周龄	当周饲料转化率目标	从 3 周龄(6.5kg)断奶后总饲料转化率	干预水平
10（30kg）	1.70	1.30	在当前的经济环境下，总 FCR（30～100kg
11	1.80	1.40	阶段）每提高 10%，可认为是一个干预水平，
12	1.90	1.50	即超过 2.5∶1(6～100kg 阶段)或超过 2.2∶1
13	2.00	1.60	(6～65kg)

---

[*] 活重 FCR。

（续）

周龄	当周饲料转化率目标	从 3 周龄(6.5kg)断奶后总饲料转化率	干预水平
14[a]	2.10	1.70	在当前的经济环境下，总 FCR（30～100kg 阶段）每提高 10%，可认为是一个干预水平，即超过 2.5∶1（6～100kg 阶段）或超过 2.2∶1（6～65kg）
15[a]	2.25	1.80	
16	2.30	1.90	
17	2.35	2.00	
18	2.40	2.10	
19	2.45	2.20	
20	2.50	2.25	
21 (100kg)	2.55	2.30	
22 (105kg)	2.60	2.35	

注：总饲料转化率为 2.35∶1 （30～105kg）。

[a]假设这些周内猪舍或猪栏大小随之改变。

LCT （Lower Critical Temperature），下临界温度；ECT （Evaporative Critical Temperature），蒸发临界温度。

二、关于饲料转化率的一些思考

● 随着猪日龄的增长，饲料转化率会越来越差，因为高日龄猪会需要更多的食物用于体维持。

表 13-1　不同猪饲料转化率随活重的变化情况

猪的体重（kg）	日饲料消耗量（kg）	用于体维持的饲料量	
		饲料消耗量（kg）	占总饲料消耗量比例（%）
60	1.75	0.7	40
90	2.50	1.10	44
120	2.9	1.35	47

● 经过数代遗传改良，瘦肉组织生长沉积率越来越高，所造成的影响也使传统的饲料转化率曲线从近似于 V 字形向 L 字形变化。这意味着，在开始分级之前，养猪场有更大的空间通过自由采食来提高活重（图 13-1）。

● 在图 13-2 中，扁平形饲料转化率曲线意味着我们可以在不大范围影响 FCR 的情况下，在较大范围内调整饲料饲喂量（A），与普通品系猪相比，饲

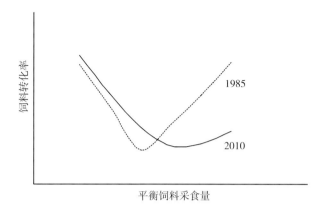

图 13-1　养猪场饲料转化率曲线变化示意图

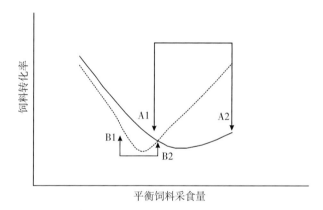

图 13-2　饲料转化率随着饲料采食量变化出现明显变化
注意，在现代遗传条件下，与过去相比（B1-B2），
FCR 变化对应更宽范围平衡采食量的变化范围（A1-A2）。

料转化率曲线变化不大明显（B）。

● 虽然饲料转化率是一项非常重要的衡量指标，但必须同时考虑日增重和胴体分级——3 项指标均会影响盈利率。

目前，营养师已经建立了预测计算机模型，如果提供准确的信息，从计量经济学的角度来审视 3 个重要因素。

这意味着越来越差的饲料转化率必须始终由称职的猪营养师来指导。

● 饲料转化率的一个问题是在养殖量较大的养猪场难以足够准确地测定饲料转化率（表 13-2）。虽然表 13-2 制作于 25 年前，但最近关于养猪场饲料转化率投诉问题的分析表明，即使存在误差，那么任何误差只是稍微低一点。最近进行的 7 项调查研究（1999—2008）表明，活重饲料转化率比声明的要高或低 0.2，这相当于当前饲料价格上涨或下跌了 18%。

● 如果在实际条件下，无法准确估计饲料转化率，那么每吨饲料可售猪肉（MTF）可作为一个更好的指标，该指标很容易测定，因此会更准确。

MTF 将在新术语一章进行详细描述。如果你愿意，可同时使用两种测定指标，但如果你这样做，你很快会发现你更喜欢 MTF，从而把饲料转化率留给能够准确确定饲料转化率的研究人员。

表 13-2　生产性能较差的 5 个不同养猪场的饲料转化率
计算值和实际值比较（1975—1977）

养猪场	体重范围（kg）	养猪场估计饲料转化率	准确测定的实际饲料转化率	造成误差的可能原因
1	6～28	2.9	2.71	投料但未称重
2	20～91	3.2	2.86	记录不详细
3	30～90	2.9	2.81	批次录入错误
4	25～86	2.6	2.92	推测值（!）
5	30～64	2.6	2.45	记录不详细

注：48kg（106lb）猪的饲料转化率，平均误差为 0.22，误差率为 8%。
资料来源：RHM Agriculture（未发表），1977。

表 13-3　英国 2010 年生长猪生长性能示例（AgroSoft，2010）

	出栏体重（kg）	饲料转化率	平均每头猪饲料消耗量（kg）	每吨饲料可养猪头数	屠宰率（%）	每头猪所产的可销售猪肉（kg）	MTF*（kg）
前 3 位	97.3	2.56	240	4.17	77.0	78.0	325
平均值	91.3	2.43	222	4.51	76.2	75.1	339
后 3 位	87.3	2.40	210	4.76	72.7	68.9	328

生长性能排序：前 3 位 3，平均值 1，后 3 位 2

从上述数字推算得出：

计量经济（每吨饲料价格：最低 168.71 英镑，平均 194.83 英镑，最高 212.56 英镑）

（续）

	每头猪的饲料成本（英镑）	每吨饲料售价（A）（英镑）	根据 MTF 计算得出每吨饲料销售收入（B）（英镑）	每吨饲料利润（B−A）（英镑）
前 3 位	34.32	143.11	390	247
平均值	37.07	167.19	407	240
后 3 位	41.16	195.92	394	198

经济效益排序：前 3 位 1，平均值 2，后 3 位 3
猪的收入按胴体（即 MTF）价格 1.20 英镑/kg 计算

＊MTF：从断奶到屠宰上市（平均 7.5～98.2kg）每吨饲料可售猪肉。

点评：

1. 注意如何利用饲料转化率作为衡量标准才能与利用 MTF 得出不同的印象（以及不同的比例差异），MTF 与饲料转化率相比更能体现猪场效益，且以我的经验来看，MTF 比饲料转化率更少受到养猪场收集数据和记录错误的影响。

2. 每吨饲料的差异可能看起来不大，但对于年出栏 5 000 头生猪的养猪场来说，差异就相当可观了。

3. 由公认记录系统根据日增重（g/d）提供这些数字，在体重 7.5～98kg 范围，其中前 3 位日增重为 669，平均为 637，后 3 位为 598。

（平均日增重看起来比全球许多养猪场都低，以笔者的观点来看，这是由于在经济危机之后，许多英国的养猪场不愿意或没有能力改善生长育成猪舍条件，而且许多银行不愿意提供贷款所致）。

4. 上述数字不包括管理费用的差异，管理费用在很大程度上取决于日增重，其中后 3 位养猪场每头猪比前 3 位养猪场多耗费 6d 时间的管理费用。还按每年出栏 5 000 头生猪计算，那每年又需要支付 30 000d 的管理费用。按每头猪每天 0.24 英镑计算，那么后 3 位养猪场每年就要比前 3 位养猪场多支出 7 200 英镑的成本，相当于 205 头育成猪的收入 [33.000÷(146d×0.598kg/d)]。

三、影响饲料转化率（FCR）的因素

可优化饲料转化率的因素	饲料转化率变差的因素
● 较年轻的猪	● 日龄
● 基因优良的品系，尤其是人工授精用的终端公猪	● 脂肪沉积增加
● 饲料营养含量	● 饲料中能量过量
● 正确的氨基酸/能量平衡	● 饲料中蛋白质过量
● 充足的清洁饮水	● 饲料中氨基酸含量不足或氨基酸不平衡
● 下限临界温度（LCT）和蒸发散热临界温度（ECT）之间的舒适区间	● 去势

（续）

可优化饲料转化率的因素	饲料转化率变差的因素
● 食欲：随着采食量的增加，快速生长猪用于维持的饲料越来越少（按百分比计算）	● 过于拥挤和具有攻击性
● 免受多种形式的应激	● 在食欲高涨时，在生长后期自由采食时间过长
● 性别，不去势猪的 FCR 较低	● 猪遗传性状差（瘦肉组织沉积潜力差）
● 在适当的环境下进行湿喂	● 寒冷（季节性变化），还包括寒冷的贼风
● 饲喂制粒良好的颗粒饲料	● 空气湿度太高或太低
● 低免疫需求	● 健康状况不佳
● 隔离与分批饲养	● 高免疫需求
● 在饲料中添加微量元素	● 浪费饲料
● 良好生物安全规程	● 湿喂时含水量过高或副产品饲料
● 生长促进剂	● 颗粒大小不当
	● 饲喂的饲料不当
	● 地面饲喂
	● 饲喂粉料
	● 有害气体含量高
	● 压栏
	● 自动喂料器操控不当和干湿喂料器设定不当
	● 霉菌毒素
	● 蠕虫等寄生虫

四、常见饲料转化率问题的处理

初 步 检 查 列 表

为避免猪场顾问发现养猪场数据或推论错误，应重复检查饲料转化率。养猪场发现的常见错误为：

✓ 录入的饲料数据与产出的猪数量或重量不符。

   注意：使用 MTF 这一指标代替饲料转化率可不必对饲料和活猪称重。

✓ 料塔中的残余饲料未计算在内；

✓ 猪存栏量大幅下降，没有考虑每月产出量的平均值；

✓ 重复计算猪和饲料量；

✓ 员工记录不准确，交叉检查也未发现错误。这方面的错误包括猪体重和饲料重记录错误；

✓ 如果定量饲喂，如当采用管道饲喂时，未能计算散装料的容重——见本章的相关图片。

✓ 计算机录入错误；

✓ 未能从记录中除去死猪。

你所饲喂的和你认为的一样吗？

对饲料转化率差投诉的调查表明，6 家养猪场中有 1 家仅仅是使用了错误或对猪益处不大的日粮。在笔者撰写本书时，大部分养猪场均按"3 步"原则来饲喂猪——断奶仔猪、生长猪、育肥猪——这在将来会最终转变为 5 个阶段，甚至严格控制下的多阶段系统，如自动干喂系统或完全湿喂系统，在特定环境内分批饲养猪。

当将猪群从一处转至另一处时，一旦发现饲料转化率存在疑问，就需要特别注意所喂的饲料与猪群的阶段、年龄或体重是否保持一致，以免喂错饲料。

对于带有这些高瘦肉率基因，尤其是超过 100kg 活重的猪，确定正确的回肠赖氨酸与净能比和所有其他营养的每天摄入量最为重要。

在理想情况下，有 4 种顾问可提供咨询，其中两位应具备养猪场现场知识。

遗传学家： 你的种猪供应商应能够为你提供其种猪的营养需求目标，设计日粮配方和确定每天饲料采食量必须以此为基础（食欲是自由采食时的关键影响因素）。

营养学家： 养猪场不会像咨询设计饲料配方的人那样去咨询其他人（养猪场咨询最频繁的就是设计饲料配方的人）。每年 4 次是最低限度，只有营养师才能知道他添加到饲料中饲料原料的营养成分及其改变情况。如果养猪场自行混合或定制/委托生产混合饲料（由饲料厂），营养师应从你那里知道养猪场饲料原料的关键分析成分，因此至少需要 2%～3% 的饲料成本必须用于投资获得不太确定经过分析的饲料原料（尤其是谷物）。

最重要的还有，他需要每头猪通常的日饲料采食量。

营养师不需要走访养猪场，但需要提供给他更多的信息。我估计由于大多数营养师都是根据自己的假设来进行工作，且这包括超出的保护性能，以使客户养猪场的饲料转化率（6～100kg 阶段）提高 0.15。这不是他的错，是因为他未获得充分的日粮分析信息，来制定准确的营养含量，并利用安全限度来确保他的建议取得相应的效果。

兽医：人们低估了疾病对饲料转化率的影响。以我的经验来看，影响程度可高达 20%～30%，而且这得到了 Stahly（1997）的确认（25%）。有关于外表健康但受到疾病影响的猪体利用营养物质建立保护性免疫防御的概念，将在本书"免疫"一章的检查列表部分有详细讨论。因此，有经验的兽医每年至少会向饲料配方设计团队报告两次猪群的免疫状态，这一点非常关键，因为免疫状态会随时间的推移或升或降。在那些做得比较好的养猪场，每头猪的毛利润增加了 8 英镑，而每头猪的兽医成本仅增加了 1.30 英镑，包括检验所需的成本，投入产出比（REO）为 6：1。

环境学家：他是第二位每年应走访一次养猪场的专家。

第一，要分析环境任何方面的不足，告诉你哪些方面正在浪费你的成本，并给出具有成本效益的改进方法，以便让你能够优先考虑基本建设费用需求。

通风是最关键的方面。

第二，定期回访并评估改进过程，且如果需要，应对短期调整提出建议。

环境不合格对生长、育肥猪饲料转化率的影响相当大，而且和营养摄入与免疫挑战的问题一样，一般难以估计。本书"生长速度"一章对这方面进行了阐述，但表 13-4 和表 13-5 给出了环境条件较差影响饲料转化率的两个例子。

表 13-4　温度不足导致的成本

过于寒冷：猪饲养在低于 LCT 1℃（2 ℉）的环境下（100 头母猪的后代）

	每天多采食的饲料	每年多采食的饲料	推迟出栏天数
断奶仔猪(6～20kg 阶段)	8g	680kg	2d
生长猪(20～100kg 阶段)	25g	6 000kg	3.5d
合计（如果未增长）	饲料转化率升高 0.03：1	6.68t	每头猪增加 5.5d 的经常性支出

注：许多猪饲养在低于 LCT 3～4℃的环境下，尤其是在夜间，至少使饲料转化率上升了 0.1（6～100kg阶段）。

温控差通常会使每吨饲料生产出的瘦肉降低 8kg（6～100kg 阶段）。

表 13-5　6～100kg 阶段猪通风不良导致的成本

	未达到上临界温度 或下临界温度	食欲	应激*	健康	合计
饲料转化	0.1	0.1	0.05?	0.20	0.4 或更差
日增重(g/d)	30	20	10?	50	110 或更低

* 难以测定，仅是最低估计值。单单是通风差导致每吨饲料可售猪肉下降 30kg（6～100kg 阶段）。

五、定期走访的必要性

通过让猪更加健康和提出密切配合日粮配方设计以满足免疫需求的建议，可最大限度降低影响饲料转化率的因素，兽医能够提高育肥猪每吨饲料可售猪肉约 10kg，和兽医一样，环境学家可开始进行培训来加以改进，这可带来另一个 15kg 的 MTF。

根据当前的饲料与猪的价格，每吨饲料可售猪肉增加 25kg，相当于所有保育仔猪饲料和生长育成猪饲料价格下降了 20%，这种成本节约都会降低饲料转化率。

不，这不会花费太多成本。

我的许多客户都反对让这些专家来场，认为这会花费一大笔成本。表面上看，好像是这样，但请考虑一下他们在约克郡所说的话，许多头脑清醒的养猪户都是约克郡人。

我每年走访猪场前后所做的记录表明，从断奶到育成整个阶段让兽医定期监测可提供 10kg 的每吨饲料可售猪肉。在撰写本书时，猪胴体价格为 1.4 英镑/kg，这 10kg 每吨饲料可售猪肉，相当于每吨饲料价格降低了 14 英镑。

按每吨饲料可饲养 4.5 头猪计算，就是 3.11 英镑/头，对于每年出栏 1 000 头育肥猪的猪场，那么每年可增加 3 110 英镑的收入。

在除去猪群额外的兽医费用后，还会剩下很多。

通风工程师的回报会更高，在这里可使猪场收入增加将近 6.39 英镑/头——6 390英镑。

在这里，我不是在说通风专家（配有测定设备和计算机模型）对生长猪舍的作用是兽医的两倍，但与兽医那既困难又冗长的任务（在相同环境下降低治疗成本）相比，热力学很容易测定，根据测定结果做出的调整可迅速改善饲料转化率或每吨饲料可售猪肉。

虽然，至少有 25% 的养猪场要求兽医定期来访，但在全球范围内环境学家的这一数字（检测热力学和空气流通）却不足 1%，以我来看，这是一个非常严重的疏忽。

六、制订措施计划

在检查两次问题严重程度并由计算得出的事实后，要与给你配制饲料的合格营养师联系。要谨防闲散的饲料销售人员和假冒的专家，只与专家进行联系。如果你遇到与饲料转化率相关的问题，你需要根据事实和计算结果给出专门的科学建议，而不是所谓的"选择"或"销售经验"。

饲料转化检查列表

应向营养师提供以下 11 个要点：

✓ 日粮类型＋预期分析结果；
   营养师可以或应该要求检查分析结果。

✓ 所采用饲喂系统的类型和方法。

✓ 饲喂量的证明。营养师会根据每天营养摄入量的详细情况进行工作，因此你必须向他提供这些信息。同时，你的饲料的容重也非常关键，尤其是湿喂情况下。

✓ 猪的体重和日龄，以及是否公母分饲。

✓ 当前每天更换日粮时间点，以及是否和其他变化一起进行，如舍饲。

✓ 猪的基因型。这一信息必须来自你的育种公司或种猪供应商和（或）人工授精人员。当遇到饲料转化率问题时，只有 20% 的养猪场会联系他们的育种公司。

✓ 猪的健康状态，这一信息必须来自你的兽医。

✓ 环境详细状况。应由环境专家提供这些数据，但如果没有环境专家，营养师需要从你那里获得相关信息：

   ● 地面类型：垫料、混凝土、漏缝地板等。

   ● 地面或垫料的湿度。

   ● 饲养密度，根据猪体重或日龄确定。

   ● 屋顶和墙壁保暖情况。

   ● 通风充足，包括：每小时空气变化量，每天 24h 内最冷和最热期

间猪背部的空气流通速度，空气流通方向（横断面），通常温度变
化范围。你无法用肉眼看到空气的流通，应使用烟雾发生器或烟
雾发生管来进行。

- 在夏季，应使用降温设施。
- 在冬季，有无贼风，尤其是在夜间（确切来说，贼风会在很大程
  度上影响饲料转化率）。
- 有无粉尘。

✓ 生物安全级别：这意味着需要提供清洁、消毒，以及控制霉菌毒素
和寄生虫的方法。同时，还可由专业生物安全公司（如 Du Pont 公
司）进行评估。另外，兽医也有助于进行这项工作。

✓ 饲料存储设备的类型以及位置和使用。

✓ 饲料浪费情况评估。

七、饲料方面造成的影响

据统计，90％的饲料转化率问题要么全部，要么部分来自非饲料方面。那
么另外的10％呢？很遗憾，这10％源于劣质饲料原料或饲料加工的损耗。许
多养猪场，在抱怨生产性能差时，不这么认为。但事情并非他们所想的那样，
非饲料因素和饲料因素的比例为90∶10 基本上是正确的，饲料界和非饲料界
都基本是这样。根据我的经验来看，无论是否在饲料贸易环节，90∶10 的比
例基本正确。

可影响饲料转化率的其他因素包括：

(一) 脱氨基作用

当猪摄入了过量的氨基酸（与能量摄入量相比）且无法完全利用时，就会
发生脱氨基作用。猪不得不对这些经过脱氨基作用的氨基酸进行再加工并以氮
的形式排出，这会消耗日粮能量。由此导致的氨基酸能量比变化会进一步提高
猪（否则看起来足够健康）饲料转化率至令人惊讶的程度。

因此，根据猪的日龄和体重，保持正确的可用氨基酸与净能或消化能比例
非常必要，否则就会影响饲料转化率。

这也是营养师的工作。你的工作是确保你饲喂猪的饲料和你告诉他的一
致，或是他让你喂的。

（二）饲料的容重

由于在干喂和湿喂时饲料的容重差异很大，尤其是湿喂，因此饲料转化率也会受到影响。

表 13-6　饲料的容重存在差异吗？

产　品	平均容重（g/L）	变化范围（g/L）
种猪与育肥颗粒料	646	616～700
种猪与育肥粉料	479	456～497
牛饲料	611	532～675
肉鸡颗粒料	645	560～696
蛋鸡粉料	561	481～728

注：在有压轧的情况下，主要影响是粉碎和制粒条件；如果是粉料，主要影响是饲料原料的选择和粉碎条件（数字由一家饲料厂提供）。

更多的养猪场正在采用全湿喂，且不允许改变容重。需要持续对这两关键项进行检查，包括湿喂和干喂（颗粒料）。

1. 检查液态饲料中的干物质含量（如果未使用纯水）

不仅仅是脱脂奶，还有乳清，各个批次之间都存在很大差异，而其他工厂生产的碳水化合物副产品（如酸乳酪）问题就较少。有必要对从供应商处采购的每批次产品进行一次简单的相对密度检测，从而保证稳定性。如果各批次之间差异超过10%，那么预期或目标饲料转化率就很可能出现误差。无论如何，如果低于预期平均值的10%，即可向供应商要求调整该批次价格。

相对密度是物质重量与等体积其他物质（在本例中为水）重量的比值。如果水的相对密度为1，且乳清样品相对密度为1.022，那么就表示乳清是同体积的水重量的1.022倍，乳清中额外的重量主要是因为含有其他营养素。使用比重计进行检测非常简便、快捷，且成本低。

表13-7列出了1年内不同乳清批次相对密度的差异，一般在正常值为1.022左右。

表 13-7　液态饲用乳清相对密度、干物质和组成成分的关系

相对密度	干物质（%）	消化能（MJ/kg）	赖氨酸含量（g/kg）
1.027	6.5	1.07	0.65

（续）

相对密度	干物质（%）	消化能（MJ/kg）	赖氨酸含量（g/kg）
1.022	5.0	0.82	0.50
1.018	3.0	0.49	0.30

注：饲喂液态乳清的同时需要饲喂专门平衡的固态日粮。如果乳清相对密度从 1.022 降至 1.018，且一头 60kg 的猪每天饲喂 7L 乳清，那么通常平衡的日粮供给量必须从每天 1.6kg 增至 1.75kg，否则总饲料转化率会提高 0.05。

2. 干饲料的容重，尤其是颗粒饲料

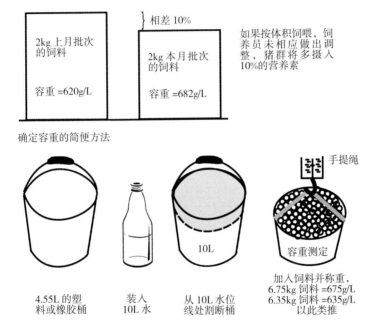

图 13-3 如何测定干饲料的容重

不同批次饲料原料的容重也存在很大差异，我们经常发现 15t 的贮存仓仅能容纳 12t 的饲料原料。

表 13-6 表明了不同品种粉料和颗粒料容重的差异程度（湿喂）。通常为 5%，如果按体积饲喂，要么浪费 5% 的营养素（从而使饲料转化率提高 5%），要么饲喂量不足，导致日增重降低 5%，也许会使饲料转化率降低 4%。

八、自由采食操作方法

正确操作湿喂、干喂或单料位自由采食的优势证据越来越多。从 20 世纪

90 年代后期进行的 18 项试验表明，饲料转化率可改善 0.15～0.28，从而提高了效益，据认为，这主要是由于减少了浪费。

但是，如果单料位饲喂器未能频繁调整，以满足个别栏猪的饲喂形式或饲料质地差异，那么影响可能会非常大。

九、饲喂器设定

1994 年进行的研究（表 13-8）表明，出料口调整幅度最大化与最小化之间的差异最高可达 18MTF（30～100kg 阶段猪），相当于此时饲料价格上涨了 14%。饲料转化率的差异为 0.23 或升高 6.6%，表明粗心或懒于关注单料位饲喂器设定会完全降低湿喂/干喂饲喂器相对于简单且廉价干喂喂料器的经济优势。

正确设定取决于喂料器的设计，因此应咨询生产商以获取使用指南。总的来说，应让每栏猪都进行"工作"才能获取食物，而且这额外的活动根本不会降低生长性能。如果猪不"工作"就能获得饲料，那么饲料可能就会被浪费。

表 13-8　饲料设定对猪生产性能的影响

	低	中等	高
饲料采食量（kg/d）	1.97	2.14	2.21
日增重（g/d）	727	797	845
胴体增重的饲料转化效率	3.70	3.58	3.47
P2 点背膘厚（mm）	10.6	11.1	12.1

资料来源：Walker 和 Morrow（1994）。

劣质饲喂器对猪行为和生产性能的影响见表 13-9 和表 13-10。表 13-9 也引自 Walker 和 Morrow（1994）的开拓性工作，表 13-10 由同一研究推断而来。

表 13-9　饲喂器设定对猪行为的影响

	低	中等	高
24h 内猪只采食头次	51.5	45.6	42.2
24h 内每头猪采食时间(min)	110	78	87
24h 内每头猪的排队次数	70	45	26

表 13-10　正确调整饲喂器对猪（30～100kg 阶段）的影响

饲喂器间隔	间隔距离过小	理想	间隔距离过大
体重达 100kg 时日龄	95.3	87.88	81.3
每头猪饲料消耗量（kg）	190	188	207
每吨饲料可售猪肉（kg）	270	279	248
P2 点平均背膘厚（mm）	10.4	11.0	13.2

点评：我一直在关注 Walker 和 Morrow 在 15 年前进行的开拓性工作，因为这几年我着手的几项关于饲料方法和饲料设定的类似研究也得出了类似的结果。

所有这些试验表明，确保这些出料口设定正确非常重要，无论使用哪一种饲喂器类型。在邀请我去审查的猪舍中，发现了很多问题，在这里必须说一下，整整一半生长猪舍，设有的料斗管理方法中低于所需的饲料量和标准，目的是避免浪费太多的饲料。

每天不能进行饲喂器设定检查是一个全球性养猪场问题，且符合他们饲养密度过大的误区。

（一）会损失多少收入？

按每吨饲料可售猪肉计算，针对饲喂器间隔过大的问题进行正确设定，可使每吨饲料产出的可销售瘦肉提高 31kg。

按胴体价格为 1.20 英镑/kg 计算，这就是 37.2 英镑，但从过量供给饲料的料斗损失掉了。对于采食量不足的猪，每吨饲料可售猪肉就会减少 9kg，相当于每吨饲料少收入 10.80 英镑。

为什么按这种方法计算？因为一个饲料分送器应该足够了，就是说，3 批猪，每批 15 头（每头采食 220kg 饲料），或者说每年通过饲喂器投放 10t 饲料。

如果将进料口设定值设定得非常准确存在困难，最多可能使每吨猪肉销售额的加权平均值降低 30 英镑（关于加权平均值，按我自己在 2005 年对几十个养猪场的观察表明，错误在于 2/3 的猪场饲料供给量过高，而不是进料口设定得太严格），而且如果每个饲喂器成本为 150 英镑，那么收回投资大约需要 6 个月（150 英镑的饲喂器成本除以每年节省的饲料成本，10t 饲料，每吨节约 30 英镑）。

几批经正确调整的料斗饲喂的猪应可补偿饲喂器本身的成本，按 AIV（全年投资价值）计算回报非常高，均匀度为 3～11（当为 11 时，屠宰时胴体重差异很小或没有差异），均匀度也会受到进料口调整差的影响。

（二）一项有趣的试验

在东部一家大型集团养猪场，在 2009 年有 4 位保育猪饲养员，我注意到其中一位管理得非常好，而另一位从事该行业时间较短，因此，管理要差得多。

很明显，在两个猪舍内猪达到 30kg 时，其均匀度会存在一定差异。

目前，猪场老板是一位了不起的人。他没有对犯错的饲养员大喊大叫，而是出乎意料地让这种情况又延续了一个批次，并尽力从科学的角度来测定优秀保育员和较差保育员饲养出的猪在屠宰时的差异。

这使得我能够将一些计量经济学应用于空闲期太长的老问题和随之而来的高成本育成猪舍的低效利用问题，更不必说被迫出栏体重不达标的猪了。

或者，被迫将生长缓慢的猪转入其他备用猪栏，在那里会不可避免地导致争斗和非难！他会利用这一证明作为具体例子，用于对他所有的（有 132 名）员工进行培训。表 13-11 表明，没有经验的饲养员疏于饲喂器管理，仅在未充分利用猪舍方面就会浪费客户 11% 的成本。

表 13-11　认真进行饲喂器进料口设定*检查对出栏时活重均匀度的影响

	出栏时体重低于标准的猪所占比例**	活重差异均值
调整不及时——每周不足 1 次	87%	12kg
如果有必要每天都进行检查并调整	36%	5kg

* 圆盘式饲喂器；
** 一旦该批次 10% 的猪估计已达到合同出栏重。
资料来源：客户信息（2009）。

（三）那么应多长时间检查一次料斗？

应每天检查一次料斗，这很少能够做到，即使检查了也是急急忙忙大概看一下而已。

（四）应如何设定进料口？

这取决于饲喂器进料口的设计和颗粒料的物理性状，在断奶后需要进行专门设定。根据饲喂器的类型（咨询饲喂器生产商的建议），建议按如下方法进行设定：

1. 断奶至断奶后 7d

给料后让饲料覆盖 2/3 的料槽。

注意关于让猪有充足料位的建议（表 13-10、表 13-11 和表 13-12），尤其是在这一关键时期。

在任何一次给料时，很容易给料过多，研究表明，这种情况相当于使养猪场的饲料成本提高了 17%

在许多集约化猪场仍使用小栏饲养，但应该注意料槽应更宽一些，宽度比深度更重要，以保证每头猪都有足够的进食空间，并且富余 20% 的料位，会达到最大的生产性能。

饲养密度包括每头猪充足的料位以及地面面积

2. 从断奶后 7d 到断奶后 8 周

料槽覆盖率降至 1/3。

3. 至出栏

不要超过料槽的 1/4，如果可能可更低。

6%～12% 饲料浪费出现在这个阶段，而且是每天关注采食量可获得丰厚回报的阶段。因此，应将进料口稍开大一点，以保证出料量超过料槽表面积的一半。尤其当一些弱势猪总是聚集在料槽周围时，我们应每天至少要观察一次每栏猪的采食行为。这需要非常优秀的饲养管理能力，我再重复一次，这需要时间来做好这一点。

（五）靠近饲喂器

只要有可能，饲喂器应尽可能靠近过道，因为如果很容易到达过道，这样我们就会频繁关注饲喂器。

但在实际生产中，并非总是能够做到这一点，我曾见到一些设计巧妙的长距离"下料口调节杆"，由猪场员工焊接到每个猪栏，在过道处进行操作，这解决了靠近饲喂器的难题。这种饲喂器可能会被结块的饲料或灰尘卡住，每周检查一次即可将这些结块清理出来。

料斗生产商没有花些时间来研究这样的构想，并以附件的形式提供给养猪场，非常可惜。当我在展会上与他们谈论这些问题时，他们都认为会增加额外的成本，且似乎不会采纳表 13-9（纠正每天的进料口设定会得到丰厚回报）中研究人员得出的研究结果。当将潜在的经济利益摆在他们面前时，他们会找出非常蹩脚的借口："料斗无论如何也应安装在靠近过道的位置"，这当然是最好的，但在很多情况下，这是不可能的。

（六）饲喂器管理

当首次在养猪场使用饲喂器时，应加大下料口间隙，以使颗粒料很好地覆盖料盘或料槽的一半。到下午再来转一圈，主要检查两项：一是颗粒料可自由滚动，二是颗粒料不太容易滚动（这会增加饲料浪费）。颗粒料可能会卡在饲喂器内，尤其是如果饲料脂肪含量较高或存在少量灰尘，可用一根橡胶棒，最好是带有一个直角金属片，将带有金属片的另一端插入下料口，以使饲料能够很容易到达下料口间隙处，以清除较低处的结块，橡胶部分用来敲打饲喂器侧面，以移动被卡住的部分。同样，生产商在让这种有用的工具上市方面进展非常缓慢。我曾使用过自制的厚橡胶管，使用时间长达 6 年。

（七）充足的料位

幸运的是，这一存在争议的问题似乎已经得到了解决（表 13-12 和表 13-13）。回过头来看，与之前不让任何日龄猪无应激地舒适地采食相比，每头猪料位不足会导致每吨饲料可售猪肉（MTF）下降 9～23kg。这主要是由于当料位低于下文给出的建议值时，饲料转化率会提高 0.15～0.20（30～103kg）。

需要给猪足够的时间和料位来采食，且没有过度应激。我已经使用表 13-12 和表 13-13 中的料位宽度多年，且可以为这些数据提供担保。

表 13-12　推荐料位宽度

猪体重（kg）	猪肩宽（mm）	建议料位宽度（mm）
5	110	120
30	200	220

（续）

猪体重（kg）	猪肩宽（mm）	建议料位宽度（mm）
50	230	255
60	250	276
70	270	300
80	280	310
90	290	320
100	300	330
110	320	350

点评：为积累不同的遗传表型，可让猪前半身变轻或变重 4%。表 13-12 还需要与猪的饲喂情况关联起来看，如限饲或随意采食。如果采用定时饲喂，那么饲喂时料位要求宽些，表 13-13 强调了这种情况。

表 13-13　根据不同饲喂方式决定料位宽度

猪的体重	每头猪的料位宽度（mm）	
	限饲	自由采食
10	130	35
20	160	40
50	215	60
90	260	70
110	275	75

注：表中数字都是根据猪栏中最大的猪制定的，并非平均值。
资料来源：Young（2006）。

（八）采食时间

许多充满工作热情的饲养员对猪需要多长时间才能吃饱非常感兴趣，因为这会影响猪的顺从性和应激，以及整个阶段的生产性能，包括饲料转化率。

Gonyou 博士在加拿大时对这种情况进行了研究，结果表明，在白天，猪占用了 80% 料位时可获得最大的生长速度，因此，饲养员应确保在任何时间 20% 的料位是空的。

采食时间对避免猪长时间占用料位非常重要。如果每天正常采食时间为 18h，且一栏内猪 1d 内平均采食时间为 60min，则应按照 Gonyou 的建议让 20% 的料位空闲，那么这种饲喂器最多只能饲喂 14 头猪。如果采食时间较长，如 70min 和 80min，那么这种饲喂器只能够 11 头和 9 头猪采食。

但大多数饲养员都太忙，不能测定采食时间，那么对于该工作的建议就是绝对不要让料位过窄。

另外，我不知道饲养密度过大导致的生产性能降低（表 15-2），在多大程度上是由于猪在料槽或料斗采食量不足引起的，但我猜这一定不低。

在晚上喂猪时，猪一般不会相互争斗，除非猪非常饿，我们现在不讨论这些，实际情况是顺从会进一步降低猪的等级顺序，这会让低等级的猪跟着体重大的猪起来吃料。因此，他们不一定是饿了，但不会达到遗传潜力（产肉）的采食量。

（九）延长光照时间

如果料位低于建议水平，那么这似乎没有太大差异。其他研究表明，和人一样，生长猪需要一定时间的黑暗来睡觉，让灯整晚都亮着会降低生产性能。

（十）影响采食时间的因素

1. 日龄：保育仔猪与高日龄猪相比，采食限量饲料所需的时间较长，大约慢 10%。

2. 饲料类型：猪采食颗粒料的速度要比采食粉料快。硬或脆的颗粒料和任何种类的粉料相比，采食速度至少快 33%，但有时候也不尽然。除非仔细选择并防止腐败，脂肪在新鲜时能够提高适口性，但在不新鲜时，也会大幅降低适口性。

3. 味觉与嗅觉：例如，猪擅长检测霉菌毒素和酸败的脂肪，对于可疑饲料，它们采食得非常慢。某些药物的适口性也较差。

4. 湿料或部分发酵饲料：在新鲜时，猪采食湿料或部分发酵饲料的速度要远快于自由采食或限饲颗粒料。必须认真确定电脑控制的湿料饲喂系统的黏度，以便让等级低的猪也能吃到足够的饲料，这已经促使这些用户配制专用于自由采食湿喂的配方。当我还在 Taymix 公司工作时，我们在这方面遇到了很多麻烦，该公司是湿喂的先行者。我们发现让猪自由采食时，需要更多的料位，因为它们会从各个不同的方向靠近料槽。丹麦科学家已对此进行了定量，每头猪的料位宽度不低于 35cm，而单料位饲喂器公认的宽度为30cm。通常，一个饲喂器可供 15 头猪采食。猪采食时能够看见彼此会促进采食，并停止用鼻子向侧面拱和竞争，从而减少了饲料浪费，猪会模仿对方的行为。

(十一) 因此，绝对不要在饲喂器方面节约

表 13-14 是我最近在一家养猪场对 14kg 猪进行的试验，几乎没有证据表明在该养猪场的保育仔猪栏的料位空置率达到 Gonyou 博士推荐的 20%。

表 13-14　两批次（各 150 头）猪（从 10 到 25kg，再到出栏）的生产性能比较，在现有饲喂器有时比较拥挤时，要额外安装新的饲喂器

	未安装额外饲喂器	在 14kg 时安装额外的饲喂器
日增重（g/d）（10～25kg 阶段）	410	432
屠宰时生长性能（25～106kg 阶段）		
饲料转化率	2.58	2.42
日增重（g/d）	726	803
每吨饲料可售猪肉（kg）	348	375

点评：这余下 147 和 148 头的猪群中（试验初均为 150 头，试验期间有死淘——译者注），每吨饲料多产出的 27kg 猪肉，在以出栏重出售，将能够补偿额外安装的饲喂器的成本。

绝对不要在饲喂器方面吝啬！

(十二)"竞争性"饲喂器

这些配有干湿分配功能的饲喂器对日龄较低的猪来说非常有用，实际上是由于其中的一个这种饲喂器取得了成功，这种类型的饲喂器通常被称为"过渡期"饲喂器。

他们的成功是由于愿意将猪以群为单位来饲喂，并进行一定程度竞争的结果，这种竞争会加快猪采食速度，并鼓励多采食饲料，从而提高生长速度，生长速度对于青年生长猪来说是重中之重。如果日粮设计正确，能够满足瘦肉积累曲线和由遗传基因固定的预期食欲，这些猪几乎不可能采食过量。

早期这种饲喂器模型由镀锌钢或不锈钢制成，目前尺寸已大幅缩小，且多由经金属加固的聚丙烯制成。这既适合小尺寸猪栏，也适合应用越来越普遍的"大尺寸猪栏"概念，大尺寸猪栏是指 200 头或更多的生长猪饲养在一起的猪栏。由于在市场上有很多这种饲喂器的变体出售，养猪场应向生产商咨询关于每个饲喂器可供几头猪采食及其在猪栏内安设的位置。但根据大多数猪栏布局计算，这种设计每个饲喂器可供 60 头猪采食。

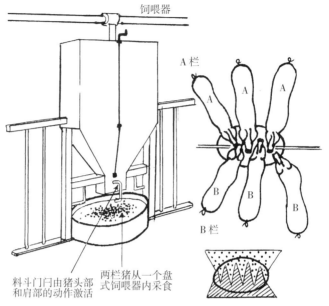

料斗门门由猪头部和肩部的动作激活

两栏猪从一个盘式饲喂器内采食

采食行为的研究表明，即使断奶很长时间后，25头或更多猪组成的猪群也会愿意每4～6头猪一起采食。

这些猪群往往会与相邻猪栏和来自各自采食区域的其他猪群进行竞争。这会促进并提高饲料采食量，缩短采食时间并降低料槽内浪费的饲料

"竞争饲喂"的原则

（十三）是竞争性饲喂器好还是盘式饲喂器较好？

我已经研究了20多个试验的结果，既有来自养猪场，也有来自饲喂器生

产商的，与传统的"长形"斗式料槽相比，截至出栏，平均日增重提高了11％，饲料转化率也降低了整整 1 个点。

针对成本（2010）通过替换所有传统斗式饲喂器进行了一次快速 MTF 试验，结果表明，小型猪栏会在 13 个月内收回投资，大型猪栏会在 10 个月收回投资，包括安装成本。是的，实际上会更好。

（十四）半湿、湿、干颗粒料竞争饲喂与电脑控制液体（CWF）饲喂（全湿喂）对比

我作为一名坚定的管道、全湿喂的支持者，已经将这些结果与我的记录（同一时间段内转为湿喂）进行了比较。虽然在将干饲料斗式饲喂器改为电脑控制液体饲喂后生产性能改善情况不尽如人意，但安装两种类型的竞争饲喂器（干喂或湿喂）的转换成本要远低于电脑控制液体饲喂的成本，我将在"液体饲喂"一章中讨论造成这种情况的原因。

但是，电脑控制液体饲喂对于当今及未来形势创新可能性的长期优势，使得在计划扩大、升级、维修养猪场时，可以利用电脑控制液体饲喂来认真研究两种选择。如果我在"液体饲喂"一章中描述的电脑控制液体饲喂都实现了（当然这只是时间问题），那么传统的竞争饲喂——除保育早期的"过渡"阶段外——将无法与之竞争。

你必须自行判断

图 13-4 是来自一视频记录数据中的截图，表明猪倾向于在安装有一个饲喂器的侧面休息或聚集。

十、扩展阅读

欲寻求其他可影响饲料转化因素方面的信息，可查阅下列相关方面的资料：

- 饲养密度。
- 温度、空气流通和贼风（生长速度和通风横断面）。
- 粉尘与有害气体。
- 生物安全（清洁、消毒和霉菌毒素）。
- 应激与应激源。
- 断奶后检查。

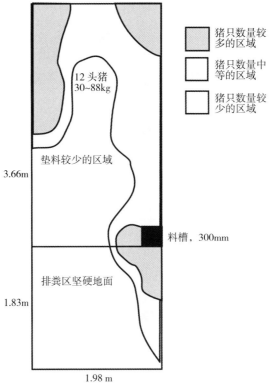

视频内猪的活动情况：	平均（%）	范围（%）
睡觉或打瞌睡	49.5	20～80
采食或饮水	9.9	4～18.4
试图采食	2.6	0～15
社交活动	30.2	6～48.5
争斗或嬉戏	7.8	0～25

图 13-4 设计良好的单料位饲喂器猪栏

注：以我个人来看，更愿选用方形料槽，但比例保持不变。

参考文献

Hall. S. (2010) Personal communication.

Thoday，M. (2010) BPEX (UK) Personal communcation.

Walker，N. and Morrow，A. (1994) Some observations on single space hopper feeders for finishing pigs. Hillsborough Research Station Report. Quoted in *NAC Pig Unit Review*.

（栗柱、邹仕庚译　万建美校）

第 14 章
混群
——如何平稳度过？

为了加快猪群周转、降低饲养密度以及最大化地节约饲养空间，我们不得不对猪进行混群。

一、目标——生长猪

鉴于猪混群可能出现冲突与对立的情况，生长猪、育肥猪单独饲养的优势远远高于混群饲养。世界著名养猪经理人 Howard Hill（霍华德·希尔）曾经说过一句名言：

"不要将那些该死的猪混群！"

二、生长猪混群

然而，分批次、类别将断奶仔猪转入或转出保育舍时，以及当生产过程需要放缓时必须进行混群，生长迟缓猪在出栏前最后几天也必须混群，以达到足够的出栏重。

猪日龄越大，体重差异越大，在新的环境下这种差异更大，猪与猪之间的争斗越可能发生，当猪舍没有足够的活动空间时尤其如此，而且饲喂和饮水时猪群争斗的情况有着根本上的区别。良好的饲养管理和完善的远期规划可以最大限度地降低混群需求，使猪保持惊人的生长速度（表 14-1 和表 14-2）。

表 14-1　出栏前 10d 强制混群可以显著降低生长率

试验猪 15 头，体重变化约为 10.8kg（平均体重 82.1kg），平均日增重为 760g，由原先的 4 栏并为 1 栏，直至达到平均出栏体重 92.2kg（合同要求 90kg），与出栏前一直分栏饲养的体重相近的猪进行比较。

项目	混群	未混群	差异
平均日增重（g）	696	805	+13.5％
平均日采食量（kg）	2.05	2.21	+7.2％
平均饲料转化率（25.1～92.1kg）	2.94：1	2.73：1	−7.7％

数据来源：客户记录。

点评：混群猪的生长速度显著降低，其原因可能是在新的猪群等级中，处于较低等级的猪采食量减少，从而导致整栏猪平均生长速度急剧下降，可能还因为混群后焦虑应激增加导致饲料转化率降低。

可供选择的方案是剔除 4 栏中生长发育缓慢的猪（确保温暖的环境）。在本试验中，按照目前基本建设费用摊销为 10 年以上来计算，固定生长空间成本相当于 1.2 便士/kg 屠体重，而混群在饲料和管理上所花的额外费用为每千克屠体重 1.1 便士，故在分摊建设成本上基本相同。另一方面，将本试验中生长缓慢的猪与其他猪一起在 82kg 而非 92kg 时出售，将会减少每千克屠体重 12 便士的收入，通常所有生产者都不会选择这种做法。

表 14-2　断奶后 20d 仔猪混群对日增重的影响（g）

未混群	350
混群	240

资料来源：Varley（2001）。

三、混群的代价是什么？

Pope（1996）报道，与未混群猪（对照组）相比，将体重 84kg 猪在上市前混群，则 2 周以上的平均日增重降低 19％。与对照组相比，混群猪第一天采食时间减少 17％，第二天减少 24％。

从 84kg 至上市体重 96kg，日增重降低 19％，每吨饲料可售猪肉（MTF）减少 5.45kg，相当于在最后饲养阶段，饲料成本增加 4％。

不同于断奶后引起的生长受阻（断奶会使肠道表面受损），以笔者的经验，幼猪混群对屠宰日龄的影响并不显著，有时甚至无任何影响，如果猪混群后保持健康，那么至屠宰前猪群仍能够呈现良好的增重状态，尽管这一点专家们并不认同。然而，我曾看过精密仪器测定产肉量，其数据（令生产者欣慰）显示，混群生长受阻会导致屠宰率下降 0.5％～0.72％，平均为 0.61％。按照 5

头猪（从断奶到屠宰）消耗 1t 饲料、以正常屠宰率为 74％来计算，每吨饲料可售猪肉（MTF）减少 3.05kg，相当于从保育到屠宰的饲料总费用增加了 2.2％。

正如 Howard Hill 所说："尽量不要将猪混群饲养，所以……"

● 在你的猪群周转计划中尽量减少混群。你可以将体重较轻的猪放在别处——是否可以关在满足条件的临时猪圈中呢？是否可以找到一个出售体重较轻猪的独特市场呢？其实将这些轻体重猪提前处理并不像想象中会给你带来多大的损失，我服务的猪场有些案例，提前出售轻体重猪的损失只相当于每千克屠体重 4 便士，但如果将这些轻体重猪与重体重猪混养，然后达到正常体重上市，损失则将达到每千克屠体重 5 便士。这主要是由于新进猪和原来群体中猪生长受阻，加上互相打斗的损伤（伤疤和咬尾）造成整体损失，导致经济收入下降。

检查清单——如果你不得不混群

✓ 大多数饲养员所犯的严重错误不外乎没有为避开强势猪而给弱势猪留出足够的空间，或是没有给予各个群中的强势猪较好的管理，使得其他猪所受的损伤和应激程度最小。

✓ 这个问题的答案是：不要认为混群之前猪群的饲养密度是符合要求且令人满意的，也不要认为混群之后依然如此。必须给予猪群更多的空间，建议至少增加 20％。因此，在差不多大小的栏（如典型的平养保育舍）中，小群体比大群体更容易安定下来，而且在铺有稻草的栏圈中，通常可以在没有明显困难的情况下将较大的猪群混群，这是因为有了较大的逃避空间，而且在混群后的第一二夜猪需要"睡眠"空间。这是大栏理念的另一个例子。

✓ "充足的空间"不仅包括排泄、运动区和休息区，还包括采食空间，这就是为什么在一个栏里有两个饮水器（或更多）总是比只有一个饮水器好的原因。多数的激烈争斗发生在料槽处或料槽附近，这就是为什么多余的料槽或临时料槽或料斗似乎有用的原因。

✓ 如果可行的话，应少量减少将要混群饲养猪的饲喂量，即从混群当天早上将饲喂量减少 1/3。但不要过量减少，因为这会增加混群后猪之间的相互争斗。其目的只是为让所有猪感到轻度饥饿，而不是过度饥饿。

✓ 如果在混群前减少饲喂量，那么多余的槽位至关重要，因为 2/3 的争斗行为发生在猪试图接近料槽时。接近料槽非常重要，甚至会导致弱势猪攻击强势猪。放置临时料槽、料斗可以帮助被驱赶的猪更容易采食。

✓ 在黄昏之前引进猪，最好是在傍晚。

✓ 小心而快速地转移猪。应激猪在新的环境中更具攻击性。

✓ 猪群一经转移完毕，应提供充足的饲料。

✓ 立即对所有混群猪喷洒厕所用清新气雾剂或清洁剂。切勿使用废机油，除非你想混群失败！

✓ 如果使用垫草，混群前必须铺好。

✓ 撒一些混群猪的粪便在排泄区。

✓ 检查饮水器流速和流量。弱势猪将最后采食，它们在等待时往往会饮水，这本身就可能引发咬尾。

✓ 批次间不要太均匀，仔猪转出保育舍时尤其如此。对于小猪来说，猪群中 4kg 的体重差异优于相同体重（Lean，1985），而且，对大猪来说，差异最多可为 6kg。为什么可以有如此大的差异呢？这样有利于猪群更快地确定优劣次序，从而使猪群尽早安定下来。在 21～28 日龄，假定在 20 日龄，可能每批次猪体重差异在 1kg 为最佳。

✓ 检查猪群密度是否过高，这是一个常见的错误。事实上，可以这样说，如果可行，每栏减少 1 头猪，即猪群密度降低 15％。请记住混群猪需要逃逸的空间。

✓ 在标准集约型保育舍，小群（＜20 头）混群优于大群混群，12 头更佳。

✓ 较大的猪群，即"大栏"现在正日益受到青睐，猪群数量一旦达到 50～100 头，混群后增重下降的现象就开始消失。

✓ 重新检查通风情况。两个猪群混群后的第一晚是很重要的，因此一个温暖、干燥的睡眠区有助于实现这种自然的社会化。弱势猪往往睡在外边，感受寒冷和应激，而且次日可能会引发咬尾。在栏圈上方加设临时覆盖物会有所帮助，但不要将其平放，应一端加高几厘米，有利于猪睡觉区域上方的空气流通。

✓ 观察、观察、再观察。混群可能会诱发长期的咬尾行为。我经常发

现小母猪的这种行为。请注意观察这样的小母猪，将其移出，并入
其他具有类似咬尾趋向的猪群，如果是大的猪群，则可能需要使用
镇静剂。这些猪很难转好，是否要保留它们值得商榷。

四、母猪混群目标

即使在运转良好的批次生产的繁殖区，母猪也必须混群，这是迟早的事。
所有生产者都知道强壮、沉重的母猪混群后相互攻击的伤害有多大，因此必须
尽最大努力采取措施，以尽量减少混群或将新个体引入已建群体中的需要。笔
者有证据表明，在一些没有分群经验的农场，当妊娠猪限位栏不得不被圈饲栏
替代时，额外淘汰率可从 5% 上升至 11%，这可归因于混群后的争斗和（或）
外阴咬伤。

五、母猪混群

由于瑞典和英国动物福利的强制性立法，两国的饲养者在从单栏饲养向
群饲的转变方面一直走在前列，而且两国的研究农场已经在母猪分群上获取
了极具价值的信息，尤其是英国的 Cambac、MLC（Stotfold）（肉品和牲畜
管理委员会）、MAFF（农林水产省）、ADASL（Terrington）（农业发展与咨
询服务处）（特林顿）等部门以及 Swedish Pig Research Centre（Svalov）瑞典
的猪业研究中心（斯瓦勒夫）。最近丹麦、法国和北美也在致力于这方面的
研究。

与众多养殖者相似，我本人的经验也是在努力尝试和犯错的过程中不断丰
富起来的。随着时间的推移，毫无疑问下面的检查表将会不断地得到完善，希
望大家能够分享我们的经验，但是在编写本节的时候，阐述的是我现在的
观点。

母猪混群常规检查清单

✓ 要重点照顾猪群里最弱势的母猪。如果你提供了恰好适合它的条件，
不仅它从中获益，而且整个猪群也会更快安定下来。"在饲养管理上
对最胆小的母猪特殊照顾"是比较合理的建议，类似 Peter English

所主张的"对一窝中的最弱小仔猪要给予特殊照顾"。

✓ 每头母猪至少需要拥有 3.5m² 的空间。

✓ 足够的逃逸空间显得至关重要。据 MAFF 报道，75% 好斗母猪不会追逐距离其 2.5m（范围 0～20m）外的另一头母猪。尽管专家对于理想的栏圈形状仍众说纷纭，在相同的饲养密度下，有可能狭长的大栏优于正方形或近似正方形形状的栏圈，前者可以提供更大的逃逸空间。然而人们普遍青睐于后者，只要能够提供足够的空间，我想也没什么关系。

✓ 专门设计的混群栏（图 14-1）可能是一个很好的主意，特别是当青年母猪必须进入一个既定的猪群中时。此栏中应铺有垫草，地板应能提供足够的抓地力，不能是柔软的海绵状地面。

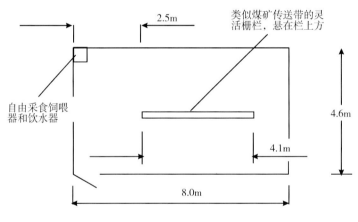

图 14-1　专门设计的混群栏尺寸
注：所有数据均为内部尺寸。

✓ 混群栏可以使用 24h 左右。混群后的前 4h 争斗是最严重的，因此在这段时间周期性悬挂栅栏是明智的选择，一般 1 次/h（Kay，1999）。

✓ 栏圈的大小应与入栏猪的日龄和体重相匹配。

✓ 在繁殖群设混群栏将增加 6% 的建设成本，约占生产总成本/年的 0.5%（500 头母猪）。

✓ 自由采食可以减少争斗（Peet，1993 和 ADAS/SAC n.d.）。

✓ 争夺食物是导致争斗的一个重要诱因。如果可以，将甜菜粕从单料位料槽中取出散喂，以避免争斗（图 14-2）。

✓ 湿饲和涓流饲喂（Hunter，1998）都可以减少争斗，且前者效果更

明显 (表 14-3)。

✓ 在一次试验中,对配种后 1~6 周 (覆盖整个胚胎着床期) 混群的母猪后续的生产性能进行了细致的分析,但是结果显示,在总产仔数、活产仔数和出生窝重上无显著差异 (Burfoot & Kay n. d.)。

✓ 然而,目前建议不要在胚胎着床期混群,笔者有许多关于混群后迅速导致母猪返情和窝产仔数少的案例,建议应将新入的母猪按照批次移至分娩舍,而非移入所谓的动态繁育群(见下文)。动态繁育群对于室外养殖牧场可能是有价值的,同时也提供了更多的逃逸空间。

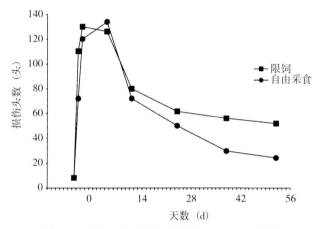

图 14-2　自由采食猪和限饲猪皮肤损伤的头数

表 14-3　投料后 1h 母猪保持安定的百分比

	研究数量	保持安定的百分比 (投料后 1h)
1. 湿拌料(改造舍)	10	56%
2. 湿拌料(专用舍)	10	75%
3. 液体料(改造舍)	6	56%
4. 液体料(专用舍)	5	52%
5. 食槽饲喂(改造舍)	55	22%
6. 食槽饲喂(专用舍)	20	21%
7. 食槽饲喂(配种舍)	12	52%
8. 落料饲喂(改造舍)	6	15%
9. 地面饲喂	72	15%

数据来源：Hunter (Cambac Group) (1998)。

- ✓ 晚上混群可能有益。
- ✓ 在混群后添加新鲜稻草往往会推迟猪群等级的确立，因为这在一定程度上分散了较强势母猪的注意力。然而在晚上或傍晚添加新鲜稻草可能有助于猪群社会化，依据本人经验，猪群的社会化取决于母猪性格温顺程度、可用空间大小以及熟悉饲养员的频繁出现。如果勉强符合上述部分或全部条件，新鲜的稻草肯定会有所帮助！
- ✓ 避免母猪可能的重新混群，如果必须重新混群，有必要使用上文提到的混群栏。

六、如果你不得不管理动态猪群……

动态猪群是指 20～30 头母猪以上的大群体，为了满足分娩、断奶或配种的需求，通常每周一次定期进行母猪转入和转出，批量产仔在减少混群问题上的应用越来越普遍。

动态母猪群的检查清单

- ✓ 不管猪群的规模如何，都要采用 3 头以上的小群。
- ✓ 对所有母猪来说，足够的采食、睡眠和饮水空间都是至关重要的。目前认为提供多余的自由采食料槽是必不可少的。请记住："在饲养管理上对最胆小的母猪特殊照顾"。
- ✓ 母猪群的混群要在胚胎完全着床后进行，理论上是在配种后 28～35d，但是依据本人的经验，28d 后混群可达到令人满意的效果。
- ✓ 将青年母猪转入动态猪群需要花费一些时间，最好在青年母猪体重接近 130kg 时再进行。入群后，为确保青年母猪在筒形料槽采食时不被其他猪欺负，饲养员需要在猪栏前待一会儿，以便帮助驱赶其他猪。
- ✓ 小母猪群中的个体需要在电子饲喂器训练栏——一种专门设计的混群栏或在母猪主群附近所设的待转栏中相互熟悉。母猪在发情前期表现兴奋，并需要彼此熟悉，以尽量减少应激和刺激。
- ✓ 使用镇静剂［如 amperozide（安哌齐特）］似乎只可以推迟相互攻击，尽管这也需要进一步探讨。

✓ 在动态猪群中，公猪的存在似乎并不会减少母猪间的攻击行为。

✓ 母猪能够记住群体中每个个体社会等级的时间是 4 周。所以，在这个时间尺度上，"每一个体都可能会返回到先前已确立等级的母猪群，这样彼此间才不会有争斗发生"（Arey，1998）。

✓ 如果混群有困难，请尝试在栏圈中预留部分空间，让新入群的猪在此停留几天。在引入小群前的几天，将此区域圈起，防止主群母猪进入（这是一个非常有用的方法）。

✓ 有时建议利用隔栏区分躺卧区。正如在欧洲大陆所见，我认为在硬地面的猪舍，隔栏和母猪电子饲喂器是必不可少的。然而经验表明，这在铺有厚厚稻草的栏圈中使用是不明智的做法（图 14-3），往往会因为小群猪的加入扰乱原群猪对休息区的区域占有和自然选择。

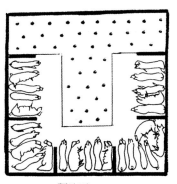

进食和社交场

硬地面

分区是必不可少的。多数母猪以"犬蹲"的半卧姿势向采食区躺下

铺有厚稻草的休息区

母猪群体躺卧，极优势猪群距离采食区最近。分区往往可以避免该问题。可以注意到更多母猪喜欢横卧

图 14-3　两种栏圈模式，但其产出截然不同

✓ 注意栏圈中勿安装突出的固定装置（料槽、饮水器）或尖角，尤其注意在混群栏中随时有突发事件。

笔者承认，很多母猪群体行为还远远没有被完全理解，随着经验的积累，本文所提供的建议可能会得到进一步的修改。

七、一些养猪的人生经验小贴士

我从 1949 年开始养猪，我们发现：

- 温顺的品种是天赐之物！易于管理的品种有白肩猪（Saddlebacks）、巴克夏猪（Berkshires）和阿克瑞德猪（Accredicross）〔又称斯格猪（Seghers）〕等（现在仍然如此！）

- 我们很快就发现了充足的空间所带来的效益。

- 还有铺有稻草的栏圈。

- 但是两者费用高昂，因此我们把旧房屋改造（但保证温暖），我建议采用可移动隔栏进行区域划分。温顺的母猪和良好的饲养管理不需要过于花哨，这样是为你省钱！

- 总有胆小的母猪。我们准备了2个专门的栏舍饲养这些母猪。这虽然需要花费更多的时间和增添不少麻烦，但总是值得的，因为这些母猪每年为我们多提供了4头猪。

- 有一阵子我们把额外的自由采食料槽的使用纳入常规程序，而大约60年后的今天也在推荐这一点。事实上都是在兜圈子，不是吗！

- 与圈养母猪相比，放养需要更好的饲养管理技术且要花费更多的时间。

- 我更喜欢带有电子饲喂器的双栏系统，可以每天一次将所有母猪从你身边移过去。（图14-4）在它们安定下来之前，你有时间检查诸如乳房、外阴等事项的情况，并且标记那些随后需要持续关注的母猪。另外，还要注意那些生长缓慢的母猪并为其提供额外照顾。

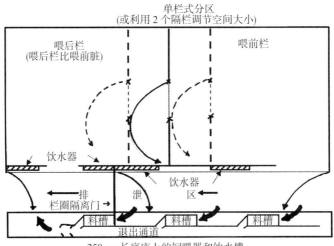

每天的饲喂周期始于中午或下午5时，此时所有母猪都能通过喂后栏进入喂前栏

图14-4　120～150头母猪饲喂周转布局草图

图 14-5　"大栏"理念普及的原因之一是可以无需考虑饲槽空间、未被利用的槽位以及限制采食时间等问题，笔者测算过其节约的费用足以支付半精养体系中猪舍或垫料的额外费用，不过对于这一点，人们经常会提出异议

- 无论你选择什么母猪品种，在何种气候和栏圈体系中饲养它们，足够的时间和空间以及细致的计划都是顺利对母猪进行分群的三种途径。

参考文献

Arey，D. and Turner，S. （1998） *Housing pigs in large groups*. SAC Report.

Burfoot，A. and Kay. R. （1995） Agression between sows mixed in small table groups. ADAS Report.

Hill，M. （1997） Allen D Leman Swine Conference. University of Minnesota.

Hunter，L. （1998） Behaviour and welfare of sows in group housing. CAMBAC/JMA Research Report.

Kay，R. （1999） Sowaggression under spotlight. Farmers Weekly，8th October.

Lean，I. （1995） Matching for size increases fighting. Pig Farming （April） . pp. 68.

MAFF （1993） Pig welfare advisory group booklet series. UK Ministry of Agriculture （now DEFRA） . London.

Peet，B. （1993） Sow pen design aggression and feed. Farm Building Progress，October，pp3.

Pope，G. （1996） The cost of mixing pigs. Pig Industry New （Austrilia） .

Varley，M. （2001） More space boosts piglet performance. Farmers Weekly，22nd June.

Whittaker，X. and Spoolder，M. （1990）The effect of ad-libitum feeding on a high fibre （sow）diet. ADAS Research Report.

（张欣译　张琳、潘雪男校）

第 15 章
饲养密度
——一个被广泛忽视的全球性问题

最小空间需求：以避免猪的生长性能受阻或相互间恶意攻击，维护动物福利。

一、一个复杂的课题

猪空间需求可以分为不同种类：

身体占用空间	——猪躺着比站着占用空间要大；懒散地平躺着比蜷缩卧着占用空间要大。
身体活动空间	——身体姿势的改变需要的空间，比如，站起或躺下、懒散的躺卧、翻身或抓挠、摩擦等动作来舒适自己。
社会空间	——猪的社会空间，猪与其他猪接触，或者与饲养员接近的空间。猪群避免攻击的逃避空间，这一重要部分经常被低估。
系统空间	——不同生产管理系统的空间需求，如麦草垫料床、漏缝地板、单体栏、大群庭院饲养、液体饲喂与干喂。
必需空间	——分隔墙、通道、拐角以及设备的空间需求。

因此，每头猪理想的、切实可行的空间需求是复杂的、多变的。上面谈到的大部分是平面的，三维空间、立体空间也需要时刻牢记在心。因为天棚太低，容易诱发呼吸道疾病，可能需要降低单位面积内(或者改善空气流动)的猪

饲养量来减轻感染压力。

二、目标——生长育肥猪的空间需求

虽然很难给出一个标准，但我们必须要做出一个合理的选择。表 15-1 是基于来自几个国家的建议。

表 15-1　保育、育肥猪推荐饲养面积：漏缝地板（左）和秸秆垫料床（右）

该表格资料来源于世界范围内的不同渠道：每头猪的饲养面积。

猪体重（kg）	全漏缝或半漏缝地板或刮粪地板面积		秸秆垫料床* 面积	
	m²	ft²	m²	ft²
5	0.1	1.1	0.25	2.7
10	0.15	1.6	0.4	4.3
15	0.175	1.9	0.45	4.8
20	0.2	2.2	0.5	5.4
25	0.25	2.7	0.75	8.1
30	0.3	3.3	0.8	8.6
35	0.325	3.5	0.95	10.2
40	0.35	3.8	1.0	10.8
45	0.375	4.0	1.1	11.8
50	0.4	4.3	1.2	12.9
55	0.425	4.6	1.25	13.5
60	0.45	4.8	1.3	14.0
65	0.475	5.1	1.4	15.1
70	0.5	5.4	1.5	16.1
75	0.525	5.7	1.55	16.7
80	0.55	5.9	1.6	17.2
85	0.575	6.2	1.65	17.8
90	0.6	6.5	1.7	18.3
95	0.65	7.0	1.85	20.0
100	0.7	7.5	2.0	21.5
105	0.72	7.75	2.1	22.6
110**	0.74	8.0	2.2	23.7
115	0.75	8.1	2.25	24.2
120	0.76	8.2	2.3	24.8

注：

1. 假设猪舍的长度不大于 2½×2，每头猪的料槽长度不小于 100mm 并且每个食槽饲养猪不超过 20 头。

2. 许多生产者采用实心地板，休息躺卧区没有或者很少，应该考虑增加 10% 的空间用来清理粪便（秸秆垫料床饲养方式除外）

3. 一些研究表明：漏缝地板饲养与秸秆垫料床饲养方式比较，相同饲养面积，猪的生产性能并没能得到改善。然而，笔者认为这点在大多数农场的情况下是站不住脚的，秸秆垫料床饲养方式下，每头猪需要的面积至少是漏缝地板模式下需要的 2~3 倍。

*最小深度为 10cm。

**英国的动物福利法规定大于 110kg 的猪需要 1m² 的面积。

三、动物福利的最低标准

表 15-1 所示的指导方针仅供参考，它们符合或高于最低的福利标准。这些福利标准已经在许多国家，如英国、瑞典、澳大利亚、丹麦和加拿大实施。例如英国的家畜福利管理条例（1994）执行 EC 91/360 标准，这是为了保护猪制定的。标准如下：

英国的家畜福利管理条例（1994）附属目录 3：

断奶猪群或育成猪群拥有的可利用地板面积最低限度：

- 猪群平均体重≤10kg，每头猪需要的最小面积为 0.15m²。
- 10kg＜平均体重≤20kg，每头猪需要的最小面积为 0.20m²。
- 20kg＜平均体重≤30kg，每头猪需要的最小面积为 0.30m²。
- 30kg＜平均体重≤50kg，每头猪需要的最小面积为 0.40m²。
- 50kg＜平均体重≤85kg，每头猪需要的最小面积为 0.55m²。
- 85kg＜平均体重≤110kg，每头猪需要的最小面积为 0.65m²。
- 平均体重＞110kg，每头猪需要的最小面积为 1.00m²。

这种按照体重阶段的划分方法遭到一些批评，批评人士认为这个要求太死板了。实践中，猪是连续生长的，而不是分阶段生长。它是不合逻辑的：20kg的猪需要 0.2m²/头，而 21kg 的猪突然需要 0.3m²/头（Morgan，1997）。

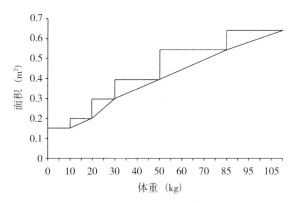

图 15-1　EC 标准规定的最小的福利空间与猪群平均体重之间的关系
注：被描述为一个上升的曲线。

从经济上说，这种方法有许多缺点。阶段式的系统意味着为了遵守规定，生产者不得不转移猪群，无论他们的生产方式或猪舍规模设计是否允许这么做。

例如：在福利法的规定下，只要大栏里面的猪平均体重大于 50kg，那么它们必须给予85kg猪同等的面积。如果55kg的猪在正常情况下从猪栏中转出（大于50kg的0.4m²/头的法规要求，即0.42m²/头），这时0.42m²/头的空间是足够的。但是此规定要求每头大于55kg的猪的空间必须是0.55m²/头，多出0.13m²/头，这需要我们建设新的猪舍时，每头猪增加额外建设成本30英镑，也就是说阶段式的系统比曲线系统每个猪的成本要多30英镑。在某些全进全出的单元，管理系统可能被打乱，每组的猪群大小可能改变。另外，这种非必需的存栏密度降低将增加在寒冷天气或晚上供暖投入，如果我们不这样做，将降低猪的福利和健康。

四、密度过大带来多少损失呢？

在过去的10年中，我记录了曾去过猪场猪栏的尺寸和生长育肥舍的饲养密度。总体上来看，大约38%猪舍存在饲养密度超量15%或更多的情况，也就是说，如果在设计装量12头的猪栏内饲养14头猪——很多人这么做——就是饲养密度过大了。

我们在3个农场开展了一个非常仔细、精确的试验。在每个农场里刻意把一半的栏饲养密度达到表15-1中要求的密度。其中有一个农场有多余的猪舍，可以容纳移出来的猪。而另外2个猪场是夏天，直接放到室外饲养。

表15-2显示了一个典型的结果。

表 15-2　保育猪舍和育肥猪舍饲养密度增加 15%所增加的生产成本

	6～35kg 仔猪		36～100kg 成猪	
	推荐密度	密度增加 15%	推荐密度	密度增加 15%
日增重（g）	518	480	844	848
入栏天数（d）	56	60	77	77
增加费用(按每天24便士计)(英镑)	13.44	14.40	18.46	18.46*
饲料转化率	2.02	2.12	2.42	2.63
消耗饲料总量（kg）	58.6	61.5	157.3	171.0
饲料总成本（英镑）	11.13	11.69	27.53	29.93
每头猪额外增加成本（英镑）	1.85　＋　2.40　＝　4.20			

饲养密度增加15%后每头猪减少的猪舍费用（推荐密度下为每天8.2英镑）节约1.23英镑

成本（英镑）4.20

注：三个猪场超过推荐饲养密度时平均额外支出回报率为3.5∶1。

(一) 影响生长猪饲养密度的因素

检查以下几方面：

猪栏形状： 长而窄形与正方形。如果在较短的部分安置料槽或排粪区，3∶1是不合适的，比例在 2∶1～1.5∶1 是比较合适的。如果是 3∶1 那样的话，栏里面经常是又湿又脏，并且咬尾会增加。

温度： 在天气热的条件下（24℃ 或 75 °F），需增加 15％的空间，这也取决于通风和降温设备。Boon（NIAE）举例说明：在假定条件下，温度高于猪的最低舒适温度 6℃，生长猪的躺卧空间需要增加 15％。

贼风： 一个有充足空间的栏舍但由于贼风使猪聚在一起取暖，这样同样会导致与密度过大相同的生产性能下降。

食槽空间： Penny（JSR Genetics，2000）报道，"为猪提供额外的采食空间能降低由于饲养面积减少带来的负面影响。用 396 头 20～40kg 左右的生长猪试验观察 28d，猪的饲养密度从 0.4m²/头减少到 0.3m²/头，但料位的长度都为 50mm/头，哪个会影响猪的生产性能。""饲养空间的减少会导致日增重和采食量减少，但这样负面的影响能被提供更多的采食机会补偿，提高每头猪料位的长度至 100mm 能补偿由于增加饲养密度所带来的负面影响。"

上图可见，超过正常密度 15％ 是常见的。如果，仅仅从每栏中转出 2 头猪，到屠宰时，比起增加的 15％ 猪舍投入，能得到 3.5 倍的回报（经济损失见表 15-2）。

(二) 实心板排泄区与睡眠区的比例

如果猪的休息区域只剩下一条排泄用的走道或漏缝地板区域，这样的猪群密度技术上说是超标的。以作者的观点：睡眠区、活动区或采食区之和与排泄区的比例不小于 3：1，或者说：睡眠区必须有 25% 多余空间。这些已经被 Edwards 证明。Edwards 曾设计了一个实验，猪栏的大小随猪的体重每周进行调整，最差一组只给猪群最小的饲养空间（即只能允许猪躺下）。另外 3 组分别为增加 12%、25% 和 42% 的空间，结果如表 15-3。

在相同的猪数量、适宜的温度、足够的料位以满足自由采食、饮水方便的条件下，随着每头猪空间的增加，猪的生产性能随之提高。

表 15-3　不同空间对猪生产性能的影响

	仅躺卧空间	其他的空间福利		
		12%	25%	42%
日增重（g）	844	862	882	897
饲料转化率	2.7	2.56	2.6	2.59

资料来源：Edwards，Armsby 和 Spechter（1987）。

当我们用经济学来评价时，我们发现饲料转化率升高（饲料消耗增加）比所节约猪舍投入的成本高。这个实验是在相对好的条件下开展，如果在商业养猪模式下，可能影响会更大。

Edwards 推荐增加 25% 的空间，以躺卧区面积为基准。

（三）猪栏形状

许多排泄通道不够宽、不够深，因为这样节约建设和清洁成本。这是一个非常真实的事实：许多采用湿料饲喂的猪栏设计得又长又窄。长与宽之比为 5~7：1，允许大量的猪同时采食，但栏里面有很多湿的地方，主要是湿饲料的溢出造成的，从而导致猪躺卧时不舒服，地板带走过多的身体热量。

这就是为什么 Suffock 设计（料位放在宽的一面）的湿饲栏比传统长短设计的湿饲栏（饲槽在一边或两边）的效果会更好的原因。可是 Suffock 栏增加 18%~24% 的资金投入和运营成本，因此，这种长期的效益也是要有前期投资的。

猪群整齐度差： 每群中猪体重相差 3%~5% 就需要降低密度。虽然猪的适应性非常强，但是在猪群不均匀的情况下，为它们提供更大的空间能减少对其生长性能的影响。在保育舍，作者发现提供额外的 15% 空间是有益的。在大日龄的猪群，提供分隔板是有帮助的，但在密度过大的猪群情况会更糟，因为饲养密度过大，导致猪失去逃逸或隐蔽空间。

（四）猪栏设备布局

在表 15-1 允许的最小饲养密度的前提下，仔细安排猪栏设备的布局将有助于减少攻击和提高生产性能。图 15-2 显示的是两个单点饲喂猪栏的布局。

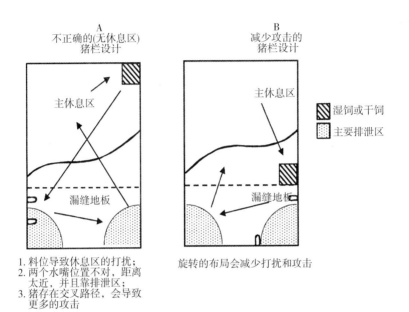

通道在图的顶端。箭头代表的是猪日常活动的顺序

图 15-2　即使饲养密度和猪栏形状都是正确的，
猪栏布局也可能平息或激起猪的攻击

表 15-4 描述的是为了饲喂时候给饲槽加料方便，把剩余的新建猪舍都按上面左图那样建造。

表 15-4　A 栏与 B 栏生产性能的比较（每栏 12 头）

全进全出	（A）	（B）
日增重（g）（35～90kg 阶段）	567	608
后期饲料转化率（35～90kg 阶段）	3.0	2.86
每吨饲料可售猪肉（kg）	394	416*
饲养员评估猪在白天的休息时间	60%～70%	80%～85%

* 每吨饲料多产 22kg 肉相当于节约了 14% 的饲料成本。

（五）关于饲养密度的错误概念

"密度过大会增加猪互相攻击的机会。"

这也未必。给予足够的时间，猪会适应密度过大的环境，恢复生产性能。

研究表明，拥挤到达一定程度，所有的措施达到预期，会向相反的趋势发展。动物看起来适应了拥挤的环境。即使如此，也会有一定的生产损失（甚至会更严重，如咬尾）。

"给猪更多的空间可以提高猪的生产性能"。

从整体来看是这样，但首先，这也取决于拥挤程度。Powell 与 Brown 在 19 世纪中期的开创性研究有很多类似于本章关于饲喂密度的试验。但文章经常被引用，主要是由于在饲料转化率方面的价值。我把这些研究结果转换为现代计量经济学（成本效益的测量）数据，以英国（UK）2010 年成本和收益作为基础。这特别关系到猪舍的应用，尤其是现代高标准的、科技化的猪舍需要更加昂贵的投入，在总投入成本中占有很大的比例。

表 15-5 不同的饲养密度对不同生长猪时期的影响（包括猪肉产量与猪舍使用两方面）

（A）生产性能

	日增重（g）	饲料转化率	每年出栏批数	每年每平方米出肉量（kg）	7～102kg MTF（kg）
0.4m²	662	2.67	2.47	378	301
0.5m²	731	2.55	2.72	388	316
0.6m²	681	2.75	2.53	356	293
0.8m²	640	2.86	2.4	342	281

（B）经济性能（英镑）

	每头猪总成本	每头猪的销售收入	每头猪的利润	每平方米的利润	每栋猪舍每年的利润
0.4m²	80.28	90.00	9.72	430	215 000
0.5m²	76.68	90.00	13.32	466	233 000
0.6m²	80.58	90.00	9.42	427	213 500
0.8m²	84.48	90.00	5.52	410	205 000

假定：猪舍饲养 1 000 头 7～102kg 的猪。4d 用于批次清洗消毒和猪只出栏。75% 的屠宰率，饲料成本为 0.18 英镑/kg，管理费用为 0.24 英镑/（d·头），生猪价格为 1.2 英镑/kg，500m² 的猪舍按 15 年的折旧计算为 36 英镑/m²。猪舍面积 500m²。

点评：如果给猪的空间远远超过常规的可接受程度 0.5m²/头，严重降低猪的生长性能。拥挤的环境也会对饲料转化率产生负面影响。从上面的表中我们可以看出：现代化育肥猪舍的成本在不断增加，日增重也像饲料转化率一样被重视，因为较高的日增重意味着猪群的周转加快，每吨饲料可售猪肉（MTF）更高。

（六）日增重和饲料转化率

随着建设成本的日益增加，日增重指标比饲料转化率更重要。如果有较好的日增重，那么昂贵的单位建筑面积上就能保证有尽可能多的猪出栏。现今的日常生产开支比过去增加超过 1/3，而且很快要达到 40% 甚至更多，但是如果日增重高，那么单位饲养面积的成本会降低很多。

此种现象也让均匀生长同快速生长一样重要。出栏延迟（掉队猪等待达到最低上市体重）会显著降低猪舍的饲料利用率，从而导致经营利润变薄，这就像猪群密度太高和太低都会导致经营利润变薄一样，是我们不希望看到的。生产者必须有应急预案，以减少生长不均导致的昂贵的猪舍周转时间过长。

在生长育肥农场我经常做的工作之一是检查猪只的饲养密度，不幸的是在很多农场饲养密度不理想。

密度过大或者过小都会导致猪之间的生长差异，尤其是高密度饲养，我想这可能是没有足够的采食或饮水位置，而不是应激。这个领域对猪行为学家是个有趣的领域。

大家正逐步接受"大栏"这个概念，在我的客户中发现那些采纳"大栏"（150～250 头生长猪或育肥猪一个栏）的农场缩短了延期出栏时间，从而降低了每头猪的猪舍成本。这是摆脱了传统观念所带来的结果。

"用血浆皮质醇水平的高低评估过度拥挤导致的应激。"

正常情况下不可行。再说猪的适应能力强，科学地测量应激水平是很困难的。

"当猪群密度过高时生长促进剂起的作用会更大。"

研究结果表明有相似的效果。

"过高的密度是行为学上的问题。"

当然，应激肯定会有影响。很可能的情况是密度过高的猪群因为没有足够的料位而导致采食时间和采食量不足；的确越大的应激可能会、也可能不会在行为学上表现出来，但应激导致疾病传播增加了，可能原因是应激降低了猪的免疫水平。营养摄入量的不足，加上应激引起的正常营养需求量改变和恢复免疫功能要求更多，但不同的营养结果导致生产性能降低。相反，即使猪群密度仍然很高，猪的免疫系统就会恢复到正常水平，生产性能可能会恢复到正常水平。

（七）合理的饲养密度和较低密度

有些人建议人为低密度饲养（合理范围之内），虽然每平方米成本增加了，但是猪群生产性能的改善能增加收入。我的经验说明这种做法很少奏效。

再看表 15-5 的试验结果。在 $0.49m^2$/头面积的饲养密度模式下，额外出栏的活重其实比平均体重为 50kg 猪（5～100kg）所要求的最低福利标准 $0.40m^2$ 模式还要高 22.5％！这是很明显的！我们再看看 $0.81m^2$/头密度下饲养的效率。这个比较我们使用如下合理的假设，以数量经济学指标来比较生产性能。表 15-5，按照每 $0.40m^2$ 成本的方式描述，虽然不那么明显，但结论是一样的。人为低密度饲养不划算。实际上，就像过高密度饲养一样，经济表现下降。

在管理条件下较好并按表 15-1 所要求的最低饲养密度标准饲养，得到的回报见表 15-5。

（八）用细木板栅栏调整栏舍的空间

对于小型养殖户来说细木板栅栏是经济、灵活的，使用简单，便于清洗，调整方便，这使得饲养员便于操作和管理猪，观察体况和舒适度。

细木板栅栏作为简单的隔栏使用，直到猪达到 65kg，在保温区通道可防止新生仔猪在保温教槽区域排泄，从而保持区域的清洁。这样能更有效地利用有限的空间。

此外，还可以减少劳动量，栏舍也不会搞得很脏。

从技术角度来讲：

- 保持恰当的社交空间，可以保证小猪更温暖。
- 因此猪生长得更快。
- 使用细木板栅栏可以保持栏舍干净（如果有太多空间，仔猪可能会在栏后面排粪，同时活泼的猪会在栏内休息区排泄，以便于打滚）。
- 此项措施对猪的应激更少，猪与猪之间攻击性行为更少，从而生长得更好。

（九）几条建议

在细木板栅栏的猪舍内最有效利用房舍的方法是充分利用地槽和小平台，这种方式特别适用于狭长设计的栏舍（像屋顶）或宽且浅的栏（如同传统的 Suffolk 设计——并非是 Z 字形，尤其是湿饲系统配备的长形外置水槽）。正常情况下这种简易猪栏可饲养 30 头猪，或者减少密度可饲养 20 头或者15～16 头。即使这样，大约 40％的情况下，猪群密度或多或少偏低和偏高。

- 即便如此，细木板栅栏不能够帮助你存放超过其有效空间允许的猪数量，但可以更好更容易地控制温度，使栏舍温度均匀。因此对加有合理低矮盖子的猪栏，侧面设有达到盖子的高度可移动的细木板栅栏，从而减少风量。这样一来，在低温条件下，减少了风量，同时也减少了仔猪占用地板的空间。这样做的设想是在设定空间内有恰当的空气流动量。

- 如果屋顶比较高（对小猪来说不应该太高，考虑到为了便于巡栏），可在细木板栅栏上部分使用片状的条形框架卡在栅栏上，从而显著降低栅栏的重量和成本，只要猪不能碰到即可。
- 总是把木板放置在猪栏分隔的位置，但只能在木板上使用用钩子或钉子，在墙上做圆洞或内置的把手，从而避免木板移开后留在墙上的固定物对猪皮肤造成损伤。
- 在用木板时，要注意避免最后休息的猪被迫躺在猪圈的通道旁，这些猪在夜间可能会受到贼风侵袭。稍微移动挡板或使用可伸缩的卷帘，让晚休息的猪能进来。
- 不要把挡板对角方式放在栏舍内，猪会在人为制造的任何有死角的地方排粪。直角结合经过正确测量的空间是最好的。

木板可成形后固定在设备上，如食槽或料斗，前提是料斗或料槽里面是可以闭紧的。这个工作不是很麻烦且造价也不高。例如，一个干湿料槽，在其与细木板栅栏的连接处，可设计一个浇铸的可活动的混凝土塞子（带柄）。不新鲜的饲料对这个应用会有妨害，因此需要封住料斗里未使用的部分。

最后，对猪舍建造者有个请求。能否设计一个额外的选项，一个木板装置在猪栏或窝内？在世界上有极少数设计者似乎这么做。并且我们也要考虑如何赋予猪栏各式各样的形状结构？我们尚未探索这些节约成本的思路。与过去相比，生产一头育肥猪的猪舍成本上升到超过总成本的 15%，我们必须尝试改善空间投资的应用。

实践： 25 头 15kg 的断奶猪在 25kg 的时候被降低密度到 12 头，然后继续在原地饲养到 70kg。需要栏的面积为 3m×2m。

按表 15-1 的标准，25 头 15kg 的猪在刚进栏的时候需要 $25×0.175m^2 = 4.375m^2$，大约占有效空间的 75%，所以在距内墙 1.5m 安装木板对猪栏进行隔断（如图 15-3），并且逐渐减少隔断出来的面积，直到 $6m^2$ 的空间全被 25kg 的猪占用。

然后（图 15-4）降低密度到 12 头或 15 头，如果饲养 12 头则可到 70kg，15 头则可到 50kg。

饲养 12 头猪的时候，在彻底清洗消毒之后，细木板栅栏可以放置在距墙

3m 处。在饲养 15 头猪的时候，细木板栅栏可放置在距墙 2m 处（这样约有 2/3 的空间被占用），然后渐渐往回移动细木板栅栏直至 6m² 的空间被 50kg 体重猪占用，那时这个群体会再次转入育肥舍。

（十）细木板栅栏的价值

表 15-6 显示的是细木板栅栏在保育舍的应用价值。

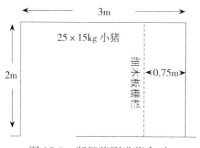

图 15-3　断奶猪刚进猪舍时细木板栅栏的位置

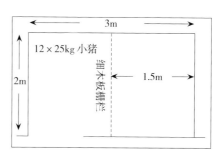

图 15-4　饲养密度降低时可再次使用木板栅栏。在正方形的猪栏里细木板栅栏能被随意地上下、左右移动

（十一）如何使用细木板栅栏

表 15-6　细木板栅栏饲养条件下猪（12～88kg）的生长性能和屠宰经济学

	以前	以后
饲料转化率	2.94	2.91
日增重（g）	613	631
每吨饲料可售猪肉（kg）	291	293
额外的产肉和节约的开支（2d/猪）	—	0.89 英镑

注：每年通过细木板栅栏饲养的猪为 820 头，
　　额外收入 820×0.89 英镑＝730 英镑，
　　10 块细木板栅栏（自制）成本 400 英镑，
　　0.54 年（7 个月内）就能收回细木板栅栏的投入。

五、种猪群的饲养密度——青年母猪

大部分的青年母猪在 85～100kg 挑选出来或买入，然后转入不同类型猪舍里面进行群养。

谈到猪栏设计，我们可以看 Brent 的一本书"Housing the Pig"（《猪舍建筑》）(1986)，这本书已经经历了时间和实践极好的检验。据我所知，这本书计划再版。

每栏的饲养头数不同，通常一栏里可以饲养 4 头猪，每圈 20 头，但我更喜欢一群里最多饲养 6 头。

下面有很多基本的概念，主要是为了让种猪迅速稳定下来，避免互相攻击，确保正常发情。

青年母猪舍空间需求检查清单

- ✓ 青年母猪栏有一边不小于 2m 长。
- ✓ 新引进的 85～100kg 猪的躺卧区不应小于 0.6m²/头。
- ✓ 如果在首次分娩之前采用大群饲养，那么每头猪的躺卧区至少要有 1m²。
- ✓ 机械刮粪的排泄区与休息区的比例为 1∶1，这样比较宽敞舒适
- ✓ 如果猪栏采用漏缝地板，漏缝地板的面积应为躺卧区的 25%，并且漏缝地板的长度不应小于 1m。然而，凭经验来说，作者认为最小面积 2.8m²/头（对母猪而言）是更可取的。
- ✓ 最好能够提供单独的料位。食槽空间的宽度由猪的体型决定，特别是猪的肩宽，在基因型的选择，肩宽 450～540mm 是足够的。青年母猪初配日龄时的体重已经较大（135kg），就像需要较长的诱情期一样。
- ✓ 青年母猪或许要转入公猪舍与公猪接触。如果这样，门口宽度最小应为 900mm，尤其是砖墙或石墙的转弯处必须要有橡胶或塑料的保护。走廊应宽 1.2m。
- ✓ 只要有可能，青年母猪不要太拥挤，牢记建议的 2.8m²/头的空间。给予足够的逃避空间，这可减少攻击，从而使初次配种更简单、有效。

六、经产母猪

就像青年母猪需要舒适的住宿环境一样，母猪对环境也有极高的需要，包

括妊娠舍和饱受诟病的分娩栏。

表15-7对那些考虑按照最小标准修改或设计猪舍的农场主或许有帮助。列表中那些标记 * 的项目摘自英国猪动物福利组织的出版物。

目标——经产母猪

表 15-7　一些基本的空间福利——经产母猪

猪动物福利条款	饲养方式	m²/只
	漏缝地板，大群饲养的母猪	2.8
	单体栏母猪	1.5
PAWG　No.4	小群饲养	2.3～2.9
PAWG　No.5	庭院式饲养并且单独的食槽	3.26～3.73
	母猪分娩栏	4.6～4.8
PAWG　No.6	液体饲喂或湿饲，庭院或窝	2.3～2.79
PAWG　No.7	地板饲喂的庭院或窝	2.33～3.73
PAWG　No.9	单一的母猪电子饲喂器	2.66～3.18
PAWG　No.9	双套的母猪电子饲喂器	2.7
	群养母猪	3.5
	户外饲养母猪	15～20 头/hm²

注：更详细的信息请看"混群"一章。

七、公猪和配种栏的空间需求

许多公猪栏都太小，位置不合理，很冷、很不舒服。

表 15-8　公猪的饲养空间目标

✓每头公猪的最小面积为 7.5m²。

✓每头公猪比较理想的面积为 9.0m²。

✓栏长最佳为 3m，栏高最小为 1.5m。

✓配种栏（若公猪栏与配种栏合二为一，不建议这么设计，因为要防滑）应有足够的运动空间并防止擦伤——10.56m²（3.25×3.25）。

✓预留出 350mm 的三角拐角，也就是封闭角，而不是 90°的直角。

✓公猪栏应设有饲养员逃避公猪攻击的安全柱，这个柱子也可以用于公猪摩擦。安全柱距离拐角足够近，但不让公猪卡进去。

八、仔猪

教槽区及其设计方案，请参考"教槽料"一章。

参考文献

Brent，G.（1986）*Housing the Pig*. Farming Press（UK）.

Edwards，S.，Armsby，A. and Spechter，M.（1988）Effects of floor area on performance of growing pig skeptonfully-slatted floors. *Animal Production*. 46，553-459.

Morgan，D.（1997）Beware，the Devilisin the Detail. . Pig Farming，16-17.

Penny，P.（1999）JSR Genetics Technical Conference. Press Reports.

（郭振光译　张欣、姚建聪校）

第 16 章
液体饲喂
——加速应用的步伐

液体饲喂是指利用液体媒介——主要是水、脱脂牛奶或乳清，也包括任何合适的液体副产品——以悬液的方式将固体（通常为粉状）营养物质或者一些副产品混合物输送到动物的采食点（通常是料槽）的饲喂方式。

液体饲喂（Liquid feeding）又称为管线饲喂（Pipeline feeding），近来则称为电脑控制液体饲喂（Computerised wet feeding，CWF），不能与干/湿饲喂技术（有时错误地称为"单料位饲喂"）相混淆。在干/湿饲喂技术中，猪用鼻子移动或按压阀门使水流入浅料盘中，并将料盘中的粉状或颗粒饲料打湿或液化到自己喜欢的程度。

如果运用得当，两种方式都是非常理想的饲喂方式，只是目前干/湿饲喂技术多用于饲喂幼龄生长猪，而完全的液体饲喂则适用于各阶段的猪，包括种猪。

也就是说，作者相信下文详述的液体饲喂系统（或管线饲喂系统）的优点是干/湿饲喂系统所没有的。

这些经验使我相信，液体饲喂终将成为全球养猪的主流饲喂方法。

一、电脑控制液体饲喂的过去、现在与将来

像每个政客在谈论商业利益时说的那样："我必须申明与其的利益关系"！因此，我承认我已经是液体饲喂（管线饲喂）的终身追随者。

对我来说，这一切开始于英格兰多塞特的 Taymix 养猪场，当时该场大约

饲养有12 000头生长猪。液体饲喂系统的柱塞泵出现了故障，而新的配件却要3d后才能送到。

包括作为技术总监的我和我可怜的打字员（然而他穿上工作装后却很享受这一巨大的变化）在内的所有人都被召集起来向800个猪圈搬运饲料，每天两次。

我在早晨2点完成，并且不得不在早晨6点再次开始这一工作。就这样在配件到达时已经过去了3d！由此可见，液体饲喂是一套多么省力的设备！

(一) 经验积累

这也是一次经验积累！不仅要为你能想到的每个工作部件准备一到两个备用件，而且制定一个应对12h以上系统故障的备用计划也同样重要。这些年我们必须面对许多问题，并通过反复试验克服了这些问题，如絮凝现象（管线中出现颗粒分级，引起堵塞）、清洁问题（料槽、混合机及输送线）、过度进食（猪恰好喜欢采食液体的料糊，长得太肥）、如何平衡廉价副产品的应用（很困难，因为分析表明营养成分变异很大），以及改正猪栏和料槽的形状（一头猪刚好能够舒适地躺在可供50头猪同时采食的大料槽中，形成一道非常有效的水坝，且常常张着嘴等着出料口的下一次投料！这使得珍贵的饲料像潮汐波浪一样溢出并掉在漏缝地板上）。我们重新设计了料槽（即有名的Taymix料槽），以防止这种情况的发生。随后又出现了混凝土地面腐蚀（由脱脂牛奶和乳清中的酸造成，这些原料是以不容错过的"自提"价购买的）；不要饲喂热的乳清；很难将充足的干物质泵到足够远的地方，特别是饲喂幼龄生长猪时（混合物的黏稠度）；以及在饲喂哺乳母猪时防止仔猪在黏性的饲料中嬉戏，如果仔猪特别喜欢在料槽中嬉戏，则会有溺亡或被吃掉的风险——所有这些都曾发生过！

(二) 早期——问题如此之多

那时，我还乐于劝谏猪场主不要犯一些显而易见的错误，例如不要为节省能源成本和延长泵送距离而采用向下泵送的方式，而应该向上泵送以防止析出沉淀引起管道堵塞。不要忘记准备一些必要的东西，如在所有的直角转弯处安装牛津接口（Oxford Union）配件（译者注：管道技术术语。在管道直角转弯处安装的带螺纹的十字形直角弯管，在主管道末端相对的位置有一段带盖的短管，当管道阻塞时可以将盖子拧开，便于使用通条疏通管道。该装置可以避免让通条通过直角转弯。），以便在需要（事实上的确需要）疏通管道时能很快地完成，而不需要花更多的时间，边抱怨边沮丧地试图疏通一段长10多米的弯曲管道。饲料是不会阻塞管线的，但是鼠类和鸟却可能会进入管线（并且发生过这种事情）。不要把与通道交叉的管线封闭在混凝土下面，而是要安装在盖有可拆卸金属盖的沟槽内。冬天时要给裸露在外的管线包上 20cm 厚的稻草保护套，再用塑料袋裹紧，这在温度低至-12℃、风速达 30km/h 的大风天气也非常有效。

令人惊讶的是，我面临的最大困难是说服养猪生产者，液体饲喂是一种空气动力驱动的湿喂工艺，通风系统必须与之匹配，而不是责怪液体饲喂系统本身或认为采用液体饲喂是为了防止猪咳嗽。

顺便说一下，通风的传统至今仍然保留着。调整通风系统的成本，特别是为应对冬季通风而进行的调整成本也必须包括在改造成本内。有一些事情是设备供应商常常忘记告诉你的，我建议增加 8% 的改造成本以升级通风系统。这些都是 30~40 年前的事情，那现在又是什么样的情况呢？

二、液体饲喂技术的现状

既然管线饲喂（液体饲喂的旧称）在当前已经很普遍了，考虑到其好处已被人们认可且令人印象深刻（表 16-1 和表 16-2 等后续表格），而且其局限性也是可以克服的（表 16-3），那么你可能会问，为什么在我访问过的国家中仅 10%~60% 的养猪场主接受液体饲喂这一方式，而不是全球 90% 的养猪场主都接受呢？

表 16-1   也许可以从电脑控制液体饲喂中得到好处

	电脑控制液体饲喂		颗粒料（干喂）
生长育肥猪（35~105kg）			
饲料转化率	2.27∶1	（改善 11.5%）	2.53∶1
日增重（g/d）	796	（快 6.9%）	745
肥育天数（d）	88	（提前 6.4%）	94
每吨饲料可售猪肉（kg）	339	（多 12.8%）	300.6
平均背膘厚（mm）	10.9	—	10.8
哺乳母猪			
窝产活仔数	12.44	（+17.1%）	10.62
窝断奶仔猪数	11.59	（+19.6%）	9.69
平均断奶重（kg）	8.75	（+7.8%）	8.10
平均断奶窝重（kg）	101.2	（28.9%）	78.5

资料来源：MLC Workshop Report（2005 年 2 月）。

以美国为例，在我的印象中，美国那些走在前列的与液体饲喂有关的农场主和学者都表现出了不同寻常的拒绝之意。北美的农场主仍然固执地坚持饲喂干饲料（但加拿大人要少得多，特别在安大略省），而不顾惊人的饲料浪费（12%，即使我有幸参观过的最好的养猪场也有 6% 的浪费）。当我问他们为什么不采用液体饲喂方法时，得到的回答有："对它真的不了解"，"我对现在所用的饲喂系统很满意"，"不喜欢为改造花钱"，"会增加粪便量"（未必会增加），"我的饲料供应商、兽医师或推广人员不同意"。

表 16-2　液体饲喂在生产性能和成本方面的优势

假　　设	干喂	液体饲喂
生产性能		
日增重（g/d）	754	796
体重达 75kg 天数（d）	102	96
每批次天数（包括圈舍冲洗的时间）	109	103
年出栏生猪头数	6 697	7 087（＋390）
资金投入		
全套饲喂系统（欧元）	6 390	77 304 *

* 包括新基建成本 50 760 欧元，锤片式粉碎机加升降机安装成本 10 200 欧元，罐体、管线及饲喂器成本 16 344 欧元。根据后者，全新的液体饲喂系统厂房及设备的成本约是现有干喂系统的 4 倍多。当然，成本会因不同的安装而异。

生产成本**（欧元/kg 屠体）	1.19	1.14

**成本包括断奶仔猪、饲料、人力、能源、水、垫料、死亡、废弃物管理及资金投入。建筑物利用年限 25 年，折旧率 6%。即使这样，一个专业的养猪场可节省：

液体饲喂与干喂比较		
节省生产成本（欧元/kg 屠体）	0.05	
节省生产成本（欧元/头）	4.25	
节省生产成本（欧元/年）	30 120	
每个猪位[a] 生产成本节省（欧元/年）[a]	15.06	
液体饲喂的投资回本期（年）	2.6	

注：表中的成本是根据 2009 年英镑与欧元汇率换算得到。干喂数据源于一个 2 000 头生长育肥猪的养猪场，猪体重 30～105kg，平均屠体重 77kg。所用数据基于 Stotfold 的液体饲喂试验（4 个试验）。
[a]译者注：猪位（pig place），1 头猪所需占用的面积。
致谢：根据 MLC 的 Pinder Gill 博士和实验养猪场设备经理 Lisa Taylor（2002—2005）出版的综合且全面的著作推算，见参考文献。

经过近 30 次的养猪场访问、参加学术会议和大会后，我对美国人有了更多的了解，并且很欣赏美国养猪生产者的友好和慷慨精神。总有一天他们会认清形势，对现有事物的热衷程度也会降下来。就像他们现在正开始采用母猪群饲，而不再采用越来越受公众厌恶的妊娠定位栏饲养一样。美国人就是这样，一旦他们认可，他们就会去做！一些不错的年轻人正在成长，他们更加开放和富有冒险精神。当液体饲喂来临时，他们将带头使用——当然首先是得到父辈和债权人的允许！

我只是希望他们能够从我们在两种理念（液体饲喂和母猪群饲）上积累多年的经验中受益。它并非小菜一碟，我们通过艰难的历练总结出了许多"能做和不能做"的切合实际的实践技能。

不管怎样，所有这些都已经弄清楚了——而且许多事情也这么做了——表19-1来源于一个完全独立的做事深刻细致的政府资助机构，它呈现了液体饲喂相对于饲喂颗粒干饲料的优势。

表 16-3　通过管线进行液体饲喂的一些缺陷

安装成本。 在很大程度上依赖于现有猪舍符合改造目标的程度。许多报告表明，回本期在 30 个月以内，最多不会超过 36 个月。回本后每头肥猪的平均利润增加约 4～5 欧元。见表 16-3。

技术精湛且训练有素的优秀员工队伍是必不可少的。 仅 6 周龄的小猪开始时就要如此，进行严格的清洁是很必要的，且需要采用新鲜、少量、多次的饲喂方式。

必须注意监测原料的容重， 随时检测副产品的营养含量和保质期。

有害的发酵。 断奶仔猪料和母猪料会产生有害发酵，但对生长育肥猪而言则不会产生严重的问题。经验和注意可以避免其中的大部分问题。

乳清胀气。 大猪会发生胀气，特别是饲喂乳清时。抗乳清胀气平衡剂可能会有一定的作用，但是根据作者的经验，会因胀气损失 1% 以上的育肥猪。这是可以接受的。

通风。 安装液体饲喂系统时需要对通风系统进行专业的检查，因为液体饲喂是一个产生湿气的过程。

霜冻。 如果装置采用了防霜冻和防寒风的设计，霜冻问题就很少会出现。可以向加拿大、瑞典及荷兰人学习。

堵塞。 堵塞可能会发生，但是由能够设计出风险控制点的专业人士安装，并配备了发生阻塞时的简单补救措施的设备是极少出现的。

猪过肥。 猪从吃干料转换到吃液体料后会出现过肥的情况。最初这是非常普遍的现象，特别是采用短料槽进行自由采食时，这起初会让新手感到沮丧，但是可以就相关问题咨询猪营养师，通过调整饲料的营养浓度来适应猪采食量的增长，从而纠正这一问题。

表 16-2 进一步给出了一系列试验的结果，这些试验在一个专门新修建的生长猪舍中，由一位全球知名的营养师设计和监督下实施。这样做的目的是排除已知的可变因素影响，这些可变因素可以在商业化养猪场由生产商进行的试验中发现。在新圈舍进行一项试验，电脑控制液体饲喂系统的投入超过 50 000 欧元，这个投入是非常高的——在下文的成本讨论部分将涉及这个问题。

以上这些都是使用管线饲喂系统可以预期达到的生产性能结果。然而，对打算采用液体饲喂系统的新手而言，最主要的缺陷始终是资金投入或改造成本，所以让我们对此进行详细的叙述。

（一）安装液体饲喂系统的成本问题

过去，转换为液体饲喂系统的阻碍之一始终是成本问题——现在依然如此。当然，如果要一次性付清，确实昂贵。现在比过去要便宜一些，但是投资成本仍将是一个让人仔细考量的阻碍。与当前的干料饲喂系统相比，建立在新科技上的现代液体饲喂系统成本可能要高出 4～8 倍。不过大部分成本可以包含在建筑成本中，包括地面处理和遮盖设施，但这仍然是一笔令人生畏的投入。例如在表 16-1 中，液体饲喂系统设备的最低成本（40 000 欧元）几乎要比两家权威机构引用的数据少 2/3，因为这两家机构将所有的投入都考虑在内，包括全新的建筑成本。因此，我将表 16-2 所示的情况作为经济上最坏情况的假设，即使在这种情况下，回本时间为 2.5 年。所有使用液体饲喂的客户反馈给我的数据均没有超过 3 年，几个在已有建筑上改建液体饲喂系统的客户回本时间才 15 个月。在回本后，每头猪节省的成本在 4～5 欧元，如果能够购买到充足的副产品原料，节省的成本则会更多。

我想，在我的职业生涯中已经参与了 100 多家养猪场的液体饲喂系统应用，其中 90% 的养猪场是利用现有圈舍修建或改造而成的，并不需要重新建设。以 2010 年英国的物价来算，他们的成本投入是每个槽位 25～30 英镑。

（二）液体饲喂是否会受所用副产品的影响？

根本不受影响，不过这是刚采用液体饲喂的养猪人常问的问题。水是运送大容积饲料的一种理想介质，可以节省繁重的体力劳动，并且能减少粉尘。不管怎样，如果有液态的副产品可供使用，那么使用它们能够进一步节省生产成本。

液态或可液态化的副产品添加便利，如果按照供应商声称的营养标准进行了充分的平衡，那么这些原料提供单位能量或赖氨酸的成本要比传统干原料低得多。它们的营养素含量可能变异很大，这是影响其使用的另一个缺陷。

尽可能地弄清楚副产品的营养组成是生产中值得实现的目标。与供货方达成以干物质（DM）含量定价的协议，并且在交货时检测干物质含量是很重要的（可以在办公室内简单快速地检测），直到供货方进一步改善产品质量的稳定性，这种情况目前已有案例。

如果交货的某批次原料干物质含量确实不足时则可以要求降价，或者让营养师重新调整平衡配方。此类日粮配方调整是否值得？似乎是值得的，因为调整配方后饲料转化率改善了 3%，每吨饲料产可售猪肉（Saleable meat per tonne of feed，MTF）增加了 9kg。听起来增加幅度并不大，但是却相当于育肥猪饲料的成本直接下降了 8%，是绝对不能忽视的。同样在实际生产中，如果供应商提供的产品养分含量确实变异太大，那么让营养师提供一系列标准的修订配方，以便每次都保存新输入的配方是很有用的——液体饲喂系统的电脑可以在几分钟内如你所愿地完成这项工作。仅仅需要按下按钮或者让营养师来远程完成操控。

三、将来应用液体饲喂系统的理由

在我列出液体饲喂的大量优点之前，让我引导大家从长远的观点来看待问题。如果技术进步的速度仍像过去 20 年那样，如果仅从我们所了解的今天认为是可能的，但因为种种的现实障碍而没有付诸实践来看，液体饲喂在将来实施的机遇似乎是不可限量的——尽管这些障碍不仅吓倒了养猪场和饲料公司，而且还阻碍了调查研究（从事此调查研究的科学家觉得它没有市场，至少在一段时间内没有，因此研究经费就会向别的领域偏移）。另外，未来的许多机遇有待发掘，也有一些已经被认可——谁知道未来会有怎样的变化呢。

如果你觉得以下的一些想法看似天马行空——那么回想一下当前的猪营养、管理和疾病控制方面的进步，这些进步在 50 年前我开始从事养猪事业时同样是难以想象的。

四、一些通过进一步研究可被液体饲喂
解开和继续开发利用的理念

- 用饲草、芥菜类蔬菜、丢弃的蔬菜茎甚至园林修葺杂草喂猪仍然可望而不可及。
- 在热带地区，香蕉及其他引进植物的叶子目前同样被丢弃。
- 如果养猪场能以液体的形式利用合成氨基酸，那么就不用干燥（有人告诉我，价格可因此便宜 28%）。
- 同样，现有的蛋白质来源可减少预处理，且可通过槽罐车运送。维生素也可以用桶装运送。
- 含酶丰富的原料，如液态黑小麦，在进入猪的胃以前就经过了预消化。
- 如果试验性饲喂（挑战性饲喂）（Challenge feeding）理念最终得以实现，那么使日粮与免疫刺激相匹配则具有潜在的巨大意义，到那时液体饲喂可随时调整饲粮配方以适应免疫阈值改变后的营养需要。
- 同样，对于混合饲喂（Blend feeding）理念，生产商仅用两个料仓就可以

混合出 300 种不同的日粮，或许可能还需要一个不到料仓 1/3 大小的更小的添加剂料仓。这使得每个养猪场可以使用自己特有的日粮（另一个可望而不可及的事情），这样饲料厂就不需要储存一系列价格昂贵的产品，可减少仓储成本。一些思想开放的饲料生产商已经开始践行个性化定制的理念，客户猪场中若安装有液体饲喂系统则更利于这一理念的实施。

- 近来阶段饲喂（Phase feeding）的实施似乎并不顺利，因为并非所有的研究都得到了正面的结果，其合理性还需要更多的研究。特别是采用多阶段饲喂（Multiphase feeding）时，蛋白质沉积曲线是随日龄变化的，营养需要在不断变动。当前的液体饲喂电脑能够轻松地搞定这一问题，如果需要，它每天都可以改变日粮营养标准。

- 我们已经看到，利用母猪电子化饲喂系统（Electronic sow feeding systems, ESF）能进行自动称重（层析扫描）、分类、测热和根据环境变化调整日粮。液体饲喂更适用于上述的第 1 种和最后 1 种情形，因为液体饲喂主要用于生长-育肥阶段的猪，而这些方式对此阶段的生产成本影响最大。

- 疾病预先检测的可能性是一个令人激动的新领域——液体饲喂系统能很完美地完成这一任务，因为它时刻存在于每个圈中。

- 最后，保育猪的配餐饲喂（Menu feeding）和各阶段的择食性饲喂（Choice feeding）理念曾经盛行一时，如今似乎已经消退，主要原因是后勤保障的困难令研究人员都感到气馁。如果是这样，那么液体饲喂可解决这些问题。是否是时候重新审视这些理念呢？

五、液体饲喂在当前的优势

让我们更详细地分析当前应用液体饲喂的一些可能性。我所写的这些现在还是尖端的实用技术，而且正尝试在商业化养猪场使用。在这点上，液体饲喂系统已经远远领先于时代，因为它为养猪场提供具有以下优点的现场技术和实践应用。

六、领先于时代

（一）液体饲喂有哪些更具体的优势？

1. 挑战性饲喂或试验性饲喂（Challenge or test feeding）（也可参见"免疫"一章）

可以解决由不同疾病阈值以及各个养猪场间环境条件差异造成的不同场中

相同基因型猪间的蛋白质沉积曲线上的巨大差异。对一小群生长育肥猪正利用非营养限制性日粮进行定期试验，并严格观察。结果建立成计算机模型，同时猪场专用日粮（Farm specific diet，FSD）以整个猪群为基础，按最低成本的方式配制，以瘦肉沉积曲线为例，检测结果也显示了这点。

数据：结果表明，每吨饲料可多提供 20～40kg 的可售肉。饲料成本增加 6%～8%，但毛利率增长 10%～13%；净利润增加多达 20%。

液体饲喂最适合这一理念！

2. 混合饲喂（Blend feeding）

猪场专用日粮（Farm specific diets，FSD）产生的最明显问题是要求饲料生产商生产种类繁多的产品。起初还能采用一些折中的办法，例如生产一系列营养水平最接近常见蛋白质生长曲线的日粮，或者为不同疾病风险状况的养猪场提供不同的基础日粮。

然而，在将来真正的猪场专用日粮是完全可行的——每一家养猪场一套，定期检查——而且还避免了繁多的配方，所有这些可以利用运送至养猪场并放置在不同料仓中的两种日粮来实现。一个仓内放置的是高营养水平日粮，另一个仓中则是低营养水平的日粮，两者间有一个小的预混料进料斗。

将这两种主要日粮按不同的重量比在湿拌器中混合，每一家养猪场各自所需的日粮都能在现场配制而成，饲料配料员需要搬运的产品种类将显著降低。配方和混合均由电脑控制。

液体饲喂可以用最经济的方式完成这一过程。

3. 多圈饲喂（Multi-pen feeding）

在不久的将来（5～10 年），许多养猪场将继续在同一栋猪舍中饲养多达 9 个不同体重阶段的生长育肥猪（除此以外，多点式生产将采用家禽的批次饲养模式，将体重相近的猪在同一栋猪舍中饲养）。只有电脑控制液体饲喂才能轻易、经济且正确地用多达 14 种日粮饲喂 9 种不同体重的猪群。

4. 多阶段饲喂（Multiphase feeding）

当前，我们采用的阶梯饲喂（Step-feed。3 种日粮，且仅有 3 种营养水平分别饲喂断奶仔猪、生长猪和育肥猪）是非常低效的。阶段饲喂（Phase feeding。前期约 5 个阶段，后期约 3 个阶段）则更好一些，但并不是最理想的。多阶段饲喂（Multiphase feeding），在猪的生长阶段有 30～50 次日粮营养水平的变化，生产性能较阶段饲喂有轻微的改善，但是显著降低了氮磷污染。

多阶段饲喂和猪场专用日粮结合（研究中）可能会大大地改善生产性能，

还能适度降低污染，但粪污容量显著减少，因为蛋白质利用更高效，使代谢所需要的水更少。

只有管线饲喂才能毫不费力、准确地应对如此复杂的工序。

5. 择食饲喂（Choice feeding）

到目前为止，所有的改进都需要营养师来决定何时改变日粮供给量和日粮营养水平。而择食饲喂则允许生长猪自己来做出日粮的变更——非常准确，最重要的蛋白质摄入量似乎都考虑到了。

虽然育肥猪的择食饲喂还处于研究中，但这种饲喂方式的一种拓展方法——配餐饲喂——已在保育猪上发挥着良好的作用。

6. 配餐饲喂（Menu feeding）

在体重 6～25kg（或 30kg）的保育期间，每次提供两种营养水平稍有差异的日粮，整个阶段总共可提供 6 种日粮。通过蛙跳式的增进方法，日粮每 7～9d 改变一次。这些日粮的风味也不同，从而进一步刺激幼龄猪的食欲，因为幼龄猪会对自始至终使用的一种风味很快产生厌倦感。在保育阶段，仔猪的采食量（24%）和平均日增重（23%）会显著增加。然而，最重要的饲料转化率（FCR）往往只改善一点（1%～2%）。

真正的好处出现在肥育期的最后阶段，即使该仔猪按照常规从体重 25～30kg 起饲喂至出栏屠宰也是如此。早期采用配餐饲喂可使仔猪达到屠宰体重的时间缩短 7～21d。

另外，每吨饲料提供的可售瘦肉增加多达 20～40kg。

虽然不同的日粮能够通过手工或自动控制来添加，但是利用管线饲喂来完成这项工作则比较轻松和经济，可以避免繁重的劳动和出错。

7. 保育猪的液体饲喂（糊状饲料）

此方法仍然处于研发中，而一些养猪场现在已经将其用作常规的饲喂方法。人们普遍认为，如果哺乳仔猪转为采用稠厚的糊状饲料而不是干料或甚至是湿/干料，一旦断奶，它们的肠道表面受到的损伤将会更轻（图 16-1）。因此该断奶仔猪生长会更快，达到屠宰体重的时间就更早。

采用管线饲喂系统才能使日粮达到所需的润湿程度。

8. 接种有益菌，添加或不添加酶

在断奶仔猪的湿料中接种发酵细菌可显著增加胃内的酸度，从而将感染性病原体的数量降低到无害的水平。饲喂前，将接种物混入饲料中并保持数小时，因此，物理性软化和酶的形成都有助于食物在断奶仔猪发育相对不完善的消化道中进行预消化，并且断奶仔猪在试图应对非母乳的固体饲粮时正处于严重的应激状态下（图 16-1 和图 16-2）。

只有管线饲喂系统才能完成这项工作。

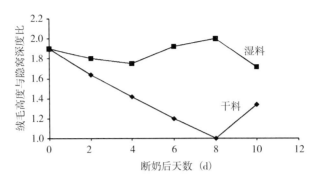

图 16-1 采食湿料和干料的断奶仔猪空肠远端绒毛高度与隐窝深度比

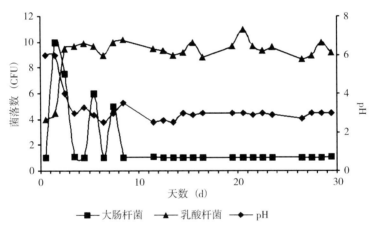

图 16-2 液态饲料中乳酸杆菌的生长对 pH 和大肠杆菌
数量的影响

（资料来源：Brooks，1997）

图 16-2 说明了什么：4d 后消化道内的 pH 下降（即酸度增加）到满意的
程度。这使得有害大肠杆菌在第 10 天后就很难生存；与此同时，酸性环境为
许多有益菌（如乳酸杆菌）创造了适宜的生长环境。

当湿料中添加植酸酶时，其活性更高，因而释放的磷也更多（图 16-3）。

9. 营养生物技术（Nutritional biotechnology）

我们看到这一领域正在发展。在将来它还会进一步发展。通常，一些营养
素添加量很小，如有机硒（0.3mg/kg）和有机铬（200μg/kg），但却能起到很
好的作用，远远超过我们的预期。

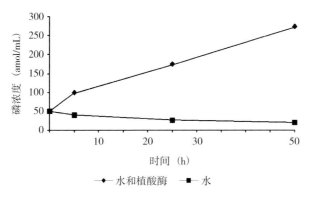

图 16-3　大豆浸泡于水或水-植酸酶中的作用
（资料来源：Brooks，1997）

只有管线混合机才能在不借助不必要的赋型载体（当然更贵）的情况下，准确地处理添加量非常少的原料。

10. 液态饲料（Liquid feeds）

合成氨基酸干燥至易流动的粉末状态会增加许多成本。按合成时的液体状态添加则更便宜。

将来，酶生产技术将让我们能够使用一些目前对猪而言不易消化的"湿"饲料，如草、青贮草料、甘蓝菜叶、香蕉叶、马铃薯茎叶，甚至树叶。

将石油化工、罐头、制糖和糖果行业的一些副产品加入目前使用的乳品工业副产品中后可以用来喂猪。

只有管线饲喂系统才能利用所有这些原料。

七、电脑控制液体饲喂系统的优势

1. 猪的生产性能更好。多年前我对文献调查后获得的结果表明：

效果 ＼ 考核指标	生长速度	饲料转化率	胴体品质
改善	37	32	8
下降	4	5	2
无显著差异	12	16	16
没有信息	—	—	27

至 2009 年。从那时起，28 条来自转换为液体湿喂的养猪场主的意见得出

了相似趋势，有分级现象——随后营养师给出纠正措施——这是最初遇到的唯一问题。一个普遍的结论是"生长速度和每吨饲料可售猪肉（Meat sold per tonne of feed，MTF）明显改善"。

2. 饲料浪费减少。饲料浪费可能是直接的（掉到漏缝地板下、被猪践踏、变成粉尘后损失），也可能是间接的（营养素比例不合理等）。由管线饲喂系统料槽损失的饲料量与干/湿料槽间没有显著差异。饲料浪费简直是将金钱付诸流水。许多干料槽会浪费6%的饲料，有些可高达15%。

改用液体饲喂后的成本节省——5 000头育肥猪/年（t/年）

	液体饲喂	未采用液体饲喂	改用液体饲喂后节省的饲料
猪场 1	770	838	68
猪场 2	803	900	97
猪场 3	984	942	42

同一种日粮采用干颗粒料或液体料饲喂后的比较。数据来自各个养猪场的采购发票。

一家养猪场干/湿饲喂和完全液体饲喂系统在一段时间内同时运行后的比较结果

	完全液体饲喂（n=20圈）	干/湿饲喂*（n=20圈）
收集到的浪费饲料（按干物质计）	2.1%	2.0%

注：同一种日粮采用液体饲喂或干/湿饲喂后的对比。

* 盘式料槽是一种已经证明的设计合理的饲喂器。浪费的日粮从每个喂料点的格栅下收集而来。两个处理均采用自由采食。

资料来源：Gadd（2003）。

3. 猪采食量更大，转化率更高。目前，食欲是影响猪生产性能的一个限制因素。在炎热条件下，食欲对现代高产母猪和青年母猪以及其他所有阶段的猪都是一个问题。对育肥猪（30～105kg）而言，饲料转化率通常会改善0.1～0.15。对于母猪而言，泌乳料采食量会增加1kg/d，断奶时仔猪死亡率下降1.7%，分娩指数提高6%，断奶后5d内发情率提高23%，每头母猪年断奶仔猪体重提高17%（从126kg增加至148kg）。这些数据来源于多个客户的记录（1997—2005年）。

4. 母猪分娩栏占用率更高。每栏的仔猪断奶体重提高11%。重要的是，现代母猪每平方米分娩栏的成本是猪场中最贵的。

5. 母猪体况更好。体况比听上去的还要重要，因为母猪在哺乳期肌肉或脂肪损失过大会阻碍其断奶后的快速返情，影响后一胎仔猪的生产力或存活率。表16-4是我这些年中所做的几个比较试验中的一个。

表 16-4　液体饲喂和干料饲喂对母猪体况及生产性能的影响

	液体饲喂	常规干料饲喂
平均体况评分	2.6	2.5
肥猪/（母猪·年）（PSY）（头）	21.4	19.1
断奶重/（母猪·年）（kg）	147.7（+17%）	126.1
断奶重/（栏位·年）（kg）	773（+11%）	696

资料来源：客户记录。

6. 在炎热的干燥或潮湿的气候条件下母猪采用液体饲喂法的特有好处。

表 16-5　热带地区母猪采用液体饲喂和干料饲喂的对比试验

	猪场 1		猪场 2	
	液体饲喂	干喂	液体饲喂	干喂
分娩窝数	136	130	161	85
平均白昼温度（℃）	28	28	30	30
哺乳期采食量（kg/d）	6	5	6.2	5.5
断奶后 5d 内母猪配种率（%）	64	46	60	50
每头母猪年提供 21 日龄断奶仔猪重（kg）	148	126	120	94
	+17%		+28%	

资料来源：泰国客户记录（1993）。

7. 粉尘显著降低。

粉料 $14\sim79\text{mg/m}^3$，颗粒料 $5\sim23\text{mg/m}^3$，液体饲喂 $0.5\sim14\text{mg/m}^3$。

资料来源：Cermak（1978）。

Carpenter 报道，干料饲喂时猪舍内的气源性微生物数量要高出 3 倍。Robertson 发现 45% 的粉尘颗粒大于 10mg/m^3——英国安全法规规定的养猪场粉碎和混合操作期间的暴露限值。由于液体饲喂是在料罐中混合的，因此消除了近一半的会影响工人身体健康的有害粉尘问题，也降低了粉尘爆炸的风险。

8. 饲养人员身体更健康。如今，采用液体饲喂的养猪场，员工发生咳嗽、眼鼻和喉咙受到刺激的情况更少了，因而病假的天数也更少了。表 16-6 给出了当管线饲喂普及率为 6% 时饲养人员健康问题发生率的严重程度，而现在则要高出 6~7 倍。前 5 种症状的发生率似乎已经减少了一半（与英国 4 个农村地区卫生主管部门最近联系结果）。

表 16-6 饲养人员报告的健康问题症状

序号	症状	发生率（%）
1	咳嗽	58
2	多痰	39
3	胸闷	26
4	咽喉刺激	39
5	刺鼻	39
6	眼睛不适	25
7	疲劳	35
8	肌肉疼痛	22
9	关节疼痛	23

注：症状 1～6 与猪舍粉尘有直接关系，或猪舍粉尘会加重症状。
资料来源：Watson（1978）。

9. 饲养人员更开心。 免除了一项繁重的劳动任务。准备并饲喂 5 000 头猪的日粮每周花费的工时：干喂 20～30h；液体饲喂 5～6h。员工年流失率：干喂 42%，液体饲喂后 10%。由于承诺采用电脑操作，因而更容易招募到年轻工人。客户提供的信息（2000—2009）。

10. 更有效地利用劳动力。 世界各地的生产者都在抱怨很难招募并留下优秀员工。搬运饲料始终是一项繁重的劳动（表 16-7），而液体饲喂则可完全解决这些问题。由液体饲喂系统来做这些工作！

表 16-7 每 100 头母猪每年需要处理的饲料量

	每年处理的饲料（t）*
种猪	142
断奶仔猪	127
育肥猪	271
合计	398

* 分娩至出栏——100 头母猪、20 头青年母猪、5 头公猪、22 头出栏肥猪/（母猪·年）。

表 16-8 干料饲喂和液体饲喂* 对劳动力的影响（3 个养猪场的平均值，均按 5 000 头育肥猪校正）

	人工投料		管线液体饲喂
	单个圈	自由采食，群饲	
每周工时（饲喂）	50	20	5
每头肥猪人工成本**（英镑）	3.07	2.38	2.01
因病缺失工时或缺勤（每年）	270	212	89
5 年员工流失率（%）	64	58	10

* 5 栋猪舍，5 000 头育肥猪，每天喂 2 次。
**包括其他所有工作。
资料来源：客户记录（1990s）。

管线液体饲喂将育肥猪场的劳动负荷减少到 1/10~1/4。

11. 用药快速准确。即使在高倍稀释的情况下也只需要几秒钟，用药混合成本降低 50%（Taylor，1976）。与粉末相比，水是一种更快速、扩散性更强的底物，特别是添加量很小时。目前，添加剂生产商可能建议在每吨日粮（或水）中添加少到 250g（或 250mL）的添加剂物质，液体饲喂的液体组分就能应对这种低浓度的添加量。

12. 应激更少。应激是目前所有养猪场中一个主要的隐蔽性问题。猪（20~50kg）瞌睡或睡眠时间：液体饲喂 53%，颗粒干喂 45%。改为液体饲喂后，群体中 70% 的母猪在 45min 内躺下休息，而颗粒干喂的母猪则需 80min 才能达到这一水平。多个养猪场的报告指出，从干料饲喂改为液体饲喂（水 3：料 1）后，咬尾现象永久性消失了。

13. 霉菌毒素污染更少。霉菌毒素是猪场中的另一个隐蔽性问题。由于混合罐和管线会定期进行消毒，且喂料结束后猪会舔舐料槽，因此残留的霉菌毒素量很低，甚至没有。但是，需要密切注意自由采食的料槽和母猪料槽，建议在湿料中添加防霉剂或霉菌毒素吸附剂以预防。

14. 减少粪污量。通常人们认为粪污会更多，并不会因为液体饲喂而减少。我发现事实并非如此（表 16-9）。

表 16-9　液体饲喂和干料饲喂对粪污体积的影响（粪污源于两栋冬季妊娠母猪舍，9 月至次年 5 月）

	妊娠母猪舍 1		妊娠母猪舍 2	
	液体饲喂	干喂	液体饲喂	干喂
每头母猪每周的粪污量（L）	126	148	117	115
粪污罐车装载数（次/群）	4	5	2	2

资料来源：Gadd（未发表资料）。

15. 更容易招募到优秀的员工。对饲养人员的调查表明，一个有创新性的养猪场对优秀员工更有吸引力（表 16-10）。

表 16-10　英国接受或辞去在猪场工作的原因排行（熟练饲养工人的态度调查）

接　受		辞　职	
现代化观念*	11	工作艰苦、脏、重复	12
工作地点便利性	10	没有人听我的	10
自动化程度	10	没有前途/休息时间不足	8
工资待遇	10	对养猪没有热情	6
好处	8	不喜欢搭档	3

(续)

	接　受		辞　职	
工作时长*	7	无论如何都想换个工作	1
需要这份工作	3		
合计	59	合计	40

＊包括能够使用新技术，如电脑控制液体饲喂系统。

资料来源：Staffing Agency (1988)；Gadd，Survey (1990)。

16. 沙门氏菌感染风险减少。 丹麦肉品加工商 Steff-Houlberg 和 Danish Crown 的经验表明，液体饲喂降低了肉品沙门氏菌污染的风险（表 16-11），这也反驳了液体饲喂会滋生致病菌的观点。当然，如果设施肮脏，那确实会产生病原菌；但是正如丹麦人建议的那样，在恰当的使用条件下，沙门氏菌污染风险似乎很小。一个有趣的发现支持这一观点，即在饲喂前浸泡 1h，就可使酸度增加到不利于沙门氏菌生长的水平（尽管只检测了沙门氏菌，但其他病原菌也可能会受到影响）。

注意：该研究表明，干料饲喂时肉品样本中沙门氏菌阳性率超过 33％的风险比采用液体饲喂要高 5 倍。

表 16-11　液体饲喂和干料饲喂猪群的沙门氏菌污染程度

	液体饲喂	干料饲喂
超过 33％阳性	4 (0.85％)	92 (4.2％)
低于 33％阳性	466	2 189
合计	470	2 281

资料来源：Steff-Houlberg (1998)。

17. 液体饲喂的猪更满足。 每个人都喜欢安静、快乐的猪。英国伯顿主教农学院（Bishop Burton Agricultural College）的学生几年前利用生长猪进行了一些有趣的试验，结果见表 16-12。

表 16-12　液体饲喂或干料喂饲对 20～50kg 生长猪各种活动时间比例的影响

	液体饲喂（％）	颗粒干喂（％）
睡觉/打盹	53	45
采食/饮水	7	12
社会活动	35	32
打斗/玩耍	5	11

Cambac 研究中心通过研究群养母猪，用最简洁的方式描绘出了这一现象，液体饲喂的母猪安静躺卧的速度更快（图 16-4）。

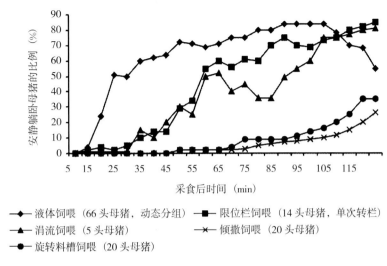

——◆—— 液体饲喂（66 头母猪，动态分组）　——■—— 限位栏饲喂（14 头母猪，单次转栏）

——▲—— 涓流饲喂（5 头母猪）　　　　　　　——✕—— 倾撒饲喂（20 头母猪）

——●—— 旋转料槽饲喂（20 头母猪）

图 16-4　不同饲喂系统对母猪采食后行为的影响

八、管线饲喂的问题与不足：如何避免这些缺陷

表 16-13　对过去 25 年中与液体饲喂系统安装有关的
62 例投诉或上门服务事件原因的分析

原　因	投诉或上门服务数
猪过肥	13
阻塞	16
饲料浪费	7
环境脏乱或设备错误	9
呼吸系统问题	2
生产性能差	8
计算机控制问题	6
料槽结垢或猪躺在料槽中	3
小猪喂食时混乱	2
饲料输送（阀门）	2

注：一些数据有重复统计现象，即养猪场遇到不止一个问题。

绝大多数问题都被整理出来，其中一些迅速得到了解决。有 4 个关于结霜的问题是不需要到现场进行纠正的。有关发酵料液体饲喂（Fermented liquid feeding，FLF）的问题没有包括在内，因为该饲喂方式还处于研发阶段。

约 20％的问题发生在安装阶段，还有 20％的问题则是由于自己安装的电路引起的：养猪生产者本身很"精通"管道安装、焊接（金属和塑料）和机械设备，然而却做错了，有时还要调整和修改，导致增加的成本比他不雇用有丰富经验的安装团队而自行安装所节省的人工费用还要多。

表16-13总结了我自己处理液体饲喂系统问题的经验。

许多问题在使用液体饲喂时发生，因为在采用此系统前准备不足。与养猪生产中任何全新生产方式一样，首先应自己进行研究。要花时间去考察、比较、咨询、争论或协商。养猪行业至少拥有40年的基本的液体饲喂技术使用经验，所有问题的答案尽在其中。

系统启用检查清单

✓ **选择一家有良好记录的可靠生产厂家。** 如果你的研究遇到了传闻中的问题，那么就认真询问他"如果……会怎么样"（如机械和计算机故障），并反复思考他的回答，如果他能向你介绍某个客户知道或遇到过该问题，则特别有价值。

✓ **小心新的噱头。** 要求给出证据证明这些新理念、新技术或节省成本的措施在农场中经过充分的测试，然后亲自去考察它的运行情况。问问自己"是否真的需要更换或升级现有设备？"。我的格言永远是"最简单和最耐用的就是最好的"。说完这些——我对大多数目前从事液体饲喂系统开发公司的创新业绩记录印象深刻。

✓ **确保安装团队有资质且经验丰富。** 即使是最好的设备，安装不当也会带来麻烦。如果生产厂商有自己的安装部门，那是非常理想的。如果是转包给第三方安装——即使在生产厂商的监管下，也要向其索要有关转包商安装经验的证据，并通过电话向转包商近期服务过的客户进行核实。如果转包商是当地的电工、水暖工时，更要特别警惕。

✓ **确保制造商可提供咨询、备件和快速的售后服务。** 你和你养的猪今后将完全依赖于这套系统，因此能够提供快速的故障修正服务是必需的。作者注：特别是在圣诞节或新年长假期间！由于备件不能送到，我曾经与其他人一起在圣诞节期间手工饲喂12 000头育肥猪3昼夜！这种事情别再重演！

✓ **哪些设备需要对饲养员进行初期培训？** 监督员是否要留在养猪场指导2～3次的饲喂操作，以确保你和你的工人能够正确使用设备？使用手册怎么样？手册中是否有"假设分析"一章？坚持通读手册得到你需要的解决方法——并做好笔记。电话联系后，监督员是否随后就到？他知道你设备的安装细节，能立即指出问题所在。

已经给你展示了液体饲喂系统的一系列印象深刻的优点，但是认识其不足或缺点也同样重要。

九、液体饲喂的障碍

这些障碍可以分为两类：真正的障碍和认知障碍。认知障碍或表面障碍是新手所担心的（也是情有可原的），但可以通过专业知识和预见来避免。真正的障碍则必须认真应对和吸取经验。

（一）真正的障碍

- 投资成本。我已经讨论过目前的投资成本，那么在过去是怎样的情况呢？安装管线需要高昂的资金投入，特别是将养猪场已有的干/湿饲喂系统转换为液体饲喂系统。来自 137 家养猪场超过 30 年的经验表明，每头猪的猪舍成本通常增加 9%～11%，设备折旧 10 年，折旧率 11%～13%。

另外，升级通风系统将在以上基础上再增加 1.5%～8% 的投资成本。

以下这些数据你应该知道——源自这 137 家养猪场的平均数据：

- 每头出栏肥猪的饲料转化率至少改善 0.1%。往往会改善得更多。
- 或者，每吨育肥猪饲料多生产可售肉 20kg。

后者是举荐液体饲喂系统的一个令人信服的卖点，并有助于正确看待令人生畏的额外成本投入，比如以下这些：

你知道每千克可售肉［即胴体重（Dressed carcass weight，DCW）］应该带来的收益是多少。其次，一套安装良好的管线饲喂系统可以使用 10～15 年（我知道早期的型号，如 Taymix，使用了 27 年）。那么，现在算一算在 10～15 年时间中，管线饲喂系统将处理多少吨饲料，再将每吨饲料多产 20kg 可售肉（即使是 10kg）与总资金投入联系在一起。如果这个数据还不能让你信服，那么我也没有什么可做的了——只能让你自己再仔细思考！

除此之外，还有其他一些经济效益：

- 兽医、用药成本下降多达 33%。
- 心情愉快、身体健康的员工留职时间会更长，且易于招聘新员工（表 16-9）。

- 总体人工成本下降 $4\%\sim6\%$，或者劳动力利用率更高（表 16-6）。
- 猪舍年维护成本减少 $5\%\sim9\%$（风扇和结构维护）。
- 在家混合饲料使生产成本最低，本身可使每吨饲料的成本降低多达 18%（使用副产物时达 25%）。

通过这些计算，你能够明白液体饲喂系统很容易通过成本节省来抵消其投入。从 20 世纪 90 年代收集的数据显示，额外支出回报率（Return to extra outlay ratio，REO）为 $2\sim6：1$（平均 $4.1：1$）。主要的困难是，往往发现在所有的迫切需要中，资金是占第一位的。

- 通风：液体饲喂是一个增湿的过程！猪舍的通风通常需要由农业工程师来重新探讨，以避免湿度过大，特别是冬季。不要忘记检查。
  遗憾的是，由于要与准确的换气需求相结合，采用液体饲喂的生长肥育舍建议的最大、最小通风速率通常是不确定的。就我的经验来看，所有关于生产性能差或不满意的投诉，都源于此；并且我发现他们在最初转换为液体饲喂多年后仍未调整通风程序。这是通风的问题，不是液体饲喂系统的问题。
- 胀气。大猪采用液体饲喂系统后容易出现胀气，特别是饲料中含有乳清成分时。现在已可以提供抗胀气配方，但这仍然是个问题。因胀气你可能会损失 1% 的育肥猪，到现在我也无法将此控制得更低。你可以缓减胀气的影响，但却很少能完全消除。
- 小猪——体重小于 25kg。此阶段的问题相当多——开始时食欲不振（零散出现，但可能会发生）、吃食脏乱和浪费、干物质摄入量不足、水肿和垫料潮湿，所有这些都是小猪特有的问题，它们最终可通过反复试验后的调整来控制，并通过改善保育猪的生活条件来得到克服。

黄金法则：液体饲喂的小猪料槽必须保持新鲜与清洁！

（二）认知障碍或表面障碍

以下所有的障碍是经常遇到的，也是拥护干喂的人经常提及的。事实上，在安装良好的管线系统中是很少存在的。

- 霜冻也是一个很少会发生的问题。管线布局的设计要适应有严重霜冻和寒风的天气。瑞典人和一些经验丰富的加拿大人采用的保温措施能达到了令人惊讶的程度，但完全有效。如果你确实担心，那么在线路无下沉管线时，饲喂结束后排空管线内的饲料即可；如果有下沉的管线，那么保持线路充满饲料并做好保温工作。

- 管线污损。如果设备每天都使用，那么这种情况很少发生。通过用水冲洗和排水箱保持线路清洁。总之，（有猪或无猪时）管线消毒也是可以的。为了防止混合罐顶部未清洗表面发生污染，要定期使用旋转喷雾装置进行清洗。

- 堵塞可能会发生，但极少发生。安装时标示出可能会出现问题的地方，以便在发生堵塞时可以轻松地解决。例如，鼠类可能会进入管线。

- 不要向下泵送。向下泵送是一个合乎逻辑的想法，通过重力可以节省一些能源，或者可以增加远端猪栏内管线的压力。麻烦的是，除非管线进行了冲洗且留下了空气（结霜）或淡水，否则饲料颗粒会絮结到直角或急坡的下端，当液体饲喂的混合物从上方冲击时，絮凝固体上方的上清液会充当下方絮凝固体的保护垫。而向上垂直泵送时，湍急的液体、固体混合物从下方侵蚀固体絮凝物，使其分散到上方的液体中，从而可以去掉任何因沉淀引起的隔夜堵塞。

- 水平运行的管线不要出现向下弯曲（下沉）。优秀的安装人员在设计线路时会避开这种情况。

- 每个直角转弯处安装一个牛津接口（Oxford Union）配件。那么在需要时可对所有直线管道进行疏通。

- 不要将管线密封在地面下。将管道放置于沟槽中，上面覆盖金属板。

- 猪过肥往往发生于换料时，此时日粮没有调整以至于适口性的提高造成猪暴食，这种情况可能会发生在自由采食时。咨询你的营养师。在由干料饲喂转换为干/湿料饲喂时也会出现相同的现象，解决的办法是相同的——调整日粮配方。所有新手最初会遇到猪因过肥而致胴体等级评分被屠宰场降低的问题，且往往会感到失望。营养师可以很快地解决这一问题。在自由采食液体饲料时，猪喜欢"汤"一样的日粮，日粮的营养水平需要做一些调整。

- 饮水不足。应始终保持有饮水供应。液体饲喂仅是一种运送大体积饲料的物理方法，并不能代替饮水。事实上，乳清和脱脂载体本身是致口渴物质，而浓缩乳清含有高盐分，一些可饲用的工业副产品也是如此。因此，补充水是绝对必需的。

- 解决障碍很容易。最后，给出一份源自 3 家养猪场历时 3 年得出的一致结果。这些养猪场在早期需要大量的关注和整改，在转变为液体饲喂前也没有遇到几个需要消除的认知障碍。他们采用的是三个不同厂家的设备。

表 16-14　采用液体饲喂前后的饲料消耗量及饲料转化率

（平均体重 30～88kg，1994—1998）

	饲料消耗量（kg）		改善程度*	饲料转化率		每吨饲料多产的可售肉（kg）
	前	后		前	后	
猪场 A	168	154	8.3%	2.89	2.61	+29.3
猪场 B	180	161	10.6%	3.05	2.72	+31.9
猪场 C	197	188	4.6%	2.81	2.69	+10.9
平均			7.8%			21.0

*平均 7.8% 的饲料浪费与 Mike Baxter 博士的研究结果一致，其研究表明，大多数养猪生产者采用干料饲喂时饲料浪费为 6%。

十、将来使用管线饲喂的理由

到现在，我已经列出了为何许多养猪生产者已经转为采用液体饲喂系统的一些证据。但是，未来的猪营养会更令人兴奋，并正在快速发生变化。

管线饲喂被寄予厚望以适应这些发展的需要，因为它明显不同于干料饲喂，甚至也不同于干/湿料饲喂。

- 它具有非常显著的灵活性和适应性。
- 所需的计算机技术已经很成熟。
- 在许多国家，液体饲喂系统的设备已经准备就绪，经销商、备件和服务设施也同样就绪。
- 该领域内的专业知识和跟踪记录已经相当多，如 Big Dutchman 在全球已经安装超过 5 000 套系统。

参考文献

Brooks P H，Geary T et al（1996）；Procs. PVS（Pig Journal pps 43-67）.

Carpenter，G A. J Agric Eng Res 1986，33，227-241.

Cermack，J P（1978）. Farm Buildings Progress，51，11-15.

Chesworth，K. Procs. Australian Pig Science Assoc. Conference，Adelaide Nov 2001.

Gadd，J. 'Pipeline Feeding' in 'The Pig Pen' Vol 4 No4 Jan-March 1998.

Gill，P.（2004—2005）Finishing Pig Systems Research（Liquid Feeding）Reports 1 to 4.

　Important fundamental and exhaustive research trials on liquid feeding，including econometrics. UK British Pig Executive，Meat and Livestock Commission.

Lumb，S. (2002) Liquid feed research tackles co-product value. Pig Progress 18，7，12-14.

McKeon，M. (2008) Cut your slurry costs. Pig International. Oct. 2008，22-23.

Robertson，J F. Dust in farm mill & mix plants (1991) Farm Buildings Progress，106，14.

（万建美译　潘雪男校）

第 17 章
批次分娩

在过去的 10 年中，批次分娩的技术在全球范围内越来越流行。这项技术将种猪生产周期从连续的改变为以周为批次进行生产。在连续生产中，根据繁殖周期的固有循环，几乎每天都有配种、分娩和断奶的母猪，而在按周的批次生产中，配种、分娩和断奶这些主要工作会相继在一个周期内依次完成，通常一周为一批。这一方法有多项优点，包括可提高劳动效率、改善猪群的健康以及降低仔猪的死亡率。

要详细介绍此技术需要用 20 页的篇幅进行阐述，在这里主要描述其基本内容和重点，就可以帮助那些会刚接触该技术的读者更好地理解此概念所包含的内容。

一、基本原理

在雌性动物中，孕酮是促使动物发情的一种类固醇类性激素。它的作用可被模拟孕酮分泌的合成类激素所终止，从而延缓发情周期，直到经产母猪或青年母猪在发情时间上处于同一阶段，此时一旦停止用药，种群内处于发情周期同一阶段的所有母猪就可以开始发情。

这种合成类激素仅仅是抑制发情，当发情一旦启动，它就不起作用。合成类激素可用于户内或户外配种。

每天用喷雾器以喷射的方式在母猪或青年母猪群中添加合成类孕酮，可以确保在停止喷雾后受此处理的动物同时发情，这可确保建立一个同时进入繁殖周期的母猪群。

Janssen 动物保健公司的猪律期媒（Regumate Porcine）* 是最受欧洲养猪生产者欢迎的一种合成类激素，由兽医提供。根据兽医的建议并在其监督下，首先计划转换方案，从连续生产转换到按 3 周、4 周或 5 周的批次生产节律。转换到一个完全的批次生产系统约需要 6 个月。

二、主要优点

以下列出了在过去 5 年里我从采用批次分娩的客户处了解到的令人印象深刻的主要优点：

- 与传统的连续生产方式相比，采用批次生产后能更有效地使用劳动力，结果员工对工作的满意度更高，工作效率也更高。
- 除了这点，每头母猪每年所占用的工时并没有多大的改变。然而，相同工时的生产效率却更大了（表 17-1）。

表 17-1　采用批次分娩前后的生产效率

	转换前 2 年（5 胎）	全部执行批次管理后的 18 个月（3 胎）
窝均产仔数	10.36	11.21
每头母猪每年提供 24 日龄断奶仔猪重（kg）	124	133.6（+7.7%）
每千克断奶仔猪重的兽医、药物费用（英镑）	0.090	0.074（−16%）
每千克断奶仔猪重的劳动力费用（英镑）	0.272	0.251（−18.0%）

总结：所有猪饲养至出栏

使用批次分娩的总效益是每千克出栏猪增加 0.124 英镑（12.4 便士/kg）

每千克出栏猪减少了 0.012 英镑（1.2 便士/kg）的分娩猪舍的额外成本

净收益：0.112 英镑/kg=9.67 英镑/头（大约增加 10%）

数据来源：Gadd（2005）。

根据 4.6 年的记录对生猪价格和劳动力成本的变化数据进行校正后发现：
- 所带来的效益还可以延续到肥育阶段（表 17-2）。

---

* 律期媒为我国台湾地区译名，因我国大陆地区无此产品，故此处用此名称。这是一种用于调节同期发情的合成激素。

表 17-2　每周断奶与每 3 周断奶的生长、育肥猪的性能对比

	每周断奶	每 3 周断奶	改进
日增重（g）	490	547	提高 12%
饲料转化率	2.36	2.26	降低 4%
每头猪的药物费用（英镑）	3.07	1.83	降低 48%
断奶至出栏的死亡率（%）	11.5	6.6	降低 41%
此阶段的经济效益：**8.48 英镑/头**，或增加 **8.7%**的收入			

数据来源：经济效益按 Kingston（2002）的方法推断。

- 此外，Janssen 报道（2010 年 5 月）批次生产可使每头（青年）母猪每窝多提供一头仔猪。
- 公猪进行人工授精或本交、母猪分娩和断奶的主要任务总能在固定的时间内完成。
- 在连续生产中，有时配种、分娩和断奶要在一天进行，而批次生产与此不同，没有交叉作业，因此员工的工作效率更高，同时对自己的工作也更满意。
- 如，以采用 5 周批次 3 周断奶的管理为例：5 周中 2 周是比较忙，另 2 周因为没有配种、分娩或断奶的任务就比较休闲。所以这两周中可以做一些维护和被延后的工作；同时，在 5 周的周期中，10 个周末日中有 8d 没有重要任务。这两周"放松周"——如能这样表达的话——就是这种特殊的批次管理越来越受到欢迎的原因了。表 17-3 显示了该系统。

表 17-3　隔 5 周分娩和 3 周断奶的工作计划

	第 1 周（断奶）	第 2 周（配种）	第 3 周（分娩）	第 4 和 5 周（无重要任务）
星期一	治疗仔猪	配种和孕检	—	—
星期二	仔猪转群	配种	孕检	—
星期三	准备好青年母猪以进行同期发情	配种	—	—
星期四	断奶	—	分娩	—
星期五	清洗分娩舍	待产母猪进入分娩舍	分娩	—
星期六	清洗（装猪用的）平板车	—	分娩	—
星期日	—	—	—	—

数据来源：Janssen 动物保健公司（2010）推测数据。

- 批次生产系统能使从事分娩和断奶后管理的工作人员有更多的时间专注于他们这两个关键的阶段。
- 繁殖力管理可得到更好的控制。人工授精（AI）精液可以分批订货，

可减少运输次数及运输成本，这将有助于人工授精操作规范及质量控制（QC）程序的准确执行。

- 因为有更多的母猪在同一时间段分娩，在必要的时候，对仔猪进行交叉寄养或交换有更多的选择。

- 每批仔猪以更均匀的速度生长，使到达屠宰时的猪群也更一致，这是屠宰加工厂所需要的。一旦猪栏全部清空，也会加快栏舍的周转。

- 猪舍快速的周转能更容易执行全进全出的计划和管理。

- 批次管理的猪群很切合庭院、室外大群垫料式饲养的发展趋势，这种饲养模式受到动物福利立法者的青睐。

- 因为猪在转入保育舍或生长舍时不需要混群，大群饲养使得追溯更便利。

- 批次生产使得在连续生产基础上监控饲料和水耗成为可能，因此饲料和饮水消耗模式的变化也变得显而易见。这种变化能够对疾病暴发有预警的作用。这可以利用计算机设备，如 DICAM（英国 Farmex 公司）或用传感器和水表来完成。

三、专家的建议

- 青年母猪必须发育良好（见第 7 章），而且必须备有足够的数量，这就是为什么拥有一个性能良好的青年母猪群很重要的原因。

- 在母猪计划加入的猪群中进行分娩前 18d，它们应该每天用律期媒（Regumate）进行处理。

- 重要的是要保证青年母猪和经产母猪获得其每日所需的剂量。有人将所需的剂量喷洒在一片面包上，这一方法更容易保证母猪能立刻吃完，并可避免其他母猪抢食。

- 如果计划管理更大的群体，则你需要向青年母猪供应商给予应有的提醒，同时将相同数量的育肥猪运送至屠宰加工厂。

- 当新的青年母猪以群体的方式抵达时，对接收场而言任何新的有害微生物也会随之大批侵入，所以需要采用更高水平的生物安全措施。因此，隔离和驯化的技能很重要——参考第 7 章"青年母猪"一章。

- 因为批次生产是一个有序且有些刚性的系统，所以当一栋猪舍必须在特定时间前清空时，根据不同体重的要求，如果有两种销售渠道则比较有利：一条是基本的市场合同；第二条是作为一个"安全阀"的销售渠道，能灵活协商。

四、与持续生产相比的总体经济回报

对一个 250～300 头母猪（2 个人）的群体，每头母猪每年的用药成本（律期媒）应低于 5 英镑（2010），按当前的价格计算，每头母猪每年获利 20 英镑——达 4∶1 这样的一个合适的额外支出回报率（REO：Return on extra outlay ratio）。

五、猪舍的额外成本有哪些?

这是比较难估算的，因为猪场在能够提供哪些新饲养设施上差异很大，如对青年母猪。你还需要准备更多的分娩和断奶用的设施设备。并且，需要多少数量，取决于猪场现有条件，并且必须遵循一些重要原则，即整群规模应与一栋或多栋猪舍相匹配，多栋猪舍不能共用同一空间，因此不会拥挤。此外，每批猪需要在生长过程中有独立栏舍。

我发现可能需多准备 5%～10% 的分娩栏和 10%～15% 的断奶保育栏。

作为生产成本一部分的猪舍成本变化也很大，但假如在 21 世纪相当昂贵的建筑成本下，据说建筑成本将达到 12%（按 20 年折旧）；然而经对我过去 10 年猪舍费用研究结果的换算，建议你应在现有猪舍成本基础上增加 16% 的额外预算——即将上文提到的占总生产成本的 12% 提高到 14%。

正如外交辞令中常说的"很难给你具体数字"一样，但这似乎是一个不太糟糕的指南，因为这来自于客户的经验而不是记录。

表 17-4　与其他改进策略相比批次分娩、断奶的优势

	成本	提高的生长速度（%）	减少的死亡率（%）	药品和兽医成本（%）	大致的投资回报期
全进全出	低	1～7	4～6	−25～45	可变**
3、5 周批次分娩、断奶	低	12～15	40～45	−30～50	20 个月***
部分清群 */每头母猪的药物费用	中等	25～45	45～65	−55～65	9～15 个月
完全清群	高	30～40	65～85	−70～90	14～26 个月

* 部分清群。

** 这取决于猪场在执行全进全出之前有多落后。

*** 通过 6 个月的时间转变到批次生产之后。

数据来源：2006 年的各种来源基于 Kingston（2004）的调查。

六、批次分娩中的一些潜在问题

我所拜访的大多数种猪场都很喜欢这项技术，但一部分不喜欢。问题似乎出于以下几个方面：

- 熟练的技术人员是至关重要的。那些不熟悉此计划的员工必须接受兽医或孕激素制造商的培训。你的员工也必须对批次生产有热情，因为他们将从社会性更强的工作时间中受益。
- 在改变为批次生产之前，种猪场不会完整地按批次进行计算和提出相关的要求。表 17-5 所列的仅仅是变化前必须研究的 1/10 的情况而不是整个过程的部分方法！幸运的是，制造商和猪兽医专家已经发表了大量非常有益的文献。对以前的专家事先进行拜访是明智之举，而且我认为在转变期间经常接受兽医监督是必要的。

表 17-5　与猪场规模相关的猪群大小

生产方式	组数 *	母猪场规模							
		100	200	300	400	500	600	700	800
连续生产	21	5	10	14	19	24	29	33	38
3 周	7	11	29	43	57	71	86	100	114
4 周	5	20	40	60	80	100	120	140	160
5 周	4	25	50	75	100	125	150	175	200

注：对 Janssen 动物保健公司（2010）表示感谢。

* 母猪性能不均匀会打乱批次间的"节律"。

- 猪舍间一定不能靠得太近。每一批猪群应该有自己单独的空间，每一批猪需要自己单独的栏舍。这将产生一些额外的猪舍费用，正如上文所介绍的那样，它们在决定转变成批次生产之前必须进行计算。在生产高峰时间（但通常不全部）用电量将增加，例如所有刚断奶的仔猪都需要在同一时间里加热保温。
- 在转换成批次生产期间（长达 6 个月），生产力会有所下降（如更多空怀天数），但还是要做，因为这并不繁重，而且对动物和员工来说这是对将来获得更好经济性能的一种投资。
- 一个管理良好的青年母猪群是必不可少的。
- 当然，全进全出制和良好的记录也是必要的。

最后，自从此理念应用以来，我参观了许多实行批次分娩的猪场，给我的主要印象是员工对采用批次生产这项新技术非常满意。

这一定有很大的价值！

参考文献

Armstrong，D.（2002）'Is Batch Farrowing for You?' Pig World Aug. 2002.

Grey，S.（1999）'Bunch Your Farrowings'（housing details）Pig Int. 29 No. 6. 25-27.

Janssen Animal Health（2010）'Batch Farrowing Guides'（two）Recommended.

Jennings，D.（2002）. 'A Simple Way to Synchronise Oestrus'. 'Pig World，ibid.

Kingston，N.（2004） 'Health Upgrades：Disease Reduction Strategies for FinishingH-erds'，Procs. R. A. C. Conf. Cirencester，England. Sept. 2004. Recommended.

Newsham Hybrid Pigs（2002）. Batch Farrowing Manual.

（钟丽菁译　楼平儿、潘雪男校）

第 18 章
分胎次饲养

模式目的：

尽量减少疾病传入种猪群的机会，主要通过以下 2 个途径实现：

1. 将青年母猪和第 1 胎母猪饲养在猪场内远离经产母猪的区域，以尽量减少来自这<u>些</u>年轻母猪的潜在病原传播，因为它们的免疫功能还处于不稳定状态。

2. 对年轻母猪的后代采取相似的饲养管理措施，饲养在独立的保育舍中，并在保育阶段结束前不与猪场中的其他母猪的断奶仔猪混群。

鉴于越来越多的证据显示母猪分胎次饲养会影响疫病的发生，这种模式应该能使养猪生产者产生极大的兴趣。尽管母猪分胎次饲养模式在学术界已至少经历了 5 年的讨论，但只是在近 2 年大家才显示出深厚的兴趣，且几乎全部出自美国的研究论文和技术会议。在其他国家，养猪生产者对这种模式的详情很不了解，并且误认为是把每胎母猪均分开饲养。

他们的第一反应是："疯狂的想法，在猪舍和劳动力上如何可能承担得起？"这并非分胎次饲养的真正涵义，真正的分胎次饲养是一个更实用和明智的模式。

分胎次饲养包括将繁育群划为两个群体，分别为免疫状态不稳定的年轻母猪群（特别是第 1、2 胎次的母猪）和免疫系统成熟的母猪群（2 胎以后的母猪群）。

一、为何要进行分胎次饲养？优点在哪里？

首先介绍该模式的背景。过去 20 年内，与仔猪和生长育肥猪日粮相比，母猪营养的研究似乎已退居到第二线，特别在母猪微量元素需求和蛋白和氨基酸摄入量方面尤其突出。

但是，具有创新思维的养猪生产者已经认识到，青年母猪的营养需求与高胎次母猪截然不同，即使与年龄略大的经产母猪相比也不同。美国的养猪生产者已经具有一种容易理解的生产线思维，他们认为大型猪场尽可能以相同的方法喂养青年母猪和经产母猪对他们来说是经济的做法。例如，青年母猪和经产母猪采用相同的饲料以及相同的饲喂模式。如果像这样不改变生产方式以便从规模经济中受益，他们现在就会遭遇母猪生产寿命极短的问题。我怀疑，世界各地相同的问题真的会越来越多，不过并不是所有的人都认可在经济效益方面的建议。

用青年母猪更新经产母猪并生产出第一窝猪需要大量成本。当然，这笔成本可以在 20 周以后通过销售这窝育肥猪收回。

但是，随后为了实现仅多产 2 胎而不是多产 4 胎或 5 胎，将浪费大约46％的前期投资，同时将损失该母猪不再生产的多批肉猪的收入。它就像是更换一辆在行驶数千米后会就损坏的新车一样，补偿资本出现巨大浪费。对养猪生产者而言，45％甚至 50％的更新率在经济上不划算的，但现在是一个全球性问题

二、为什么要进行分胎次饲养？

产第 1 窝的母猪（即第 1 胎，或 P1。在当今术语中，青年母猪怀孕后为P0）在其一生中的首个哺乳期中对体蛋白的损失很敏感。Dean Boyd（此领域一位著名的美国专家）认为："第一个哺乳期损失 4kg 的体蛋白（注：不是总的失重），足以使第 2 胎的窝产仔数减少 0.75 头，并且断奶到发情的间隔时间也会随着体蛋白损失的增加而延长。相反，将第 1 胎母猪的体蛋白损失控制在2kg 内，能使第 2 胎的窝产仔数比第 1 胎多 1 头。"

同时还可能有其他益处，但还没有充分证实，在疾病方面有利于预防猪繁殖与呼吸综合征、支原体肺炎以及仔猪腹泻。由于青年母猪、第 1 胎母猪甚至第 2 胎母猪的免疫系统尚未发育成熟，它们往往是疾病的感染源。免疫系统发育较为完善的母猪及它们的后代，用药成本可以减少 50％，且通常可降低20％。另外，有证据显示分胎次饲养很可能会延长养猪场的母猪生产利用年限（Sow productive life，SPL），的确许多已经对青年母猪实施分胎次饲养的养猪生产者已经尝到了这一好处。

与分胎次饲养模式有关的一个未来研究领域可能是，第 1、第 2 胎小母猪，甚至是第 3 胎母猪（如果来自高产母猪品系）所产的后代，与由免疫系统

更为成熟的第 4 胎至第 7 胎或第 10 胎母猪所产的后代相比，可受益于各种均衡及充足的营养含量。表 21-1 展示了低胎次母猪在前 2 个妊娠期与免疫系统更为成熟的高胎次母猪妊娠期中的微量元素需求量上的巨大差异。如果这种情况确凿，那么我们可能再也不能向第 0 胎和第 1 胎甚至第 2 胎的母猪提供与第 3 胎以后母猪相同的妊娠期日粮了？我已经在现代青年母猪的饲喂一节中对此进行了阐述。

表 18-1　随着生产年龄的增长，母猪妊娠期微量营养元素摄入量逐渐减少

单位：g

阶段	青年母猪	P1	P3	P5	P7	P9
每千克体重摄入量（g）	39.2	26.8	19.5	16.3	15.0	14.2

资料来源：Boyd 和 Hedges（2003）。

母猪胎龄越高，繁殖和免疫上的营养性疾病风险越高。

——Boyd（2007）

三、是否分胎次饲养？

第 1 胎和第 2 胎母猪的"高风险"后代不仅在营养上而且在饲用药物治疗上需要特殊的处理，同样增加了它们后代在早期生长阶段执行分胎次饲养的可能性（表 18-2）。

表 18-2　低胎次母猪（由于免疫系统发育不完善）而给后代带来的问题

类　别	青年母猪的后代	第 2 胎以上母猪的后代
断奶重（kg）	5.3	5.74
保育期死亡率（%）	3.17	2.55
保育期日增重（g/d）	412	435
保育期药物治疗费（加拿大元）	2.15	0.55
肥育期死亡率（%）	4.31	2.35
肥育期日增重（g/d）	735	763
肥育药物治疗费（加拿大元）	1.82	1.01
肺炎发生率（%）	31	11

资料来源：C. Moore（2001）。

四、种母猪实行分胎次饲养是否可行？

事实上，较好的种猪场实行母猪分胎次饲养。他们在养猪场内划出了一个专供青年母猪饲养的区域，并饲喂青年母猪培育日粮。下一步是继续将它们转入猪场中独立的第1胎/第2胎区，饲喂专用的青年母猪泌乳期日粮。随后第2个妊娠期，喂青年母猪培育日粮，以防止受到饲料的限制，如在猪场的青年母猪区喂给其他饲料。为母猪和断奶仔猪辟出此类隔离区，可以特殊护理、饲喂和照料，按轻重缓急进行排序，其实聪明的养猪生产者已经从小母猪采取以上措施上受益了。但是，分胎次饲养在此基础上更深入一步，肯定包括第2胎母猪，可能还包括第3胎母猪。在撰写本书时，委员会正对第3胎母猪的隔离问题进行讨论，但小母猪从第0胎至第2胎都处于兽医严密的监管下，因此很可能没有这个必要。这一试验的结果之一非常有趣，大多数公猪在融入母猪群生活后比母猪有较高的死亡率，尤其是当猪场的生长猪群健康状况变得不稳定时。为什么会这样？我并不清楚。

五、"高风险"模式

美国知名兽医专家John Deen博士认为："易感动物的出现确实会影响群内的其他动物，并且其死亡率高于低风险动物"。

众所周知，由于免疫系统发育不够成熟，青年母猪肯定是高健康风险动物，第1胎、第2胎母猪通常也是，它们的后代可能或也将是病原传播者。因此，将它们与猪群中的高胎次母猪在配种舍和保育舍中混群饲养是不明智的做法。

（一）那么现在我们怎么办

1. 青年母猪对病原体的抵抗力差。图18-1比较青年母猪与第3胎次（P3）母猪的免疫状态。

2. 青年母猪和经产高胎次母猪分开饲养可减少疾病的发生。

3. 青年母猪的后代断奶后对药物治疗的需求不同于高胎次母猪的后代。

4. 猪群中高胎次母猪的兽医成本可至少下降20%。

5. 营养对青年母猪（第1胎和第2胎）和高胎次母猪窝产仔数的影响方式有差异——如蛋白质和微量养分水平。它们需要含有不同营养水平的妊娠期和哺乳期日粮，而分胎次饲养能满足这个要求。

6. 母猪的生产使用寿命和断奶力（即每头猪一生所产断奶仔猪的数量——译者注）得到提高。

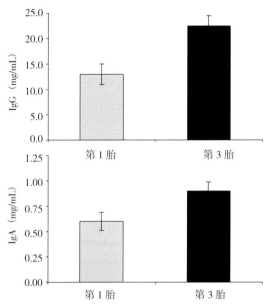

图 18-1 第 1 胎和第 3 胎母猪血清中 IgG（上图）和 IgA（下图）含量
注：分娩后 24h 内检测血清中免疫球蛋白的含量。
（资料来源：Burkey 等，2008）。

（二）对分胎次的思考

如果哺育期青年母猪与种猪群的其他母猪分开饲养和管理，那么它们向现有猪群传播疾病的概率将会大大下降。有专家建议，这一方法可以拓展到产第 2 胎的母猪上，此类母猪尚未建立可靠的免疫防御屏障，大西洋两岸的知名兽医一致认为，这受青年母猪疾病诱发前和诱发期间如何进行严密的管理影响。

分胎次饲养方式还可推广到第一窝的后代，同时很可能也可推广到第二窝，这些初生窝次仔猪用独立的保育舍饲养，最好由不同的饲养员或由同一饲养员以轮班作业的方式，用不同饲养工具和穿不同工作服、工作靴护理胎次不同的后代。

Boyd（2007）对 368 000 头小猪分析后发现，用独立保育舍（即"疾病稳定"群）饲养的仔猪死亡率为 1.72%，传统饲养系统（即"疾病不稳定"群）饲养的仔猪死亡率为 3.03%。前者保育结束达转群所需体重的时间缩短 4d，同时达到屠宰体重的时间快 5d。

此模式的逻辑依据是第 1 胎或第 2 胎母猪所产仔猪从母猪获得性免疫力低于要求，将是向与其饲养在同一保育舍中的高胎次母猪后代中等或强排毒者。中等排毒能造成高胎次母猪后代仔猪利用日粮中的更多养分用来增强其免疫保护能力（见"免疫"一章），导致生长速度变慢。然而，那些受到更为严重挑战的仔猪可能会感染低胎次母猪所产排毒仔猪的临床疾病。

将断奶仔猪用独立的保育舍隔离并进行管理，可以保护此年龄段的易感猪群，并可降低断奶后的应激程度。

六、分胎次饲养方式投入大吗？

常见的反对理由。

（一）额外成本因素——现有高胎次母猪

如同电脑控制液体饲喂系统（Computerised wet feeding，CWF）的高成本带来养猪生产者同样的困惑，笔者曾经尝试从已实施分胎次饲养的养猪场提取一些数据进行分析，与电脑控制液体饲喂系统相比显然缺少可信服的分析结果，因为缺少有经验的实践者可以采访。

- 高档日粮会使运营成本提高 4％，但根据对现代青年母猪饲喂的观察试验发现，必须这样饲喂。
- 高胎次母猪分开饲养——隔离小母猪——的成本大约会使养猪场总运营成本再增加 1.25％。

1. 额外成本因素——高健康风险母猪群（第 0 胎和第 1 胎母猪）

- 建立独立的青年母猪饲养区。额外增加的妊娠舍建设成本和饲养人员成本分别为 2.5％ 和 1.4％（假设一般人工成本占总运营成本的 13％）。
- 青年母猪和低胎次母猪需要专用日粮。多数改良主义的生产者应该采用青年母猪培育日粮和青年母猪哺乳期日粮，因此不会产生额外的成本。与美国饲料生产商讨论后表明，专用日粮在价格上要比传统日粮高出 16％。

经计算发现，如果母猪群平均生产使用寿命是 5.5 胎，这种饲喂模式会增加 3.0％ 的运营成本。

因此，在撰写本书时提供给我的数据比较粗糙，看起来此模式可能会使种猪的生产成本增加 12％ 左右。

2. 额外成本因素——青年母猪所产后代专用保育舍

受访者一般认为，这取决于养猪场是否有这些猪专用且不提供给其他仔猪利用或共享的独立保育舍，即使在进行彻底的全进全出清洗过程后也是如此。

如果是这样，则不应该存在额外的猪舍建设成本问题——只有成本低于配种分娩舍的额外劳动力成本问题，因为无繁重的配种或分娩任务。假设使运营成本增加 0.5％。如果需要新建充足数量的专用保育舍，一个养猪生产者介绍，按 12 年的折旧期，这种成本会使运营成本增加 6％。美国的养猪先驱者报道，分群的断奶仔猪在与高胎次母猪后代混群之前需要给予特殊的兽医护理。

从美国兽医提供的数据来看，这大约会增加 2.0％的运营成本。

（二）回报

虽然我能肯定上文的投资，但回报则更难以评估。这是因为采用分胎次饲养的猪场发病率似乎会起起落落，同时临床和亚临床感染的强度也差异很大。大多北美兽医通常赞成采用此模式，且有些人坚持认为随着时间的推移传统的生产者将不能维持所需的毋庸置疑的规定。那些有足够远见能投资此模式的养猪生产者 1～2 年内不可能被认为是"典型"的。

在撰写本书时，我们似乎没有过硬的证据。

尽管如此，由于疾病是继猪价之后影响生产利润的主要因素，任何能有助于减缓其影响力的方法都应该认真考虑，以便加以利用。

（三）建议

或许眼下最合适的建议是掌握此模式的规律，同时采取所有能够尽量减少处于前 2 胎次的母猪与经产（3 胎及以上）母猪以及它们后代在保育期间的接触措施。目前仍有很多问题不能解答，将现有养猪场分解成两个独立区域所需的成本还没有得到充分的探讨和分析。我上述的努力是试图回复此话题的询问。毫无疑问，成本会随着猪舍空间大小、是否建有青年母猪舍、母猪延长生产寿命使更新率下降、较低的保育期死亡率，以及较少的药物费等方面不同而出现很大的差异。

因此，考虑新建或者大规模改建现有猪舍的养猪生产者，应该仔细考虑在养猪场中为第一、二胎次的小母猪建立一个属于它们的独立区域。对一家真正的养猪企业而言，建立两个或更多个独立的养猪场可能是将来要考虑的生产模式。

参考文献

Boyd，R Dean et al.（2007）'Segregated Parity Structure in sowfarms to capture nutrition，management and health'. ADSA Discover Conference 13，Nashville，Indiana，September 2007.

Boyd，Dean.（2006）'Split herd Feeding Helps The Senior Sow' Pig International March 2006 20-21.

Burkey，T E. et al.（2008）Does Dam Parity Affect Health? Ex-Pig Site Newsletter April 2008.

Cunningham，G et al. 'Parity Segregated Production' Western HogJnl. Winter 2003 pps 26-28.

National Hog Farmer（2004）Blueprint series No. 38. 'Parity-Based Management' Many pioneering articles.

（赵云翔译　曲向阳、潘雪男校）

第 19 章
避免让人头痛的季节性不孕

季节性不孕

季节性不孕主要是指夏末及秋季的繁殖效率下降，表现如下：

- 青年母猪初情期延迟
- 青年母猪发情障碍问题
- 断奶至发情间隔延长
- 分娩率下降
- 发情期较短
- 不孕母猪数增多
- 木乃伊胎和死胎增加
- 流产风暴

一、发生比例

很可能70％的流产是由这一原因引起的，然而很多农场主（显然是误解）认为流产主要由传染性因素引起。1970年首次发现于英国，尤其是20世纪70年代情况特别严重，而且似乎有愈演愈烈之势，可能是由于更多的母猪户外饲养、对产仔率和活产仔数的记录更加系统准确，另外就是夏季的高温峰值上升。

- 发生流产　　　　猪群的目标：为配种母猪的1％，但短期内可能达到13％或14％或更多（图19-1）。

- 死产数增加　　　猪群的目标：真正的死产控制在3％，但死产率可能达8％

或更多。

● 木乃伊胎增加　猪群的目标：小的木乃伊胎为 0.5%，而大的木乃伊胎为 1%，但可增加到 3% 以上。

秋冬季要特别观察以下的项目：

● 返情增加，特别是青年母猪群　控制目标为 <10%，但可达到 20% 以上（图 19-2）。

● 断奶至受孕的间隔时间　控制目标为 6~9d 以内，但可增加到 10~12d

因此，活产仔数下降，在接近 6 个月的时间内其指标从 10.5~11.0 降到 10 头或以下，这种情况在冬末和春天得到改善。严重的情况是每 100 次配种的损失可能达到 150~250 头仔猪，造成严重的猪场现金流短缺，每头母猪的毛利率下降 18% 或更多。

季节性不孕并非受遗传控制的性状，并不能通过选育得到改善。因此，我们必须在管理上采取措施以减少夏季和秋季不孕这种复杂问题的影响。

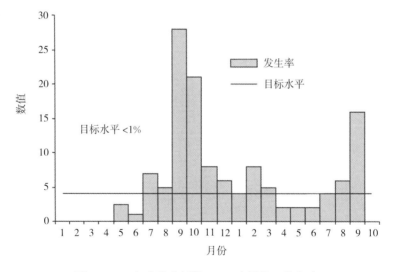

图 19-1　一年中流产例数（500 头母猪，北半球）

（一）夏季或秋季不孕

养猪新手有时会混淆这两个术语。这并不奇怪，因为秋季和初冬繁殖失败的诱因是在春季和初夏，因而称"夏季不孕"，而其效应是在秋季和初冬才表现出来。夏季不孕是"季节性不孕"中的一种，另一种是秋季不孕。

比"夏季不孕"轻的季节性不孕也发生在冬末，而主要诱因发生于之前 3 个月的秋季里，因而称为"秋季不孕"。

因此，夏季不孕显现在秋季和初冬，但其原因则发生在夏季。

秋季不孕是指发生在冬末，但其原因出现在秋季。

思考一下：大家是不是混淆了！无论是谁想出的这两个概念（依我的观点）都不符合逻辑，因此显然不是从农场主的角度来考虑问题！将发生的问题出现的时间与农场主所观察到的出现问题的时间联系起来显然更合乎逻辑和更实用，难怪学生混淆了！现在我们仍在用这些概念。

（二）夏季不孕

随着户外饲养母猪的比例升高，夏季不孕的发生率也逐渐攀升，这主要是由于近二十年来北半球夏季热应激的影响，并且最近越来越热，这有可能是全球变暖引起的。图 19-1 显示了典型的导致流产的夏季不孕模式。

夏季不孕也同样发生在室内饲养的母猪群，表明其主要原因的确是与温度相关，因为在夏季饲养舍内温度可升至很高。

（三）光照期

光照期是指某个机体（比如猪）每天 24h 暴露于日光或人造光的时间长度，也称为昼长（daylength）。过去普遍认为昼长是主要原因。它可以很好地发挥作用，尤其是在秋天，日照时间的缩短诱导原始母猪的"野生因素"效应，以避免在气候严酷的冬季几个月里产仔和抚育仔猪。然而专家们一直在争论关于日照长度问题，虽然本人在养猪一线生产中的经验表明，光照与繁殖有关系，比如在配种时若光线太暗的话，我建议增加光照，结果很大程度上有助于改善受孕率。正如 Wiseman 教授所说："如果（夏季不孕）与光照长度有关，为什么 6 月之前（北半球）没有这样的问题？而且为什么日照长度保持不变时还会出现不同年份的不同呢？"是的，的确这是一个谜！例如，图 19-2 显示不同的季节猪场返情率存在差异，并且图 19-3 也再次显示不同的季节分娩率也不同。

图 19-2 和图 19-3 说明了另一个令人费解的问题——季节性不孕发生率随着季节的变化而不同。炎热的夏季并不总是导致秋季不孕，而与前一年相比，凉爽潮湿的夏季也不一定能减少秋季不孕。

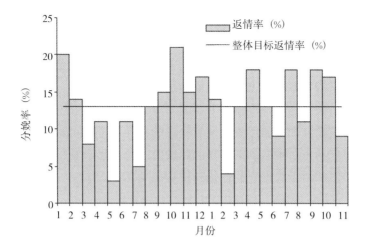

图 19-2 夏季不孕，返情率与季节有关（北半球）

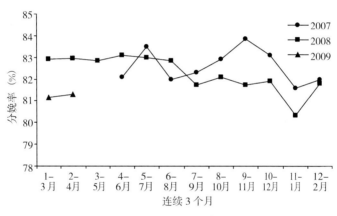

图 19-3 季节对分娩率的影响

（资料来源：Nadis，2009）

如何处理季节性不孕——可能的原因检查清单

尽管具有明显的气候季节性的国家，如澳大利亚沿海地区和美国中部地区处理这个问题更有经验，这些地方春天阳光充足、夏季炎热、冬季阴暗且有时异常寒冷，但季节性不孕是由多种因素引起的（许多可能的原因），原因比较复杂，目前并未完全理解。随着一些高质量的研究工作进展的出现，使得我们对此问题常用的建议和经验变得有些疑惑，因此问题就出现了。

夏季不孕基本检查清单

✓ 高温，尤其是影响公猪。

✓ 春季光照强度太大；秋季光照不足；室内任何时候光照太少。

✓ 炎热天气下的营养应激。

✓ 各种其他应激因素。

二、一个复杂的课题——困境

尽管在澳大利亚、美国中西部和西班牙，以及最近在英国关于季节性不孕的经验加深了我们对此问题的理解，但还有好多方面仍不清楚。事实上，目前部分科学家针对我们目前对此问题的理解的批评相当激烈。因此，当专家意见不一致时就出现了⋯⋯

关于季节性不孕的胚胎死亡率方面，一位杰出的研究员 Phil Dziuk 博士给我写了封信，他有一个恰当而搞笑的比喻，他是这样说的⋯⋯

"胚胎损失问题就犹如大象，他是一群盲人中的每个人描述着的同一头大象。一个盲人胳膊环抱着它的腿就说像一棵大树；另一个触到了象鼻就说是大型的消防水带；第三个摸着象牙就描述说是长矛；而第四个握着尾巴就说大象是绳子。他们每个人说的都是对的，但每个人又都错了。在营养师眼中胚胎损失是饲喂不当造成的；兽医则认为是亚临床子宫内膜炎或传染性的病原引起的；而根据内分泌学家的意见注射适当的激素组合可纠正这种胚胎损失；遗传学家认为是不良的基因所为；免疫学家解释说是因为母体胚胎组织不相容所致；细胞遗传学家发现染色体畸变，从而推测由此导致胚胎死亡。以上的每个观点可能都是正确的，但可能每个也都是错误的。而随着多年来许多研究工作者在自身领域的研究成果显示，胚胎死亡比这只大象更加复杂，或它只是诸多因素通过某个共同的机制作用产生了一个结果，即胚胎的损失。"

好事情！希望我们这些工作在生产一线解决农场问题的人们（也是某种意义上的盲人）在得出最终的结论前能够有足够的时间来感觉大象，尽管我们仍然不解、尽管仍然盲目，但通过不断摸象，最终形成关于大象的整体形状！

本章概述了我自己解决此问题的经验，很多是基于生产一线的人们，特别是农场主和兽医们的成果，有助于揭开谜团。

三、预测季节性不孕

过去的生产记录是起点，尤其是分娩率，即配种母猪中的分娩猪数量。

图 19-1、图 19-2 和图 19-3 中的数据说明，生产率的下降随着季节和农场的不同而变化，所以依据自己农场过去的生产记录可以知道自己猪场发生的问题，这是非常重要的。以下两方面是特别有用的。

a. 分娩率的累积图（累计和），其中一个轴表示分娩的数量，另一个轴则显示有效配种的数量。你的理想的目标是 45 度的等分线。当平分线开始逐渐低于 45 度以下时，说明分娩率开始低于目标，这一以周为单位的连续图表将给予警示。

b. 另外再将分娩率对应时间做个图，将之前连续 3 个月的分娩率平均数作为一个轴，如图 19-3 所示。这将告诉你过去的时间里从哪里开始下降、严重程度如何，以及你以前采取的针对性的干预措施是否有效。

现在你有自己农场的基本信息，要未雨绸缪，提前做好准备，以应对今后几个月里可能发生的情况。

处理两种类型的季节性不孕

秋季流产是最常见的，特别是户外饲养。在北半球，大部分流产发生在 9 月。

回顾以前的记录，尽量将由于此原因造成的损失进行量化，假定它会再次发生，往回推到 115d 前，可能你需要额外增加配种数量，从而希望维持分娩的目标。

是的，事情会发生变化。在某些年份，秋季流产只是偶尔发生，所以你可能会超量配种以超过分娩目标，但显然事情就不像分娩目标不足那么严重了。

这并不容易做到，但你必须每年去尝试。一个好的兽医可以帮助你完成部分的配种合约。良好的妊娠诊断是至关重要的。

夏季不孕。北半球通常从 7 月开始（如果春末光线明亮，尤其是在户外养殖的母猪则发生得更早一些），如果秋季温暖而阳光充足，那么可以持续到 10 月。妊娠失败和（或）返情的增加需要立即采取补救措施，以防止 115d 后的冬末（大约 11 月至来年 2 月）产仔数减少。潜伏在某些基因中的母猪的"野生因素"可加重夏季不孕。

两件事情：

1. 需要根据你的农场过去的母猪群记录，在正常繁殖高峰即 7 月之前定购额外的青年母猪。这可能意味着早在 3 月份应该对其进行隔离驯化，并在 7 月前正确诱情（见青年母猪章节部分）。并且与供种猪场制定引种计划。他们可以帮忙，而且对他们也有好处。这就意味着你需要防止 10 月或 11 月开始出现的分娩率降低。记住，如果你什么都不做，夏季不孕（由夏季引起）将使你在秋季和早冬蒙受损失。

2. 反复检查所有那些影响夏季配种的诸多因素。尽最大努力使你农场的母猪和公猪处在最佳状态。要牢记许多东西可以摆脱那些夏季返情和繁殖障碍，我在下一章将详细描述。

四、对影响季节性不孕的其他因素进行检查

（一）温度

公猪：超过 27℃可能影响公猪的性欲，5～14d 过度的高温后将损害随后 4～6 周内精子的质量。

母猪：超过 22℃，尤其 25℃以上时可影响食欲，特别是在哺乳期。这可能导致母猪能量的负平衡，此时母猪必须在一定程度上动用自身组织，可影响其繁殖效率，甚至引起流产。

初产母猪：初产母猪比经产母猪耐热性较好，但对过度的应激因素，特别是缺水或群体密度过高特别敏感。每头初产母猪至少需要 3m² 的面积。温度对胎产仔数影响的典型效果如图 19-4 所示。

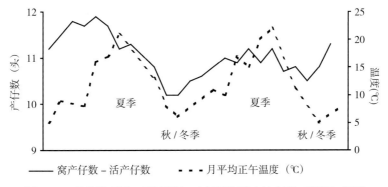

图 19-4　季节性不孕：温度增加对产仔数影响的典型（实际）记录

（二）工作人员

夏季对母猪妊娠检查是相当重要的，户外饲养母猪的难点之一是经常进行准确的妊娠检查，除少数极其温驯的户外饲养的母猪外，对户外母猪进行保定是相当费时的。尽管如此，对于户外饲养的母猪，我们还是应该鼓励饲养人员做这项工作。此外，应该注意在炎热的天气里，对舍饲母猪进行人工授精必须高度注意，对室外饲养则更为重要。

为了鼓励猪场工作人员在炎热天气时更加负责，有些种猪场依据常年的平均分娩率和秋季的母猪繁殖水平给饲养人员提供奖金，这是一个衡量季节性不孕影响因素的良好指标。母猪的体况是非常重要的，尤其户外饲养，这取决于它能吃到足够的食物以维持它的户外运动。这些农场的母猪每天可以行走数公里。

正如我说的，室内圈舍可能非常热，必须向员工解释摄入足够营养的饲喂技术，即在炎热的天气（白天平均温度高于常温8℃）影响下，母猪的饲喂方式是不同的（饲料配方和最佳饲喂时间）。见"防暑"一章图20-6、图20-7。

注意员工的夏季休假！年长而有经验的工人往往在夏季学校放暑假时要求休假，所以必须注意在炎热的天气这个关键时刻不能没有熟练的工作人员在岗。在圣诞节和新年假期时也会有同样的情况。

（三）光照

近来随着对光照长度是两种类型的季节性不孕主要原因的怀疑，根据我的经验及与合作客户进行的农场试验表明，光照强度是影响母猪繁殖的一个因素，它对两种类型的季节性不孕都有影响。

光照太强：春末夏初日光很强，尤其是室外运动场或户外圈舍里的猪直接暴露在日光下。不管是凉爽晴朗的春季还是闷热的夏季，猪栏在母猪躺卧的地方应该用遮阳网覆盖以遮光。

尽量将母猪安置在树荫处或迎风的坡上，将一些坚果撒在阴凉处有利于吸引母猪。

光照减少：光照减少在仲夏转换至整个秋季是不可避免的，导致在夏季长时间光照的高峰期配种的母猪和初配母猪用于维持妊娠的激素自然减少（这就是我们熟知的母猪在野生状态下获得的"野生因素"，这种因素的作用导致母猪本能地不愿意产仔并在隆冬季节抚育后代）。

对于户外饲养的母猪，这种由于光照减少造成的负面影响几乎不可能采取措施来抵消，不像圈养母猪，可以调整以保持配种后 40~60d 的日长。可以使用廉价的聚乙烯和稻草垛来发挥作用。圈养母猪同样会发生"秋季不孕"，但对圈养母猪的光照长度的操作就容易很多。

目前，一些研究者对与其他很多因素相关的该领域的研究花的时间和困惑表示质疑。

光照太弱：这可能是圈养母猪发生"夏季不孕"的原因，该问题的出现远早于"秋季不孕"。如冬末或"晚春"光线太暗、寒冷潮湿、营养代谢紊乱（主要是体内营养的分解代谢大于合成代谢）等一些综合性原因的结合和不断累积，导致对发情周期和受胎的不良刺激。

春季气候晚到似乎是最近（1990 年以后）的现象，造成了冬长（即使是轻微的），主要原因是西北欧的重云覆盖。这种"冬季后移"可能是全球变暖的结果。

如想解决这个问题，光照强度要达到至少 350lx（相当于厨房里 100W 的照明灯管，亮度足以能够读取报纸上的小字），并且照到母猪的眼睛（而不是头的后面）。关于光照与黑暗（<25lx）的转换有许多不同意见，但作者发现 16~18h 的光照及 6~8h 的黑暗较为合适，以下文字内容验证这个观点：

"猪场顾问英国人 John Gadd 定期为养猪杂志 Pork Journal 撰稿，他曾就光照问题为新西兰养猪人 Neil Managh 提供过咨询服务。在新西兰的一次演讲后，Gadd 参观了 Neil 位于 Feilding 的猪场。Neil 说，"他之前没在我们猪场待一分钟，但他告诉我们应该如何在配种区进行光线控制，这给予我们很大的帮助"。"他告诉我们在配种区定时提供良好光照，如同日光一样亮但是更好"。"我们已经开始实施并固定下来。不管冬季还是夏季光照从早上 6 点开始，直到晚上 9 点。自从这样做了以后，很少有返情发生，也没有发生季节性不孕。我们可以大约一周左右断奶 14 头母猪，通常在周四或周五断奶，而且整批母猪到周三几乎全部配完，我们将猪置于光源下。产仔区和配种区的照明帮了我们大忙。有趣的是它的成本很低，200~300 美元，现在我们还一直在用。"

——Australian Pork Journal

另一方面，来自澳大利亚及南非在季节性不孕领域优秀的研究人员告诉我们，将光照与黑暗的比例降低到 10h 的光照和 14h 的黑暗，能使母猪及青年母猪维持良好的发情，使青年母猪在整个夏季都能有较好的初情期（Janyk，personal communication，2002）。这是光强度的效果还是光周期（光照与黑暗的比例）的效果呢？光照主要是对这种"野生因素"仍然较强的品系吗？我们需要观察这些研究及由此产生的意见，最终针对夏季、冬季或季节性不孕，或非季节性不孕这两种情况分别采取应对措施。同时，我也获得了很多与表 19-1中类似的建议。

使用摄影测光仪，现在到处都有销售的而且很便宜，使用任意设置来测光，比如：
1
1/125
F.11
1. 在阳光晴朗的天气，我们将接收器背对着太阳，测到的光大约是600lx，然后在这点做好标记
2
2. 在星光闪耀的夜晚，测到的光大约是 25lx，然后在这点做好标记
3. 有了以上两点，就可以估算出指针 300~350lx 的位置了
3

图 19-5　如何测量光照强度

表 19-1　额外的光照对受孕率的影响

	对照组	额外光照组
母猪数	164	163
平均断奶到配种的天数	5.9	5.5
5d 内配种率（%）	68.5	83
6～10d 配种率（%）	26.8	10.9

资料来源：作者的数据，来自另一个农场。

自 1979 年以来，关于光照对配种的影响，我们访问了 111 家农场（其中 90%的农场我们跟踪了 6 个月或以上），结果是 72 家有影响，17 家不清楚，11 家无差异。

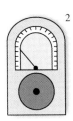

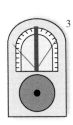

五、应激

应激的类型很多，但在夏季不孕的案例中，热应激是最重要的。这里有一列表可作为参考，以缓和热应激对种猪的影响。

解决炎热天气时营养应激的措施检查清单

✓ 饲料足够新鲜吗？

✓ 饲料储藏在阴凉的地方吗？

✓ 有足够的饮水吗？水槽比水嘴更好。如果是水嘴，水流必须保证至少 1.5L/min。

✓ 在分娩舍内，主动饲喂料槽效果好，以便让母猪可以在清凉的晚上、深夜和早晨想吃的时候吃到饲料。

✓ 存放饲料的地方要流通新鲜空气（即使天气很热）。将一个噪声小的 20cm 小风扇通过通风管连接到料槽用来供应新鲜的空气效果非常好（表22-2），在炎热的国家这样做就可以诱使母猪吃食。

✓ 咨询营养学家调整饲料原料（如脂肪较多，谷物较少），见炎热天气营养检查清单。

✓ 每天一大早饲喂妊娠母猪和公猪，最好在饲养员早餐前进行饲喂。

✓ 使用大麦稻草作为垫料，不用小麦秸秆。

✓ 通过管道饲喂液体饲料，尤其是在炎热天气。

✓ 分娩前 14d 以内不要过度饲喂瘦弱的妊娠母猪，而许多农场主则禁不住要这样做。

✓ 笔者注意到饲喂基于酵母的添加剂如益生酵母(Alltech)有益处。

六、户外人工授精？

虽然一些人怀疑户外饲养或更小密度时人工授精的实用性，但这些问题是可以克服的。可以用饲料将母猪引诱到两边高、入口低的拖车上进行人工授精。如果这个拖车每天用来给其运送饲料，则有利于促进母猪进车，但笔者担心会传播疾病。

表 19-2　哺乳母猪鼻部降温试验前后的数据（菲律宾，1993）

	试验前	试验后
母猪分娩数	826	260
平均气温*（℃）	25	26.1
空气速度*（m/s）	0.3	0.35
相对湿度（%）	81	90
哺乳料摄入量（kg）	3.8	4.5
断奶时的平均体况计分	2.1	2.8
窝产仔数（活产仔数）	9.1	9.9
哺乳期母猪体重损失（kg）	n/d	10.1

　* 母猪背部的上方。

　数据来源：客户的记录。

　注意：鼻部降温很难让母猪变凉爽，给母猪鼻子的上方轻吹新鲜无污染的空气，可降低潜在的应激反应。母猪鼻部降温并不是一个准确的名称，是否应该称为鼻部换风?

　　最好是建一个简单的帆布或聚苯乙烯帐篷来实施人工授精比较好，尤其见于车轮式布局的圈栏中心。将所有人工授精装置放在一个密封的盒子中，所有操作都由一个人完成。在炎热天气母猪不愿从凉快的泥坑或阴凉处走出时，可现场进行人工授精操作（Sunderland，1991），但记住必须仔细地清洁阴户。人工授精往往在中心区域圈栏中进行，或在饲喂时完成，可以在前一天的饲喂时间进行发情鉴定。

炎热天气的管理秘诀——检查清单

✓ 保持尽可能小的母猪群体，胚胎着床前不要混群（14～22d）。

✓ 驱赶母猪靠近或离开公猪时动作要轻柔，尽量不要赶猪。

✓ 炎热季节，驱赶结扎的公猪与要配种的母猪近距离接触，有助于刺激因天热而发情迟缓的母猪。

✓ 检查通风是否足够，尤其是风机的容量（见"防暑"一章）。

✓ 使用滴水给分娩母猪降温，使用喷雾法给怀孕母猪和公猪降温（见"防暑"一章）。

✓ 在早晚凉爽的时候进行配种。

✓ 极热天气时青年公猪似乎比老年公猪更好用，如果可以的话，在春天购入新公猪。

✓ 在炎热的时间段将青年母猪配种的数量增加10%～15%。

✓ 辅助使用人工授精，尤其在气候炎热时。

作者了解的几个结果表明，在炎热天气时，与单纯本交相比，本交再加人工授精每胎平均增加总产仔数 2.0 头（Reed，1990）。按目前的人工授精成本，仅需增加 0.8 头总产仔数（0.6 头活仔数）就足以弥补人工授精的额外劳动成本，这也是炎热季节必须考虑额外成本。

✓ 每天早、晚较凉爽时饲喂。

✓ 炎热季节使用两头不同的公猪配种，以免其中一头公猪受到热应激的影响。

✓ 炎热特别是"湿热"季节里霉菌毒素严重，此时应做霉菌毒素检测（见"霉菌毒素"一章）。

依笔者经验，在以下情况下进行户外人工授精最符合成本效益：

● 猪群患有不孕的问题。生产水平高的猪场，与常采用公猪配种相比，发现增强配种管理后效果仍不理想时。

● 在炎热的季节，发现人工授精的效益更好的时候。

● 户外与室内饲养人员参加同样的操作培训课程。

我们这里收集了世界各地针对室外饲养猪场季节性不孕问题处理得比较好的猪场的建议。

七、泥坑和阴凉

所有猪都易被晒伤，这将引起相当强的应激，从而导致典型的季节性不孕。泥浆里打滚是一种有效防护晒伤的好办法，泥土变干燥时，必须在泥浆的表面加水，但不能稀如流水。

笔者已经提到过遮阳物可以遮挡春天里强烈阳光的辐射作用。但在这样的天气里，农场主往往觉察不到对繁殖性能的影响，而笔者曾驾车路过公路边很多猪舍，我发现在经过一个寒冷的冬季后，在这些猪场里，经产和初产母猪正沐浴在温暖的阳光下晒太阳，就在这过程中被晒伤。要影响它们的生产性能只需要在太阳下晒 3h 就足矣！

通常情况下，人们往往未能及时使用遮光物，在欧洲，一般 4 月初就应该使用遮光物。遮光物的主要作用是防止辐射，而不是防止高温。

为了减少麻烦，可在小屋上固定木杆和 T 型条杆以便在需要时快速安装塑料网。在小猪舍之间的入口间放置遮光物可以有利于猪避光，但在早春天气常常很冷、寒风刺骨，因此在向风处需要放置稻草堆防风，否则就太冷了。

在热浪来袭时，户外饲养母猪也有类似的遮阴问题，应调教母猪在阴凉区躺卧，在炎热季节一开始就可以在阴凉处给母猪配置柔软的垫料（只能使用干燥的）和饲料坚果，可以驯化这些母猪很快习惯于待在阴凉处。猪舍之间的网状遮光物起到同样作用。一些农场在泥坑上方安置遮光网。然而，风可能会造成破坏。

- 木制的 A 型小圈舍在美国很普遍，屋的后面有一个窗户。穿堂风可使小圈舍内部凉爽，而冬天关上它又可起到保暖效果。
- 木屋应做保温处理。

八、季节性不孕的营养因素：室内和室外饲养

已经证明改变妊娠母猪的饲料供给可以减轻这一问题。

如图 19-6 所示，针对妊娠母猪的常规建议是对高产母猪换成哺乳母猪料或在产前 14d 饲喂特殊的初产母猪产前专用饲料（培育料），以使初生窝重最大化。

许多夏季不孕的临床试验（Love 等）对我们似乎是有帮助的（图 19-7）。

澳大利亚的研究结果表明，给群养的母猪配种后喂较高能量的饲料（每天 45MJ 消化能，而常规每天 26～30MJ 消化能）能使母猪夏季不孕的不利影响最小化。在试验中，一组母猪（22 头）每天喂 25.8MJ 消化能，另一组（23 头）每天喂 43.5MJ 消化能，试验中两组都是在配种后饲喂 28d。妊娠检查结果：高能量组妊娠检查阳性率为 80%，而低能量组的妊娠检查阳性率仅为 57%。

根据几年的试验研究结果，澳大利亚建议在 1、2、3 及 4 月的最热的 16 周中，配种后一个月内所有母猪和初配母猪能量摄入为每天 45MJ 消化能，相当于 3.3kg 消化能为 13.6MJ/kg 的母猪料，北半球与之对应的是 6、7、8 及 9 月。在澳大利亚，290 000 头母猪患夏季不孕就曾让农场主们每年损失约 300 万先令，相当于每头母猪 10 英镑。据我所知，现在损失已经降低了一半，真正的进步！

九、如何改善？

美国的一些大企业告诉笔者，母猪夏季配种后增加饲喂量显著改善了秋

常规措施

经产母猪或青年母猪，除了部分基因型的青年母猪，需要特别的妊娠期饲喂方式么？

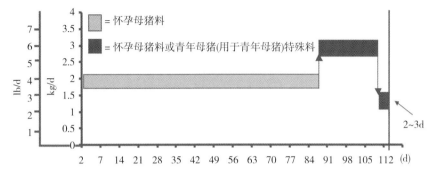

图 19-6　与常规方法不同的专门用于防止季节性不孕的怀孕母猪特殊饲喂方式

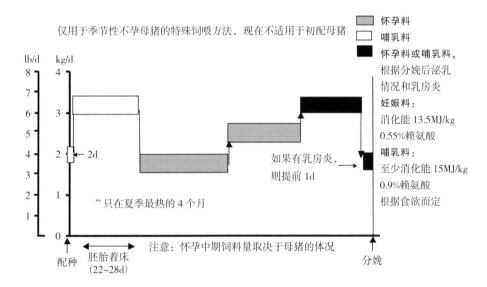

图 19-7　用于防止季节性不孕的特殊妊娠期饲喂方式

季、初冬的分娩率。过去的研究（常温下）主要关注配种后的饲喂对窝产仔数的影响，而忽略了对分娩率影响的观察，但通过对至少 400 头母猪一段时间内的数据统计分析，发现了一个有可信度的值得推荐的建议，即改进饲喂能提高 5% 的产仔率。在美国一些 5 000 头母猪以上的猪场，很容易观察到更大的样本数，每一组提供 1 000 多头干乳期母猪作为重复样本，可供用于统计的农场有的多达 20 个或更多。因此，目前美国得出的炎热夏季时妊娠母猪饲喂建议也是值得学习的。请咨询营养学家。

因此，有关母猪夏季营养的问题在世界各地一直都在进行研究，应该咨询营养学家，以获取当地如何做的最新建议。

十、胚胎死亡率（尤其是初配母猪）

这些相同的研究建议进一步修正，配种 2d 内不要立即增加额外的饲喂量，他们相信，应该注意对多胎次母猪胚胎存活的不利影响，至于在初配母猪配种后马上饲喂消化能超过 35MJ，是否应注意其对初配母猪胚胎减少的问题则未提及。

这可能有助于解释多胎次母猪窝产仔数增加的原因。对笔者来说，从道义上不想让母猪泌乳期失重太多，因此如当地监管部门批准，可考虑常年在母猪饲料配方中加入有机铬（注：新的营养添加剂需要数年的试验以确定其安全、有效才能获得批准）。

十一、褪黑激素——光照长短问题的答案

褪黑激素是由松果体感光受体在黑暗时释放的一种激素，能减少脑垂体促性腺激素的分泌及释放，从而干扰卵泡和卵巢的发育。所以延长光照能减轻褪黑激素对繁殖过程早期的抑制作用。相反，秋季、初冬日照的缩短能激活褪黑激素，从而干扰早期繁殖过程，因此，光照短时母猪"天然"不会成功繁育。

十二、应激对季节性不孕有影响吗？

对应激反应（如焦虑、担心、恐惧、烦恼）的理解我们知之甚少，因对它难以测量。笔者长期在养猪业的经历使我确信，应激确实会干扰机体正常的新陈代谢过程和激素的作用通路，因此，除了疾病等以外，应激反应也是季节性不孕的重要诱因。

每年我都有几次在炎热季节工作的经历，我总结在炎热天气时存在季节性不孕问题的农场，对初配母猪采取的最佳措施就是在夏季不孕和胚胎损失之间的取舍问题。通过比较深秋及初冬时初配母猪初次分娩性能以及随后的另外 8 个月的生产性能表现可以得到一些启示。而在某些国家的猪场，他们的疑问是不清楚夏季和初秋是否真正炎热，因此，为了安全起见，在配种后 3 周以内不

要使初配母猪采食过量，对此仍无定论。

影响季节性不孕的应激反应检查清单

请看：

✓ 热应激，尤其是公猪。

✓ 饲养密度、攻击、竞争及缺乏足够的逃避空间。

✓ 在怀孕舍内将温驯的经产母猪（和初配母猪）与强悍的妊娠母猪置于相邻限位栏。

✓ 无遮阴的地方，需要时用泥巴作为"防晒霜"。

✓ 缺水，包括降温用水和饮水，注意水的供应和水的流速。

✓ 水温在 28℃以上。

✓ 室内空气严重污染。

✓ 地板太粗糙，漏缝地板损坏。

✓ 妊娠栏过于狭小。

✓ 每天温差变化大，尤其是夜间有贼风。

✓ 饲养人员制造过多噪声，行动贸然，对猪没有同情心。

✓ 妊娠舍嘈杂不安静。

✓ 饥饿，尤其肠道缺乏饱满感。

✓ 饲料适口性差，发霉以及存在霉菌毒素。

✓ 便秘。

所有这些应激因素，包括可能想到的另外的应激原，都可以造成猪群的季节性不孕综合征。

十三、解决季节性不孕的技术基础

尽管母猪不孕是兽医领域的问题，但很多管理方面的因素与之有关，因此解决和提高需要综合的背景知识。

随着全球的变暖，季节性不孕的问题会越来越严重，这与由温度升高造成的应激和日照时间过长有很大关系。在英国由于养猪成本及其他补助的减少，户外饲养逐渐增多，因此季节因素也会对这些问题产生影响。

笔者发现，如果饲养员清楚所饲养的母猪发生了什么问题，就能快速采取补救措施。处理动物问题时最好的办法是让我们回到自然状态，思考在这种情况下野生猪会怎样。

十四、野生因素

野猪从来都是一种季节性动物，现在还是。但野公猪可在任何季节与发情的母猪交配。母猪千百年的进化是由它的生物学决定的，即使怀孕了，而怀孕之后的季节对下代不利的话，则将终止妊娠并放弃这一胎。

日照的逐渐缩短是这一过程的关键，这是建立在母猪意识中的预警，不管生活在何处，随着光照时间的缩短，母猪体内发生一系列的化学反应，使得维持妊娠的激素水平降低到一定水平，即使交配成功，也不能维持妊娠过程。

今天这种"野生因素"还是一个问题吗？育种公司告诉我，现在因它产生的后果极小。但体内的某些化学反应似乎仍然存在。

从仲夏到初冬白天越来越短，野母猪此时交配可能容易受孕，但接下来面临的是小猪将要出生时恰逢深冬，此时食物匮乏，难以找到避寒场所。孕激素（请记得其名称，又被称为维持怀孕的激素）是维持妊娠必需的，白昼缩短会使孕激素的水平下降。

反之，随着白昼延长，这种抑制作用消除，在中晚冬季配种的母猪由于激素的作用，在气候舒适的春季和初夏产仔。位于颅底的松果体是一个感受自然光变化的"传感器"，光脉冲对眼睛的刺激并通过大脑激活相邻的脑垂体（见第10章），促发了一系列激素变化，从而正向或负向调节繁殖过程。

这就是为什么在秋季时可通过人工光源提供额外的光照延长白昼来"欺骗"垂体腺，以维持孕激素的正常水平。问题是这件事说起来容易做起来难。正如我们所看到的，其他因素也会产生干扰。

造成季节性不孕的原因不断变化吗？

这些原因包括营养应激、失重过多、群居应激、极端温度和疾病。问题是其中任何一种因素与其他因素结合都会加重不利影响，从而造成不孕。例如，某一头消瘦的母猪，加上有点饲喂量不足，断奶后置于一个陌生的环境，某些同圈者有攻击性，所以晚上被迫在有贼风和不洁的地方休息，即使面对这么多不利因素，可能这头猪并没有什么反应，而一旦在夏末或初秋，随着季节性影响的出现，这种平衡被打破。

当受到这样的条件影响时，孕激素水平可能受到影响，但并不一定产生不利的后果，但如果白昼缩短与这些不利因素共同作用时，就可能诱发流产或窝产仔数减少。因此，管理方面得到改进有助于减少这些基本的应激因素。

十五、我们可以注射孕激素吗？

注射孕激素往往没有效果且费用很高，可能其反应发生在激素通路的其他方面。除非有兽医推荐，否则不要去想用什么激素。更好的方案，至少目前是这样，即通过自然手段检查影响孕激素水平的所有因素，如发现或怀疑某些方面做得不足的话，则应将其调节到正常状态。

1. 初次妊娠母猪在妊娠早期采食量过高会导致胚胎存活率下降。这是因为配种后采食量高会增加肝脏的血流以处理这额外的营养，从而导致孕激素水平过低。同时，新形成的胚胎会分泌一种蛋白（RBP 或视黄醇结合蛋白）以帮助自己在母体子宫内着床。如果孕激素水平下降，则分泌 RBP 的功能受阻从而导致胚胎死亡率增加。

2. 二胎及二胎以上母猪妊娠早期的高饲喂量则似乎不会影响胚胎存活率及窝产仔数，除非它们吃得太多了。为什么呢？

母猪哺乳后似乎血液中会自然产生较高水平的孕激素，但体况严重下降的母猪可能不是这样。

这似乎发生于高产的青年母猪，由于头胎窝产仔数较高（除非采取某些措施以解除其负荷）会造成孕激素不足。结果是下一胎产仔数会降低。

胰岛素对饲料能量的代谢和繁殖可能至关重要。如果母猪在哺乳期由于摄食不够或产仔数太多而造成能量缺乏，则胰岛素水平降低，很快也使孕激素水平降低。铬（如来自酵母的有机铬）可能是最好的也是重要的胰岛素的前体物。它是近几年才被用作种猪饲料的添加剂（添加量极低，$200\sim300\mu g/kg$），可有助于提高多胎母猪的产仔数。

检查清单——防止季节性不孕

最后让我们回顾一下能做的事情：

对于户外养殖……

✓ 提供遮光物，应在初春就将遮光物建起来。

✓ 每天检查是否有晒伤，将猪赶回室内。

✓ 提供隔热小木屋，夏季要通风。

- ✓ 提供泥坑，不要离猪群聚集地太远。
- ✓ 保证母猪中有某些色素基因。

  室内养殖环境以及通常情况下……
- ✓ 每次自然交配后24h进行人工授精。应在人工授精中心（如果户外饲养则在小围栏的活动房内进行）进行，这有利于配种、猪气味的交流以及配种的检查。
- ✓ 在早晨凉爽的时间配种。
- ✓ 妊娠的最初4～6周内让公猪始终在场。
- ✓ 如果可能发生季节性不孕，则将配种数量增加10%～15%。
- ✓ 监测霉菌毒素（见"霉菌毒素"一章）。
- ✓ 检查室内光照是否充足及昼夜光源模式。
- ✓ 与你的种猪供应商沟通，是否有季节性不孕发生率低的品系供应，例如色素基因的比例、应激耐受（温驯）的品系。
- ✓ 与公猪的供应商讨论，对其进行炎热季节的繁殖率测试，某些公猪对热具有耐受性。
- ✓ 每天记录配种区的最高温度。
- ✓ 如果夏天和秋天室外温度超过23℃，室内和室外均需要采取人工授精进行补充。
- ✓ 在配种区或母猪舍要监测温度的变化，因这会导致在初春和秋季引起流产。
- ✓ 冬季或初秋反常的寒冷天气时，要为露天圈舍的猪群提供遮盖，以避免温度过度波动，但要确保照明良好；而夏季（晚上除外）时遮盖物能提升以保证通风。
- ✓ 夏季要检查猪的采食量。
- ✓ 保持一定的空间，不要密度太大，尤其夏季。
- ✓ 确保种猪料中添加有机铬、硒和铁。

参考文献和推荐资料

Australasian Pig Service Assoc（1987-1999）Various annual volumes of 'Manipulating Pig Production' contain valuable research data.

Dzuik PJ（1987）Embryonic Loss in The Pig：An Enigma 'Manipulating Pig Prod' 1，28-39.

Gardner JAA，Dunkin AC and Lloyd LC（eds）（1990）'Pig Production in Australia' Butter-worths（for Australian Pig Res. Council）.

Kingston，N（2005）Plan for Summer Infertility. Farmers Weekly，Aug 5.

Love et al 'Summer Infertility Effect of feeding regime in early gestation on pregnancy rates in sows' cited in 'Animal Talk'（eds Close & Cole）Sept 2001.

Mackinnon J（1996）Autumn Infertility-Notes（Pers Comm）.

PIC（2008-2009）Summer Infertility Series.

Reed H（1991）Summer Infertility，Pig Farming June 1991，30-35.

Sunderland，C（1991）Summer Infertility NAC Newsletter Oct 1991pps 6-8.

Wiseman，J and Walling，G（2009）Five Ways to Address Summer Infertility in Pigs.

（匡宝晓译　周绪斌校）

第 20 章
猪舍的防暑措施

热应激：猪的体温必须维持在一定范围内，才能使其生产性能最大化，并保障其福利和抵抗疾病的能力。

当体温超过上限时，猪就会开始气喘。这个上限被称作蒸发临界温度（Evaporative critical temperature，ECT）。当猪试图控制体温时，喘气可增加肺的蒸发性热释放。通常，猪每分钟呼吸 20～30 次。当猪的体温达到 ECT 时，呼吸频率估计为 50～60 次/min；但当猪的体温接近上限临界温度（Upper critical temperature，UCT）（见下文）时，其呼吸频率可高达 200 次/min。开始气喘是猪发生热应激的明确指征，表示需要采取切实可能的紧急措施。

UCT 通常被认为高于预警信号 ECT3～5℃的温度。

超过 UCT 阈值会立即影响到猪的新陈代谢，严重降低猪的食欲，降低生产性能，削弱抗病能力，并影响动物福利。

与下限临界温度（Lower critical temperature，LCT）一样，ECT 和 UCT 都横跨环境温度 5～6℃的变化范围，具体值取决于猪的日龄、体重、脂肪厚度、食物和摄入能量的类型、防太阳辐射能力、地板类型、风速和表皮湿度等因素。

表 20-1 列出了不同条件下 ECT 和 UCT 的近似值。

建议：将 ECT 作为预警值和必须采取措施的阈值，UCT 则作为会产生明显危险的临界值。

这些内容是根据澳大利亚养猪研究发展协会（Australian Pig Research & Development Cooperation）（他们可以说是研究炎热气候下养猪生产的世界一流专家）和其他渠道的建议提出的。

表 20-1　不同条件下 ECT 和 UCT 的关系

猪类别	日龄 (周)	体重 (kg)	地板类型	风速 (m/s)	摄入能量 (MJ/d)	表皮湿度* (%)	环境温度 (℃) ECT	UCT
哺乳仔猪	1	2	漏缝	无风	自由采食	15	35	41
	4	5					33	39
断奶仔猪	5	7	漏缝	0.1	自由采食	15	35	41
	6	10					33	39
	8	16					30	37
	5	7	水泥	0.1	自由采食	15	36	42
	6	10					34	40
	8	16					31	38
生长猪	9	20	水泥	0.1	自由采食	15	30	38
	15	50					28	36
	21	90					27	36
	9	20	水泥	0.5	自由采食	15	32	39
	15	50					30	37
	21	90					29	36
	9	20	水泥＋喷雾	0.5	自由采食	60	34	42
	15	50					32	40
	21	90					31	38
干母猪		150	水泥	无风	27	15	27	36
			（单头母猪）	0.3	27	15	29	38
				＋喷雾降温	27	60	33	40
			水泥	无风	27	15	26	35
			（5 头母猪/栏）	0.3	27	15	28	38
				＋喷雾降温	27	60	32	40
泌乳母猪		150	漏缝	无风	自由采食	15	22	32
				无风＋滴水降温		30	26	33
			水泥	无风	自由采食	15	23	33
				无风＋滴水降温		30	25	34

注：（1）本表列出的不是建议值。上述值仅作为参考，使用过程中需密切观察猪的行为。

（2）UCT 数据只是估计值，小心气温接近这些 UCT 值，它们预示着危险；如果气温达到或超过这些 UCT 值，猪会出现死亡。

* 表皮湿度：15% 是正常湿度，源于饮水器的作用。

30% 是滴水降温期间猪体表的特定湿度值。

60% 是喷淋降温期间猪体表的平均湿度。

热应激的初始检查清单

✓ ECT（气喘）是利润开始损失的预警信号。

✓ 用干净的数字式温度计检查猪舍的环境温度。

✓ 考虑下面所列的建议措施。

请牢记：

当你观察到猪出现气喘时，如果气温高于该标准 2～3℃，则可能会出现急性生产性能损失；当温度达到 UCT 时，猪可能处于致死温度范围，见表 20-1。UCT 多半由农业环境专家制定，但我认为 ECT 比 UCT 更有价值，有两个原因：

✓ ECT 通常根据猪的气喘和呼吸频率来确定，敦促你（实际上是指导你）立即采取补救措施。有很多次我途经呼吸频率达 60～80 次/min 的猪身旁时，饲养员却没有采取任何措施。当我示意饲养员立即给该猪淋水或改变气流方向时，饲养员会说："你是指现在吗？"答案是"当然，气温正在接近或超过 UCT，已经达到危险点。一分钟都不能耽误。"

✓ 如果猪的体温达到或超过 UCT，再采取措施可能为时已晚。猪的新陈代谢已经受到影响，且可能已经受损，需要经过一段时间才能恢复正常。猪的生产性能已经受到损失，这在某些阶段，特别是处于繁殖期的公猪和青年母猪生产性能如窝产仔数和分娩率的损失可能很严重。

一、热损失

猪在一定程度上可通过以下方式应对热应激的影响：

辐射（辐射能）：从某一发热源释放的能量波。如太阳照射到房顶释放出热量随后辐射到猪的体表。相反，猪的体表也能将热量辐射到周围的空气中，使四周物体的表面（屋顶、墙壁）温度升高，因而体温会下降。

在炎热的天气中，辐射散热通常占猪散热量的 20%。但是，如果猪舍的表面温度高于猪的体温，猪就会净吸热。

对流：热的物体外表周围的热空气上升或移除。此方法借助于使猪身体周围的空气流动——只要空气流动的速度快到足以使猪身体表皮附近静止的空气层发生移动。这是一种有效的降温方法；无需湿润，只要气流速度达到 1m/s 以上，且空气温度比猪正常体温 38.9℃ 低 3℃。因此，如果环境温度为 26～33℃，猪就能将约 30% 的体温散发到这个速度强劲的干燥气流中。

蒸发：将液体转化为蒸气。因为猪热的表皮逸出的热量，能够加热表皮的液体（在这种情况下是水），这是最快速度移动的分子，而剩余水分子存储（运动）的能量则减少，因而蒸发能够降温。气流会增加热的蒸发性损失，它是气流速度和最能够使皮肤降温的湿润作用联合产生的结果，单独的空气流动或湿润皮肤均不能达到这一效果。

猪能通过气喘、在泥地里打滚和把猪圈弄脏来达到蒸发性散热，这些都是气温达到 ECT 的早期表现。

每蒸发 100mL 水就需要 220Btu* （英制热单位）的热量。这意味着当环境温度为 27℃ 时，一头生长猪理论上可通过气喘散发约 40% 的体热。然而，猪需要长时间地多次快速呼吸才能蒸发 100mL 的肺水分，这就是为何用淋湿猪体表来散热更有效的原因。

传导：热量从温度高的地方传到温度低的地方。猪能变换不同的姿势，使自己的身体能够更多地接触到更凉爽湿润的地板表面。但是不要高估猪的自身调节；传导散热在炎热气候通常只占猪散热量的 5%～10%，因为猪只有 20% 的表皮能接触到凉爽的地面。

二、给猪降温的方法

（一）降低辐射热

炎热地区国家的养猪生产者，以及目前正经历全球变暖的温带国家，通常并不像对付寒冷天气那样认识到采用隔热措施的价值。

热带地区的猪舍往往很少或没有隔热设施，它们依靠空气流动、实体地板和给猪淋水进行降温。一个有效的隔热层加上屋顶外层的白色涂层能使猪舍内的静止空气温度降低 3℃。仅仅将猪舍外表面涂成白色就能减少 30% 的太阳辐射热。

其他降温措施带来的益处都源于这一做法。我从澳大利亚带回来的配方比使用白色油漆更加便宜：将 4.5L 聚乙烯醇（PVA）乳胶、22L 水、20kg 熟石灰和少量水泥混合。重要的是先将 PVA 乳胶和水混合，然后加入熟石灰。这种混合液需要搅拌。

即使在温带地区，如果猪舍的隔热设施不完善，太阳热穿透屋顶的能力会强得出乎意料。最近的测量表明，穿透老旧猪舍屋顶的太阳辐射能高达 30W/m²，穿透单层屋顶的辐射能达 85W/m²。重要的是要检查猪舍的隔热标

　　＊　Btu 为非法定计量单位，1Btu＝0.293 0711W。

准，使其达到建议的现代标准，U 值应为 0.4W/（㎡·℃）（详见包含这些术语完整定义的术语表）。

(二) 遮阳降温

遮阳设施能遮挡太阳光（太阳辐射），可为猪提供躺卧的阴凉地表。遮阳设施能阻挡 40% 的太阳辐射热。各种商用遮阳材料均可从市场上采购到，并能在春天搭建，秋天拆除，但这些遮阳设施必须固定牢，正如我们从"季节性不孕（Seasonal infertility）"这一章所知，应尽早搭建，以赶上初春每个晴天 10h 的阳光照射——在这种情况下，我们不是为了搭建更多的遮阳设施，而是为了保留阳光照射对繁殖的作用，并减少晒伤。

如有可能，遮阳设施应搭建在地势较高的地方，以使凉风吹入。如果选在地势较低的地方，应搭建在距树木或茂密植被 50m 处的顺风位置，这有助于微风送爽。如果遮阳设施搭建在较高或倾斜的位置，如从 2m 升高到 2.5m，同时较高的一端背向阳光，猪通过暴露在"较凉快"的北面（或南面）进行最大程度的散热，这取决于猪饲养在地球的哪个半球。

在为热带地区猪舍设计阳面屋檐时，要始终考虑太阳的入射角度；热带地区猪舍的侧墙、卷帘为活动式，有助于空气流动（图 20-1）。同时，太阳完全照射到的水泥走道能释放出相当可观的辐射热。为了避免猪被晒伤，必须安装永久性的长挑檐或可伸展的天棚。不要用挡板遮阳，因为（除了猪有晒伤的危险外）这样会妨碍空气的对流；尽管阳光被遮挡了，但仍有环境温度升高的巨

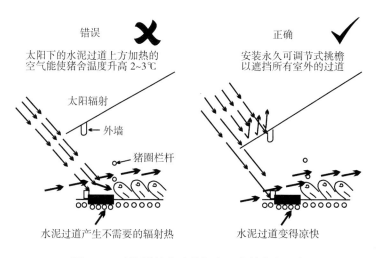

图 20-1　遮阳设施能遮挡阳光以降低舍内温度

大风险。

（三）炎热气候下的通风

动物体表快速流动的空气有助于猪进行对流散热和蒸发散热。气流速度低于 0.1m/s 则被认为是"静止的空气"，正如我们所知，当气流速度达到约 10 倍以上（1m/s）及更高时，有利于给没有淋湿的猪降温。因此，风速和气流方向是利用流动空气进行降温的两个重要条件。

炎热气候下正确的风速更适合用每小时流动的空气量（m³/h）来测定，这种方法更易于计算（表 20-2），并经常被纳入炎热气候下包括用桨叶式风扇通风在内的通风系统中。反之亦然，包括进行自然通风或自动控制式自然通风（Automatically controlled natural ventilation，ACNV），这两种通风方式很难应对室外温度超过 28℃ 的情况。此时猪产生的热量会增加猪舍内温升——室内外温度（气候）差异——4~5℃，这使猪舍内的温度往往接近或超过 ECT，在某些情况下甚至达到 UCT。

表 20-2　怎样计算最大通风量

所需的最大通风量＝猪释放的热量（W）/猪舍内外目标温度差值×0.35	
参考数据：产生的热量（W）	
体重（kg）	温度达到 ECT 时猪释放的热量（W）
1	4
6　　断奶前	24
6　　断奶后	13
10	35
20	51
40	94
60	121
80	144
100	163
干母猪　170　kg	142
哺乳母猪　170　kg	272

样例：第一阶段生长猪舍有 500 头最大体重 60kg 的生长猪。设计的通风量能使温升下降 3℃。

500 头体重 60kg 的猪释放的热量为 500×121W＝60 500W

所需的最大通风量为：$\dfrac{65\ 500}{3×0.35}$＝62 381m³/h（1 040m³/min）

这个数字听起来很大，但请注意猪场有 500 头体重 60kg 的猪，将需要许多风扇。

在实际生产中，炎热气候条件下猪舍内温升的目标值设定为 3～4℃。然而，要使温升的值越小，实现它所需的气流就越大。在一定条件下，升温 3℃比升温 4℃需要增加约 32％的通风量。

假设我们没有特意给猪进行体表洒水，那么，我们现在知道需要多少通风量才能使猪舍内的温度达到 ECT 以下。

三、风向

但是，如果室外很热怎么办？那么利用室外空气进行通风降温的幅度将非常有限，该气流必须直接朝猪的方向吹，因此需要有一个气流方向标准。

该气流方向标准原则上（除了非常炎热气候外）是根据当前猪的 ECT，使猪背部上方的气流速度达到 0.75～1m/s——通常建议使用更高的风速，但必须高于 0.75m/s，较低的风速加上喷淋降温更有效，并能减少用电。

与寒冷天气下的风向正好相反，那时气流需要经过一段长途"旅行"：首先经过过道和粪池，使室内外空气充分混合，最后才能吹到正在休息的猪背上（风速 0.15～0.2m/s）；天气暖和时，我们需要先将气流直接吹到休息的猪背部上方，最后由粪池排出（或者在某些情况下从屋顶通风口排出）。

四、蒸发降温

给猪进行蒸发降温有两种方法。

体重 30kg 以上的生长猪、育肥猪和干母猪使用喷淋或喷雾降温；

分娩母猪和保育猪（即体重 30kg 的仔猪）使用滴水降温。

如果温度超过 26℃达 1h，用喷淋或喷雾降温法给整个猪舍的猪降温，不会导致初生仔猪和断奶仔猪受凉。滴水降温由于产生过多的水滴，通常在 22℃时给哺乳母猪和 30℃时给断奶仔猪降温时使用。

喷淋降温的水滴是喷雾降温水滴的 20 倍大，如果根据表 20-3 的介绍控制得当，需要的用水量不会比喷雾多（用水少是喷雾降温优于喷淋降温的公认特点）。如果真能做到这一点，我认为喷淋降温更加有效。然而，很多使用喷淋降温的猪场操作不当，这里列出了一张需要规避的检查清单。

表 20-3　生长猪、育肥猪、干母猪和公猪进行喷淋降温

（注：喷淋水滴不是细微的水雾）。

使用量	330mL/（h·头）
循环时间	开 5min，关 45min
喷嘴流速	*3L/h×猪的数量/喷嘴
启动温度范围	26～28℃（低于此温度只需增加通风速率）

*例如：在一个有 10 头生长猪的猪圈里装有 1 个喷嘴，喷嘴流速为 30L/h，一个饲养 10 头生长猪的猪圈中安装两个喷嘴，每个喷嘴的流速为 15L/h

来源：Kruger，Taylor and Crosling（1992）。

有关蒸发散热操作不当的检查清单

✓ 用水不足或过度（浪费）。

✓ 太潮湿使哺乳仔猪和很多新断奶的仔猪受寒（尤其在夜间）。

✓ 喷淋——弄湿哺乳母猪。应该仅在母猪颈部进行滴水降温。

✓ 在极其炎热的气候下，没有给淋湿的猪使用强制空气流动（可控）。

✓ 喷淋或滴水降温设备未进行维护。

✓ 不能根据天气变化自动调节淋湿次数与蒸发的时间间隔。

✓ 在 23～25℃下对生长猪使用喷淋降温。在这个温度范围内，应增加通风速率，或增加风速或使风更贴近猪的身体吹过。

五、喷淋降温

根据相对湿度和猪体表的空气流动量，一头被淋湿了的猪需要 1h 身体才能干燥。如果通过大约 5min 的短暂喷淋使猪的体表温度降低，然后停止喷淋 45min 使猪的体表水分蒸发，那么即使环境温度为 25～27℃，猪也会感觉气温只有 20℃，其新陈代谢会做出相应的应答。

六、喷淋降温装置的调节

养猪生产者可能需要对喷嘴操作的频率和持续时间进行调节。调节受以下多个因素影响：猪舍的类型、通风、饲养密度和当地的天气条件。在高湿地区，猪体表的水分需要更长的蒸发时间，因此喷淋的间隔时间可能需要稍微延长。

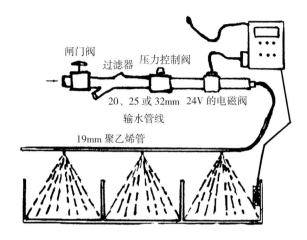

图 20-2　喷淋装置安装示意图
[资料来源：PRDC（见参考文献）]

安装时的检查清单（仅指喷淋系统）

✓ 确保水流能打开和关闭。

✓ 在配水箱（贮水箱）准备 1d 的备用水源。

✓ 尽可能保证水源凉爽，因为使用传导加热的水喷雾会使猪产生热应激。

✓ 水压正常为 14kPa（20psi）。

✓ 使用流速高达 1.4L/s 的 200μm 水过滤器。

✓ 长 40m 以内的猪舍需使用直径 20mm 的输水管。
　长 40~60m 的猪舍需直径 25mm 的输水管。
　长 60~100m 的猪舍需直径 32mm 的输水管。

✓ 支线输水管使用直径 19mm 的管道。

✓ 喷淋嘴应提供分布均匀、向下直滴的大水滴。

✓ 最好不要使用喷雾或雾化喷嘴，因为这会增加湿度，对降低猪舍内温度效果不大，而且会受到空气流动的影响。

✓ 不要使用手动控制系统。请使用电磁阀自动控制器。

✓ 使用能与卷帘或百叶窗相结合的控制系统（如 Farmex）。

七、通过猪身的风速

重点是强调猪体表要有一定的空气流动，否则用水降温是无效的。用水降温必须与足够的通风相结合。猪背部上方的最低风速需要达到 0.2m/s。

检查点：

工作正常的喷淋降温系统能使猪的呼吸频率在系统关闭后的 25～30min内恢复到 20～30 次/min。如果此时猪的呼吸频率升高到正常值的 2 倍，则应缩短喷淋间歇，并检查猪群所处位置的风速和风向。

八、滴水降温

在可以润湿母猪而哺乳仔猪基本上不受影响的分娩舍内使用滴水降温，是一种节省成本又有效的方法，能在炎热气候下为哺乳母猪降温（表 20-4）。

表 20-4 滴水降温对猪生产性能的益处

环境温度 27～34℃	滴水	不滴水
呼吸频率（次/min）	28.5	63.6
母猪繁殖周期内每窝仔猪的断奶重 * （kg）	56.21	50.91
哺乳阶段母猪体重的损失（kg）	3.79	38.53
日采食量（kg）	5.74	4.79
返情期（d）	5.0	5.0

每头母猪每小时滴水 4L

　* 举例：指本次试验的数据。
　资料来源：Murphy 等（1988）。

表 20-4 列举了天气炎热地区的国家使用滴水降温法的典型好处——与没有采用滴水降温的母猪相比，使用滴水降温后仔猪断奶体重更高，母猪的体况更好。

在更温暖的气候下，夏季分娩舍内的气温能使母猪体温达到 ECT 或接近UCT 水平的时间每天超过 12h，使用滴水降温的好处是产活仔数增加 0.5 头，仔猪断奶体重增加 300g，母猪在哺乳期每天的采食量增加 1kg。

即使在夏季最热的 4 个月中使用滴水降温设备，每头母猪每年的断奶活重增加 290kg，从生长到屠宰体重的时间提前 2d，这两项投入成本的回报是："按照当前的价格，一个规模为 100 头母猪的猪场当年足以回收所需的投资和安装成本"（Maxwell，1989）。

表 20-5　滴水降温对母猪流产和死亡率的影响

流产数减少 0.1 头/窝	$p<0.05$	
24h 内死亡数减少 0.13 头/窝	$p<0.01$	差异显著
每头仔猪的断奶体重增加 400g	$p<0.001$	
哺乳仔猪断奶前的平均日增重增加 14g/d	$p<0.001$	

基于这些数据，滴水降温设备的投资成本在 1.69 年内回收
1 年相当于夏季有两个月最热，即每年使用 3.38 个月可回收投资成本

资料来源：Cutler（1989）。

表 20-6 详细说明了给母猪和断奶仔猪安装滴水降温设备的设计要求，图 20-3 给出了安装指南。

表 20-6　滴水降温的设计要求

	哺乳母猪	断奶仔猪（特指极端温度下）
使用量	330mL/（h·头）	65mL/（h·头）（5 头/个滴水器）
循环时间	开 1min、关 10min	开 1min、关 10min
滴水流速	3～3.5L/h	3～3.5L/h
启动温度	22～24℃	32℃（特指较大的断奶仔猪） 35℃（小的断奶猪） 避免气流速度过高

资料来源：Kruger，Taylor 和 Crosling（1990）。

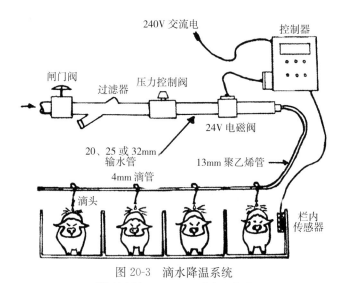

图 20-3　滴水降温系统
[资料来源：PRDC（见参考文献）]

滴水降温检查清单

总则

- ✓ 确保通风。0.2m/s 为合理风速（即风移动 1m 需要 5s）。
- ✓ 使用过滤器是明智选择，可以用 0.81m/s 流速流经 200μm 的网眼。
- ✓ 建议使用减压器来维持平稳的流速。

哺乳母猪

- ✓ 滴水装置的安装位置相当重要，尽量不把仔猪滴湿（如果饲喂干颗粒料，则确保不淋湿母猪的饲料）。
- ✓ 在直径 13mm 的水管上部安装 4mm 的滴水管，以便 4mm 滴水管先向上再向下弯。这样能确保关闭水流时，滴水管能快速流干，不再继续滴水。
- ✓ 如果是孔状或条状漏缝地板的产床，则将滴水装置安装在母猪的肩部上方。如果产床地板是实心的，为了减少乳腺炎的发生，一般建议是将滴水装置安装在母猪臀部上方，即后网眼或漏缝地板所在处。
- ✓ 请勿把滴水乳头安装在水流能够流进教槽区的地方。
- ✓ 水量大小必须能够调节，在猪圈清空或寒冷的夜晚能够关闭。

有关哺乳母猪在产栏平躺时间的研究表明，母猪采用躺卧姿势的时间占 94%。在 575~600mm 宽、护栏外有相等空间的通用产床中，母猪似乎习惯于靠一边躺的时间将占 70%，靠另一边躺的时间约为 30%。母猪的头部在这两个位置之间约 180mm 的位置偏向一侧——这并不是很大。因此，滴水器应安装在料槽边缘后方至少 500mm 处的上方，滴水的目标区域是一个半径约 300mm 的圆形。

保育仔猪

- ✓ 每 5 头断奶仔猪使用 1 个滴水器，在漏缝地板上方滴水。
- ✓ 避免在风速过高情况下使用滴水降温，否则会使仔猪受寒——即使在高温情况下，最高风速只能达到 0.2m/s。

养猪生产者可能不愿使用滴水降温，而宁愿使用定时的"仔猪淋浴"，在每个猪圈内划出特殊的淋浴区。这种方法虽然好，但是成本太高，从设备安装起计算成本回收差不多要 3 年。

九、水帘降温

在热带地区国家，尤其是夏季天气炎热、干燥和多尘的国家，水帘降温器越来越受到欢迎。在高湿地区，这种系统的降温效果不佳或几乎无效。在干燥的气候条件下，这种系统的好处显而易见（12～105kg 阶段，每吨饲料可售猪肉可增加 38kg），但安装和设计十分关键。空气被吸入湿润的纤维垫。水由水箱和高架供水系统提供给水帘。出气孔间距均匀的硬质塑料管或开放式雨水槽使水均匀地滴到水帘上。管径的大小、孔径的尺寸及其间距取决于水的流速和每个系统的要求。为了达到最佳蒸发散热效果，供应的水应多于蒸发的水。为了将未蒸发的水重新储存，给水箱设计一个带过滤装置的回路。水帘下有一个倾斜的雨水槽，将未蒸发的水收集并输送回水箱。通过一个可关闭的浮球阀来控制补给水的供应。

避免供水系统受到昆虫和杂物的污染。对回流到水箱的循环水先要进行过滤。同时，在取水泵和供水管道或雨水槽之间安装过滤器。用温控器控制整个系统，以便在达到理想的启动温度即 ECT 时开始润湿水帘。为了减少藻类在

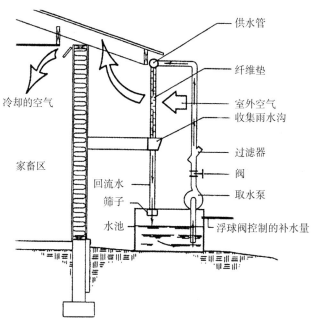

用排气扇将热空气抽出湿纤维垫。热空气会蒸发纤维
垫中的水分，使气温降低

图 20-4 水帘降温系统（根据 PRDC 提供的设计要求）

水帘上的生长，每次使用水帘之后，要暂停泵水数分钟，以让风机把水帘吹干。图 20-4 介绍了包含冷却室的这种设计。

关键是系统的安装要由通风设备工程师来负责。整个系统对水的要求、蒸发垫的尺寸、所需负载功率以及在工作和非工作状态之间对猪舍内进行精确通风控制的要求均有使用规则。有些本土生产的系统，往往用占据了大部分边墙的软木垫，以增强猪舍通风系统的通风效果。这些做法经常会出现问题，软木很快就会堵塞，降低通风效率，使电力成本提高，并使房间远端猪圈的通风效果变差。

水帘降温基本检查清单

水帘降温系统需要定期保养以确保其能够正常运行。根据下列原则制定维护时间表：

✓ 水帘的编织纤维每年要更换，因此建议水帘前端使用脱卸式金属丝网。

✓ 如果水帘下沉，可以添加更多的水帘材料，使空气无法从空隙处穿过导致循环路径缩短。

✓ 每两个月至少关闭一次输水管，以清洗灰尘和泥沙。

✓ 用硫酸铜溶液冲洗水帘以控制藻类生长。用不透光的材料覆盖蒸发垫的周围和水池也有助于控制藻类生长。

✓ 由于水分蒸发，盐和其他杂质则逐步积聚。应持续放掉 5%～10% 的水以去除盐或每个月冲洗整个系统。注意，放掉的水可能有毒，需要妥善处理。

✓ 请记住，在操作过程中，由于水帘对吸入的空气有阻挡力，电力成本将增加近 25%。工程师可能会建议增加风扇数量，以确保有充分风能吸入和循环。

✓ 对于规模为 50 头母猪的分娩舍或 200 头仔猪的保育舍，该系统需要有 2L/min 的水流速度来维持，确保至少 5m² 的水帘区域保持湿润，即 2.25m×2.25m 的水帘区域。

十、鼻部降温（有时被称作局部降温）

这是一种极理想的低成本降温系统，能提高高温天气猪的食欲，且几乎总是局限于哺乳母猪使用。哺乳母猪在高温天气，尤其是高温高湿天气会出现严重的食欲不振。

似乎包括两大原则：

1. 使料槽附近的空气保持新鲜

室外空气——可能已达到或超过 30℃——被准确定位及聚集，以 0.25～0.30m/s 的速度缓缓向下吹向料槽。这种方法根本不是为了给母猪降温，而是为了使母猪头部附近的区域，特别是料槽上方的空气自由流动。用轻型桨式风扇，将猪舍外的空气经 15～20cm 的塑料管传送到固定在产床前端的 8cm 落水管。落水管设置一个调节闸，调节风速，同时不能超出料槽位置，以免母猪碰到。

从使用这种空气循环形式的猪场获得的数据看，在温带地区的夏季，哺乳母猪的采食量毫无疑问能增加 1kg/d，热带地区甚至可增加 2kg/d。

谨记，猪鼻部空气循环不能给母猪降温，只能增加母猪的采食量，因此在断奶时可改善母猪的体况。

2. 局部降温

在炎热气候，大多数动物经呼吸道散发 60%～70% 的热量。对猪的头部周围区域进行局部降温有助于提高降温效果。局部降温通常用于用限位栏饲养的猪，有时也用于单体栏，如公猪栏。在分娩舍，局部降温能使母猪感觉更舒适，同时仔猪补料区也能有较高的温度。

然而，局部降温不能满足高温天气下的所有通风要求，能够提供充足通风的定制式传统通风设施仍将需要。

理论上，在环境非常潮湿的情况下局部降温效果并不理想。这是因为空气中的高水分会阻碍猪将肺部呼吸的水分有效排出。然而，局部降温使空气保持清新的作用还在，猪头部的风速较高的空气流速同样重要。由于风速较高，必须特别注意不能在补料区出现贼风，因为风会"滑向"分娩舍的实体隔板，使仔猪受凉。

通风工程师将确保内部分配管道和落水管道的尺寸能顺应表 20-7 中建议的风速以及风扇的负载功率。

表 20-7　种猪局部降温系统的建议气流速率

猪类型	通风量 *（m³/min）
产后母猪（200kg）	2
干母猪（150kg）	1
公猪（250kg）	1.6

* 局部降温系统在炎热气候下仍按表 20-1 建议的通风量进行通风。

资料来源：Jones 等（1990）。

十一、炎热气候下的卷帘（百叶窗）通风

垂直升起的强化帆布帘或百叶窗是炎热气候下猪舍通风的常用方法。但是，这些设备的设计与操作还有很多不足之处。

90%的猪场所使用的卷帘是按照白天温度通常在26～34℃这个范围设计的，在此温度范围内，猪需要进行合理的通风和喷淋降温。

然而，人们很少考虑深夜和夜间气温会骤降，足以引起猪受寒，这对于20～40kg的幼龄猪特别危险。饲料转化率会出现问题——体重20～40kg的生长猪，体温每低于LCT 1℃，每天需多采食18g饲料以维持生长。因此，如果食欲受到抑制，仔猪生长速度会减少12g/d，结果会导致出栏时间晚2d。

即使如此，气温稍低的真正威胁是引起猪受寒。受寒会引起猪的应激，应激会降低猪对多种疾病的免疫防御能力，尤其是呼吸系统疾病。寒战是周围气温产生的附加影响，由于白天为使猪保持凉爽往往会通过喷淋使地板潮湿。潮湿的地板会提高热传导性能，使猪释放更多的热量，尤其是晚上，不但猪上方有较冷的空气，而且其下面还有冰凉的地面，导致一些重要器官(肝和肾)直接与过冷的地面接触。

人工卷帘调整不够频繁

随着夜晚的温度由暖变成凉爽、寒冷甚至冰冷，卷帘成为使猪舍保持适当气温的主要设备——只需高于LCT。如果采用人工调整的方法，这些卷帘在放下时通常为时已晚；结果随着外界气温的下降，猪受寒，并出现应激。

我曾经在热带地区测量了晚上7:00至午夜时的气温下降幅度。每次，我都会问猪场老板他认为这段时间温度会下降多少，回答是"4～5℃"；然而，仪器显示，温度下降达8～12℃。只调整一次卷帘意味着全部猪在这4h（晚上7:00至深夜）中都处于不合适的气温环境下。午夜之前，温度往往低于LCT 2℃（大日龄猪），对于断奶猪来说，温度低于LCT多达5℃。

如果你的猪场有比较多的病毒和呼吸道疾病，那么卷帘调整过于粗放和调节不当可能是主要原因。

十二、问题的解决办法

1. 自动调节式卷帘

然而，没有一个勤奋的饲养员能跟上一天两次的昼夜气温变化（早晨和晚

上），如果天气发生变化，白天或夜间的气温可能进一步变化。自动调节式卷帘正常情况下一天能进行 30 次以上的调整，有时会更多。

一系列的温度感应器（通常一栋 10m 宽、30～40m 长的猪舍设 3 个温度感应器）与控制卷帘升降马达（或马达，见图 20-5）的控制器相连，将能够使猪舍温度控制在接近于猪群的 LCT（温度范围应根据猪的日龄、地板类型、屋顶保温程度和饲养密度等预先设定），这样无论舍外气温迅速或缓慢下降，猪都不会受寒（图 20-5）。

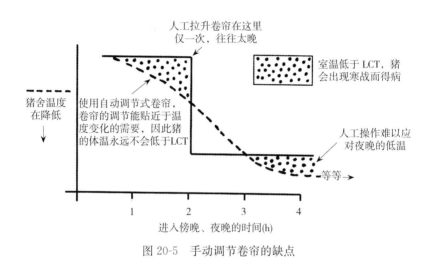

图 20-5　手动调节卷帘的缺点

2. 保持卷帘的密封性

卷帘顶端应牢固安装在轨道内，两边应"折"进盒子里，或如果采用滚轴，升降则通过窄长的槽实现。这两种卷帘都是为了减少贼风进入，这对于断奶猪和体重 20kg 的仔猪尤为重要。

在非热带地区，实体百叶窗比卷帘更好，但造价比卷帘贵 3 倍。

3. 猪舍"4 分"法

"4 分"法是将猪舍等分成 4 个正方形或长方形区域，由两幅卷帘遮挡猪舍的一侧，而不是只用一幅（图 20-6）。

一侧只有一幅卷帘不太灵活，原因是：

● 不能适应日间太阳在东西地平线间的

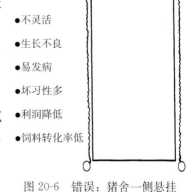

● 不灵活
● 生长不良
● 易发病
● 坏习性多
● 利润降低
● 饲料转化率低

图 20-6　错误：猪舍一侧悬挂两幅长卷帘

移动。

● 不能有效适应风向改变。

● 卷帘通常过长，帘幕的上端缝隙因其过长而不平衡地下拉，特别是在使用一段时间后。

这在白天影响不大，但在黄昏和晚上影响很大。卷帘的最大操作长度为30～35m。如果猪舍比较长，就要使用多幅卷帘（图 20-7）。

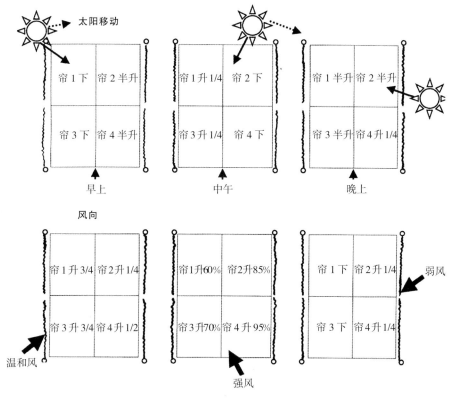

图 20-7　正确：使用 4 幅短卷帘将猪舍"4 等分"

十三、结果——卷帘"4 分"法的回报

表 20-8 表明，生长猪由于具有较快的生长速度和较好的饲料转化率可节省饲料 26.4kg/头。对一个规模 300 头母猪的猪场，其可年节省 162t 饲料，数量可观。

表 20-8 卷帘"4 分"法的效果

	使用前	使用后
饲料转化率（20~90kg）	3.2	3.0
达到体重 90kg 需要的天数（d）	161	153
卫生差猪栏比例（％）	36（29.3℃）	12（29.2℃）
300 头母猪的猪场年节省饲料（t）	—	162
减去安装自动设备的一次性成本后（t）		130
投资回报（每月）	10	

资料来源：客户记录。

表 20-8 中唯一的差异在于两栋猪舍（保育舍与育肥舍）由卷帘的手动控制变为"4 分"式自动控制卷帘。改变的成本相当于节省饲料成本的 80％，因此 10 个月可收回成本。毫无疑问，猪场目前正全面更换成自动卷帘。更多的实践表明，改变的偿还期仅按节省的饲料这一项计算是 1.2~2.1 年，且还没有计算疾病减少所带来的收益。一个猪场在模式改变 1.5 年后保育猪的发病率和死亡率明显降低，仅这一项就相当于用 6.5 个月就能收回改变所需的成本。

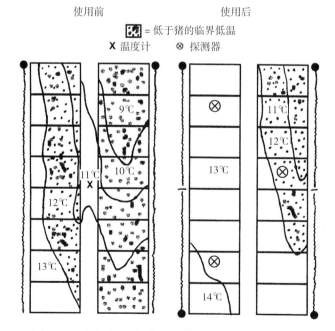

图 20-8 卷帘采用"4 分"法前后的温度区间（夜间）
注意温度探测器正确摆放位置。

十四、炎热气候下公猪的饲养

公猪的睾丸温度通常比正常体温低 2.5℃，这个温度必须保持，以确保公猪具有最佳的繁殖力。"过热"最显著的影响就是交配时射出精液的活动精子数减少。活动性能使精子在交配后到达卵子，并使其受精，通常精液中 95％ 的精子具有活动性。这个比例随着气温超过 30℃ 而下降。在一项试验中，40℃气温下的公猪射出的精子活动性下降到 5％以下。

因此，在气温高于 33℃时，除了精子活动性受到抑制以外，还会对公猪其他繁殖力产生影响，如精子总数量、活精子的比例和精液的非正常精子比例；这种影响在受热应激后的 2～5 周出现，交配频繁的公猪繁殖力出现损害的时间缩短。

公猪性欲

澳大利亚的研究已证实，在气温达到 38℃ 前，公猪的性欲不会受到抑制，热应激对公猪性欲不会产生残留作用，会很快恢复正常。

在查找发情母猪时公猪性欲发挥着重要的作用，并在完成一次积极、高质量的交配之前可表现出充分的求偶刺激行为。因此，炎热气候可能会使公猪的最初求偶行为减弱。

公猪在爬跨母猪前的最初 30s 出现的"肋部嗅探"行为，似乎是公猪确保取得良好繁殖力的重要行为特征。那些在求偶过程中表现出高水平嗅探行为的公猪，通常比较少表现出嗅探行为的公猪具有更高的受胎率（表 20-9）。公猪较高的嗅探行为被认为可刺激母猪释放催产素，进而可通过增强母猪子宫收缩和精子沿着输卵管的移动来提高受精机会。据认为母猪"尝"到公猪的唾液被认为与嗅到公猪的外激素一样重要。

表 20-9　交配——持续时间与效果

评价	受精率（%）	求偶（min）	爬跨次数	交配持续时间（min）
1. 差 2. 中等	80.5（75%～86%）	1.8	1.9	2.1
3. 好 4. 优秀	83.4（75%～91.8%）	0.42	1.1	3.1*

* 交配时间每增加 1min，窝产仔数将增加 0.48 头仔猪。

正确配种的关键要求：正确的接受度，合适的周围环境，有条不紊的操作

资料来源：Rikard-Bell（1994）。

十五、交配频率

夏季高温对公猪的影响可通过减少公猪在夏季的交配频率来缓解。炎热对精子的产生和受精发生时确定最合适精子数量的影响表明，短时间暴露在炎热的环境后，假如公猪交配次数不多，仍能保持繁殖力。

以下的建议根据澳大利亚的研究，具体如下：

表 20-10　炎热气候下公猪交配次数指南

在以下温度条件下公猪接受一次 12h 的热应激	热应激后 1～6 周内的最大交配频率
30℃ 以下	2 次/d
30℃	1 次/d
33℃	4 次/周
36℃	2 次/周
40℃	在这个时期几乎不能受精

有些公猪采用高于推荐的频率进行交配将能保持其繁殖力，这是有可能的。在其他所有条件相同的情况下，我猜这些公猪可能是因为有较大的睾丸，但这还需要经科学验证。

如果不考虑工作量，只要有可能建议把交配安排在清晨（清晨温度可能较低）和在饲喂之前进行，这样有利于保持公猪的性欲（表 20-11）。

表 20-11　炎热、高湿气候下全天交配与清晨交配的比较

	母猪在早上 5:00～7:00 配种 （温度 24～26℃）	母猪全天配种 （温度 27～34℃）
分娩率（%）	88	72
返情（%）	13	23
产活仔数（头/窝）	9.87	8.91

十六、参考资料和扩展阅读

读者可能会注意到，本章引用的一些表和资料出自 20 世纪 90 年代甚至更早，看起来可能过时了，但事实上并非如此！

这是因为热力学是一门基于物理学的科学，其原理是不变的，因此所涉及的计算也不会随时间的推移而发生改变。我们今天所使用的很多基本信息都基于对猪进行的热力学原始研究，仍然可信，这些信息刊载时间早正是因为它们

是研究人员最先确立或介绍的。

　　实际上，我很感谢几位猪舍和环境方面的前辈，他们现在已退休，多年来曾给予我无私的指导。第一位是 John Randall（他写信给我很委婉地说，从我的著作看，我似乎对热力学和通风知之甚少，去 NIAE* 一两天，我们将让你少走弯路）。

　　我真的去了，他们也的确做到了！为本书做了突破性贡献的其他前辈还有 George Carpenter、Jeff Owen、Leonard Mouseley 和 Chris Boon，用登山术语说是真正的"第一个登上顶峰的人"。

　　* NIAE，National Institute for Agricultural Engineering，Bedford，England（英国贝德福德国家农业工程研究所）。

　　感谢对本章写作给予帮助的澳大利亚养猪研究和发展协会（Pig Research & Development Corporation，PRDA），我把它看作研究炎热气候下养猪生产技术的世界一流专业机构。其出版的著作澳大利亚猪舍系列丛书《夏季降温》（1992）仍是提供有价值的实用信息的主要来源（图 20-2 和图 20-3），我感谢 PRDA 允许我摘录书中的精选建议。尽管这本书的出版日期早，但其给出的建议经得起近 20 年后实践的检验。澳大利亚做了一些细致的研究，它们非常实用，且切中要害。

参考文献

BPEX UK（2009）. *Action for Productivity* sheets. Heat Stress-Indoor Herds；Heat Stress-Outdoor Herds.

Jones，D. D.（eds）.（1990）*Heating，Cooling and Tempering Air*. Monograph published by Iowa State University，USA pp 12-15 and 24-28.

Kruger，Taylor and Crosling（eds）.（1992）Summer Cooling. In：*Australian Pig Housing Series*. ISBN：07305 98926.

Murphy，Nicols and Robbins.（1989）Drip Cooling of Lactating Sows. *Pigs*，May 1989，pp 8-9. Elsevier Publications.

（牛建强译　肖昌、陶莉、潘雪男校）

第 21 章
怎样避免咬尾和其他不良嗜好

> 猪尾被咬伤后，如果不仔细检查的话，会导致整个尾部严重溃烂、败血症、应激、甚至死亡。

一、目标

咬尾发生率应该为零。已有研究表明，在欧洲全部的问题猪中，有 14％应归因于咬尾，因此，咬尾是猪场存在的主要问题之一。据我现在和以往的调查来看，1/8 的猪场存在咬尾现象。

二、问题的严重程度

据 2007 年英国国家动物疾病信息局（NADISUK）开展的疾病信息调查表明，在我们非常成熟的养猪界，咬尾的情况是……

- 咬尾的发生率是 1.2％，这是由 14 名猪兽医对 400 000 头猪进行调查的结果〔稍后，由英国养猪委员会（BPEX）和皇家防止虐待动物协会（RSPCA）在 2009 年进行的调查所报告的猪咬尾发病率是 3.96％〕。
- 3％～5％的猪可能连续几周内受到影响，其中有 1％的猪因伤害太严重而不得不对其进行安乐死处理。
- 还有 1％的问题猪在屠宰时废弃，通常在加工商（屠宰场）的问题猪登记表上报告为"脓血症"。
- 以这样的发病率，一个 300 头的母猪群因咬尾导致的经济损失是年毛利/母猪（损失了 140 头猪）的 4.4％，这还不包括因治疗、护理、隔离和体重下降导致的损失。

- 饲养在漏缝地板上的猪有最高的咬尾发生率（图 20-1）。
- 普遍认为，在麦草上养猪一般不会有咬尾情况的发生。国家动物疾病信息中心（NADIS）报告表明，在漏缝地板上养猪咬尾发生率有可能从 $20\%\sim60\%$ 不等，但存在相当大的地域差异，从记录在案的情况来看，有 30% 的咬尾情况（图 21-1）。

英国最近进行了一项调查（NPA，2010），涉及104 400头饲养在漏缝地板上的育肥猪，204 350头饲养在麦草垫料床上的育肥猪和10 200头饲养在室外环境的育肥猪，占 2009 年英国猪群的 13.8%。结果表明，56% 的猪没有咬尾问题，而 44% 的猪却有咬尾问题。

在我考察过的国家中，我发现东欧国家和中美洲国家的猪咬尾发生率要高得多。

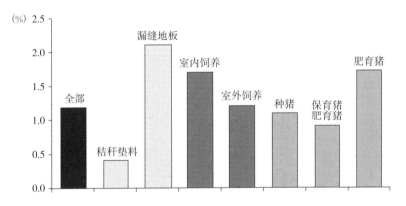

图 21-1　英国受影响的断奶仔猪和生长猪发生咬尾问题的百分率
［数据来源：NADIS（UK），2007］

检 查 清 单

检查清单显示了哪些因素是导致猪咬尾的常见病因（这仅仅是个人的经历或在帮助缓解几百起咬尾病例中问到的内容）。

45 年来，我观察到一个咬尾原因变化的趋势，即从营养因素引起，过渡到因环境因素和可能的遗传因素导致。

目前，猪的饲养条件已经改善了很多，但是猪可能会因过度拥挤而无法承受。现在我们的猪长得很快，同时，现在的猪也可能没有几十年前的猪那样温驯了。

当发生咬尾时，应当主要检查这些方面。

以下是分析 1961 年到 2008 年 283 宗咬尾案例（25％是在过去的十年中发生的）

注意的地方		重要性分级
✓ 过度拥挤		60％
✓ 通风	· 通风不良	50％
	· 通风口位置设置不当	50％
	· CO_2、NH_3 等气体	15％
	· 夜晚低速贼风	40％
✓ 猪栏布局设计不当，造成猪好斗		10％[1]
✓ 混群猪大小不均匀		18％[1]
✓ 猪从有秸秆垫料的地方移到坚实地板		20％
或漏缝地板上饲养		
✓ 料槽设计不合理		15％
✓ 未及时转走病猪		60％
✓ 遗传因素（猪变得不再温驯?)		15％[1]
✓ 营养因素	· 食盐	20％[2]
	· 饲料适口性差	15％[3]
✓ 饮水缺乏（原因有多种，包括饮水龙头受污)		20％[1]

✓ 无聊。在过去 10 年里，提过专业化的材料已将无聊的发生率降低到50％（以我的经验）。

据称，至少有 10 种营养因子与咬尾有关（如蛋白含量低等原因），但我仍将其分为很大程度上未被证实的或未得到证明的。如今我们的猪料营养比较全面，我们应当考虑其他的原因。

1. 我认为，这些病例/发病率要比分级的症状更重要，至少从 1985 年以来是这样。我发现在这方面鲜有研究。

2. 食盐的作用很奇特，当在已发生咬尾猪的日粮中有足够的食盐（含量为 0.4％）时，如果将饲料中食盐的比例提高到 0.8％，同时提供充足的饮水，可以帮助治愈咬尾的发生。但是为什么会这样呢？难道增加食盐可以掩盖饲料中其他不适口的成分吗？

3. 包括突然更换饲料、和（或）存在霉菌毒素。

注意：这些都是主观的观察结果：即发现可阻止咬尾症发生的个人经

验，在后来进行随访时对其大致级别进行排序。然而，这些病例中究竟有多少被治愈了，不得而知。

早期症状

✓ 圈舍内躁动、骚乱、无法安静休息。

✓ 一头猪（通常为小猪但精力旺盛）攻击骚扰其他猪。

✓ 所有猪都将尾巴夹在臀部下面。

　　总之，咬尾是如此的奇怪吗？我们做父母的都见证过，当小孩子牙齿或牙龈开始发育时，都有咀嚼其他东西的倾向。难道小猪咬尾也是因为有相同的倾向，或者只是咬错了对象？

三、主要原因——找些事情做

　　猪天性喜欢拱食。它们是具有探索精神、好奇心理以及求知欲望的动物，因此当它们没有吃喝睡的时候，喜欢"找点事情做"。

　　然而，我们却将它们饲养在"过度拥挤"和"非自然的"条件下。无论如何，与野生环境相比，现代化的生产就意味着我们不得不将猪饲养在这种过度拥挤的和非自然的条件下。我们必须确保没有越过这种过度拥挤和非自然条件的边界。

　　过度拥挤和非自然条件都会导致猪躁动或低水平的 NES（见"应激"一章）应激（焦躁）。心情愉快的猪一生中至少有 82% 的时间是在休息、打瞌睡来消磨时间，因此，猪一生中有 18% 时间在探索和找点事情做。如果它们不能找点事情做，则会找麻烦。

　　因此，我们必须给密闭饲养的猪一些事情做，如果拱食是其天性，那就要有一些东西供其拱食，如一个大球、厕所水箱用的直径约 15cm 的旧球形旋塞、比较沉重的圆木、一些绿色植物，甚至一块草皮（草寿命很短）。不能使用链条状物品玩具，因为这些东西在猪玩耍时会挥动而打到其他猪的脸上，这样猪群就会躁动不安！在野生的条件下，猪不像牛那样会摩擦树枝，猪是用吻突拱食其他东西。因此，要给它们提供发挥其"拱东西"的条件。一种能够很好地转移猪注意力的东西是一根 2m 长而耐用的阿卡辛塑料管，因为猪喜欢咀嚼整个物体同时又用嘴来推动它。

　　下一步，保持猪休息得舒适并具有幸福感有很大的益处。舒适自得的猪不会发生咬尾！这样的事情我看过很多例。如果你的猪一天不是有 20h 在打瞌睡，你应该花点钱来解决猪的烦躁！从你自己的角度来说，检查你究竟做错了什么而让猪群烦躁不安？

四、环境改善

英国动物福利法（UK Welfare Code）指导方针很好地总结了环境改善的思想，其中提到：

"环境改善可为猪提供拱食、探索、咀嚼、玩耍的机会。秸秆作为一种理想的环境改善材料，它能够满足猪很多行为上和生理上的需求。秸秆可以提供纤维材料供猪嚼食。当将长秸秆用作垫料时，猪不仅能够在里面拱食和玩耍，而且还能作为垫料床给猪提供生理的和热的舒适感。某些物品，如足球和链条状物品可以满足一些猪的行为需要，但新鲜感很容易消失。因此，一般来说，不推荐使用这些物品，除非每周能够更换一次。"

（一）巧妙选取材料

下面有关于这个问题的一些思考，秸秆可能很贵而且不适合所有的猪场，作为一种替代品的"玩具"已应运而生。

绳、碎布、塑料桶、旧惠灵顿靴*、各种大球、圆木、新鲜树枝、塑料管材、悬停链（但只用附属的木头或橡胶输送带部分），旧轮胎，盐舔舐球*，废弃的饲料袋，这些物品都可以成功使用，这表明农场使用什么玩具应根据农场的特点，而没有统一的标准。关于这一点的进一步讨论，见"应激"一章的内容。

选用带"*"标注的物品作为猪的"玩具"是不明智的，因为这些物品对猪具有安全隐患，如轮胎内金属丝以及食盐中毒。因为鞋子和橡胶会被猪咀嚼成讨厌的小片散落在泥浆中，从而造成排污系统堵塞。

替代秸秆用作垫料或可拱食的材料有：

- 泥炭和培养蘑菇用后的废渣（参见下文）。
- 表 20-1 中的其他 7 种材料。
- 刨花*（有些木材中可能含有有毒的树脂）。

（二）泥炭和培养蘑菇用后的废渣

虽然泥炭的供应不成问题，但因环境因素的制约限制其在这方面的应用。培养蘑菇用后的废渣也同样很好，反正也是一种需要处理的副产品，因此，对于这种材料只要你靠近蘑菇工厂就行了。

北爱尔兰是最先应用泥炭或蘑菇渣来预防和控制咬尾的，起初他们将盛有泥炭或者培养蘑菇用后废渣的纸托放到正在发生咬尾的棚舍里去，结果起到很好的效果。虽然这种材料与其他"可拱食"材料（表21-1）具有相同的用处，然而会占据猪舍一些空间。

$1.8×0.6m^2$ 的猪圈，每圈饲养 18 头 35～95kg 猪，猪圈悬离地面的高度是 60cm，到屠宰体重时高度为 75cm。猪圈底部铺上规格为 $30mm^2$ 的细铁丝网格。每天添加蘑菇废渣，猪粪通过网格而下落到地面上，猪在蘑菇废渣上面拱食、玩耍、并且大部分被猪采食。每头育肥猪的花费低于 0.25 英镑。而咬尾造成的花费很难说清，因咬尾导致每头猪的花销约达 1.15 英镑（Robertson，2008），这种潜在的 4∶1 回报看起来很有前景。

在一项试验中，咬尾的发生率高达 11%，开始使用蘑菇废渣作垫料后，咬尾发生率下降到 1%。

表 21-1 猪花在各种拱食材料上的时间（%）

泥炭	蘑菇废渣	沙子	树皮	森林树皮	大麦秸秆	锯末
70	63	46	45	43	34	11

资料来源：Beattie 等，农业研究，N.I研究所（2008）。

向猪供水系统中添加二氧化碳也可以取得很好的效果，但费用比较昂贵——摄取这种气体似乎可以使猪安静。

（三）秸秆和其他材料

在我的印象里，饲养在秸秆上的猪几乎不会发生咬尾，可惜秸秆不是随时都有，即使有，收集起来也比较难，结果导致价格较高。如需要，生产者必须加倍努力以寻找其他可代替的临时性材料，如废纸箱（但不能用有毒的干蕨菜或者引起呼吸困难的粗锯末）。在我的印象中，沙子会影响食物的转化！从树木修剪者那里得到的树皮比较好，但是不能选用针叶树、月桂树和柏树的树皮。树皮广泛应用于园艺中心，因此其价格高得让人望而却步。

同时，让我们再看一看本章先前提到的麻烦的可能起源——最可能的原因是饲养密度过大。

五、如何防止咬尾症的暴发呢？

咬尾症的影响是猪烦躁不安、应激，造成咬尾的原因是多样且互相关联的。因为要联合考虑到其他因素，所以养猪人很难找出某一种使猪发生咬尾症的原因。

许多生产者采取的方法是很随意的。问题非常明显并需要紧急关注，所以多方面的各种治疗方法需要同时应用。简而言之：

短期

1. 立刻移走所有被咬伤的猪。

2. 把攻击者用喷漆做好标记以分清肇事猪。

3. 将那些被咬的猪转移到康复栏。

4. 不要迟疑——马上行动，否则情况会变得更糟。

5. 添加些咀嚼物，猪喜欢用"鼻子"拱，如果可能的话，它们会尝试毁掉这些东西，例如纸屑、密织的粗绳索、长的厚塑料管等。

长期

6. 可以尝试本书后面给出的一些建议来缓解最可能的原因，首先要关注这些原因。

7. 一次仅仅尝试一或两个解决方法，并维持约 2d，看看效果。

8. 记录日期、栏号、天气变化、病猪的数量和任何值得注意的行为变化。

这个计划的目的是要找出病因，永久性地解决问题。它是有效的。

六、下面都是可能造成咬尾的原因

（一）饲养密度过大

要达到正确的饲养密度（在饲养密度这章有详细的介绍）不是件简单的事情，它不像书本上推荐的那么简单。这是因为猪要将猪栏中的部分区域作为其生活区，同时有些区域倾向于作为规避区域，如湿的或脏的地板、冷区、有贼风侵袭的区域、它感到受到限制的区域，以及有攻击来临时难于逃避的区域等。长而窄的猪栏就是个例子——少数猪（认为这个值是 15%）必须饲养在长度是宽度 2.5 倍以上的猪栏中。优先推荐正方形或长宽比为 1.5∶1 的长方形猪栏。任何时候都不能超出 115kg/m² 的经验法则，当群养时这一点尤其重要，因为当饲养密度过大时，很容易发生咬尾。

表 21-2 显示的是饲养密度过大造成的影响。

（二）猪栏里的设备

已表明猪睡醒后首先去吃食，然后再去饮水，接着去排尿、排便、然后去进行"社交活动",再回归到休息。大概猪已经很好地定位了各种区域,这样猪就可以在猪栏中或左或右地进行"回转",而不是在猪栏中横冲直撞以至于相互打斗(图 21-2)。这一点在减少咬尾方面的意义究竟如何尚不得而知,其作用可能要小于确保合理的饲养密度。

表 21-2　保育舍和育肥舍饲养增加 15% 所增加的生产成本

	6~35kg 仔猪		36~100kg 成猪	
	推荐密度	密度增加 15%	推荐密度	密度增加 15%
日增重(g)	518	480	844	848
入栏天数(d)	56	60	77	77
增加费用(按每天 24 便士计)(英镑)	13.44	14.40	18.46	18.46*
饲料转化率	2.02	2.12	2.42	2.63
消耗饲料总量(kg)	58.6	61.5	157.3	171.0
饲料总成本(英镑)	11.13	11.69	27.53	29.93
每头猪额外增加成本(英镑)	1.85　＋	2.40　＝	4.20	

饲养密度增加 15% 后每头猪减少的猪舍费用(推荐密度下为每天 8.20 英镑)节约 1.23 英镑
成本 4.20 英镑

注:三个猪场超过推荐饲养密度时平均额外支出回报率为 3.5∶1。

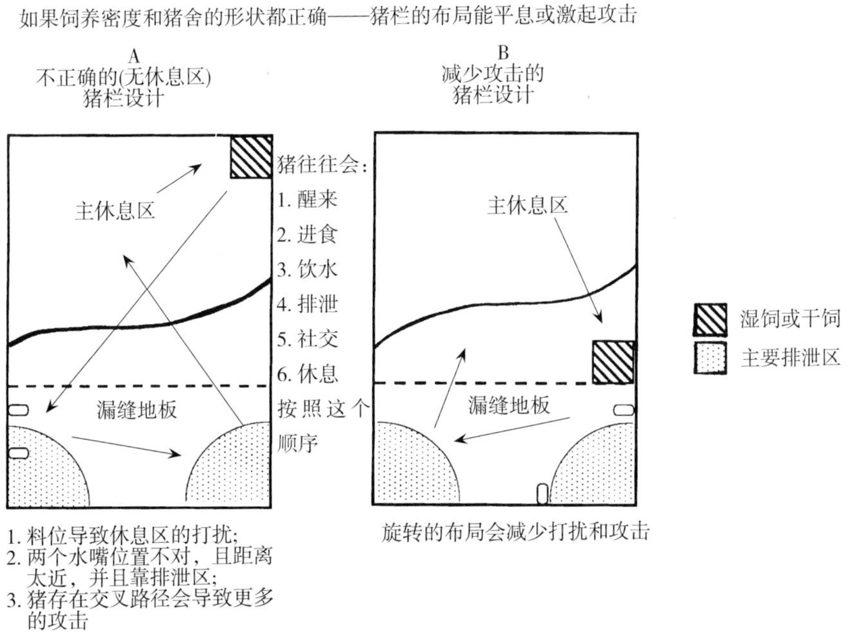

如果饲养密度和猪舍的形状都正确——猪栏的布局能平息或激起攻击

图 21-2　箭头代表猪在猪栏里的活动顺序

（三）温度和环境因素

根据我的经验，咬尾症与单纯的过冷过热的温度关系不大。更可能是与过冷过热条件有关的应激因素相关。刚从其他农场转运过来的猪需要合理的温度，特别是温差太大或风速过大，可能对刚转运来的猪造成副作用。另外，建议对应激进行核查——猪群密度、温度浮动、通风、新伙伴的存在、日粮改变、不合口味的或陈腐的食物、贼风（特别是晚上）等因素倾向于诱发咬尾症，但是如果缺少一些条件，单纯的温度错误或许不能导致咬尾症发生。

本人关于咬尾症的农场访问大部分发生在较暖的工作时段，但我注意到咬尾症发生总是在冷的、有霜冻的夜晚之后，猪一定遭受了过冷刺激，并因此推测这可能是其病因。

（四）关注 24h 内的温度变化

最常见的原因之一就是早晚（白天到夜晚）温度浮动。猪有一个"适温区"，在这个温度范围内猪几乎没有温度应激。这样适温区是高于 LCT（下限临界温度）并低于 ECT（蒸发临界温度）之间的温度。这个温度区间在断奶猪大约可变化 5℃，育肥猪可变化约 11℃，所以这个温度区间是非常窄的，我发现一旦猪在自己舒适温度带以外，超过 24h 后很容易诱发咬尾症。这可能是为什么被毛粗乱、瘦弱、"神经质"的断奶猪或架子猪经常倾向于发生咬尾症，仅仅因为它们不够暖和。

经常检查猪是否在白天和夜晚的适温区内，从而避免温度上下波动太大。

（五）贼风

我相信晚上的贼风是主要原因。Robertson（1999）建议，为控制咬尾，应当在室温 20℃ 以下时，将风速设置为 0.15～0.3m/s；28℃ 以上的环境下，风速应当更高，其范围为 0.74～1.3m/s。

在冬天特别是晚上，墙壁是比较凉的，冷的、密度大的空气下沉，落到躺在地上的猪身上。冷空气的体积和下降的速度不是很大，但是在一定的时间内足以造成猪的应激，从而使猪躁动不安，容易咬尾。用 3cm 厚的木板钉一个三角形装置，内部宽为 1～1.5m，这样就可以改变冷空气的方向，风向向上，不至于让休息的猪被冷空气直接吹到，贼风就被驱散了。一旦安装这些简单、便宜的设备后，一些让人费解的咬尾症被治愈了。

(六) 气体

猪舍氨气和二氧化碳浓度高会导致猪发生烦躁行为，包括咬尾。这一点见于寒冷的冬天，在冬天通常为了保暖而减少空气流通。猪舍的氨气浓度水平大于 $10mg/m^3$ 将对猪造成不良影响，而且这个浓度很容易被超出。经检测可以知道：冬天的几个月份在一些育肥或保育舍氨气的浓度经常在 $25\sim30mg/m^3$，降低到 $12mg/m^3$ 将停止咬尾症的发生。

所以除了注意要有足够的通风外，我们还要保持猪栏的清洁和干燥（特别是猪睡觉的地方），确保粪坑不要太满（要小于 2/3），即地板的下面与粪水的距离至少要 15cm，粪水上面有板子来阻挡上行的贼风是非常有益的，包括在饲料或是粪水里面加入丝兰属的氨气抑制剂如 DeOdorase（Alltech）都是很有帮助的。粉尘是氨气的一个传播媒介。

(七) 通风速率太低

育肥猪咬尾症的发生率在初夏最高，这个现象经常有报道。如果这种损害在 3～4 月龄的猪中开始，猪场的多事季节应该在 1～3 月。这个时期（北半球）天气寒冷，牧场通常降低通风速率。

(八) 保温箱的咬尾症

大部分保温箱能提供给猪一个干燥温暖的睡觉区，但也经常导致咬尾症的发生。为什么呢？大部分箱体的设计更在乎降低箱体的成本，所以有扁平的屋顶，屋顶上面有一个小的通风孔或者在前面有一个能被提起的门（图 21-3）。在冷天，窝的盖子被关闭，只留下一个通风孔。仅仅一个小通风孔是不够的，因为空气不流通，这样会导致有害气体在盖子附近积聚。里面的空气主要是依赖于猪的移动来流动，尤其是在晚上或是猪睡觉的时候，空气的流动不足，甚至根本就不存在。

多花成本（大约 18%）设计一个交错的"脊坡"屋顶（图 21-4）要好得多。这个设计能使空气自然循环，伴随着通风孔的打开或部分打开，废气最终被排出。表 21-3 显示的是经过多年发现的会导致咬尾症的一些设计图。同样的设计图很可能经常导致链球菌性脑膜炎，另一个问题是由于酷热、无风天气引起的。

表 21-3 平顶棚与"脊形"顶棚窝的咬尾发生率

	用平顶棚	用"脊形"顶棚
被影响猪栏的数量	27	5
平顶棚被改为"脊形"顶棚	15	2

资料来源：客户的记录。

正确的：在顶端后面下坡处狭长的一段通气孔能减少
贼风。循环的空气通过狭长的通气孔转换为
清洁的空气

漏缝地板

(这个顶棚在天热的时候能被折叠回去)

不正确的：仅用平坦的可提升的顶棚通风会导致晚上或
冷天气的贼风，聚集不新鲜的空气或有害气
体和顶棚下面的微生物

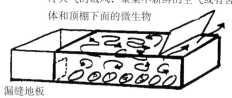

漏缝地板

图 21-3 自然通风

250mm 高的尖顶区确保在猪
的休息区有连续的热浮力

在热天整个屋顶滑落到它的 1/3

简单的信封式的折叠，
150mm 深，作用是冷
天气控制和有害气体
的滤除

带有挡板的
(可移动的)
上托的门

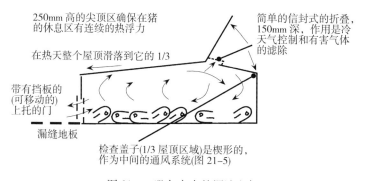

漏缝地板

检查盖子(1/3 屋顶区域)是楔形的，
作为中间的通风系统(图 21–5)

图 21-4 避免窝中的浑浊空气

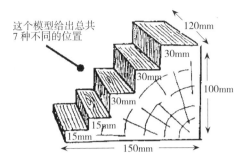

这个模型给出总共
7 种不同的位置

120mm
30mm
30mm
30mm
100mm
15mm
15mm
150mm

图 21-5 "楔形物"的例子

咬尾无论是对猪本身还是对饲养员都产生不快，被咬伤的猪应及时转入
病猪医院以治疗伤口。同时要找出攻击猪，将其移入其他圈舍，并在
圈中放入玩耍物件。但也有一个问题，即我们是否应将这些喜欢撕咬
者再放入到原圈中，还有，如果放的话，应该何时放回？10d 差不多
么？有时候管用，有时不管用。如果不管用，我们会将猪送到屠宰场

结论

（1）无论是哪种原因导致的咬尾症，在平顶棚的窝发生率是其他形式的 5
倍多。

（2）凡是把平顶棚改造成"脊形"顶棚的，咬尾症则可减少 1/7。

（九）光照

强光照或是低光照能造成咬尾现象吗？减少光的强度有助于减少在家禽方
面的副作用，相同的效果也会在猪上。猪每隔 24h 确实需要 4～6h 的黑夜时间
（小于 25lx，最好是 15lx），然而大于 60lx 的连续光照会导致猪烦躁吗？这是
未被广泛探索的领域。欧洲动物福利法规规定在不久的将来每天光照将达到
8h 且强度为 40lx。

（十）饲料

很长一段时间都认为营养方面的错误是咬尾的初始原因，但这一点可能被高估了。40年前食物中的营养配比远没有现在这样平衡，生产也更均一。

下面的营养性领域可能被涉及：

1. 食盐

检查食盐含量是否在 0.5%（0.2%的钠）水平上。

如果正在发生咬尾现象，可以提高食盐含量到 0.75%，或者在一段时间（5~10d）提高到 0.8%也是可以的，期间提供充足的饮水。

2. 其他矿物质

总磷应高于 0.5%。

钙磷比应低于 1.25：1。

镁可增加到 0.08%（美国的数据）。我告诉他们 1t 饲料要加氧化镁 1~2kg。

微量元素的比例应该符合动物自身机体的需要（有机矿物蛋白盐）。

有些人使用食盐和特殊的防止咬尾的舔块来控制（Frank Wright 公司）。

（十一）其他的观察结果

豆粕含量过低（小于5%）会加重咬尾发生。

培养蘑菇用后的废渣（去掉表面的酪蛋白层）每头每天 0.5kg 放在铁丝栅栏下面可以治愈已经发生的病情，有些人用过纤维泥炭。

能量不足或失衡会影响到初期快速生长的猪群；应额外提供能量（Kyriazakis，1996）。

增加色氨酸含量（Aherne，1997）。

纤维含量应达到 3%（Scottish Quality Pork，2009）。

在单位槽饲喂过程中，由于在采食高峰时候会出现猪的争抢而导致应激，增加咬尾的发生。推荐的饲槽空间大小在食物转化一章将会涉及。

（十二）单面的通槽位

在单面的通槽位（SSFS）前排队采食是咬尾的常见诱因，能导致猪的沮丧和烦躁。Robertson（1999）研究表明，高达70%的摄食行为被其他猪强迫阻断而不得不撤回。作者观察这种行为非常仔细，同时他发现，在那些被赶开的猪中，在 3min 内可注意到有轻微的咬尾情况。

Robertson 说，在摄食位置上设置隔离物能减少这种负面影响，进而减少咬尾的发生。

在 SSF 的案例中，我们发现提供额外的饲喂设备是唯一可行的替代方案。

当然我们将猪群密度减少到可接受水平以下，但这个方法往往不切合实际，并且成本很高。

（十三）断尾

在欧洲，大约 80% 集约化养殖的猪都要进行断尾，其中 33% 或者更多的猪是在出生后马上断尾，但是断尾应在 12h 后进行，但未超过 6h 的仔猪不能断尾，这样能保证仔猪能够在没有应激的情况下吃上 4 次初乳。另外一种替代方法，但不推荐，断尾的时候仅去掉尾部 1~2cm 的尾尖。Cambac（英国一个养猪研究联合体）调查过 4 万多头断尾猪后得出结论，没断尾猪（9.4%）发生咬尾的概率是断尾猪（3.3%）的 3 倍多，我们不知道未来的欧洲动物福利法将如何看待断尾行为。

兽医相信小猪断尾后的疼痛是暂时性的，但是有证据（Noonan 等，1994）表明，正确的断尾造成的应激和简单处理没差异。

就像为保持卫生一样——清洁手和设备，我使用了一种滑石粉与磺胺二甲氧嘧啶粉末 1∶1 的混合物，然后涂抹到受伤部位使伤处保持干燥。

负面影响可能源自技术不正确，所以必须对执行任务的饲养员进行正规培训。最好能够由兽医提供的一些培训。

预期某些国家会制定有关断尾的法规。凹凸印花剪刀是有用的，但它需要使用技巧。

断尾的检查清单

如果将来允许进行该程序……

✓ 两人总比一人好。

✓ 从 6~16h 至 3d 的猪都可以。以作者的经验，12~48h 是最好的。

✓ 就将要使用的技术和材料进行培训。

✓ 留下大约 16mm（Muirhead，1997）。

✓ 设备必须锋利。或者用燃气烙铁。

不要像处理羔羊的尾巴一样使用断尾环。

✓ 最好用含碘离子的消毒剂涂抹伤口，在少数发达国家使用化学级滑石粉与磺胺二甲嘧啶粉剂（1∶1）的混合物，但要防止混合物凝固，所以要经常重新配制。

✓ 出血，如果有的话，应在30s内止血。

✓ 5min后检查出血情况，如果继续出血，我们应该准备止血带，让兽
医告诉你应如何做。10～15min后去掉止血带。

断尾在一些国家受动物福利法管制。应根据当地的法律决定是否要做。在某些地区操作过程需要兽医到场或兽医对某些简单手术的允许。

七、啃咬侧腹

据我的经验，猪发生侧腹部咬伤与咬尾比起来要少很多（我的记录提示大概不超过9次），这种现象在湿热的季节容易见到，尤其是在欧洲西北部的夏天，而非冬天。

根据我的经验，如果小猪在拱食母猪奶水或断奶时拱同群小猪的肚皮，已经形成了拱食猪肚皮习惯，这种恶习可持续到18周龄。舔肚皮的习惯可能起源于哺乳阶段，如仔猪错过母猪的一顿乳汁，母猪已经停止放乳，但仔猪还是拱来拱去。这时它们可能形成一种坏习惯，在保育阶段继续保持这种坏习惯，说来很怪，这种习惯很少被反对。像舔腹侧一样，在猪侧卧的时候，舔猪腹股沟是最常见的。然而被舔的区域最后会发生疼痛，并且疼痛区域会出现分泌物，分泌物刺激其他没有这种习惯的小猪再去舔该区域，最后会出现伤口。

笔者已经治愈好几例这种坏习惯的病例，在发生这种情况的猪场，在随后的哺乳仔猪中挑出有坏习惯的仔猪寄养到其他温和哺乳母猪那里，但被寄养的母猪必须有多余的乳头给寄养仔猪吃。

八、小猪的咬耳问题

咬耳现象的起因跟咬尾症一样，但笔者发现它经常出现在哺乳阶段的仔猪，哺乳仔猪的耳朵被认为是乳头的替代物，在热的环境下断奶仔猪也容易发生。仔猪伙伴耳朵背面能散发出湿气，这种味道很好闻或者味道很好。在这样的案例中一般是耳根被咬，而不是耳尖，通常会疼痛。

对已经发生咬耳或咬尾的猪来说，防止伤口变得更严重或感染之前立刻进行治疗是非常重要的。

好的、警惕性高的饲养员是非常必要的，例如检查功能性乳头是否可用。

九、圈养母猪咬围栏

这纯粹是庸人自扰，生产者或者某些动物福利人士对咬栏感觉很忧虑，但这没必要。母猪仅仅是在试图娱乐自己，就像我们看电视来丰富自己的业余生活一样。比如摇头，就是圈养母猪缓解应激的一种表现，一些重视动物福利的国家正在禁止圈养。我个人认为，禁止或不禁止都是好事情，正是我的这个观点使我在海外不受欢迎。

如果你还被允许圈养母猪，不要担心那些古怪的放松行为；相反，请把你的注意力放在使猪舍晚上保持足够温暖和任何时间都有充足的饮水上——这两个方面是我在被别人电话咨询，对猪咬栏提建议时经常见到的问题。

十、阴户咬伤

一个非常令人懊恼的恶习，并且很少被人理解。

> 母猪阴户区域有时会因被圈养群中其他母猪咬伤而腐烂。这种情况在妊娠后期经常发生，一段时间可能蔓延到群里面的大多数母猪。在很糟糕的情况（没有注意到）下整个阴户可能都被损害而丧命。

检 查 清 单

✓ 每天检查阴户或带血的鼻子，特别是妊娠后期的母猪，因为那时候母猪的阴户红肿，变得更瞩目。

✓ 将被咬母猪转移到一个单独的圈舍。

✓ 起初通常会有 1 头母猪是罪魁祸首，如果观察到了，把它移除。

✓ 检查你的母猪有没有足够的地板空间？推荐每头母猪 $2.7m^2$。

✓ 应用了 ESF 系统以后这种现象更常见了。这可能由于母猪在等待进食时变得更没有耐心，所以一个好的猪栏设计很重要，在栏内休息区母猪能看到料槽，等待区不要被墙或拐角限制，这样将减少咬阴户的概率。

十一、喝尿恶习——英国和澳大利亚的经验

这个恶习看上去与咬尾症或皮肤咬伤没有关系，因为病例出现彼此相当独立。它可能与6kg以下的猪经常舔耳朵或阴茎有关，但在大一点的猪（12～20kg）中更常见，在这个阶段它与舔耳朵的相关性不大（小于10%）。

可能的原因

- 水缺乏，如每头猪每天饮水在2.2L以下。
- 饮水困难，如流速小，对于5kg猪流速小于250mL/min，或者对于12～35kg的猪，流速小于500mL/min。
- 天气热，特别是水嘴的位置不好或猪栏太窄。
- 过度拥挤。
- 水的质量，如有泥浆或结肠小袋虫。
- 排污不畅，如果上述任何要点得不到很好满足的话，尤其如此。
- 在封闭猪舍内有高的相对湿度，特别是通风速率在推荐水平以下。在这些情况下，如果环境变冷就很容易发生。然而，在澳大利亚这种现象在热而又有非常低的相对湿度条件下也会发生，这时给猪进行喷水雾降温，则猪可以马上治愈。
  所有的案例研究都针对一个或多个上述标准的改变。

以下情况可能也是从一个关于这一主题的主观研究中总结出来的：
- 在饮食中盐分太低或太高（一位权威专家认为喝尿是引起"盐中毒"的先兆）。
- 大麦、小麦粉碎太粗糙，或由于粗糙的日粮而导致肠道功能紊乱（根据我的经验，这很容易导致攻击或咬尾、溃疡、肠炎）。

十二、咬仔

我书架上30多本书中除有一本提到过，其他书都没有记载猪咬仔的原因，这是令人忧虑和烦躁的事情——更不用说我们想办法针对此事做点什么。

让我惊奇的是，正如一位猪兽医专家——已故的Mike Muirhead曾经告诉我的，他认为在青年母猪中咬仔的发生率为1％～3％，所以这种情况应该是

相对常见。我没有图表来为你展示老母猪的情况。青年母猪这是一个主要问题，而在年轻母猪则偶然能碰到。

　　我第一次遇到咬仔现象是在 20 世纪 80 年代。我在 Deans Grove 农场有 7 年的育种经历，该农场的母猪由于产奶量高和母性好而闻名，尽管同几个竞争者的品种相比，其后代的生长速度稍慢。最后我们决定在这个场里面试用些品系，据说其后代有较快的生长速度和较高的瘦肉率。

面露愠色

　　不久，我们发现，与以前那些温和的老母猪相比，这些青年母猪相当容易神经过敏，猪场管理者 Gordon 没有给我们好脸色。Gordon 是一个很好的养猪人，他发现这些新青年母猪很难于管理和调教。

　　自从遇到一例咬仔病例以后好几年，这次我们碰到了很多病例，经验告诉我们导致咬仔现象发生的原因可能与不同的品种有关。但其他的育种者育有相同的品种——但不是来自相同的引种地——他们说其青年母猪几乎不存在这个问题。这提示品种内的品系的影响比品种本身更重要。无论如何，我们经常被打架的青年母猪所困扰，并且我们不得不努力减轻这种现象的发生。

　　最初的经验，加上我后来在咨询中遇到的 30 多个案例，使我认为以下是可能的原因……

咬 仔 检 查 清 单

　✓ **神经质的品种或该品种内的品系。** 在分娩后头 3d 仔细观察可疑品系。如果下面的建议不起作用，则你可能不得不换品种。

　✓ **残酷的环境和营养不足。** 多年前我曾被告知：这些可能是神经质母猪的恶化因素。在我们饲养那些昂贵的青年母猪时，我们在这些方面照顾得很好，所以环境和营养可能不是问题所在，我认为原因更可能是猪舍。

　✓ **缺乏关怀。** 甚至在 20 世纪 80 年代之前，我每年为 Taymix 大农场和当地附近的养殖户挑选上千头青年种猪，我经常用在猪耳朵附近"击掌测试"来观察猪的警觉程度，或相反，并不注意我的击掌。通过与我们自己的养猪饲养员和那些将猪赶来让我们挑选的农场主交谈，我们了解到，最安静的、最少神经质的猪似乎最可能是那些饲养员能在其中经常移动或与猪交谈或平常有音乐听的那些猪。

✓ **庭院秸秆垫料床大群饲养。**现在有很多农场都采用大群饲养的方式——100~150头饲养在一起。它们之间没有社会等级，青年母猪变得恐惧不安，发展成一种对同伴的"神经质敌意综合征"，尤其是在它们刚生下仔猪的时候这种现象非常明显。不是所有的农场都有足够的地方来饲养青年母猪，所以在狭窄的青年母猪栏里容易出现恐惧感（虽然社会等级已经建立，但空间狭窄的应激起到负面影响），尤其是猪遭到应激，并且饲养员太忙没时间在其中走动而被猪熟悉。

那些烦躁的猪在妊娠后期，特别是分娩后，都会出现"狂野眼神"的表情，妊娠母猪需要被转移到垫草充足、昏暗（75lx）的地方，饲养员要经常在母猪中走动，并偶尔在每头猪面前撒些坚果。这将增进人与猪间的感情，减少新进来母猪的陌生感或焦虑感。

✓ **你可以做的其他事情。**在分娩栏你可以在精神紧张的青年母猪产仔栏旁边放一个非常安静的母猪。

让它习惯束缚。一头年轻母猪可能由于反感突然的栏位束缚从而产生狂躁。解决的办法就是把有"狂躁眼神"的猪放到单体栏一段时间（14d），并且这段时间在它旁边的单体栏中放一头温驯的母猪。一旦官方禁止单体栏饲养，这种机会将消失！

一旦青年母猪发狂，试用抹布摩擦它的嘴部，并且让它擦拭它产的仔猪。但这最好在猪温驯的时候做——见下面。

✓ **兽医能做什么。**他可以使用长效抗狂躁药。或者他能指导你怎么使用镇静剂，如氮哌酮（镇静、安眠药）。仔细按体重使用正确的剂量，在它发狂之前及时用药，一旦青年母猪足够安静，我们就有机会把它产的仔猪拿走，使其远离伤害并在其完全发作之前让母猪嘴部接触小猪，使其熟悉小猪的气味。

相对于其他药物，一些人还向我推荐在怀孕113d注射前列腺素可减少猪的打斗，但它有效果吗？我相信那些只不过是帮助青年母猪在工作时间集体分娩，从而有利于工作人员进行护理，神经质的母猪更容易被提前发觉，可以及时给它注射镇静剂——氮哌酮？请和你的兽医进行讨论。

参考文献

Aherne，F. （1997）News and Views. *Western Hog Journal*. Spring1997. p24.

Hillsborough，E.，Beattie，V. （2000）Mushroom Compost May Cut Tailbiting. Report on Agr. Res. Inst of Northern Ireland trial. *Farmer's Weekly*，31March 2000，p47.

Kyriazakis，I. （1996）Tailbiting Can be Caused by Extra Energy. *Pigs*，12，p40.

Muirhead，M. （1989）Personal communication，but see also in Muirhead and Alexander，*Managing Pig Health*，5M Enterprises，466-467.

NADISReport. （2009）Tailbiting：Vice with a £10,000 or more price tag.

Noonon，G. etal. （1994）Behavioural Observations of Pigs Undergoing Taildocking. *Appl. An. Behaviour Science*，39，203-213.

（郭振光译　肖昌、姚建强校）

第 22 章
肢蹄病与跛行

跛行的定义：能够导致动物出现非正常步态的任何蹄部或肢体的问题。

一、发生率

跛行通常是仅次于繁殖疾病的第二大常见的母猪淘汰原因。

表 22-1　以跛行为主要淘汰原因的母猪淘汰率（％）

美国		9％～11％
加拿大		7％～10％
丹麦		8％～10％
墨西哥		13％
法国		7％～11％
澳大利亚		9％～18％
英国	定位栏禁令之前	10％～12％
	定位栏禁令之后*	7％～9％
瑞典	定位栏禁令之前	8％～10％
	定位栏禁令之后**	6％～8％

* 目前，47％的母猪和青年母猪采用垫料饲养（且90％的垫料为稻草）。
** 现在大多数母猪使用刨木花或锯末为垫料。
数据来源：来自作者访问这些国家时收集到的数据（2002—2012）。

　　跛行除了在淘汰母猪中发生外，公猪和断奶母猪的蹄部问题以及哺乳母猪的关节疾病也是很常见的，请参见下文。
　　是跛行还是繁殖原因？
　　一些猪兽医专家除了负责日常的保健工作以外，还监督繁育场的记录，他们观察到一些员工在输入母猪淘汰原因时，宁愿选择"繁殖问题"而不是"跛行"，因为他们认为跛行比模糊的"繁殖问题"更有可能被认为是他们的责任（Deen，2009）。

二、经济成本

对母猪而言，经济成本是不容易量化的，但计算表明，在一个具有代表性的猪群中，如果提前淘汰跛行猪，母猪的跛行发生率将下降 25%，每头母猪的总毛利会增加 9%。影响利润的更大成本来自补充青年母猪需求的增加。达到最大生产力前，较高的淘汰率导致分娩指数下降、仔猪压死增多和猪群终生的产仔数减小。同样，最近的观点（2012）表明，种群中年轻母猪越多，猪群的断奶仔猪死亡率越高。

对新生仔猪和哺乳仔猪而言，八字腿的发生率通常高达 5%～9%，发生率每增加 1%，每头母猪的总毛利下降 2%。哺乳仔猪的关节病主要源于膝盖的磨损，在注意此病因后关节病可以减少 80%，这也会使整个猪群的日增重提高 8%。这表明，严重的关节病是如何以一种常见疾病的方式影响生长猪的利润。健康的猪群始于其生命早期拥有健康的肢蹄。

对断奶仔猪而言，蹄部损伤严重阻碍了它们的生长。当硬的或粗糙的地面得到改善或修复或用少量的垫草进行"软化"后，到达屠宰的日龄可缩短 6d，并且每吨饲料可售猪肉可多出 10kg 以上——相当于每吨饲料改善了 8% 的饲料转化率。

对肥育猪而言，在英国，因腿部脓肿而损失的猪肉价值相当于每上市1 000头猪损失 1.5 头猪的收入。

据报道，英国自 1997 年起，各种形式的跛行带来的损失造成分娩-育肥场收入减少 0.8%～1.3%。作者认为这一数值被低估了，如果仔细估算因跛行而过早遭淘汰母猪的全部（但往往是隐藏的）损失，跛行造成的损失可能接近5%。

三、导致跛行的原因

遗传。尽管以下列表表明跛行与遗传有关，但总的看法是遗传是跛行形成的一个次要因素。在一些使用某些类型的垫草来养猪的国家，遗传性跛行可能是事实。但从世界各地的情况来看我仍确信如下几点：

- 对高生长速度的持续选育提高了跛行问题的发生率。
- 高温高湿气候往往会加重某些品系的腿部无力。
- 某些具有强而直的腿部骨骼血统的猪也会出现关节无力和弹力不足的问题（图 22-1）。
- 某些品系拥有过度发育的"机翼形"腿骨（图 22-4），据说其可提高育成猪出肉率，因此可提高屠宰率，但这些猪可能更容易发生腿部问题。
- 脚趾大小不均匀（图 22-1）可能是遗传的，并且会导致蹄部问题。

因此，育种公司是否注意到了猪肢蹄健壮性问题？大多数公司是的，但是一些公司并没有注意到。至少两家公司含糊地对作者承认，在过去的生产性能测定中，他们有多达 20% 的公猪和青年母猪因腿部无力的原因被淘汰，并且一家公司现在将这一问题归结为遗传原因。

根据作者的经验，还存在不同基因型对炎热气候适应以及母猪户外放养的问题。我应邀调查了多个在温带气候下培育的优良遗传品系，在被引入炎热潮湿的东南亚地区后表现不如原来。各种各样的原因可造成这样的结果，其中一个主要原因是肌肉组织丰富的高瘦肉型猪胃口很差。在腿部力量受到重视时，为适应坚硬的实心地面和全漏缝式地板选育的母猪品系，在冬季无法在非常柔软的户外地面上站起来，这类母猪跛行的发生率超过 17%，增加了 100%。

如果地板表面和室内环境与种猪公司说的明显不同时，种猪购买者应该详细质疑供应商提供的关于腿部力量的证据（而不只是接受常规的保证）。

机械性损伤

地面/地板质量差是（蹄部磨损和损害）最常见的原因，但光滑的地表面也会导致关节、韧带和肌肉的损伤。群体内打斗、配种时粗暴地爬跨都会导致腿部拉伤。Deen（2009）曾报道，母猪一旦进入产床，跛行发生率可高达 20%，这通常是由于个体小或大的母猪不适应猪场为其提供的在其他品系上已使用多年且效果良好的标准大小的限位栏。而且，240 日龄（请参见"青年母猪"一章中出现这一趋势的原因）才进行第一次配种，会使母猪体重更重、体型更大。有经验的育种公司会配备一个或两个加宽、加长的限位栏，并且对小体型母猪在前几胎中会通过向该限位栏的一边插入一个梁木或甚至是符合厚度要求的粗圆木来临时性缩小限位栏的宽度。

感染

感染是导致猪跛行的一种常见原因。关节病（确切地说是"传染性关节炎")和大量的细菌可以通过机体表面的伤口和擦伤部位侵入组织。其中,梭状芽孢菌、沙门氏菌、链球菌和布鲁氏杆菌是最常见的传染菌,应寻求兽医帮忙以进行正确的诊断和恰当的治疗。

传染性关节炎(关节病)是一种常见的疾病,因为它通常不会被快速诊断,并且它所产生的疼痛和极度不适会很快影响幼龄生长猪的生长。它主要是通过以下途径的感染引起的:

a. 剪牙。牙齿须用干净、锋利的剪刀逐个剪掉,或用电动工具磨平。一些育种场在遇到有持续的关节病(这往往是由于剪牙时卫生差所造成)时会停止剪牙,但是因不剪牙引起的打架受伤本身也会引发关节病!

b. 断尾。总是使用非剪牙工具来断尾——最好使用热烧灼器(请咨询兽医以购买所需的加热设备)。如果使用断尾钳,尾的残端部必须在剪断后立即浸入或喷洒碘液。一直以来,我会倒置仔猪尾巴的残端,将其浸入一个含有少量细药粉和磺胺二甲嘧啶药粉(50/50)的浅碟中,因为这一方法能使伤口快速地愈合。每一窝都要换用新鲜的药粉以此防止交叉感染。在采用此方法的 4 年中,我们从未出现过一例关节病。

c. 断脐。出生时脐带要浸泡在碘液里,而不是上文提到的药粉。

d. 磨损的膝盖。产床内喷洒干的消毒剂可能有利于预防此病,但不能弥补表面清洗和消毒的不彻底或栏内母猪粪便清除不干净所带来的后果。一些窝的仔猪在哺乳时会比其他窝的仔猪更多地使用爪扒寻乳头,这就需要仔细观察以寻找可能的原因——有效乳头或暴露的乳头数不足、损坏的栏位表面靠近乳房。分娩前不要让母猪在产床停留超过 4d,因为这往往会在地板表面积蓄细菌。

e. 扁桃体感染。通常与群体中流行的链球菌有关。咨询兽医寻求仔猪出生时常规的治疗方法和注射用抗生素,也可在分娩舍向饲料内或表面添加抗生素以对母猪进行治疗。

营养

由于日粮设计技术的提高和矿物质/维生素的添加,过去常见的问题如软骨病和生物素缺乏性裂蹄等疾病现在不常见了,但补充有机锌的价值似乎有助于加强蹄部(角蛋白)组织。而且增加成本并不高,它还有助于增强机体免疫力。

四、腿部无力的部分专业术语

兽医和兽医诊断实验室使用的许多术语会使生产者难以理解。表 22-2 将有助于说明这些术语的区别。

表 22-2　用来描述肢蹄病的部分兽医学术语

骨炎	骨骼炎症骨损伤的一种保护性反应
骨髓炎	因腐败性病菌侵入造成的骨骼炎症
软骨病	软骨异常生长
软骨炎	骨或软骨发炎
骨质疏松症	骨质流失
滑液囊炎	滑液囊发炎（滑液囊是一种保护性囊，骨骼在其中发生摩擦）
蹄叶炎	蹄损伤，主要发生于马
关节炎（有多种形式）	关节发炎

五、确保腿部强壮——检查列表

正如你在"青年母猪"一章看到的，及早对刚引入的或青年母猪进行肢蹄检查对猪场的利润极为重要。

六、健康猪群必须要拥有健康的肢蹄

这是我的个人观点，基于多年来为大型猪场和周边猪场选留成千上万头青年母猪后积累的经验。我用于检查注意点的检查清单见图 7-1。

七、骨骼"构造"

"构造"指呈现在观察者眼前的腿部和蹄部骨骼外观。图 22-1、图 22-2 和图 22-3 表明如何将侧视和前视腿部的状态相互关联，并如何与磨损相互关联。不同品种猪骨骼"构造"存在差异，例如英国威尔士（Welsh）长白猪和加拿大杜洛克猪站立时，肢蹄成角姿态是相反的——图示的中点就是让你对肢蹄结构有个直观了解。

1. 从前面观察，前肢应当平行

在 90～100kg 终选体重的公母猪，如果前后肢的内外脚趾的大小差异明显，则不应当选留。差异不得超过 1.2cm。我发现差异太大时，肢蹄容易因漏缝地板而损伤。这个大小差异的性状很可能会直接遗传给后代直到屠宰，如 30%～35%会遗传自公畜或母畜。种猪群脚趾的均匀与否对于垫料养殖或户外养殖的重要性仍有争议，但高遗传力将会影响到它们在漏缝地板上饲养的后代。脚趾应均

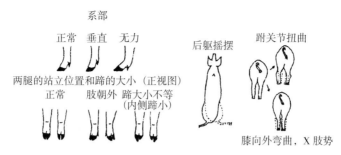

图 22-1 腿部无力的各种症状

[资料来源：Johnson 博士（澳大利亚猪肉有限公司，1996）]

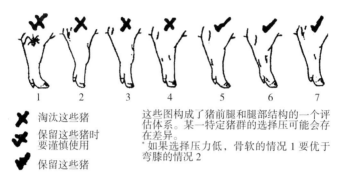

✘ 淘汰这些猪

✘✔ 保留这些猪时
要谨慎使用

✔ 保留这些猪

这些图构成了猪前腿和腿部结构的一个评估体系。某一特定猪群的选择压可能会存在差异。

* 如果选择压力低，骨软的情况 1 要优于弯膝的情况 2

图 22-2 前肢——优与差

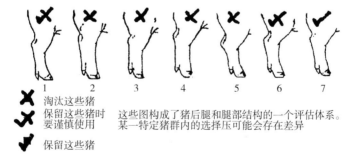

✘ 淘汰这些猪

✘✔ 保留这些猪时
要谨慎使用

✔ 保留这些猪

这些图构成了猪后腿和腿部结构的一个评估体系。某一特定猪群内的选择压可能会存在差异

图 22-3 后肢——优与差

匀公开，随着猪的年龄增加可以分散体重。我对于所有垫料养殖或户外养殖的现代品种大体重母猪都会关注这一性状。

2. 腿骨的横截面

图 22-4 显示了猪腿骨的三种形态。图下的备注来自作者 40 多年来在选留无数青年母猪工作中积累的经验。

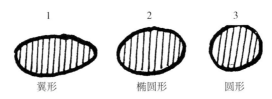

图 22-4　猪腿骨的三种形态

1. 卵圆形（通常被称为"翼形"）腿骨的前面比后面宽。选留时，根据其从前往后逐渐变细的锥形形状很容易识别。翼状腿骨形成了一种被称为"细骨"的结构，它有助于获得较高的屠宰率。然而，这种形状的骨骼使猪在炎热气候中和厚垫料上似乎无法充分站立。"细骨"目前备受西欧育种者的青睐。我同意他们的观点，但并非每一种情况都要这样选择，偏向椭圆形可能会有更好，请参照下文；

2. 真正的椭圆形。这是图 22-1 与图 22-3 所示三种形状中的一种折中形状——既不是翼形/流线形，也不是"立方体形"。目前，这种形状受到北美育种者的青睐，因为这些地区采用硬质地板来饲养 120～125kg 的大体型育肥猪；

3. 圆形。这种形状的骨骼较强壮，拥有此类骨骼的猪在冬季户外柔软的地面条件和夏季炎热气候下都能充分地站立，但会出现一些关节问题，并且可能会有较高的骨肉比（较低的屠宰率）

　　我的建议是，就当前动物福利的发展趋势而言，如果猪群的确存在腿部问题，选择椭圆形腿骨要好于翼形腿骨，但应提供充足的地面垫料（如厚稻草）。另外，如果母猪采用非泥浆的户外饲养方式，不宜选择翼形腿骨。

　　那么导致腿部问题的原因是什么，如何避免？

八、母猪跛行——检查列表

　　除非得到供应商正确的设计、严格的生产以及猪场正确的监控和维护，漏缝地板一直是导致母猪跛行的一个原因。我认为加拿大是漏缝地板制造领域的领导者。根据我从 20 世纪 70 年代以来在此行业从业中获得的经验，我确信母猪腿部和蹄部良好的健康状况均受益于以下两个主要因素：

　　1. 漏缝地板设计合理，制造精良，生产者愿意为达到此类高质量花更多的钱。

　　2. 在加拿大，目前猪的遗传品系是基于杜洛克进行繁育的，进行基因杂交时总会考虑腿部的强壮性。然而，在大概 20 年前，这与现在相差太远，当时猪的腿太尖、太直，且缺乏弹跳力（参见图 22-2 中的 3 和 4，图 22-3 中的 2 和 3 显示的遗传缺陷）。这一性状现在已在很大程度上被剔除了。

　　如果整个猪群突然出现跛行问题，那么感染是最有可能的原因，应求助于兽医进行诊断检测以便尽快解决此问题。

　　但猪群中大多数跛行是渐发的，并随着时间的推移而加重。

　　在这种情况下，我建议以采取如下措施。下文的所有例子都是我在职业生涯中不得不处理的。

- 让猪站起来。在它们躺着的时候将无法观察到跛腿。

- 母猪如何站起和躺下的？它如何站立——会因蹄的问题而表现出烦躁不安？它在穿越栏舍时显得很犹豫或以很不自在的姿势走动？每天尽可能地检查每头母猪移动时的前两个动作，同时还要定期检查最后一个动作——移动时的动作。

- 蹄部是否过度生长？如果是这样，征求兽医的意见是否要修剪。

- 蹄部是否有明显的裂纹或开始开裂——这会导致继发性感染（称为"灌木蹄"）。如果是这样的话，咨询兽医，因为可能会有多种原因，需要进行专门的药物治疗。确保至少6月龄前在日粮中添加250mg/kg的生物素，如果整个猪群的腿部问题都很明显，需增加添加量。

- 漏缝地板规格和间隙是否正确（表22-3）。

保育仔猪用多孔塑料板饲养。因模具的形状和大小而不同，因此请咨询制造商获得相关信息，也可咨询他们的用户。足够的支撑力至关重要，所以请仔细核查，因为一些制造商会节约相关费用。

表 22-3　混凝土漏缝和间隙的宽度与猪体型关系的指南

	漏缝条宽度（mm）	间隙宽度（mm）
分娩母猪及体重30kg以下的仔猪/断奶仔猪	50（混凝土）	8～11
体重30～75kg生长猪	60～80	10～18
体重75～100kg育肥猪	80～100	10～20
母猪、公猪及体重100kg以上的育肥猪	80～100	10～20

数据来源：多方来源，包括英国和加拿大的动物福利法典（2002年发布，2007年修订）。

- 保育猪。令人惊讶的是，有关最适合断奶仔猪使用的塑料和金属网的表面试验证据尚不充分，而且市场上品种繁多。一些品种似乎明显优于其他品种，我只能根据自己长期处理保育舍地面问题的经验——主要是塑料-金属网漏缝的跛行和磨损情况给出三点建议。

1. 塑料/塑化型金属设计好于编织型金属地面（一些容易导致蹄底面擦伤），并且要避免使用网眼钢板，因为其锋利的网眼边缘会磨损蹄部。

2. 任何塑料类多孔地板必须有稳固的支撑，决不能出现任何的移动或下垂。牢固的支撑将取决于被支撑断奶仔猪的体重，我经常进入空的猪栏，用我自己的体重测试它的坚固性。保育期第一阶段（7～15kg）需要提供一块半米宽的舒适地板，最好摆放在靠近料槽的位置，以减少因饲料溢出造成的损失；同时也可使仔猪蹄部的压力得到缓解，因为在通过料槽或给料斗采食时，仔猪前脚和后脚都要承受额外的压力。舒适的地板能使处于此生长阶段的仔猪减少高达 50% 的蹄部问题。

3. 由于缺乏有关断奶阶段猪舍地板的最新独立的对比试验数据，所以可咨询并参观其他使用各类塑料漏缝地板的养殖者，以从他们那里获取所需的经验，并通过人站立在这些地板的上面来测试其牢固性。

- 哺乳仔猪纤弱的蹄部不应踩在粗糙混凝土固体地面上——建议铺垫一些东西，刨木花（来自非针叶树木的，因为松香可能有毒性并有刺激性）、专用消毒粉，或涂上石灰乳，但石灰乳必须在母猪分娩前已经风干。

- 水泥板条边缘是否平整，横截面是否呈铅笔形？否则会成为了常见的制造失误，它的造价要高于毛糙边口板条。板条的边缘在使用中需要进行维护，边缘上小小的缺口要用特殊的环氧树脂水泥进行修复，或更换整块板条。

- 板条的表面是否向两边的漏缝间隙倾斜？这种情况是制造商的一个设计错误——漏缝板表面应该平整，或者从漏缝板中心线到间隙（跨越一个 100mm 宽的间隙到间隙的漏缝板表面）的倾斜幅度不超过 2mm。这是一个常见的设计失误，据说出发点是便于排水，却会导致猪腿部受损。

- 地板排水是否良好或是否很光滑？地板被牢牢固定住对防止跛行很重要。用脱脂洗涤剂高压冲洗地板会有所帮助，一种特殊的酸性洗涤剂可能会造成地面粗糙，因此使用后必须进行中和处理。已被腐蚀的、太粗糙的或被湿料中的有机酸和尿液腐蚀的地板应该重新整平。

- 母猪是否饲养于新的混凝土地面？新的水泥地面会磨损猪的蹄部和乳头，并会产生化学腐蚀。铺设 1 周左右的刨木花会有所帮助。新的水泥地面需要花一些时间进行化学性"熟化"，通常要 3 周。

- 产床分隔板、分娩栏或地板是否有锋利的边缘？金属设备上突出的螺母和螺栓（通常是维修留下的）是一种常见的致伤原因——我经常注意这些。

- 不发达养猪地区用木制板条作为地板——随着时间的推移它们会变得很滑。

- 是否有任何笨拙的步伐？猪的步伐通常很流畅，但它们在受伤和被人追赶时，就会出现笨拙的步伐。行走时两腿相交成角的步伐是致命的！

- 如果哺乳母猪出现跛行，分娩舍产床地板可能需要检查。当母猪站立时，仔细查看地板是否变形和打滑，并确定地板是否有断裂。另外，栏上部太低，不符合现代母猪较大的背部弓形构造。如果存在这种情况，需重新调整金属栏的顶部。

- 与第 2 胎的母猪相比，头胎母猪的蹄部较柔软，适合多胎次母猪的漏缝地板区可能会导致青年母猪/初产母猪的蹄部问题。
- 不要将不锈钢垫放在新建的水泥地面上，因为它们太平整的表面很快就会变得光滑。用稍稍拉毛的木制垫比较合适。
- 母猪和青年母猪日粮中含有脂肪，所以猪舍在空闲时必须用脱脂型洗涤剂进行高压冲洗，并将此作为常规作业要求。很多跛行和腿部拉伤的病例都是当群养母猪在被同伴追赶时因靠近料槽和水槽的湿滑水泥地面引起的。
- 不要被生长得很快的现代遗传改良型青年母猪所迷惑——这可能会引起跛行。此类青年母猪需要有特定磷钙比的日粮，而且生长速度要保持"青年母猪"一章（表 7-5）所建议的范围内。
- 在可能的情况下，经常性地使种猪进行适当的锻炼。请注意，英国和瑞典在强制生产者禁用妊娠母猪定位栏并赞成采用群养庭院/栏的动物福利法出台后，母猪跛行的发生率有所下降（表 22-1）。青年母猪以庭院方式进行群养很有价值，因为这为繁育母猪在其一生重要的发育阶段提供了充足的锻炼。目前，主要出于节约成本的考虑，2/3 的母猪都被养在很拥挤的空间内，但这使每头母猪一生中至少会损失 2 胎。从 2004年以来我对 8 个国家的客户的青年母猪饲养空间的记录数据表明，更为宽敞的饲养空间带来的收益胜过母猪一生 7 年中采用充分庭院式群养猪所需的额外费用，比例大概是 4.3∶1。

但是它们的养殖密度严重超标。在一个 2.5m×3.6m 的栏内，即总计 9m² 或每头猪 1m² 的空间。每头青年母猪至少需要 2.8m² 的面积以避免应激。这样一个小栏应该放 3 头或者最多 4 头青年母猪。

一位猪场主正满心欢喜地看着猪栏内 9 头青年母猪

但在 2.5m×3.6m 的猪圈中，即总面积 9m²，或 1m²/头，猪的饲养密度明显过大

2.8m²/头是避免应激的最低值

这种小型猪圈应该饲养 3 头或最多 4 头猪

九、小猪跛行——检查清单

小猪跛行最有可能是由原发性脓毒症引起的，因此，鉴别和治疗"关节病"（传染性关节炎）非常重要。

- 较早发现感染。善于观察，不适的症状有：颤抖、以胸部贴地的姿势躺着（当同伴都仰卧时，病猪以前腿和胸部支撑身体）；并且在关节明显肿大或蹄部受损前，其被毛像"星星状"外套（毛发竖立）一样。这是因为该感染可以从其他部位侵入，并通过血液流到该感染病灶——本病例是关节。

- 在兽医指导下及时治疗非常重要，因为此类病例涉及多种病原体，且药物治疗最有效。

- 水泥地板和小猪的蹄部。经常性地检查地板表面，如果混凝土原料（2mm或2mm以上的圆形鹅卵石，以及仅1mm的尖锐砂砾）裸露，那么必须重新粉刷地板，最好使用沥青环氧树脂或乳胶类产品。

- 需在现场进行仔猪膝关节检查。握紧拳头，用中指关节并以适度的弹力敲打仔猪膝盖破损明显的区域，在仔猪寻找乳头时后腿有可能会乱扒乱抓。假如这个过程感觉到仔猪有明显的疼痛，那么建议重新粉刷地板。

- 注意使用一些轻质的垫料，如刨木花或碎纸（碎草含灰尘太多，不适合用于仔猪生产）可防止跛行，洒一层石灰水并使其风干也会有所帮助，但由于仔猪哺乳时总是乱抓乱扒，所以这些措施只能治标不能治本。

- 经常性地关注膝盖的磨损和疼痛情况，但后腿的损伤不大能注意到，因此更容易成为感染的源头。这是因为当身体向前靠近乳头时后腿的蹄趾会被迫分开。可能会产生趾甲的间隙疼痛、发炎，细菌乘虚而入。

- 多孔金属地板。其对仔猪肢体的影响还存在许多盲区（请参见下文的相关测试），且有一些还有锋利的边缘。网眼钢板很便宜，但以作者的经验来看是个危险的选择。塑料多孔地板，尤其是塑化铁丝网，应到展会的供应商展位上进行仔细比较。只要它们被充分固定且在承受100kg体重（即一个猪栏20头断奶猪的重量）时不发生变形，它们就可以用作地板。请参考表22-3中的指南。然而，一些金属丝网的设计太过"明显"，可能会产生应力。我使用两个木制雕刻的7kg断奶仔猪和12kg小猪的模型，如果模型的蹄深陷金属编织网间隙内的话，我不会购买这类设计的产品。这并不很科学，只是良好的感觉和观察。

- 卫生。
- 在产床中，关节问题通常有其各自的成因，当卫生条件得到改善后，关节病的发病率可从 12%～15% 迅速下降到 3%。
- 确保剪牙钳锋利，并应在处理下一窝时清洗干净。断尾和剪牙作业不要用同一个工具。可考虑磨牙，但要按照说明使用。
- 用非常锋利的手术刀断尾，且在窝与窝之间要更换。消毒过程参照前文的介绍。
- 在哺乳仔猪发生化脓性关节炎时，一些聪明的生产者会对母猪乳房喷洒乳头消毒剂（避免直接接触乳头），或者使用奶牛用的药浴。
- 采用哪些措施，应征求兽医的建议。有必要请兽医来进行一次年检。

十、八字腿

这一疾病的出现似乎是新生仔猪腰部和大腿区肌肉纤维发育不良，不能形成大量肌纤维以对仔猪的初生重提供足够的支撑所导致。其发病原因很多且不明确，但很多猪群有高达 1.5% 的出生活仔受此影响。

几年前，我和我们猪场分娩舍的工作人员一起，设法将由八字腿引起的损失降低了 90%，在总计16 500头出生活仔中，有 322 头仔猪患有八字腿，而我们只损失了其中的 17 头。

应该采取怎样的措施？

1. 一旦发现仔猪有八字腿，应尽快用绑带将仔猪的后腿绑起来。

2. 给仔猪服用 20mL 预先从分娩舍中任意一头刚产仔母猪收集的初乳，用一个普通的 20mL 注射器进行饲喂。收集的初乳可在冰箱内保存长达 2 周的时间，用完后再装满新鲜的初乳。

3. 在服用初乳后 45min，确保每一头患八字腿的仔猪从哺乳母猪的任一个泌乳乳头中得到一次充足的哺乳，哺乳时需将哺乳母猪自己所生仔猪暂时性关入保育区等待数分钟。一开始需要帮助此患病仔猪找到乳头进行吃奶。

4. 该仔猪随后返回自己的窝，绑带在 2～3d 后拆除；如果行走姿态恢复正常，可以提早拆去。尽管后腿被绑着，大多数仔猪仍可以用其前腿拽着身体移动且不会受伤。地板上铺设一些垫料将会有助于它们的运动。

5. 随时需要关注那些一开始吃奶有困难的仔猪，但注意几乎全部用单根绑带固定的猪都能恢复正常。

6. 负责很多工作的员工不应尝试着去做用绑带绑定的事，因为这会占用其大量的时间。

双重绑定——对此技术的完善。

正如上文的建议，单根绑带的绑定是一项稍烦琐的工作，一旦这些绑定的猪返回自己的窝内时，还需要对它们给予关注，以确保它们能吃到足够的奶。

另外一种可选的技术是，按照常规方法绑定后腿，然后在一名助手的帮助下抓着猪，把绑住的后腿轻轻地向前移动，在仔猪的身体下面略倾向另一侧（图 22-5）。然后，将第二根绑带固定在身体上，即骨盆稍前的部位，以使双腿靠近身体——不要太紧以免影响血液循环。如此，该仔猪得到了充分的固定！

图 22-5 保定双腿的仔猪

稍后可将仔猪放入一个稻草箱中，饲喂 20mL 的初乳，并和其他患有八字腿的仔猪一起放置 3～4h。这一点很重要，因为它不能移动得很远，如果留在母猪身边，肯定会被压死。

为什么要用这种方法绑定仔猪？当后腿固定在这个部位上时，这似乎在试图激活仔猪后肢肌肉，这种活动会通过神经中枢"逆转启动"肌肉。身体上的绑带必须在 3～4h 内取掉（不是像用单条绑带绑定的那样在 2～3d 后拆去），仔猪将能立刻完成相当不错的运动——足以使其开始吃奶，并且远离伤害。它们能够如此快速地恢复双腿的功能真让人吃惊。

一头八字腿仔猪在双腿经 4h 保定后能正常行走

十一、支原体关节炎

跛行，特别是青年母猪的跛行越来越多是由猪滑液支原体引起的。为何青年母猪表现特别突出？我掌握的证据足以表明，确诊的跛行往往与多尘环境中青年母猪的拥挤、应激和兴奋有关。

因为其他很多因素可导致母猪跛行，兽医需要进行检测以确诊是不是由支原体引起的。一旦确诊，计划性地在饲料中添加药物能起到良好的治疗效果，同时我发现下文的检查列表对预防跛行会有帮助。

预防支原体关节炎——检查清单

- 避免"返饲"：否则大龄猪会将该微生物传播给幼龄易感猪群，因为此时大龄猪已形成免疫屏障，而幼龄猪还未建立有效、强劲的免疫力。这就是为什么青年母猪和一些猪场的保育猪易感的原因。

按年龄隔离饲养，并注意不要让猪在猪场内到处活动，大龄猪刚走过且还未清洗的通道（如将猪赶往卡车进行装运的走道），随后又用来转移青年母猪或断奶母猪，易引起后者的感染。

- 过度拥挤、打斗、低温、强贼风应激会降低机体的免疫力等。对新引入和幼龄的猪来说，粗糙的地面是一个特殊的应激因子。
- 我发现支原体关节炎与灰尘有特别的联系。这是因为支原体偏爱通过呼吸道途径侵入猪的新陈代谢，随后通过血液循环进入到关节和肌腱。通风不良是一个可疑的致病原，并且相同的条件会促进链球菌的繁殖。
- 猪场主对粉尘可引起猪的跛行感到很惊讶！前文的介绍说明了为什么。
- 根据我的经验，主要敏感期似乎是在新引入青年母猪 4～5 周后，保育猪体重为 25～35kg 期间。
- 青年母猪引入后，自由采食 1 周，以增强其免疫力，并且要饲喂特殊的青年母猪日粮（请参见"青年母猪"一章）。
- 检查猪舍和室内的最大通风率，以便最大限度地减少猪舍内的应激因素。并且，青年母猪群决不能过度拥挤（请参见"饲养密度"一章有关每栏正确饲养空间的备注）。
- 如果支原体引发的跛行在猪群内持续存在，兽医会推荐在感染出现的前几天（如 3d），通过饮水进行抗生素治疗，10d 之后再重复用药。

（钟丽菁译　潘雪男校）

附录 1
饲料浪费问题

农场主并不会傻到要有意去浪费饲料，但是他们通常并未意识到实际上很多饲料被浪费掉了，这种浪费表现在 3 个方面：

一、饲料浪费的类型

1. **物理性因素浪费**（导致饲料转化率增加 0.26：1，每吨饲料可售猪肉降低 16kg/t 等情况）。这主要由于料槽装料量过满从而溢出，或从漏缝地板漏掉，或是混到垃圾中，或被鼠类和鸟类吃掉，等等。

2. **营养性浪费**（导致饲料转化率增加 0.15：1，每吨饲料可售猪肉降低 12kg/t 等情况）。主要是因为饲料类型及饲喂量错误、营养浓度不达标，或是喂食腐烂发霉或受污染的饲料。也有可能是因为缺水、水流速不够或猪饮水不方便引起。

3. **环境性浪费**（在极其寒冷或酷热的恶劣环境下会导致饲料转化率增加 0.25：1，一般也会增加 0.15。每吨饲料可售猪肉情况同上 1 和 2）。这主要是因为环境过热或过冷、猪群过于拥挤、采食和饮水时争抢打斗过度、圈舍中有害气体和尘埃浓度过高、栏舍设计不合理等。

这些因素会导致负面结果，相对于现有猪的生产性能，会使饲料转化率增加 0.5：1，或者是每吨饲料可售猪肉减少 25～28kg。用最简单的计算方法来计算所带来的损失，那就是销售 28kg 猪肉带来的收入，再加上现有水平上每吨生长/育成猪饲料的费用。计算的结果肯定会让你大吃一惊，我并没有夸大其词，这些都是我从那些存在饲料浪费的猪场收集并记录到的真实数据，我们随后进行了改进。

例如，水平较高的猪场的 7～105kg 猪生长期间的饲料转化率是 2.3：1，但是有些猪场饲喂同样的饲料，其饲料转化率则接近 3.0：1，前者真正解决了前述的三种类型的饲料浪费问题。

二、物理性浪费（直接浪费）

一般说来，每个料斗每年的下料量为 16t。即使是颗粒料，料斗的浪费率一般不少于 5%，但是我发现现实情况是平均浪费率为 6%～7%，甚至有些猪场达到了惊人的 15%（附表 1-1）。每个料斗每年的下料量为 16t，如果浪费6%，则每年从每个料斗浪费的饲料量接近 1t（实际达到 960kg）。有些浪费是很难避免的，但是如果使用最新设计的料斗可使浪费率降至 2%。

（一）证明多少饲料已被浪费

附表 1-1 中所显示的数据非常有意思，这些数据的测定方法是将一个 0.45m×1m 的板置于各种悬架的料斗下方所得到的。将数据统一扣除 10% 的额外重（如粪便、灰尘等）。这些测定试验针对的猪重量从 20kg 到 88kg，饲料转化率为 2.8：1。

附表 1-1　每年饲料浪费量（t）

每年的饲养量	2%浪费率	6%浪费率	10%浪费率	15%浪费率
500	1.9	5.7	9.5	14.25
1 000	3.8	11.4	19	28
2 500	9.5	28.5	47.5	71.25
5 000	19	57	95	142.5
	使用设计得较好的料斗的猪场	大多数猪场的情况	32%的猪场	12%的猪场

附表 1-1 用数据体现了直接浪费导致作为主要成本的饲料的损失情况。附表 1-2 归纳了在猪场深入实验获得的导致饲料浪费的各种因素。

附表 1-2　导致饲料浪费的因素造成产肉量减少的情况
（猪场规模为 100 头母猪，年出栏 2 000 头育肥猪的猪场）

造成浪费的因素	记录的直接浪费的平均值*	每年少产的肉量（t）
1. 直接溢出	6%	10.7
2. 虫类和鸟类	0.5%	0.9
3. 喂料器设计不当	超过 6%	超过 10.75
4. 饲喂粉料而非颗粒料	3%	5.38
5. 用输料管饲喂干粉料（湿度不够）	4%	7.12
6. 未用干湿料槽饲喂干粉料	3%	3.38

（续）

造成浪费的因素	记录的直接浪费的平均值*	每年少产的肉量（t）
7. 干湿料槽设计或调试不当	4%	7.12
8. 饮水管理太差	达到3%	达到5.38

* 与间接浪费（包括不当的饲料类型、饲喂量错误、饲料营养浓度不达标、猪群密度过大、猪群活动空间小等）相比较的直接浪费。

数据来源：1980—2009年间的各种调查和试验结果。

（二）怎样减少直接浪费

首先，要了解你的猪场存在浪费问题的严重程度。检查正在使用的每个料斗，每个料斗每年可能浪费至少半吨的饲料。

1. 尝试不要对体重 25kg 以上的猪饲喂干料。 对大猪来说，通过输料管饲喂全湿料或通过干湿料槽饲喂半干料产生的饲料浪费较少。

2. 现在市场上有至少 6 种类型的能减少浪费的料斗出售。 这些料斗仅浪费 2% 甚至更低的饲料，看看表 1 你就知道能省多少料了。当你想更换料槽时请留意这些设备信息。虽然这些设备成本高一些，但是使用这些设备 7~12 个月所减少的饲料浪费价值已相当于设备成本了，更何况这些设备的使用年限达 8 年以上。

3. 始终用盖子将料斗盖住。 这可以预防害虫、昆虫、鸟类及大气的污染物造成的浪费。

4. 千万不要将饲料撒在地板上喂猪！ 经过测量和比较，这种方式的浪费率已由料斗的 2%~6% 上升到 12%（附表 1-3）。

附表 1-3　将饲料撒在地板上喂猪代价非常高

在这个农场的试验中，农场主不相信将饲料撒在地板上喂猪代价会如此高昂（他告诉我说："我的猪在下次喂料之前将地板上的饲料吃得干干净净的"）。为了证明浪费，我们将吃颗粒料的猪分为地面饲喂和圆盘料槽饲喂两个组，猪群置于同样大小的地方，喂相同的料。每组 4 次试验后，结果如下：

30~84kg 猪群	平均日增重（g）	饲料转化率	产肉量（kg）	每批猪每年售价
地面饲喂	623	2.87	396	523 英镑
圆盘料槽饲喂	710	2.54	444	586 英镑

结果： 在试验期间用料斗饲喂，每个料斗平均下料 11.4t，每批猪每吨饲料增加收益为 63 英镑。因此，每个料斗的使用可以增加 11.4×63＝718 英镑的收入，这个收益是料斗价格和改造料槽所借入资金的 3.6 倍。

投资回报： 在此基础上，由于饲料吃得更干净（每头育成猪少浪费料 5kg），相对于地面饲喂，浪费更少的圆盘料槽饲喂只要 FCR 改善 0.1 即可收回投资。这相当于地面饲喂方式时每头猪仅有 3.22% 饲料浪费，然而事实证明，通常的地面饲喂饲料浪费量超过 12%。

来源：客户收集记录的数据。

5. 湿喂。无论你是使用干/湿圆盘料槽或者通过管道提供的完全湿料（电脑控制液体饲喂）。从大量对比试验结果来看，电脑控制液体饲喂比采用传统料槽喂颗粒料平均每 100 头育肥猪省 1.38t 料。但是这是由于生长速度的提高，还是由于较少的浪费产生的，还无法完全确定。干/湿圆盘料槽与传统的干颗粒饲喂器谁更有优势的对比试验很少有人做，但是饲料浪费减少了 2%～10%。我从用干粉料的美国农场得知，大群采用料斗饲喂浪费惊人，通常超过 12%。

6. 加强你对饲料浪费的意识。当我去巡视猪舍时，经常看到饲料直接浪费的现象。饲料散落在休息区域、未吃的饲料堆在料槽一侧、料斗或者料槽圆盘中存放太多饲料、过道中有饲料、饲料颗粒漏至漏缝地板、下料器调校不准等。场外的人去猪场更容易发现这些错误。每月要进行一次饲料浪费的检查，特别注意直接浪费的现象。

（三）在干/湿料槽设计和操作方面需要更多的关注

干/湿料槽在出料口上面装有出水钮或水嘴阀门，通常情况下都是粉料，这样猪在进食时可浸湿饲料。有两种样式，用隔板料槽，在猪拱食时先落料到隔板然后落入浅槽中，猪将其浸湿并采食。近来，用圆盘料槽下料，通常为颗粒料，比粉状料浪费要少，饲料落至水平的盘上，如前所述，在猪进食时可以将其润湿。圆盘料槽有一个优点，即邻近栏舍猪群可共用一个料槽，这有利于鼓励邻近栏舍猪来抢食。这不但提高猪的饲料摄入量，还可减少猪在料槽处的打斗。

注释：干湿料槽的供水只是为了润湿饲料，因此栏内还需要有其他水源。

（四）过去干/湿料槽设计上的错误

当考虑更换料槽或者常规料斗时，请注意会影响饲料浪费的错误设计。

1. 料槽或料盘是否容易外溢。

2. 下料口调节不当。我见过的一些料槽根本就没有调节下料口！但料槽有可调节下料口是非常重要的。由于不重视这个重要的日常工作，从而导致生长速度减慢以及饲料利用降低的问题请参阅表 13-8、表 13-9 和表 13-10。

3. 一些料槽有饲料下料拨杆（猪自身可通过操作它们来释放小量的饲料到下面的架子或者托盘）。如果位置设置过低，则很容易被猪的唾液污染，从而导致阻塞。猪应该仰头来启动饲料分配杆，然后再低头采食分配的饲料。

4. 有些饮水器位置或设计不当。用于润湿饲料的饮水器设计的位置取决于料槽的设计。具体请仔细询问制造商设置饲喂器水口的位置的合理性。

5. 因为成本限制原因，对一些饲喂器减少金属使用量，使用预有的容器，如圆筒，这些非常不利于操作管理。就简易的传统干料料斗而言，在设计过程中，很少运用侧翼或深槽的概念，而侧翼或深槽已经证实可以在饲喂时间减少猪群的争斗，因为可以保持猪每次去料槽时保持足够的采食时间。

（五）正确的料槽操作

如果有了设计良好的料槽，如何正确操作料槽以降低浪费也是非常重要的。如果目前流行的圆盘喂料器，不能随着不同阶段猪群的进食方式（细心的饲养人员知道这存在相当大的差异）进行调整，或饲料组成和营养浓度也不能随时调整（如何操作请参见第13章），则需要对饲料下料口设置和饲喂器水口设置进行经常性调整。对干/湿喂料器而言，至少每三天应调节下料拨杆，每周应调节出水阀。详细请参见"饲料转化率"一章。关于料槽中或料盘中应预放多少料的建议也可参见此章节，猪的日龄不同，预放料的量也应不同。为最大限度地减少饲料浪费，请仔细阅读以下内容。

三、间接性饲料浪费

一个比直接饲料浪费更严重、更复杂的课题是间接性饲料浪费，但同样对猪场生产力有严重的负面影响。下面我们将探讨饲料的间接性浪费。

间接性饲料浪费包括：

1. **喂错饲料**。即使在今天，我发现仍然大约有10％的养猪生产者给猪喂错料，要么是基于成本考虑，要么是采购的原因，或者是因为他们患上了"啥都懂综合征"。营养科学在快速发展，我们非常有必要咨询营养学专家。饲料越来越贵，因此我们必须精确地设计和使用，即"精准营养"。如何选择正确的饲料，为什么如此重要，请参阅"生长速度"一章。

2. **饲喂标准错误**。对于饲料，重要的是日常营养摄取量，而不是饲料的种类。猪的采食量随着猪的遗传性能和环境温度的不同而存在差异。如何保证你的猪日常营养摄入量能满足其遗传潜能所达到的生长速度呢？请参阅"饲料转化率"一章及"生长速度"一章。

3. **饲料容重错误**。相同的原料之间或不同的原料密度存在差异。当今猪场中，无论是母猪还是生长猪，饲喂越来越倾向于采用机械化按饲料体积计算的方式进行饲喂。这些自动和预调设备的体积调校可能存在误差，因此很容易导致提供的营养过量或不足。了解营养师推荐给你的饲料配方的容重是非常必要的，这可以保证猪对各种饲料所摄入的营养量是正确的，与营养师所推荐的规格和饲喂量一致。关于如何快速简便测定饲料营养浓度请参阅"饲料转化率"一章。

4. 猪群密度过大。由于猪群过于拥挤容易相互争斗，食欲减少，因此，尽管在上述 1～3 条都做得很好，也会导致日常营养摄入量受影响。由过度拥挤造成的竞争压力是引起摄入饲料的有效使用和消化降低的一个重要因素，因此饲料间接被浪费。

5. 饲喂空间不足。猪需要充足的时间去进食和有效地消化营养物质，如果此过程受阻，那么它将会吃残渣，饲料和营养成分未能充分利用，导致间接浪费。有关如何保证充足的喂料器和料槽空间，请参阅"饲料转化率"一章。

6. 饲料的设计与猪群的免疫状态、环境温度和市场需求不匹配。免疫状态、环境温度和市场需求不匹配会引起营养不能有效利用。

（任斌译　周绪斌校）

附录 2
如何正确设计和实施农场试验

合理的设计和实施，约翰！

我最早进行农场试验是 40 年前，当时我正从事农场咨询工作，由于很多现象无法在文献中找到原因，就需要进行试验进行验证。

经过一段时间的精心准备，我尝试发表了自己的试验结果，并且很理所当然地受到了两位学术专家的批评。他们说在统计学上这些试验结果毫无意义。如果我愿意接受他们，他们乐意帮助我正确设计试验，随后我接受了他们非常友好的帮助。

学术专家不喜欢农场试验

很多农场主（不仅是养猪户）不会正确设计试验是很正常并且可以理解的事情。即便农场试验设计合理且结果确实差异显著，试验结果没有进行统计分析，不管如何描述你的试验结果，都会再一次使学术专家困惑，这也是农场主在研究试验时较为头疼的事情。

当农场主被告知他们的农场试验结论价值不大或者是毫无价值时，即使是偶然发生，认真的养殖户都会感到苦恼。没有人喜欢在付出艰辛后被告知那是在浪费时间和精力。他们会说"为什么之前没有人告诉我？"

怎样合理设计试验？

合理设计试验是重点。请务必在自己农场做个对比试验。

但是把它设计好！

很多试验起初就没有设计正确，如何才能把它做好呢。我建议在专业统计人员指导下设计试验，既能实现养殖户试验目标，又能使统计专家满意。在我的印象中很多农场主能够勤恳开展农场试验，这是非常好的，但是他们不能从专业统计人员的分析结果中获得需要的信息。

用实用的农场试验方法设计试验具有重要意义

我曾经参与 60 多家农场的试验研究工作，其中大约有 30 家在规划阶段就放弃了，因为养殖户觉得他们不能提供足够的猪（称作重复数）来保证试验结果，或者人手不够没法实施。

1. 什么能使你改变?

如何分析影响养殖利润的因素。以饲养试验为例，比如扣除饲料成本后的效益，销售每头猪或每圈猪的毛利或者每吨饲料可售猪肉（饲料是最高的成本因素）或者每头母猪的产量等，都可以进行试验分析，选择哪个试验由你来决定，因为你最了解自己的经营状况。如果试验结果显示有意义哪一个结果能使你改变现有生产技术或方式呢?

如果试验结果显示每消耗 1t 饲料多生产 1kg 肉，是不值得改变的? 如果多生产 10kg 肉呢? 有可能，但是比较难。当多生产 25kg 呢? 这很不错，对于每吨饲料所对应的 5 头猪（估计值）而言，意味着每头猪多产 5kg 肉。对同样的资金投入，你会说这是值得改变的。当然，这样的结果会使我选择更换饲料。

2. 对结果毋庸置疑

现在让我们设计一个试验，比较现用饲料和新饲料，验证是否同样消耗1t饲料生产猪肉有 25kg 的差别（或者非常接近），用试验证明一切，这就叫做"置信度阈值"。

3. 找出你需要做什么

这一步需要获得外界帮助，要提交需求点给为你设计试验的专业统计人员（研究科学家或者大学教员），使其为你设计一个行之有效的农场试验。幸运的话，你可能会跟这些专家有面对面的交流。但是你必须主动去找他们，必要时可以通过网络。

他们会说当差异程度（如果存在）达到 16/20、17/20，甚至 18/20，他们会告知你 X 数量的猪对应 A 数量的饲料，或者 Y 数量的猪对应 B 数量的饲料。这些都会被用来表示出一个有效的置信度阈值来实现"改变自己"的目的。

在我的印象中有时会出现这样一幕，当养殖户被告知要"改变自己"所需要的猪的头数时，他们的表情显现的很为难，因为可能在他的农场完成这些是非常困难的，他可能没有足够的劳动力或者圈舍等，但恰恰此时不能放弃。

4. 以适合你的能力来调整你的利润阈值

统计师将会和你讨论如何降低试验结果与设定目标的偏差，来减少试验猪的数量和重复数，让你能在你的农场完成试验。

如果可行的话，他可能会通过稍微降低置信限度来实现。如果两种饲料确实存在差异，试验结果仍然能够揭示已经确定的"改变自己"的目标。你也可以和他一起探索，"改变自己"目标偏差降低多少才能够使猪的数量符合要求。但是有时两者不能同时满足，科学家们坚持（需要）很多的猪而养殖户却认为那是很小的差别而不增加猪数。

如果你不能认同增加猪数，那只有放弃这个项目。

5. 不要去冒险浪费每个人的时间

因为很少农场试验能按照基本的操作流程完成，所以大多农场试验是没有价值，以浪费时间的形式结束。我前期的探索就是如此。更糟糕的是，误导的结果会获得错误的结论，进而影响投资。显而易见，圈舍和设备方面资金投入也非常巨大，难怪学术专家如此严厉批评。

在规划阶段决定是否要做农场试验意义重大。尽管试验结果可能是好，也可能是坏，但是这个结果绝不会浪费你的时间和金钱，因为它是一个真实结果，而且你能根据这个结果做出合理的商业决定。

6. 科学严谨地实施试验

猪和家禽养殖户非常善于试验的实施。这可能是因为他们已经完全理解并认同严谨的试验设计流程，同时他们对饲料和猪的称重都很严谨，对任何的损耗和疾病都会详细记录。

7. 正向或负向结果都需要统计学检验

根据摆在桌面的试验结果，你仅仅拥有是否实施计划前进行决定的一半资料。试验设计合理并正确实施意义非凡，这与你的切身利益息息相关。你现在需要做的是如何用商业的眼光去解读这些事实，并且做出是否要做的决定。我接下来将要讨论怎样去做以及成本多少，但有时要自己掏腰包支付这个统计分析服务费用，我只能这样说。

我经历的值得深思的试验

多年来，我参与了近 60 个农场试验，这些试验均采用了"预规划"的试验设计方法。大约有 30 个试验因各类原因而无法设计以失败告终。有 10 个养殖户按照他们自己或饲料供应商提供的试验方案（我认为可能是有问题）继续进行，实施的时候我委婉拒绝参加，因为我不希望参与的农场试验结果存在潜在问题。对 60 个试验的结果均利用统计学方法进行了分析，只有 17 个达到预期目标。我认为 30 多个试验中多数养殖户坚持很乐观的目标。因此，不要贪婪，在当前情况下，甚至在统计学上一个较小的有效利润都是有价值的。降低你的期望值比放弃试验会更好一些，尽管试验可能会给你带来一些小的收益。

总的来说，正反结果是相等的（见附表 2-1，下面举个例子）。

聘请统计师分析试验结果

他（她）将针对试验结果告诉你什么能说什么不能说。

我遇到两类来自养猪户的异议……

1. "在地球上哪个角落能找到一个（统计师）？我距离大学和研究中心有较远的路程！"

回答：如果确实如此，在当今任何专家（养猪专业兽医、营养师、工程师或者统计师）都可以通过电子邮件进行联系。面对面接触当然是最好的，特别是试验实施前的"讨论阶段"（那个能使自己改变的讨论）。为了促进你和他们关于猪性能的相互理解，利用电子邮件进行统计方面的讨论是必需的。

建议一：选择统计师时，要尽量挑选一个农业方面的统计师而不是社会或者民用的统计师。这些通用型的统计师并不能很好理解畜牧生产中的问题，而农业领域统计师可以站在养猪者角度去思考你的问题。这样将会省去许多冗繁的电子邮件或者电话解释。

建议二：会计师并不是统计师！只有个别会计师接受过统计学培训。到其他地方看看。

2. "统计师成本很高。我不能接受这个建议。"

回答：好吧，让我们看看这些。

在过去的 23 年间，我记录了 17 个所参加的农场试验中统计学设计的实际费用。其中 8 个试验（经过统计师合理设计）是正面结果，9 个是负面结果，负面结果就是试验产品未能达到养殖户"使自己改变"的阈值。顺便说说，在试验之前，17 个养殖户中的 9 个被要求修改"将要改变阈值"，通常要降低 10%～20%。这些养猪户似乎非常乐观，他们喜欢看到毛利升高 25%，但可能实际仅仅 10% 的目标。成本稳定增长的年代，这种事情在实际中很难发生。

因此，一个统计师的真正成本有多少？他值不值这个价？如果在疑惑和投资之后，这个试验结果是负面的，这会对产品成本造成多大的破坏？附表 2-1

关于这个问题的数据真实地来自农场。

附表 2-1　一个统计师的成本是多少?

一个农场试验的结果要么是正面的,要么是负面的或者没有结果。下面的 17 个农场试验中 8 个是正面的(养殖户决定改变饲料),9 个是负面的或者没有结果(不改变饲料)。

正面结果(的农场试验)。统计师的投入成本与 12 个月的毛利或增长效益具有相关性。		负面结果(的农场试验)。统计师的投入成本与每头猪除去饲料成本带来的全年毛利具有相关性。	
农场	%	农场	%
1*	36	1	1.33
2	1.6	2	0.81
3*	10.2	3	0.56
4	0.7	4	0.89
5	4.1	5	0.5
6	3.0	6	1.7
7	5.2	7	2.1
8	4.3	8	0.9
		9	3.1
平均	8.14		1.99

* 小型养殖户:相比年产值,统计师的成本费用较高。

资料来源:客户记录(1988—2011)。

点评:虽然 17 个农场试验是一个小样本,我以前从来没有见过这样的信息,所以也许值得研究。

在第一列中,结果显示受试饲料得到认可,统计师费用也证明了这一点(或大或小依赖目前的饲料带来的效益),统计师的费用低于第一年全年毛利的 10%。

在第二列,这些试验结果显示没有或者不确定的效益,当前毛利的 2% 超过了饲料成本,因此,雇佣(统计师)被认为是浪费。在现实中,即使这种消极的结果也不是浪费,因为它阻止养殖户做出改变,在商业上可能是不可行的。

商业性促销猪用产品试验结果可靠吗?

由于猪场用产品公司之间竞争激烈,养殖户都遇到过公司促销产品的问题。

我认为 20 年前商业试验结果是不可靠的,因为很多试验都是 1~2 栏,仅仅两个重复,每个重复 15~30 头猪。从统计学方面考虑,需要大量的试验差异来获得有效的统计结果。

现在情况好多了,很多饲料厂家通过内部和外部的统计师对本公司和客户的试验进行设计和分析。然而,我们也要多问饲料公司的销售或市场部一些问题,以区分哪些公司是实实在在提供准确信息,哪些公司则依赖于较低销售成本和经验丰富的销售员。

七个问题(由英国研究实验顾问 Gordon Rosen 博士在 2005 年首次提出):

需要向饲料、养猪设备与兽药生产的相关厂家咨询七个关键问题。有关种畜的一系列深层次问题也是必要的，这些问题可以在第 7 章找到。

1. 产品测试试验设计多少对照试验？

在多数的农场试验中大约需要设计 20 个对照试验去解释关键变量。

2. 在这些试验中设计多少个负对照？

设计负对照，可以对比确定受试产品是否有效果。仅仅设计正对照限制了试验的价值，因为它不能通过对比揭示出两个产品哪个有效果。所有试验都需要一个负对照。

3. 你是否可以提供一系列参考资料支持前两个问题？

内部试验往往只展现有利的试验结果。我经常问是否可以给我看看所有的试验报告，包括正面结果和负面结果（以附表 2-1 为例）。即使采用非常优良的产品有时候也会失败，因此需要咨询。要小心最可能的结果——销售员肯定不高兴。

4. 响应频率。几成产品提高了性能？

多年来，公众对 Rosen 博士有关营养素的研究广泛认可，如抗生素在 70%～75% 的情况下有改进，任何替代品达到或接近这个标准都是可以接受的。然而，如果是 100% 将是可疑的！

5. 什么是反应的变异系数（CV）？

我们不仅需要知道多久能从农场可以领取薪水，更需要了解在反应中的变异是否超过了商家建议的使用条件（猪的大小、冷热条件、室内或室外生产、最大或最小通风量等），变异越小越好，不超过 50% 的变异是可以接受的。

6. 详细说明最大限度地提高投资回报的产品用量？

运用经济数据衡量研究指标至关重要。我已经反复强调了 25 年，甚至发明专用术语告诉养殖户用简单的方法取得可靠的试验数据。这意味着可以控制费用过高。这些内容见本书第 10 章的充分解释。经常咨询供应商（REO，MTF，AIV）投资 50% 或者两倍的回报，可以了解他们是否已经计算出最高效的剂量-反应曲线。

7. 根据我的农场条件或市场行情，最大程度预测产品在农场的效果模式吗？

增重、饲料转化率和胴体质量的模型仍然未被供应商、养殖户甚至是研究者充分利用。在抗生素、疫苗和酶制剂等产品中有具体模型，但其他营养替代物如有机酸、植物提取类和许多化学合成药物的模型并不多见。

构建模型不仅能比较促销产品的自身性能，而且也能比较其他项目，比如圈舍和清除粪污的改进、通风控制和测量（控制器）、设备更新和饲料营养成分的改变。如今有很多产品和技术出现，现代养猪生产者面临诸多采购选项，构建模型可以比较不同采购选项给猪场带来的潜在附加值。

为什么要这样挑战制造商和他们的销售员呢？

上述观察似乎对商业化的养猪生产者不太容易操作，但当他们需要花钱去采购"更好的产品"或"新方法"时，面临诸多选择，采取上述思路可以缩小选择范围。最好的办法是看销售员如何回答上述 7 个问题。这种初筛很快就会发现那些可疑的或不需要考虑的产品，如果有必要，可以咨询统计师或经验丰富的养猪顾问，从而了解哪种产品会带来附加值或增加利润，从而值得购买。

我们生活在一个商业压力日趋增加的世界，我们需要不断对提供给我们的产品及试验者提出更多问题。

如果你仍然感到困惑，根据自身条件做一个农场试验将会帮助你做出决定。

合理设计试验！

（余淼、赵云翔译　周绪斌校）

附录 3
养猪生产术语表

关于那些你应该知道但不敢开口问的

对猪场中存在问题的关注，常常通过生产者的阅读、引用兽医或其他建议者的报告中的术语。这种表达经常使用科学术语（为了表达更精确），这可能有助于农场主和他的员工做出决定，也可能没有帮助。而且，很多研究报告中都充斥着科学家们能完全理解的技术术语，但外行读者却未必能理解。

这个术语表虽然不是最详尽的，却是我在过去 45 年间所查阅的各类术语和定义。因此这有可能对阅读者有帮助。如果我侮辱了您的智商，我表示道歉。但我们互不相同，我希望有人早就完成了这个工作！我通过书面形式和口头形式多方求助。我很感激这些朋友，但这些解释主要还是我自己的理解。如果你不同意，能把它们改得更好或能对遗漏之处提供建议——我很乐意知道。

中文	英文	词义
绝对死亡数	Absolute Mortality Figure，AMF	相对产活仔的仔猪死亡数量。这种衡量方法比百分率更有效。如绝对死亡数为 0.9 头（产活仔数为 12 头）。绝对死亡数多在 0.6 头（产活仔数为 8 头）至 1.2 头（产活仔数为 14 头）
吸收	Absorption	吸收物质。比如，吸收到组织里。一般会与吸附混淆。【参见】吸附
末端的	Acral	【兽医】影响末端（肢体、耳等）的
首字母缩略词	Acronym	从其他单词或词首大写字母形成（如 PRRS，FCR）
急性的	Acute	1. 尖锐的；急剧的；2. 近来被用于表示新近发生的，而不是描述严重程度（虽然后一种用法更为广泛）
自由采食	Ad libitum	指没有限制的，简写为 ad lib
肥胖的	Adipose	脂肪的；肥胖的；多脂肪的
佐剂	Adjuvant	辅助其他物质的一种物质，比如疫苗里提高抗原效力的佐剂
吸附	Adsorption	吸引并使其他物质附着到表面
外来的	Adventitious	【兽医】获得性的，不在正确的位置（意外的）
需氧菌	Aerobe	需要氧气才能完全发挥作用的微生物
病因学	Aetiology	【兽医】研究疾病原因的学科
无乳	Agalactia	【兽医】部分或完全地缺乏乳汁
肌肉拉紧的	Agonistic	肌肉拉紧（不要与 antagonistic 混淆，antagonistic 为好斗的）
臀骨	Aitchbone	臀部的骨头
年度投资价值	AIV：annual investment value	额外的投资每年带来的节省或改善的收入额，与每吨、每平方米或每头猪的投资成本有关。数值越高越好
痛觉过敏	Algesia	【兽医】对疼痛敏感，因此 analgesic 为镇痛剂
周边环境（温度）	Ambient（tem	猪体周边的温度

perature)

氨基酸	Amino-acid	【营养】用来构成蛋白质的基本物质
安培	Ampere	【建筑】衡量电流强度的单位
合成代谢	Anabolism	新陈代谢的合成阶段。【参见】新陈代谢
厌氧菌	Anaerobe	能生活在缺氧环境中的微生物。
止痛	Analgesia	对痛失去感觉（analgesic 指镇痛剂）
类似的	Analogous	相似
过敏反应	Anaphylaxis	严重的或异常的过敏性休克反应
雄性激素	Androgen	雄性动物分泌的性激素
雄甾烯酮	Androstenone	【参见】粪臭素
乏情	Anoestrus	不发情的，乏情的
缺氧症	Anoxia	【兽医】（缺少）氧的供应引起的障碍
前部分的	Anterior	朝前的
拟人化	Anthropomor-phism	把人的特征用到动物上
抗体	Antibody	由淋巴细胞（白细胞）产生来应答抗原反应的特殊蛋白质。【参见】抗原
抗原	Antigen	能启动生物（比如猪）抗体反应的任何外来物质，以便在生物（猪）体内产生免疫反应
抗营养因子	Anti-Nutritional Factors，ANFs	指特定饲料原料中存在干扰消化或代谢途径的物质
抗氧化剂	Antioxidant	【营养】抑制化合物氧化的物质，如阻止脂肪酸败。【参见】氧化
关节炎	Arthritis	【兽医】关节的发炎
抽吸	Aspirate	【兽医】吸出，抽出
收敛剂	Astringent	【兽医】导致收缩的
共济失调	Ataxia	【兽医】肌肉不协调
闭锁	Atresia	【兽医】组织的闭锁
萎缩	Atrophy	【兽医】消瘦；萎缩的
弱化	Attenuation	【兽医】减少；变薄（稀释的）
磨损	Attrition	消耗

非典型的	Atypical	非典型的，不规则的
审计	Audit	系统性的复查
自体的	Autogenous	【疫苗】自生的；起源于体内的
自溶	Autolysis	细胞的自身毁灭
自主神经系统	Automatic Nervous System，ANS	与"逃逸或打斗"的应激有关
自主的	Autonomic	不受自发的控制（比如，自主神经系统）
轴线	Axis	数据、曲线或身体线的对称轴（或旋转轴）
菌苗	Bacterin	由灭活的细菌制成的疫苗
杀菌剂	Bacteriocide	杀死细菌的物质
抑菌剂	Bacteriostat	抑制但不会破坏细菌的物质
赶出	Bang out	敲击挡板以便将所有睡觉的猪或病猪赶出来检查
批次分娩	Batch farrowing	为了方便工作安排和管理，有意将分娩母猪分组的方法，能更好地控制后代仔猪的疾病
膨润土	Bentonite	一种能够吸潮的泥土
巴克夏	Berkshire	一个以肉质而闻名的猪种
β-胡萝卜素	Beta carotene	【营养】维生素 A
胆汁	Bile	由肝脏分泌的液体，能将大脂肪球分解并通过酶消化。储存在胆囊中
生物活性的	Bioactive	从活体组织获得反应
生物测定	Bioassay	用活体组织测试药物的作用
生化需氧量	Biochemical Oxygen Demand，BOD	用于衡量污水的效力，指在 20℃ 时及特定时间的条件下，分解有机物所需的氧气数量
活检	Biopsy	【兽医】从活体组织中取出（作显微镜检查和测试）
生物安全	Biosecurity	为了保持健康和抵御疾病所采取的所有措施，不仅限于卫生方面的措施。
生物技术	Biotechnology	作为工业用途的科学生物原理的应用

		（例如基因工程、医药等，也包括全天然来源的应用，如酵母产品）
生物素	Biotin	（维生素 H）复合维生素 B，与肢蹄结实度有关
出生重或初生重	Birth weights	初生活仔窝重的目标值为 15～17kg。每头仔猪的目标初生重为 1.5kg。实际初生重小于 1.2kg 则应采取干预措施。【参见】初生的
囊胚	Blastocyst	胚胎形成的早期阶段（源于"blast"，即胚芽）
瞎乳头	Blind teat	乳腺有奶水，但乳腺管被堵塞。如青年母猪中出现这一性状，可能是一种遗传缺陷。
胀气	Bloat	【胃】腹胀气，常见于饲喂（热）乳清时
败血症	Blood poisoning	血液感染细菌或血液中毒的通用术语
体况评分	(Body) condition score	估计母猪脂肪的一种主观方法，从 1 分（瘦弱）到 5 分（肥胖）
产活仔数	Born alives	指至少呼吸过一次的仔猪，可通过"肺漂浮试验"（bucket test）中肺的漂浮和快速沉没来确认。目标：死产率<5％
臀位	Breech presentation	胎儿出生时，臀部最先娩出
啤酒糟	Brewer's grains	经淀粉发酵过的饲料残渣
啤酒酵母	Brewer's yeast	酿酒酵母收集干燥后的酿造副产品
英国热量单位	British Thermal Unit, BTU	英国热量单位
保温区，温室	Brooder	在断奶到肥育阶段早期所使用的带盖热源
棕色脂肪	Brown fat	散发热量的脂肪组织。棕色脂肪的含量较高（遗传）的猪会"燃烧"食物，这会提高猪的饲料转化率

缓冲/缓冲剂	Buffer/buffering agent	一种溶液中的物质，通过增加所需的酸或碱的数量来改变溶液中的 pH 变化。【参见】pH
容重	Bulk density	颗粒物质（如动物饲料）的密度，以物质所占的单位体积表示，包括颗粒/谷物间的空间。【参见】密度
补饲	Bump feeding	分娩前 2～3 周额外增加喂料量
滑囊	Bursa	【兽医】指体内充满液体的小腔体，防止因摩擦而受到伤害
滑囊炎	Bursitis	滑囊出现炎症
盲肠	Caecum	小肠和结肠之间的一个袋状肠道，含有分解纤维素的细菌。与反刍动物相比，猪和人类都不发达
钙血症	Calcemia	【兽医】血钙过多
结石	Calculi	【兽医】增生的结石（如肾结石）
卡路里	Calorie	【营养】1g 水升高 1℃ 所需要的热量（1 卡＝4.187 焦耳）
钙蛋白酶	Calpain	可以分解肌肉结构从而提高嫩度的酶。钙蛋白酶抑制蛋白是一种抑制剂，会随应激而增加
电容器	Capacitor	贮存电荷的仪器
衣壳/衣壳体	Capsid/capsomer	保护病毒核酸的外壳，由衣壳粒构成
碳水化合物	Carbohydrate	最简单的碳水化合物是糖（糖类）。复杂一点是多糖（如淀粉和纤维素）。糖（如葡萄糖）是食物转换成能量的中间体。对于植物和种子、土豆等，多糖是能量的储存体。纤维素、木质素等在植物中支撑细胞壁和木质组织，因此不易消化
致癌物	Carcinogen	【兽医】引起癌症的物质
心血管	Cardiovascular vessels	【兽医】与心脏血液相关的
龋齿	Caries	【兽医】蛀蚀

伤亡	Casualty	由于疾病、损伤或重病而导致猪的紧急屠宰。伤亡与淘汰必须进行区分
分解代谢	Catabolism	将体内复杂的结构分解成简单的化合物并释放能量的过程
催化剂	Catalyst	一种可以辅助/加速反应但不参与反应过程的物质
泻药	Cathartic	引起肠道排泄
尾部的	Caudal	【兽医】朝向尾巴的
细胞介导	Cell-mediated	通过体内细胞而不是化学物质受到的影响
纤维素	Cellulose	【参见】碳水化合物
摄氏度	Celsius	0℃为凝固点，100℃为沸点。摄氏度分为 100 等分。摄氏度与华氏度的转换 ℉＝（℃×9/5）＋32 即℃×9÷5＋32＝℉
厘米	Centimetre	缩写为 cm。1 米的百分之一，0.3937 英寸
子宫颈	Cervix	【兽医】器官的颈部、狭隘部分。介于雌性动物的阴道和子宫之间。这是保护子宫免受异物的伤害的安全阀
螯合物	Chelate	【营养】发音为 kee－late。携带微量元素（矿物质）的惰性物质，在适当的消化环境时才释放该物质进行消化
化学疗法	Chemotherapy	【兽医】治疗方法
猪肠	Chitterlings	【营养】油炸的佳肴，由猪的大肠片段做成
染色体	Chromosome	含有螺旋 DNA。在动物细胞中，决定着性别并传递遗传信息
慢性的	Chronic	【兽医】时间持续很长，引起反应的程度比剧烈程度要弱一些
纤毛	Cilia	细胞或黏液从上方移动经过的头发状细小物质
生理节律	Circadian(-rhythm)	定期发生的身体活动，与昼夜影响无

		关（生物钟）
临床的	Clinical	明显的疾病（亚临床指不明显或潜在）
康达效应	Coander（Coanda）effect	"打滑"的（水或）气流通过平面时，阻力减小，并引导流向
系数	Coefficient	（变异系数）【统计】某些因素变异程度间的变化，通常用百分比表示。百分比越低，数据之间越接近，反之亦然。计算方法是标准差除以平均值乘以 100
同期组群	Cohort	【统计】试验研究中具有相似特征的动物
结肠炎	Colitis	【兽医】结肠发炎
胶体	Colloid	果冻状。如果偏向于流体状，也可以描述为胶状
结肠	Colon	大肠从盲肠到直肠的一段
定植	Colonisation	【细菌】细菌黏附在活体表面并繁殖的能力
共生体	Commensal	【常用于细菌】生活在另一个生命的身体内或身体上，但不会对其造成伤害
冷凝	Condensation	（雾状的）蒸汽变成液体的变化。【参见】露点
传导	Conduction	能量（声音、热能或电能）的运动，除此之外还有分子的无方向运动。
先天的	Congenital	从出生就表现的
先天性疾病	Congenital disease	出生时就表现的（疾病）
顾问	Consultant	远离家乡或者由于经济或年龄不再从事带薪职业的普通人，此后的生活质量得到明显提高
对流	Convection	通过液体或气体的热能运动。材料高温部分膨胀，密度下降并上升，腾出的空间由较低温度的分子所取代，就

		形成了对流
凸面体	Convex	向外弯曲（凹面指向内弯曲）
相关	Correlation	【统计】变量间的关联程度。比如，猪的年龄与脂肪的增加存在相关
皮质	Cortex	外层
危害健康物质控制	COSHH(Control of Substances Hazardous to Health)	危害健康物质控制。英国相关规定（1989）对所有职业健康风险而制定的一系列规定
成本/效益分析	Cost/benefit Analysis	考虑社会成本/效益，也有纯财务角度的
便秘的	Costive	患便秘症的
限位栏	Crate	确切地说，只用于分娩期和分娩后，而"stall"确切地说只用于怀孕阶段，如"分娩栏"（farrowing crate）和"怀孕栏"（gestation stall）。（最新的同类设施是"自由进出式"，限位栏和分娩栏都有。因此，可为"自由限位栏"和"自由分娩栏"）
临界温度	Critical temperature(s)	【参见】温度
粗纤维	Crude fibre	【营养】饲料中不易消化的纤维素、半纤维素、木质素部分。【参见】纤维
冷冻	Cryo-	冷的。（如，低温冷冻创造的低温）
电脑控制液体饲喂	CWF	电脑控制液体饲喂
周期	Cycle	不是"胎次"。周期是指从一个事件的开始起到下一个事件开始前止，如从出生到出生或配种到配种
膀胱炎	Cystitis	【兽医】膀胱发炎
胴体重	Deadweight	把胴体重量校正到特定的标准重量
脱氨基作用	Deamination	【营养】把剩余蛋白质变成废弃物的过程
易潮解的	Deliquescent	吸收空气中的水分，例如硫酸铜吸潮

		后，变得软化/液化
变性	Denature	【营养】使蛋白质产生结构性变化，导致其生物学特性降低
密度	Density	物质的质量（重量）与体积之比
皮肤的	Dermal	【兽医】与皮肤有关。皮炎（Dermatitis）等于皮肤病
干燥	Dessication	干燥
偏差	Deviation	【统计】离散度的衡量方法，表示标准差（SD）平均值的变异。在正态分布中，66％的数据分布在 1 个标准差之内，95％的数据分布在 2 个标准差之内。所以两个标准差的范围包含了 95％的（猪的）数据，3 个标准差的范围包含了 99％的（猪的）数据。【参见】显著性
露点	Dewpoint	空气中饱和水蒸气开始凝结成水珠的温度，即露水开始形成时的温度
诊断	Diagnosis	疾病的鉴定。临床诊断根据活着时的临床症状来判断，并由实验室诊断提供支撑。【参见】预后
日粮的	Dietetic	【营养】与日粮有关
鉴别诊断	Differential diagnosis	【兽医】先从症状中推断出的不同疾病类别，再通过流行病学诊断，作出最符合这些证据的诊断
分化的	Differentiated	获取细胞间完全个体特征的过程
消化能	Digestible（DE）	从摄入的饲料总能中减去粪能后的能值。1MJ 消化能＝239 kcal。【参见】代谢能【参见】净能
扩张	Dilation	【兽医】伸展
离散的	Discrete	单独的，分开的。注意：discreet（谨慎的）＝tactful（机智的）
播散性的	Disseminated	分散的，散乱的
分离	Dissociation	【营养】分离，如营养养分穿过肠道

壁时

末梢的	Distal	【兽医】远端
分布	Distribution	【统计】正态分布是一种钟形曲线图，纵坐标两侧是对称的，左侧增加到最高点和右侧减少到零
利尿剂	Diuretic	增加尿量，指发挥同样作用的产品
每日的	Diurnal	从早到晚/从晚到早
剂量-反应曲线	Dose-response Curve	【统计】药物增加剂量后的反应曲线
德尔格管	Dräger tube	手持式气体探测仪
屠宰率	Dressing Percentage	指屠宰率（Killing Out %），美国用 Yield（产量）。表示屠宰后不久的重量占屠宰前活重的百分率。【参见】胴体重
韧性	Ductile	在没有受到破坏的条件下延伸
十二指肠	Duodenum	胃下面第一个器官，是主要的消化器官。胰液和胆汁注入其中
动力学	Dynamics	在外力下的机体反应。例如，热力学（thermodynamics）
发育不良	Dysplasia	【兽医】不正常的发育
呼吸困难	Dyspnoea	【兽医】呼吸困难
难产	Dystocia	【兽医】分娩时异常吃力（foetal d.＝胎儿所致的；maternal d.＝母猪所致的）
营养不良	Dystrophy	由于缺乏营养而造成机体失调
子痫	Eclampsia	【兽医】出生后抽搐
计量经济学	Econometrics	成本效益的衡量
外寄生虫	Ectoparasite	寄生在宿主身体的寄生虫，例如跳蚤（endo＝体内，蠕虫）
电解质	Electrolyte	一种使小肠在可能脱水（即拉稀时）的同时吸水的物质，因此阻止了脱水。通常是矿物盐
酶联免疫吸附试验	ELISA Test	基于酶反应来测定免疫水平的方法，

		可测定抗原或抗体水平。在某些情况下非常有用
胚胎	Embryo	生物沿着纵轴发育，最后发育成胎儿
催吐剂	Emetic	【兽医】用于诱导呕吐
经验主义的	Empirical	简单、主观
空白天数	Empty days	（空怀天数，非生产天数）每年或每胎次母猪没有怀孕或哺乳的天数。目标值是每年 20～30d，每胎次 12～13d
乳化	Emulsion	两个无法混合的液体，一种会随着另一种以小液滴的形式散发。它们能被分离出来，许多乳剂在使用前需要先摇晃
脑脊髓炎	Encephalomyelitis	【兽医】大脑和脊髓的炎症
地方性流行	Endemic	任何时候都出现的
内分泌	Endocrine	激素，荷尔蒙
内源性	Endogenous	【兽医】由机体或生物体本身产生的
子宫内膜	Endometrium	子宫内壁
肠炎	Enteritis	【兽医】肠道炎症
双侧睾丸下降	Entire	双侧睾丸下降（有别于隐睾病。隐睾病既没有下降也不是单睾，而单睾则只有一个下降）
正位的	Entopic	出现在正确或预期的位置
酶	Enzyme	【营养】发挥催化作用的一种蛋白质。一种化学媒介促进了新陈代谢。猪体内包含13 000多种不同的酶。在饲料中添加一些酶可以改善性能，减少污染
家畜流行病	Epidemic-Epizoot-ic	【兽医】同时袭击多个目标的疾病
流行病学的	Epidemiological	研究疾病及其发生原因的学科
表皮	Epidermis	皮肤最外面的一层
表观遗传	Epigenetic	1. 在不影响作用的前提下，研究通

		过操纵基因组的方式的遗传变化的学科；2. 也指环境改变基因表达的方式
上皮的	Epithelial	【兽医】与体内细胞的形成有关。【参见】上皮
上皮细胞	Epithelium	覆盖身体表层外部和内部的细胞
家畜流行病	Epizootic	1. 广泛扩散并迅速蔓延；2. 与流行相关
名祖名词	Eponym	以一个人的名字来命名，如奥耶斯基氏病（伪狂犬病）
红细胞	Erythrocyte	红细胞（小体）
精油	Essential oils	使用芳香植物制备的液体制剂，如桉树树叶、树皮、种子、球茎（如大蒜）、根（如姜）和水果的果皮。【参见】植源性促生长剂
动物行动学	Ethology	研究动物行为的学科
赋形剂	Excipient	添加的填充剂或载体
外源性	Exogenous	体外的
指数	Exponential	（生长）【统计】不断增长的
表达	Expression	【遗】携带某个或某些特定基因的个体在一个遗传性状上的表现。【参见】遗传性状
外推法	Extrapolation	（从……推测）【统计】从现有的数据推导或推出
外在的	Extrinsic	外部的（反义词：内在的）
渗出液	Exudate	【兽医】从伤口或刺激物流出液体
F1 代	F1	遗传学术语，第一代或第一次杂交的后代
F2 代	F2	第二代子代，同上
华氏温标	Fahrenheit scale	32 ℉为凝固点；水的沸点为 212 ℉。与摄氏度的转换：℃＝（℉－32）×5/9
镰形的	Falciform	【细菌】镰刀形的

定制饲料	Farm Specific Diet, FSD	【营养】猪场特制配方。比如，为一个特定的猪场或某几幢猪舍设计的饲料配方
产仔热	Farrowing fever	【兽医】【参见】乳房炎-子宫炎-无乳综合征（MMA）
产仔指数	Farrowing index	一头母猪一年可分娩的胎次。目标值为2.4。可用在评估一个猪群的情况。比如，可以用全年的总分娩胎数除以该年的平均存栏母猪得到
分娩间隔	Farrowing interval	两次分娩之间的天数。在正常的繁殖循环中的目标是152d
分娩率	Farrowing rate	分娩数占配种数的比率。目标为87%～92%（室内）
发酵	Fermentation	酶把碳水化合物转换为简单的物质（如乳酸）。人工加酶能提高消化效率，比如给动物添加酶
纤维	Fibre	在今天来看，粗纤维是个没有意义的术语。中性洗涤纤维是一个比较好的用语，但仍然有限制，因为它不能量化平衡猪性能的非淀粉多糖（NSP）。不同的添加水平和处理方式的非淀粉多糖能改善纤维的消化。在现代化的母猪日粮中，提供的纤维质量和数量都不足（出现便秘、肠容量下降、应激）。【参见】粗纤维，【参见】非淀粉多糖
纤维瘤	Fibroma	【兽医】纤维性的肿瘤或肿胀
细丝状结构	Filamentous	一种长的、线状结构（像在细丝状的囊胚，在植入时，它的"臂"把自己附在子宫壁上）
有毛缘的	Fimbriate	【兽医】穗状边缘
头胎母猪	First litter sow	介于第一次有效配种和下一次有效配种之间的母猪（在第一次成功怀孕之

后）

固定成本	Fixed costs	【经济】包括：人工、建筑成本、建筑物和租金、机械设备、金融费用、股票租赁、饲料、保险和杂费
发酵液态饲喂	FLF, Fermented Liquid Feeding	【营养】发酵液态饲喂用另外的初始培养物（很可能是酶）加热把完全饲料或关键淀粉原料（如麦子）进行发酵，以帮助饲料预消化的一个过程
絮凝	Flocculation	从液体中沉淀出颗粒。通常软的颗粒与硬的颗粒（沉淀）不一样。这会发生在不同饲料的湿料饲喂管道中
胎儿编程	Foetal programming	产后乃至一生的表现会受到子宫内环境的影响
污染物	Fomite	携带病原菌的无生命物质，如垫料、粉尘、粪便等
果糖	Fructose	在水果和蜂蜜中的糖（乳糖＝乳中的糖；甘露糖＝酵母糖）
期货	Futures	【经济】在将来特定的时间保证按合同的价格兑现的特定数量产品
乳	Galacto	与乳有关的
胃炎	Gastritis	【兽医】胃黏膜的发炎
肠胃炎	Gastroenteritis	【兽医】胃黏膜和小肠的发炎
凝胶	Gel	稳定一致的胶体
基因	Gene	遗传单位，由组成染色体的单一DNA片段所组成。每个基因有两个拷贝，分别来自双亲，并在每个细胞中都会出现
通用名	Generic	【名称】没有商标保护的药名，一般描述药物的化学成分
起源的	-genic	词后缀（如 phyto-cryo-）给予,导致,造成
基因组	Genome	正确地说，指性状的所有遗传信息都包括在半套染色体里。用非专业的说

		法，是指所有的基因包含在生物体里
基因组学	Genomics	对给定品种的所有的基因定位、测序和分析。【参见】营养基因组学
基因型	Genotype	一个动物的完整基因组成。【参见】表型
妊娠期	Gestation	母猪从（受精卵）受精到分娩的110～116d
青年母猪	Gilt	确切地说，指没有分娩过的年轻母猪，而不是指第一次怀孕前的年轻母猪。青年母猪分娩后，就成为头胎母猪
副猪嗜血杆菌病	Glässers disease	【兽医】由嗜血杆菌引起并导致年轻猪感染的疾病
硫苷	Glucosinolates	在芸薹属植物中发现，会干扰碘的吸收
戊二醛	Glutaraldehyde	一种常见消毒剂，被抗病毒的过氧乙酸或过氧化物所取代
糖组学	Glycomics	复合糖分子的代谢活动
悉生动物	Gnotobiotic	出生就处于无菌状态的动物。【参见】无特定病原体
谷物	Grain	（高水分）含有22%～40%水分，但所以必须青贮厌氧存贮
妊娠的	Gravid	怀孕的
毛利	Gross margin	【经济】净产出减去饲料成本和其他可变成本
毛重，饱食	Gutfill	1. 确切地说，指猪的全部体重，包括吃进去的食物、消化物和粪便；2. 也指饱食
习惯化	Habituation	对重复刺激的学习导致反应降低的一种现象，如在房间里的钟滴答声
血红蛋白	Haemoglobin	【营养】血液的组成成分，用来在肌肉中输送和回流氧气。（会被吸入的多余一氧化碳所中和）

氟烷	Halothane	一种麻醉剂（对猪进行氟烷测试来检测敏感应激基因）
危害分析与关键控制点	Hazard Analysis Critical Control Points, HACCP	读音为"Hassap"。一套用来识别（食品）生产安全问题和控制这些问题的系统方法。
水塔	Header tank	【环境】重力输水系统中置于顶部的集水容器
肝炎	Hepatitis	【兽医】肝脏发炎
不均的	Heterogeneous	（非正式）不大相似的。（注意：发音方式为 hetero·gen·eous)
异源的	Heterogenous	其他来源的；不是来自身体的，即"异物"。（注意：发音方式为 hete·roge·enous)
杂交优势	Heterosis/Hybridvigour	【遗传】指杂交第一代的性能和活力优于其双亲均值的现象。但杂交后代近交时，这种优势会很快消失
组织学	Histology	【兽医】研究组织结构的科学
整体的	Holostic	【统计】完全的/全面的
顺势疗法	Homeopathy	【药物】采用引起发病的相似物质进行治疗，少量多次加药
体内平衡	Homeostasis	在体内建立平衡状态以抵抗条件的变化（如，疾病/应激/饥饿），从而缓和条件变化带来的影响。也可指"常态"
恒温动物	Homeotherm	温血的
激素	Hormones	各种有特定功能的化学信号物质。通过血流发挥作用
湿度	Humidity	空气中的水分含量。【参见】露点
体液的	Humoral	通过体液发挥作用
包虫囊	Hydatid	【兽医】囊状的
盐酸	Hydrochloric acid	由胃内层细胞分泌，对食物进入十二指肠前先"消毒"，这（尤其对断奶猪）非常重要

过度和不足	Hyper-and hypo-	"hyper-"为极度、过分地，比如，Hyperactive 极度活跃的；"hypo-"为缺少、下面的，比如，Hypoglycaemia 低血糖的；hypodermic 皮下的
肥大	Hypertrophy	【兽医】由于产生过度的细胞使器官尺寸变大
如上	Ibid	拉丁语"如上"，用来指前面的参照或描述
免疫球蛋白	Ig	5 种免疫球蛋白的前缀，IgA，IgD，IgE，IgG，IgM
回肠炎	Ileitis	回肠的发炎。【参见】回肠
回肠	Ileum	小肠的后段部分
免疫力	Immunity	指保护并免受特定疾病的条件。所有的免疫术语及其定义见"免疫"一章表 5-11
免疫球蛋白	Immunoglobulins	暴露给某种抗原后产生的一种特定蛋白。【参见】抗原
免疫调节	Immunomodulation	把免疫反应调整到某一特定水平，如免疫增强或免疫抑制
移植	Implantation	受精卵附着在子宫壁上（子宫内膜），一般发生在配种后的 10～30d
收入与投资年限的比率	Income to Life Ratio，ILR	PLR（利润与投资年限的比率，Profit to Life Ratio）的一个变量。有的生产者使用。因利润有很多种形式，而收入是个单变量、限定数，因此用 ILR 比较方便
增量	Incremental	【成本】【经济】增加的成本
梗死	Infarct	【兽医】阻碍血供应的区域
发炎	Inflammation	【兽医】身体受伤后的正常治愈反应，尤其是对创伤部位形成的保护膜
摄取	Ingestion	吃/吞入物质（食物）
腹股沟的	Inguinal	【兽医】腹股沟区域

完整性	Integrity	【兽医】组织的完整。组织的健康情况
内在的	Intrinsic	【兽医】内在的
肿大	Intumescence	【兽医】肿胀
体外的	In vitro	在试管或人工环境（如实验室/研究所）
体内的	In vivo	在活体内的（研究/调查工作在场内进行）
碘伏	Iodophor	一种皮肤消毒剂
Ishigami 系统	Ishigami system	在 300～400mm 深度的可重复利用的堆肥木屑上盖双层聚丙烯的一种非常便宜的设计。在日本叫"pipe-houses"，有拱形的架构。欧洲仍未使用
免疫抑制性霉菌毒素中毒症	ISMT，Immuno S-uppressive Mycot-oxin/Mycotoxico-sis	霉菌毒素/霉菌中毒的免疫抑制
炎	-itis	【兽医】以 "-itis" 结尾的词语指特定器官的发炎。（Enteritis：肠炎）
焦耳	Joule	能量的单位。把 1 牛顿的东西移动 1 米需要的能量。1 焦耳＝0.2388 卡。（牛顿是力的衡量单位）
接近的	Juxta-	【前缀】接近的
K 值	K value	【建筑】衡量材料的热传导（用于隔热计算）。以每米每度多少瓦（W/M·℃）来表示。典型的隔热材料 K 值范围为 0.02～0.2（稻草为 0.07，铜线为 200）。对隔热材料来说，K 值越低越好，对导电来说，则越高越好
千卡	kcal	【营养】千卡。1 000 卡（calories）或 1 大卡（Calorie）

角蛋白	keratin	【营养】角、蹄、头发、指甲的第一层和牙釉质的第二层组成物质（皮肤是外表层）
红色标签	Label Rouge	法国农场食物质量标识——"极佳"（excellent）
唇	Labrum	【兽医】边缘
催乳的	Lactogenic	刺激泌乳
陷窝	Lacunae	【兽医】小洞/凹陷
层状的	Laminar/laminated	【建筑】层的
猪油	Lard	商业用的提炼猪油
潜伏	Latent	隐藏的，不明显的
缓泻药	Laxative	温和点为轻泻药（aperient）；强烈点为泻药（purgative/cathartic）
半数致死量	LD50	毒力的衡量。指使试验动物50％致死的剂量
损伤	Lesion	【兽医】伤口、溃疡、疼痛、肿瘤、咬伤、刮伤等。指与身体的正常部分不一样
肺脏	Lights	屠宰工人对肺的俗称
脂肪酶	Lipase	【营养】分解脂肪的酶
脂类	Lipids	脂肪、油脂、油和蜡的混合物
脂蛋白	Lipoproteins	脂肪在血液里的移动方式。比如，HDL是高密度脂蛋白
窝产仔数的离散度	Litter scatter	【经济】活仔中多于或少于特定数值的百分比。一般，一窝离散度平均小于8时作为性能的警告值。目标是小于8为10％
苍白的	Livid	确切地说是褪色的，不一定为红色。也可以是黑色和蓝色
恶露	Lochia	【兽医】分娩后的排出物
管（腔），流明	Lumen	确切地说，指任何管的里面（流动的物质），（如，肠道）。也用在光流的

衡量中

勒克斯	lx	照明的衡量。1lm（流明）均匀地分布到1m² 的面积。比如，黑暗时为10～15lx，室外阳光下为500lx 以上。一天 24 小时中，为了更好的效果，配种舍至少 2/3 的时间需要300～350lx（作者的观点），其他1/3 时间中间间歇性地黑暗。【参见】流明
淋巴细胞	Lymphocyte	指白细胞，T 细胞
浸软	Macerate	通过浸润变软
大环内酯类	Macrolide	一种抗生素，如泰乐菌素
强制性的	Mandatory	法律规定的，必需的
甘露寡糖	Mannan oligosac-charide，MOs	一种天然来源（酵母）细胞，用于促生长和免疫调节
大理石纹	Marbling	肌内脂肪，含量足够时可改善肉的风味（已经得到长期研究）
标记基因	Marker gene	【繁殖】很多基因很难在染色体上发现，但能通过大量已经发现标记基因进行联系
掩蔽	Masking	【霉菌毒素】当饲料中的霉菌毒素与其他物质结合时，通过普通的方法不大可能检测到
咀嚼	Mastication	咀嚼
代谢能	ME，Metabolizable Energy	【营养】代谢能指总能除去消化能（DE）、尿能和气能。对猪来说，总能到 DE 约减少 16％；DE 到 ME 约5％。【参见】净能
均值	Mean	【统计】平均值，两端的中间值。对变量来说，没指征意义。比如，群体的平均重量
每吨饲料可售猪肉	Meat produced per Tonne (Ton) of	一种比饲料转化率（FCR）更有意义、对养猪生产者非常有用的指标，

	Feed fed,MTF(S-aleable)	因为它涉及主要的收入（屠宰后的瘦肉）与主要的饲料成本之间的关系。对养猪生产者来说，这指标能容易地保证拿到必要的数据，也能简单地把每吨基础饲料的成本等价地转换
中间	Medial	中间点，中线
中位数	Median	（把猪体重）按大小排列的一列数据中，位于中间的那个数。如果分布是"正态"的，中位数与平均值相差不大
髓质	Medulla	任何器官的内层。核心
褪黑素	Melatonin	由松果腺分布的激素，控制卵泡和卵的发育
脑膜炎	Meningitis	【兽医】脑膜的发炎
系膜	Mesentery	【兽医】把不同的器官附着到身体上的膜
新陈代谢	Metabolism	【营养】指构成身体的所有过程（合成代谢），分解代谢提供身体所需的能量（分解代谢）
子宫炎	Metritis	【兽医】子宫发炎
微克	Microgram	1 克的百万分之一，或 1 毫克的千分之一。以"μg"表示。
微量成分	Microingredient	【营养】一种需要量很少的养分，用量只有 ppm 级，每吨饲料中只需用毫克或微克的量
微米	Micron	毫米的千分之一
微量元素	Micronutrient	【营养】微量元素，如硒、铁、铜、锌等
毫克	Milligram	1 克的千分之一。以"mg"表示。
毫米	Millimetre	1 米的千分之一，以"mm"表示
乳房炎-子宫炎-无乳综合征	MMA	【兽医】也称为产仔热
调节	Modulation	细胞对环境的适应

发病率	Morbidity	发病的
相同成本，更高产出	More for the Same Cost，MSC	有两种特定途径来创收利润——一种是相同成本，高产出（MSC），另一种是低成本，相同产出（SLC）。理论上"低成本，相同产出"更好，因为如果所有的养猪生产者用相同的成本生产更多的产品，这样就会供应过多并造成猪价的下跌；而用更少的成本生产更多的产品，在无需扩大需求的前提下能保证利润，因而稳定了猪的价格。在养猪生产中，以更低成本生产更多的产品（More for Less Cost，MLC）的理想情况一般做不到的
形态学	Morphology	有机体、细胞等的形态和结构
死亡率-实际死亡数	Mortality-AMF（Actual Mortality Figure）	比死亡率能更真实地表示每窝的损失。死亡率有时会有误导作用
活力	Motility	运动
霉菌	Mould	真菌/霉菌微生物的统称
木乃伊化	Mummified	分娩前已经死亡的猪，产出时颜色不正常、皱缩
诱变的	Mutagenic	【遗传】诱导突变
突变	Mutation	【遗传】DNA 结构的改变导致基因型的变化。【参见】基因型
支原体	Mycoplasma（s）	缺乏细胞壁的不同的细菌的类型，包括类胸膜肺炎放线杆菌的微生物
霉菌病	Mycosis	【细菌】真菌引起的疾病
霉菌毒素	Mycotoxin	真菌的毒素
纳	Nano	十亿分之一
鼻孔	Nares	鼻子的开口部位
初期的	Nascent	（初生的）更常指化学反应刚开始的时候
国家职业资格	National Vocational	英国对饲养技巧等的资格认证

	Qualification，NVQ	
坏死	Necrosis	【兽医】细胞死亡
线虫	Nematode	线虫
初生的	Neonatal	刚初生的（一般一周以内）
瘤	Neoplasm	肿瘤
肾炎	Nephritis	【兽医】肾的发炎
神经系统	Nervous system	中央神经系统包括大脑和脊髓。自主神经系统不受自主控制
净能	Net energy，NE	【营养】代谢能（ME）中有一部分能量用于消化，扣除这部分能量的剩余部分为净能。可用来生长和维持的需要。因此净能可以对日粮中的"真实"能量提供了更准确的估计
净利润	Net margin	【经济】毛利润减去固定成本
净余的	Net or nett	【经济或营养】总量的剩余部分，如净能。不能进一步扣减
净产值	Net output	【经济】销售额加上贷款，减去购买再加上估值（期末估值减去期初估值）
神经炎	Neuritis	【兽医】神经的发炎
神经内分泌系统	Neuro-Endocrine System，NES	包括应激和免疫系统
健康促进剂	Neutraceutical (s)	【营养】保健产品或方案
中性洗涤纤维	Neutral detergent Fibre，NDF	【营养】纤维素、半纤维素和木质素在日粮中可消化的数量。在母猪日粮中比较有用，但在其他种类日粮中尽量少用
非淀粉多糖	Non-starch polysaccharides，NSP	【营养】中性洗涤纤维的成分，可能会产生抗营养性，尤其是对幼龄仔猪
灵丹妙药	Nostrum	【兽医】一种庸医的治疗方案
核苷酸	Nucleotide	【营养】构成 DNA 的单位（不同于氨基酸，氨基酸是构成蛋白质的单

位）

营养基因组学	Nutrigenomics	【遗传】能改变/改善基因表达的营养成分的能力。比如，硒对癌症的下调作用
客观的	Objective	（与主观的不一样）基于正确的证据上的。可实现的
产科学	Obstetrics	【医药】怀孕和出生的学科
闭塞的	Occluded	【兽医】关闭的（有时指严重阻塞的）
水肿	Oedema	【兽医】体内充水的（如，肠水肿）
食道	Oesophagus	从喉咙到到胃的通道（如，食道）
雌激素	Oestrogen	雌激素
欧姆	Ohm	【建筑】电阻的单位
嗅觉	Olfactory	嗅觉的（器官）
寡糖	Oligosaccharides	【营养】作为益生元和刺激益生元的复合碳水化合物
卵囊	Oocyst	球虫生命周期中最具抵抗力的阶段
机会成本	Opportunity cost	【经济】把一定资源投入某一用途后所放弃的在其他用途中所能获得的利益
睾丸炎	Orchitis	【兽医】睾丸的发炎
有机的	Organic	只用活生物体和/或蔬菜或动物肥料收获材料生产的产品，而不是那些用化学合成的肥料后所收获的产品
骨科	Orthopaedics	【医学】肌肉/骨骼手术的实践
骨炎	Osteitis	【兽医】骨骼的发炎
间接费用	Overheads	【经济】固定成本
氧化	Oxidation	【营养】用带正电物质（电子）替代带负电物质（质子）。相反的作用是还原。【参见】抗氧化
催产素	Oxytocin	刺激怀孕和分泌乳汁的激素
P1/P3/P2 点	P1/P3/P2	沿背中线的固定点用光学探头测量背膘的点。P1 点：最后肋骨沿背中线 4.5cm；P3 点：最后肋骨沿背中线

		8cm。两者相加来表示肥胖程度。通常使用最后肋骨沿背中线 6.5cm 的 P2 点
触诊	Palpate	通过触摸来检查
胰腺	Pancreas	分泌降解蛋白、碳水化合物和脂肪的酶（胰液）的器官
乳头状瘤	Papilloma	疣
副	Para	【词素】在……旁边（但是会与"分开"、"相对"混淆）
悖论	Paradox	完全不同于期望情况
角化不全	Parakeratosis	【兽医】皮肤的增厚和龟裂。对猪来说，这是由于锌缺乏引起的
参数	Parameter	能用数值表述
非肠道途径	Parenteral	【兽医】不通过消化道的用药途径，即注射
侧壁的	Parietal	【兽医】指一个器官的外壁
胎次	Parity	1. 相似的；2. 对母猪来说，胎次是母猪分娩的次数。比如，青年母猪为 P0；一头母猪分娩了 4 次则为 4 胎
分娩的	Parturient	与分娩或出生相关的
被动的	Passive	外部的刺激（与"active"主动的完全不同，"active"指自发地反应/起源于反应）
发病机制	Pathogenesis	【兽医】疾病的发生机制
致病的	Pathogenic	【细菌】疾病产生（致病性 pathogenicity＝疾病的发展程度）
病理学	Pathology	对疾病的研究
PD	PD	1. 部分清群（Partial Depopulation）；2. 怀孕检测（Pregnancy Detection）
胸部的	Pectoral	【兽医】胸部区域
透明的	Pellucid	透明的
病毒包膜粒	Peplomer	加固病毒外膜的蛋白结构。【参见】衣壳体

肽	Peptide	【营养】包含多个氨基酸的蛋白前体
过氧乙酸/过氧化物	Peracetic acid/ Peroxygen	新型高效的病毒性消毒药（如，卫可）能快速渗透很多病毒的保护膜，破坏细胞核
特急性型	Peracute	【兽医】非常严重的但短暂的
灌注	Perfusion	器官壁或膜上的孔或破裂
Peri-	Peri-	周围，邻近。如，围产期的（perinatal）
外周	Peripheral	离边缘比较近的（n. 外围＝外部边缘或中心目标的外边）
蠕动	Peristalsis	【营养】从上到大肠的自发波动
渗透的	Permeable	允许物质通过
普遍的	Pervasive	广泛出现的
瘀点的	Petecheal	【兽医】小的血泡
pH	pH	对酸碱度的衡量。≤7 为酸性；≥7 为碱性；＝7 为中性（范围为 1～14）
吞噬细胞	Phagocyte	吞噬微生物（病原菌）和其他外来颗粒的细胞
分阶段饲养	Phase Feeding	根据猪的生长阶段和发育需求，对猪的饲料进行一连串的营养改变。可以从保育阶段起的生长期中使用 3～5 个变化。如果使用湿料饲喂（电脑控制液体饲喂），可以通过每周调整配方来进行多阶段饲料
表型	Phenotype	动物遗传特质的外在表现（与基因型区别，基因型完全由遗传构成）
光	Photo-	光。（如，photogenic＝光导致的影响）
光周期	Photoperiod	暴露在阳光或人工光线下的时间长度
植物	Phyto-	植物有机体（如，植源性促生长剂 phytogenic）
植源性促生长剂	Phytogenics	关于营养和积极基因之间的反应的分子联系的研究（使好的基因更好发挥

		作用)
菌毛	Pili	指细菌表面发现的像头发状的结构，能帮助细菌固定到内部表面，比如肠壁的表面。也叫做"毛缘"
打堆	Piling	挤在一起
松果体	Pineal gland	哺乳动物对光线的受体
品脱	Pint	【英制】约为 586mL（美国为 473mL）。这两个都是估计值
猪嘴鼻拱舔腹股沟的行为	PINT（Persistent Inguinal Nose-Thrusting）	用嘴、鼻拱舔腹股沟的行为
管线喂料	Pipeline feeding	【营养】粥状的饲料通过管道到达料槽或饲喂器
脑垂体（腺）	Pituitary（gland）	位于脑的基部，分泌少数重要的激素。当分泌不足时，有类似蓄水池的作用来存贮其他激素
血浆	Plasma	包含细胞的血液。【参见】血清
血浆蛋白质	Plasma protein	【营养】富含蛋白的血液，也包括免疫球蛋白，如 IgG
多	Poly-	许多，巨大的
多肽	Polypeptide	【营养】由包含二肽、三肽或多肽连接成的氨基酸组成的蛋白质
多糖	Polysaccharide	【参见】碳水化合物
产后的	Postpartum/post-parturient	分娩后的。
增强作用	Potentiation	两者的结合效应大于两种单独因素的效应之和
幂	Power	数学上用来表示特别大或特别小的数学符号。如，1 000＝10³或 1×10×10×10（千克，千瓦）。小的数字用负的前缀，如 0.001＝10⁻³或 1÷10÷10÷10（毫升，毫安）。因此，十亿

		（1000 个百万）可表示为 10^9（10 的九次方）
每吨等价物	PPTE：Price Per Tonne（Ton）Equivalent	养猪生产者正确或错误地用来判断每吨饲料是否经济的指标。每吨等价物的价格（PPTE）是一种简单的计算，它把经济优势转化为每吨饲料等同物，尤其是指在饲养阶段中降低每吨饲料成本有多少优势
益生元	Prebiotics	作用于肠道或营养素的前体或捕获颉颃微生物，如，低聚糖。与益生菌不同。【参见】益生菌
前体	Precursor	先导，通常会带来更多积极结果
早产	Premature farrowing	怀孕 110d 前分娩，但有少量仔猪能存活超过 24h
初产的	Primiparous	指至少怀孕一胎次，并且胎儿能存活的母猪
概率	Probability	【统计】P 为重复发生的概率。已经发生的事件数量除以可能发生的事件数量。（可能发生的事件数量定义为肯定事件和否定事件总和）
探头	Probe	1. 测脂肪的仪器；2. 测定的行为（见 P2）
益生菌	Probiotics	能在肠道表面定植的有益微生物，这些微生物没有致病性。比如，乳酸杆菌。作用机制是竞争性驱逐
利润与投资年限的比率	Profit to Life Ratio，PLR	对额外支出回报率（REO）的进一步提炼，额外支出回报率包括获得"回报"所需的时间。利润与投资年限的比率（PLR）对回报进行定量。用在长期业务，尤其是用在设备和建筑重新整修时。见收入与投资年限的比率（额外支出回报率，ILR）
预后	Prognosis	【兽医】对疾病可能造成的影响的预

		测。对疾病的诊断鉴定
增殖	Proliferation	增加
预防	Prophylaxis	【兽医】疾病的预防，阻止
假体	Prosthesis	【兽医】一部分身体由人造物替代
方案	Protocol	一个行动计划，一套行动指南
维生素原	Provitamin	可在动物体内转换为维生素的物质
伪狂犬病	Pseudorabies	美国人对奥耶斯基病（Aujeszky's Disease）的叫法
猪应激综合征	PSS（Porcine Stress Syndrome）	猪应激综合征。尤其在转运、打架等发生后发生的猪突然死亡，与 PSE 肉相关
肺的	Pulmonary	与肺（或肺动脉）相关的
脉冲式用药	Pulse medication	连续用药的替代过程。需要得到兽医的建议。
发热	Pyrexia	【兽医】体温的提高，指猪体温超过 40℃（103.5 ℉）时
四分圆	quadrant	圆的 1/4 周长
方形	quadrate	正方，四边的
定性的	qualitative	非数值描述，如颜色、大小等
定量的	quantitative	数值描述，如第四、2km、1000 等
四分位	quartile	【建筑】一个尺寸图或结构的 1/4。主要用在通风设计中
辐射	Radiant	从表面散发热量
随机的	Random	【统】随意的（随机变量，见变量）
随机（变量）	Random（variable）	【统】不同的，随意的变量值
比率	Ratio	两种数量间的关系
试剂	Reagent	【化学】用来产生一种化学反应来检测和定量其他物质的物质
受体	Receptor	【兽医】细胞内或细胞上能够结合特定分子并能在细胞内产生效应的分子（比如，寡糖捕捉霉菌毒素）
隐性	Recessive	【遗传】只有当父母双方都提供时才发挥作用的基因

还原	Reduction	【营养】氧化的反作用。【参见】氧化
芦苇垫料	Reed-bed	对少量的废水通过有机植物吸收的一种有效的、未充分利用的方法
回归	Regression	【统计】两个或多个随机变量间的关系（通常用直线或曲线连接数据点）
额外支出回报率	REO；Return on Extra Outlay Ratio	一个对资金价值（尤其是附加值）的实用衡量方法，使生产者可以优先使用他的资本，而供应商能证明产品开支的高质量
更新成本	Replacement cost	【经济】种猪购买的价值结合估值（期末估值减去期初估值）
重复	Replication	【统计】重复试验以增加统计上的准确性
再吸收	Resorption	再吸收
后摄的	Retroactive	（反应）需要刺激才产生行动。反义词是前摄的，指发动行动
返情	Return to service	【参见】配种
R-因子	R-factor	【建筑】对一种材料的热阻力的计量（与 K 值表示的导热性完全不同）。以 $m^2/℃/W$ 表示。当值为 0.12～0.55 时为比较好
鼻炎	Rhinitis	鼻子里面的炎症
里迪尔-沃克酚系数	Rideal-Walker №	与苯酚相比的消毒剂有效性
盐的	saline	盐的
蹄裂	sandcrack	从猪蹄冠到蹄趾的裂缝
卫生消毒剂	sanitizer	【细菌】确切地说，清洁剂和消毒剂的组合（比单用要好一点）
腐生菌	saprophyte	【细菌】一种生活在死组织上的微生物
肉瘤	sarcoma	【兽医】能长得非常快的恶性肿瘤
饱感	satiety	【营养】完全满足饥饿感
皮脂腺	sebaceous gland	在毛囊周围分泌一种油状的皮脂（过

度分泌后的干物质为头皮屑）

差别的标准误	SED,Standard Error of Difference	【统计】差别的标准误。衡量两个均数间的偏差，用来区分显著性
久坐的	sedentary	不活跃的，懒的
选择强度	selection intensity	遗传学家对遗传的精确衡量。农场主不使用这一术语
选留率	selection rate	最后选留的（青年母猪）数量占供选数量的比率
犬坐	semi-sternum	坐/躺在胸部上，但与仰躺有直接区别
敏感	sensitivity	【细菌】微生物对复合物的敏感性，尤其指抗生素
敏感性分析	sensitivity analysis	【统计】性能或多种行为与普通均值的比较
败血症	septicaemia	【兽医】血液中毒
鼻中隔	septum	指猪鼻子的部分
血清转化	seroconversion	【兽医】特定抗体的出现
血清学	Serology	识别抗原/抗体反应
血清阳性的	Seropositive	表明可以检测到特定病原体血清抗体的反应。血清阴性表明为阴性结果。
血清型	Serotype	由抗原组成的微生物类型
血清	serum	一般指血浆的上清液（不包括血细胞）。从猪体采取的血清包含特定疾病的抗体，叫做抗血清。注射后用来提供该病的临时免疫
配种	service	正常或有规律地发情是在第一次配种后18～24d，配种当天为第一天开始算起。不正常的返情也能发情，但在24d后出现。
一个半	sesqui-	【前缀】表示一个半
排毒	shedding	【细菌】释放（病原）细菌
亲属	sib	【遗传】正确地说是有血缘关系的亲属

同胞	sibling	【遗传】兄弟或姐妹
S形	sigmoid	【统计】S形的
显著性	significance	【统计】对概率的确定。0.5%（20次处理效应中出现1次）；1%（100次处理效应中出现1次）；0.1%（1000次处理效应中出现1次）。通常表示为：P<0.05，P<0.01；P<0.001。或者用"＊"、"＊＊"和"＊＊＊"表示。P指概率
单料位喂料	Single Space Feeding（SSF）	【参见】干湿喂料
粪臭素	skatole	公猪不良气味中的一种化学成分，与睾丸烯酮有关
低成本同收益	SLC：Producing the Same for Less Cost	【参见】MSC（同成本高收益）
死产-木乃伊胎-胚胎死亡-不育综合征	SMEDI（Stillbirths，Mummifications，Embryonic Deaths，Infertility)	【兽医】由于肠道病毒导致高的仔猪死亡率
体细胞，体组织	somatic	【兽医】指由细胞构成的整个体组织，不仅仅指细胞。即肌肉、皮肤等
比重	specific gravity	一种液体重量与水相对照的值，后者比重为1.0
无特定病原体	SPF	无特定病原体。为了研究的目的，进行限菌饲养。在日本，也指高质量的猪肉
母猪生产寿命	SPL：Sow Productive Life	母猪一生中分娩的窝数，当然的目标为全群平均5~6窝
鳞状	squamous	【兽医】有鳞的或碟状的
固态发酵	SSF，Solid State Fermentation	固态发酵。微生物在可溶性物质内或上面生长，这能使酶在低成本像鸡尾酒一样复制，从而改善消化和帮助抵抗一定的抗营养因子

猪舍	stable	斯堪的纳维亚国家对猪栏的称呼
限位栏	stall	怀孕期的限制性栏位，有全部限制或能自由进入的不同栏位。与"crate"完全不同，后者只是指分娩栏，包括完全限制或自由出入的分娩栏
标准差	standard deviation	【参见】偏差
瘀	stasis	停止或放慢的
狭窄	stenosis	狭窄
胸骨	sternum	胸骨
刻板/刻板的	sterotypies/sterotypic	不正常的行为，以快速的重复为特征；没有固定目标/没有合适目标的行为
死胎	stillborn	确切地说，是娩出后没有呼吸过的仔猪，如同死产。可以用"肺漂浮试验"（bucket-test）来确定。（见born-alives，产活）
紧张	strain	【兽医】受到应激后的外在表现（打斗、攻击、恶习等）
稻草流	straw-flow	有坡度的垫料养殖地面环境下，运用重力和猪的踢动把弄脏的稻草掉到猪栏外设计好的收集通道里
隔离饲养	streaming	饲养因疾病隔离后康复的生长猪，这些猪是从没有接触到疾病的同批猪中挑出的
应激	stress	1. 影响福利、精神和生理的条件或反应；2. 压迫，紧张（结构上）
纹状	striated	有条纹的
亚临床的	subclinical	【参见】临床
皮下的	subcutaneous	皮肤下面的
主观的	subjective	未经证实的个人观点
上清液	supernatant	不溶解的物质经存放后析出上层液体
仰卧的	supine	以一侧为支点平躺
表面活性剂	surfactant	减少表面张力并释放表面黏附颗粒的

		物质，如肥皂、清洁剂
有症状的	symptomatic	出现一种症状（的）
同步	synchrony	同时出现
综合征	syndrome	【兽医】一种模式或临床症状的综合
协同	synergy	互相作用，使效果大于两个因素单独发挥的累加作用
语法	syntax	【经济】语言或计算机程序的规则
全身性	systemic	影响整个机体系统的；综合的
T 细胞	T Cell	【细菌】淋巴细胞，白细胞
T2 毒素	T2 toxin	一种霉菌毒素
皮重	Tare	【重量】没装载前的车重（含油重）
温度	Temperature	下临界温度（LCT）：指较低的周围环境温度，在这温度下，使猪转化饲粮能量来维持体温。蒸发临界温度（ECT）：指使猪喘气、急需降温的环境温度。呼吸频率通常超过60 次/min。上临界温度（UCT）：当超过此温度时，可能会危及动物的生命
终端杂交	Terminal crossbreeding	【遗传】使用杂交的子一代进行配种，不再进行杂交。
治疗的	Therapeutic	【兽医】疾病的治疗、痊愈、缓解
千卡	Therm	把 1000kg 的水温提高 1℃所需要的热量。1 千卡＝1 000卡＝106 兆焦（MJ）
滴度	Titre	【细菌】使一种物质与另一种物质反应的数量。目前用在定量抗体水平时
断层摄影术	Tomography	应用放射学技术，通过扫描猪的胴体使脂肪/瘦肉组织分布可视化。进一步发展可能会包括称重？
局部	Topical	【兽医】局部的区域
筛选重猪先出售	Topping	把一栏里最重的猪先出售，以便使留下的猪能生长得更好
扭转	Torsion	扭曲。在胃部扭曲（膨胀）

总消化养分	Total Digestible Nutrients, TDN	【营养】现在采用不连续地测定能量的方法
性状	Trait	1.【遗】任何遗传决定的状况；2. 有特色的行为模式
换能器	Transducer	【建筑】一种把压力、温度等转换到电脉冲的设备
横向	Transverse	【建筑】从一面到另一面，横贯的
2 吨母猪	TTs（or 2Ts）	2 吨母猪。指对每头母猪每年产量提高 2 000kg 猪肉的口语化用词（欧盟在 2010 年的当前平均水平）
分型	Type	【细菌】判定一种生物体或血液类型等
超声	Ultrasound	通过能每秒发射能量 20 000 帧的仪器进行怀孕诊断
未分化的	Undifferentiated	自然的；没有不同的特征。【参见】分化
U 值	U-Value	【建筑】对一种材料的热透射计量，用在绝缘的计算中。透过 1m² 材料的外层和内层温差为 1℃ 时的热量。以 W/m²/℃ 表示。最低值为 0.5～5.5 时是比较典型的范围
变量	Variable	【统计】不同的衡量。随机变量。显示不同值的一个组或数量，每个都有变化的可能
变动成本	Variable costs	【经济】经常变动的成本
血管的	Vascular	【系统】与血管/血供给相关的
定向浇灌器	Vector	【建筑】用流动的喷雾器覆盖特定区域
植物状态	Vegetative	最常见的意思为休息，尤指植物人状态的
静脉	Vein	从不同器官运输物质回到心脏的血管，与动脉相反。动脉是把血液从心脏运到各个器官和四肢

速率	Velocity	（空气流动的）速度对于猪舍空气的合理流通至关重要
腹侧的	Ventral	【兽医】腹部区域；【建筑】朝，向
驱虫	Vermifuge	驱虫药，用于杀虫的物质
囊泡的	Vesicular	【兽医】起泡的；（皮肤）胀包
可行的	Viable	正确的（合理的，可接受的）
绒毛	Villus（pl villi）	一种覆盖在小肠表面的微观的、非常敏感的细长组织，发挥着从消化糜中吸收营养成分的作用，从而成千倍地增加吸收面积
病毒血症	Viraemia	【兽医】病毒感染后的血液病变
毒力	Virulence	一种微生物的致病性程度
脏器	Viscera（visceral）	大的身体器官，如腹腔，肝脏等
黏性的	Viscous	黏的、厚的液体
挥发性的	Volatile	容易并迅速蒸发，而且快速变化
伏特	Volt	【建筑】电压的单位（1A 的电流通过电阻为 1Ω 时的阻力）
呕吐毒素	Vomitoxin	导致呕吐的一种霉菌毒素，尤其是对青年猪。
水猪肉	Watery pork	PSE 猪肉。【参见】猪应激综合征
瓦特	Watt	【建筑】一种电力的衡量方法，尤指每秒 1 焦耳的量。1 伏电压、1 安培电流条件下的电压为 1 瓦特
断奶力	Weaning capacity	指一头母猪一生提供的目标断奶重，目前一般认为是 500kg
断奶再配种间隔	Weaning to service interval	母猪断奶后到第一次配种的时间间隔。断奶当天为第 0 天
湿料饲喂	Wet feeding	【营养】也称为"液态喂料"。【参见】发酵液态饲喂【参见】管线喂料
干湿喂料	Wet-dry feeding	【营养】当猪尽力去够饮水嘴时，少量饲料被猪推到一个容器后被润湿的饲料。也称作"单料位喂料"（不准确）

威尔特郡腌制法	Wiltshire cure	把腌肉先浸在盐水中 3～4d，然后放在干燥凉爽的环境中的处理方法
停药期	Withdrawal period	通常以天计算，根据用于猪的饲料或饮水的物质（通常为预防性药物）的量和类型会有区别，确保动物体在进入人类食物链之前没有相当量的残留。在一些国家，休药期为法律强制
停药期	Withholding period	动物作为食物前停止使用药物的强制停药期
营运资金	Working capital	【经济】指生意上每天运转所需要的资金
每头母猪每年提供断奶仔猪重	WWSY(Weaner Weight per Sow per Year)	通常用来评价每头母猪每年提供的断奶猪数量（PSY）的指标，是比 WWSY 参考意义较小的指标，因为它没有涉及断奶重。WWSY 比单纯断奶重的指标更全面，而不仅仅是断奶数的衡量。它是指一段时期所生产的断奶重
产量	Yield	分割好的胴体重量
约克火腿	York Ham	火腿先腌制，然后存放在干盐中
约克夏猪	Yorkshire	【遗传】全球各地使用的大约克品种（欧洲称"大白"）
玉米赤霉烯酮	zearalenone	一种对猪有危害的类雌激素霉菌毒素，尤其对青年母猪和种母猪
氧化锌	zincoxide	【细菌】一种短期高剂量添加在断奶仔猪饲料中的有效抗腹泻添加剂，但会导致土壤中的锌沉积
人畜共患病	zoonose	一种可以传给人类的动物疾病
受精卵	zygote	【遗传】第一次分裂前的受精卵

（楼平儿译　张佳校）